Les Graines

des

LÉGUMINEUSES

Les Graines

des

LÉGUMINEUSES

Etude sur la Morphologie externe

Essai d'application à la Systématique

*692 dessins à la plume exécutés d'après nature à la Chambre claire,
29 planches hors texte.*

PAR

Louis CAPITAINE

DOCTEUR ÈS SCIENCES

PARIS

EMILE LAROSE		PAUL LECHEVALIER
LIBRAIRE-ÉDITEUR		LIBRAIRE-ÉDITEUR
11, rue Victor-Cousin, 11		12, rue de Tournon, 12

1912

PRÉFACE

I

De Candolle a dit en substance, à propos des études botaniques : « Plus on se rapproche de la graine, plus on obtient de précision ». La graine est en effet de tous les organes de la plante, celui qui est l'objet des protections les plus efficaces, et dont les conditions biologiques sont le plus constantes. La feuille, par exemple, peut varier de taille ou de forme suivant l'éclairement qu'elle reçoit, suivant la plus ou moins grande quantité de vapeur d'eau contenue dans l'atmosphère qui l'environne. La graine, au contraire, jusqu'à sa maturité parfaite, reste protégée par un fruit dont les parois peu conductrices la mettent à l'abri des brusques variations de température. Le degré hygrométrique de l'air inclus dans le fruit est sensiblement invariable ; l'éclairement, très faible, ou même nul, est aussi d'une remarquable constance.

On doit donc s'attendre à trouver dans l'étude morphologique de la graine, un précieux adjuvant pour les travaux de systématique. On sait que pour beaucoup de Crucifères, l'étude du fruit et de la graine est indispensable pour obtenir un résultat précis ; il en est de même pour les Eléagnacées par exemple et plusieurs autres familles, mais on pouvait se demander, si, pour les Légumineuses, qui sont l'objet du présent travail, l'étude morphologique de la graine pourrait conduire à un résul-

tat utile. On est donc amené à se poser les deux questions suivantes :

PREMIÈRE QUESTION. — **Les graines ont-elles une valeur
systématique, et si oui, quelle est cette valeur ?**

Je me suis proposé, dans le présent travail, de rechercher
si on peut faire intervenir la morphologie externe de la graine
dans la classification, et quelle importance pouvaient avoir les
résultats obtenus. Voyons quels sont les caractères dont on
peut le plus efficacement tirer parti (1).

A. **Taille**. — La taille des graines est peu variable, quoique
leur poids puisse varier dans d'assez larges limites. Cette
apparente anomalie peut recevoir une explication dans ce fait
que le poids varie en raison directe de l'accumulation des réser-
ves dans les cellules, accumulation qui n'a pas lieu de faire
varier les dimensions du contenant. On verra au cours de ce
travail, que j'ai indiqué pour chaque espèce, les dimensions
moyennes de la graine. C'est uniquement pour fixer les idées,
car les conditions biologiques peuvent en effet influer, quoique
très légèrement, sur la taille. Mes mesures, effectuées avec
grand soin, sur des échantillons très nombreux, de provenances très diverses, ont donné des résultats d'une remarquable constance.

1. Nos espèces européennes ne semblent donner qu'un assez médiocre
résultat, quand on cherche à les cultiver dans les pays chauds. Cet insuccès
provient très probablement des conditions biologiques, qui sont très différentes de celles du pays d'origine. Et de même que les graines des plantes
de nos pays se développent mal dans les pays chauds et ne donnent que des
sujets plus ou moins étiolés de même, il est vraisemblable que les plantes
tropicales cultivées sous nos climats, même en serre chaude, ne possèdent
pas tous les caractères des mêmes plantes végétant dans leur pays d'origine.
Il faudra donc, dans une étude comme celle-ci, se défier des espèces qui proviennent d'un pays dont le climat est trop différent de celui où elles crois-
sent habituellement, et notamment des graines qui proviennent de plantes
ayant fructifié en serre chaude. La constance morphologique de la graine ne
peut être nette et n'avoir de valeur qu'autant qu'on a affaire à des échantillons qui se sont développés normalement.

Ce caractère est très important à considérer dans la classification de certains genres difficiles, comme *Trifolium*, dont le
tableau synoptique est fondé sur la considération première de la
taille de la graine.

B. Forme. — La forme des graines est d'une remarquable
fixité ; c'est un caractère à la fois spécifique et générique. On
verra même un peu plus loin que la seule considération de la
forme générale de la graine, de son facies en un mot, permet
de grouper les genres en tribus, les tribus en familles. A titre
d'exemple, qu'il suffise de savoir que les *Trifolium* ont des
graines très petites, ovales, les *Crotalaria*, des graines en forme
de colimaçon, les *Astragalus*, des graines en forme de crochet,
les *Medicago*, des graines en oreille, etc.

C. Angle des axes. — L'angle que forment les axes de la
saillie radiculaire et de la saillie cotylédonaire — ce dernier
différant fort peu, dans la majorité des cas, du grand axe de
la graine — est très variable d'une espèce à l'autre, et surtout
d'un genre à l'autre. Il est au contraire d'une très grande
constance pour une espèce déterminée. Il en résulte que sa
mesure précise permet de distinguer dans la plupart des cas
les espèces, et surtout les genres. Cet angle est presque nul
chez les Trifoliées, presque droit chez les Galégées. En outre,
la longueur respective des saillies radiculaire et cotylédonaire
est utile à considérer, car telle espèce ou tel genre aura la
saillie radiculaire très courte et la saillie cotylédonaire très
longue, tandis que chez d'autres c'est le contraire qui se produira.

D. Couleur du tégument. — La couleur du tégument varie
dans de très faibles limites pour une espèce déterminée. Cela
peut paraître surprenant *a priori*, et lorsqu'on examine attentivement un lot de graines, on en peut voir de plusieurs tons
différents allant du clair au très foncé. Prenons par exemple
une espèce dans le genre *Trifolium*, dont toutes les graines
ont une couleur jaune de miel ou jaune d'ambre plus ou moins

soutenu (1). Il est rare que dans un lot de provenance connue, la même pour tous les individus de ce lot (2), on n'observe pas quelques graines de couleur nettement plus sombre, brune ou même noirâtre. L'examen attentif de ces individus, à la loupe binoculaire, montre que la surface du tégument est ridée. Et si l'on dissèque la graine, on s'aperçoit qu'elle est presque vide. Donc ces individus de couleur sombre sont avariés ; ils doivent être rejetés. Cette opération effectuée, il ne reste plus qu'un groupe d'individus dont la couleur est parfaitement uniforme.

E. Coronule hilo-funiculaire. — Toutes les graines que j'ai examinées, et vraisemblablement toutes les graines de Légumineuses, portent à la surface de leur tégument, en un endroit qu'on a coutume d'appeler le hile, une tache, généralement circulaire, munie, à son pourtour, d'une sorte de petite colerette, le plus souvent blanchâtre. C'est cet ornement que j'ai désigné sous le nom de *coronule hilo-funiculaire*. Elle possède divers aspects très caractéristiques suivant les genres et les espèces. Elle est fibreuse chez les *Trigonella*, papyracée chez les *Trifolium*, granuleuse chez les *Tetragonolobus*, etc., et sa taille, sa forme, permettent de distinguer entre elles, les différentes espèces.

F. Hile. — Ce qu'on entend habituellement par *hile* est en contradiction avec la définition qu'on en donne dans les traités de botanique. J'ai signalé le fait à plusieurs reprises au cours de ce travail. Une étude embryogénique précise serait intéressante à faire sur ce sujet.

Au début du développement de l'ovule, il est vraisemblable que le funicule forme un cordonnet plein ; il n'a pas de raisons pour être creux. Les divers ovules que j'ai eu l'occasion d'examiner *in situ* me confirment dans cette hypothèse. Mais les constatations faites sur toutes les graines étudiées ici me per-

1. Exception faite de quelques espèces où le tégument est vert ou rougeâtre.

2. *Trifolium repens* L., récolté aux environs de Paris, pour fixer les idées.

mettent d'affirmer qu'au moment de la maturité tout au moins, le funicule n'est plus en contact avec la graine qu'à la manière d'un tire-pavé ; il n'adhère plus que par une couronne ovale, très mince le plus souvent, et affectant la forme d'un pavillon de trompette. On ne peut être fixé sur la nature et le rôle de la couronne blanchâtre entourant la tache hiloïde qu'après avoir rencontré des échantillons où le funicule marcescent permet de saisir le rapport qui existe entre cette couronne et lui. Un exemple particulièrement frappant est celui du *Robinia Pseudo-Acacia* L. (1) : le funicule reste attaché à la graine, il se détache au niveau du placenta. Près de la base, c'est-à-dire près de la zone d'adhérence à la graine, on voit souvent une déchirure, par laquelle on remarque que le funicule surmonte la tache hilaire comme un bonnet de coton, et n'est relié à la graine que par la coronule blanchâtre dont j'ai parlé au paragraphe précédent.

Il importe de savoir comment ce fait s'accorde avec la définition admise. On sait que le hile est la cicatrice laissée à la surface de la graine, par la chute du funicule. Donc, par définition, le hile sera la partie déchiquetée de la coronule hilo-funiculaire en question. Par conséquent, la surface libre, plus ou moins lisse et ovale, à laquelle on réservait jusqu'ici le nom de hile, n'est pas ce que l'on croit. On pourrait la nommer « tache hiloïde » pour rappeler son origine, mais c'est une surface libre, qui préexiste à la chute du funicule (2). Cette surface libre se forme vraisemblablement par régression des tissus médullaires et centraux du cordonnet funiculaire, creux à maturité, au-dessus de cette surface. Quelques *Lathyrus* offrent de ce fait un exemple fort curieux : le funicule adhère à la graine par un évasement qui embrasse un de ses grands cercles, sur une grande longueur (souvent plus de la moitié de la circonférence) à la manière d'un croissant, marcescent ainsi

---

1. V. p. 202-203 et figures 321 et 322, p. 202.

2. Cette surface, si elle est cicatricielle, a dû se former par un processus analogue à celui que Tison a mis en évidence en étudiant le mécanisme de la chute des feuilles (Cf. Tison, *Recherches sur la chute des feuilles chez les Dicotylédones*, thèse, Caen, 1900).

qu'une partie du funicule, chez un grand nombre d'espèces de ce genre. Sur plusieurs échantillons, la paroi de ce croissant était déchirée. Par la fente, on apercevait la surface libre de la tache hiloïde. Si l'on cherche à séparer de la graine le croissant funiculaire, on voit qu'il n'y adhère que par sa périphérie très mince.

G. **Funicule**. — Dans un certain nombre de cas, la morphologie du funicule marcescent permet de distinguer les espèces et les genres. L'exemple le plus typique nous est fourni par le genre *Acacia* L. (1), dont un assez grand nombre d'espèces sont cultivées ou plantées dans le midi de la France, et plus généralement de l'Europe, pour servir à l'industrie de la fleur. On sait en effet que les *Mimosas* vendus l'hiver à Paris et sur les grands marchés de l'Europe sont fournis par les *Acacias* plantés en Provence, et notamment (2) par l'*A. dealbata* Lk., originaire de l'Australie, *A. Farnesiana* Willd., originaire de l'Inde (3), etc. Les *Acacias* ont des graines plates, ovales-allongées, de couleur brun-rouge, qui sont complètement entourées par le funicule marcescent. Celui-ci fait jusqu'à six fois le tour de la graine, chez certaines espèces de Java. Si on part de la région d'adhérence du funicule à la graine, pour remonter vers le placenta, on remarque que le cordonnet funiculaire se dirige d'abord vers le sommet opposé à son point d'attache, en longeant un des bords de la graine. Il revient ensuite sur lui-même, passe au niveau de son point d'attache et, suivant l'autre bord de la graine, aboutit de nouveau au sommet opposé. Il se replie encore une fois sur lui-même jusqu'au niveau de son point d'attache, après quoi il s'éloigne de la graine, vers le

---

1. On sait que par un abus regrettable on donne fréquemment au robinier de nos jardins (*Robinia Pseudo-Acacia* L.) le nom d'*Acacia*. Par une erreur analogue, on nomme *Mimosa* dans le commerce, les rameaux fleuris fournis par plusieurs espèces appartenant au genre *Acacia* L.

2. Cf. Le Maout et Decaisne, *Fl. élém. des jardins et des champs*, p. 458.

3. L'*Acacia Farnesiana* Willd., vulgairement connu sous le nom de *Casse du Levant*, ou *Cassie*, possède des fleurs très odorantes, que l'on utilise beaucoup en parfumerie.

placenta. D'autres fois, il y a une complication encore plus grande : après s'être replié deux fois le long des bords de la graine, le funicule entoure complètement celle-ci, de telle sorte qu'elle paraît encadrée par un triple filet funiculaire, comme un verre de lorgnon dans sa monture.

La présence d'un tel funicule permettra de reconnaître les graines du genre *Acacia* au premier examen. La constitution du funicule, la plus ou moins grande complexité des replis permettront de déterminer les espèces.

Les faits énumérés dans les paragraphes précédents sont généraux.

Donc : les graines ont une valeur systématique, et cette valeur est considérable, car elle est avant tout spécifique : on peut déterminer une plante par sa graine.

Le plus souvent, des espèces voisines ont des graines très différentes, et on conçoit que si on peut déterminer une plante par sa graine, on aura apporté une grande simplification aux études de botanique systématique. On conçoit en outre que cette méthode sera susceptible d'un grand nombre d'applications variées, notamment pour l'agriculture, où elle jouera un rôle de premier ordre dans la recherche et la répression des fraudes.

II

La graine n'a pas seulement qu'une valeur spécifique. Elle possède aussi :

> des caractères de genres ;
> des caractères de tribus ;
> des caractères de familles.

Je citerai quelques exemples :

a. — *Caractères de genres :*

Les graines sont sphériques chez les *Lathyrus*, réniformes-tuberculées chez les *Ononis*, ovales avec rebord arillaire à longues branches chez les *Bauhinia*, munies d'un funicule marcescent plusieurs fois enroulé autour de la graine chez les *Acacias*, etc.

b. — *Caractères de tribus :*

Les graines sont en forme de haricot chez les *Phaséolées*, en forme de crochet chez les *Galégées*, etc.

c. — *Caractères de familles :*

Les *Papilionacées* ont des graines en haricot, ou en mitre, ou ovales, avec région hilo-micropylaire latérale. Cette disposition provient de la campylotropie très prononcée de l'ovule.

Les *Césalpiniacées* et les *Mimosacées*, au contraire, chez lesquelles l'ovule est anatrope, possèdent des graines ovales, plus ou moins aplaties, comme des dragées, avec région hilo-micropylaire extrême.

L'insuffisance des matériaux que j'avais à ma disposition, ne me fait donner ces quelques indications que sous réserve. Il est possible qu'on rencontre des espèces venant infirmer les faits précédemment énoncés, mais j'ai examiné un assez grand nombre d'échantillons pour pouvoir *a priori* être presque certain que cela ne se produira pas.

III

Figures. — Que la graine ait une valeur spécifique incontestable, c'est que j'ai nettement établi dans ce travail, où j'ai donné pour chacune des 350 espèces étudiées (1) une diagnose

1. Environ.

aussi détaillée que possible, en faisant ressortir surtout les caractères distinctifs et différentiels. Mais pour obtenir un résultat précis, l'établissement des diagnoses ne suffisait pas : il fallait des figures très exactes, mettant en évidence les caractères de chaque espèce. C'est pourquoi j'ai dessiné à la chambre claire (1) chaque espèce étudiée sous deux aspects différents, de face et de profil. Parmi les quelque 700 figures, ainsi obtenues, plusieurs, dont l'exécution a été particulièrement délicate, apportent une grande précision à cette étude : je veux parler des très petites graines du genre *Trifolium*, dont la longueur n'excédait pas un millimètre et qui, vues seulement à la loupe, présentaient toutes entre elles une étroite ressemblance.

But et plan. — Cette partie de la botanique descriptive qui étudie la morphologie des graines dans ses rapports avec la classification, et que l'on peut appeler *systématique séminologique*, est un chapitre très peu étudié. J'ai voulu seulement montrer ici tout le parti qu'on peut tirer de cette étude, tous les services qu'elle peut rendre au botaniste. Mon mémoire sur les graines des Papavéracées (2) est un petit exemple de ce que l'on peut faire pour les espèces européennes d'une famille. Je ne saurais trop insister ici sur le but que je me suis proposé : sans chercher à faire quelque chose de définitif, sur un sujet qu'on doit considérer comme à peu près neuf, je me suis borné à donner une suite d'exemples, portant en eux-mêmes leurs conclusions, et non une œuvre finie présentant un ensemble net.

Matériaux étudiés. Choix des graines. — J'ai examiné un grand nombre d'échantillons. Beaucoup sont excellents et bien nommés ; quelques-uns, médiocres, portaient des noms erronés : j'ai dû les rejeter. Pour les premiers, j'ai surtout tenu compte des espèces représentées par des lots de graines de

1. Chambre claire Benoist.
2. Louis Capitaine, Etude des graines des Papavéracées d'Europe, *in Rev. gén. de Bot.*, 1910, p. 342, et pl. VIII, IX, X et XI.

plusieurs sources différentes, et récoltés à des dates variables. Cela m'a permis de n'avoir pas recours à la vérification par la culture. D'ailleurs, en admettant que, dans un petit nombre de cas, les noms des espèces étudiées soient faux, on n'aura qu'à supprimer ces noms par la pensée : la morphologie de la graine de ces espèces n'en subsistera pas moins, et conservera sa valeur.

Si j'ai renoncé à la vérification des noms par la méthode culturale, c'est que ce travail serait sorti complètement de mon cadre, puisque j'ai simplement voulu donner, dans ses grandes lignes, un aperçu de la morphologie comparée de quelques graines de Légumineuses. D'ailleurs une telle vérification, qui eût exigé un temps considérable, ne serait nécessaire que pour une étude limitée, et bien définie, telle que celle d'un genre ou d'une tribu. En outre, le résultat n'aurait pas été sensiblement supérieur puisque ma méthode de vérification entraîne avec elle une précision assez grande pour fournir, dans la plupart des cas, une entière certitude.

<h2 style="text-align:center">IV</h2>

DEUXIÈME QUESTION. — **La graine, par sa forme, ne révèle-t-elle pas des conditions biologiques préférées ?**

En d'autres termes, des espèces de plaines ou de montagnes, de pays froids ou de pays chauds, peuvent-elles se reconnaitre à un facies particulier ?

Bien que n'ayant que fort peu de documents pour répondre à une telle question, je pencherai nettement pour l'affirmative. Je citerai à l'appui deux exemples caractéristiques :

Premier exemple. — Cas des *Goodia* et des *Templetonia.*

Les genres *Goodia* SALISB. et *Templetonia* R. BR. sont tous deux endémiques en Australie, pauvres en espèces — le premier n'en contient que deux, le second sept — et quelque peu aberrants. Leurs graines sont très différentes de forme : celles des *Goodia* sont à peu près sphériques, tandis que celles des *Templetonia* sont nettement allongées et plates (1). Leurs espèces ont cependant un caractère commun des plus remarquables : toutes les graines, en effet, sont ornées d'un arille fortement épaissi, formant autour de la région hilaire un volumineux bourrelet, ne laissant en son centre qu'un étroit pertuis. En outre, une partie de cet arille a proliféré en lame au-dessus de l'orifice, dont l'entrée se trouve ainsi protégée comme par une sorte de couvercle. Or, les conditions biologiques des diverses espèces de ces deux genres sont sensiblement les mêmes.

Deuxième exemple. — Cas des *Astragalus*.

Quoique je n'aie pu étudier qu'un nombre très restreint d'espèces de ce genre très nombreux, j'ai pu faire, pour les espèces étudiées, deux tableaux synoptiques analogues, l'un fondé sur la morphologie de la graine, l'autre sur la phytogéographie. On peut en effet diviser les *Astragalus* en quatre groupes, deux à deux homologues :

Espèces européennes	—	Espèces extra-européennes.
Espèces de prairies	—	Espèces de montagne.

Les graines des espèces appartenant à chacun de ces quatre groupes ont pour chaque groupe un facies particulier. De plus, les espèces de plaine et de montagne, d'une part, les espèces européennes et extra-européennes, d'autre part, peuvent se répartir en deux autres groupes qui produisent ainsi chacun un ensemble de caractères propres à les faire aisément reconnaître.

Cette considération m'a donc amené à reprendre ici, en la résumant, l'étude de la distribution géographique des Légumineuses, que j'ai beaucoup développée et étudiée très en détail,

1. V. fig. 7 et 8, p. 20, et 35 et 36, p. 31.

dans un précédent travail (1) où j'envisageais également la systématique des genres. On trouvera ici un certain nombre de cartes destinées à rendre compte sommairement de l'allure de la répartition de chaque tribu et de chaque famille (2).

J'ai voulu, comme je l'ai dit plus haut, faire non une œuvre définitive, mais un simple essai, pour montrer par une série d'exemples ce que peut donner la méthode. Je serais heureux de voir bientôt paraître de nombreux travaux analogues, car depuis l'ouvrage déjà vieux de Gaertner, les traités de systématique sont presque tous et toujours muets sur la morphologie des graines, et son application à la systématique.

Paris, 1er décembre 1911.

---

1. Cf. Louis Capitaine, *Etude analytique et phytogéographique du groupe des Légumineuses*, Paris, 1912.

2. Dans mon travail précité sur l'*Etude analytique et phytogéographique du groupe des Légumineuses*, j'ai montré qu'on doit considérer l'ancienne famille des Légumineuses comme un groupe d'ordre plus élevé, dans lequel on range les anciennes sous-familles des Papilionacées, Césalpiniées et Mimosées, élevées au rang de familles. J'ai adopté en conséquence les termes de *Papilionacées* (ancienne dénomination non modifiée), de *Césalpiniacées* et de *Mimosacées*.

INDEX BIBLIOGRAPHIQUE

Principaux ouvrages consultés (1)

ALBERT, A. et JAHANDIEZ, Em. — Catalogue des plantes vasculaires du Var [*Paris*, 1908].

ARBOST, J. — Herborisation à El Kantara [*Bull. Soc. Bot. Fr.*, 1892].

ARDOINO, H. — Flore des Alpes-Maritimes [*Nice*, 1879].

ASCHERSON, P. et GRAEBNER, P. — Synopsis der mitteleuropäischen Flora, VI, 2 [*Leipzig*, 1906-1910].

BALL, CARLETON, R. — Soy bean varieties [*U. S. dept. of Agric. — Bur. of Plant Industry, Bull.* n° 98, *Washington*, 1907].

BARRANDON, A. — *Vide* LORET, H. et BARRANDON, A.

BARRATTE, G. — *Vide* DURAND, E. et BARRATTE, G.

BATTANDIER et TRABUT. — Flore de l'Algérie.

BELZUNG, Er. — Anatomie et Physiologie végétales [*Paris*, 1900].

BENTHAM et HOOKER — Genera plantarum, I, 434 [*Londres*, 1862-1867].

BLANCHE, Em. — Observations sur la flore de la Seine-Inférieure [*Bull. Soc. Amis Sc. Nat. de Rouen, Rouen*, 1869].

BLANCHE et MALBRANCHE. — Catalogue des Plantes cellulaires et vasculaires du département de la Seine-Inférieure [*Rouen*, 1864].

BOISSIER H. — Flora orientalis, II, 24 [*Lyon*, 1872].

BOISSIEU, H. DE. — Légumineuses du Japon [*Bull. Hb. Boissier*, V, VI : 1897-1898].

BONNIER, G. et DE LAYENS, G. — Flore complète de la France et de la Suisse [*Paris, s. d.*].

BONNIER, G. et LECLERC DU SABLON. — Cours de Botanique, t. I [*Paris*, 1901].

BOREAU, A. — Flore du Centre de la France, 3e édit., t. II [*Paris*, 1857].

BOUVIER, L. — Flore des Alpes [*Genève*, 1882].

BRÉBISSON, A. DE. — Flore de Normandie, 5e édit. [*Caen*, 1879].

---

1. Plusieurs de ces ouvrages ne sont pas explicitement cités dans le corps du volume, parce qu'ils m'ont surtout fourni des renseignements généraux.

Briquet, J. — Prodrome de la flore de Corse. t. I [*Genève*, 1910].

Briquet, J. — Cytises des Alpes-Maritimes [*Genève*, 1894].

Bureau, Ed. et Franchet, A. — Plantes nouvelles du Thibet et de la Chine [*Paris*, 1891].

Camus, E.-G. — Catalogue des plantes de France, Suisse et Belgique [*Paris*, 1888].

Candolle, de. — Origine des plantes cultivées.

Capitaine, Louis. — Etude analytique et phytogéographique du groupe des Légumineuses [*Paris*, 1912].

Capitaine, Louis. — Sur la répartition géographique du groupe des Légumineuses [*Rev. Gén. Bot.*, 1909, p. 335 ; pl. XI et XI *bis*].

Capitaine, Louis. — Etude des graines des Papavéracées d'Europe [*Rev. Gén. Bot.*, 1910, p. 342 ; pl. VIII, IX, X et XI].

Capitaine, Louis. — Sur la confusion fréquente de quatre Tamariniers [*Bull. Soc. Bot. Fr.*, 1909, p. 540].

Chalon, J. — La graine des Légumineuses [*Mons*, 1875].

Chatin, J. — Etude sur le développement de l'ovule et de la graine [*Paris*, 1873].

Chevalier, Aug. — Plusieurs notes, *in* C. R. A. S., *passim*.

Chevalier, Aug. — Novitates florae Africanae [*Bull. Soc. Bot. Fr.*, in *Mémoires, passim*].

Chevallier, Abbé L. — Note sur la flore du Sahara [*Bull. Hb. Boissier, Mémoires*, n° 7].

Chodat, R. et Hassler, E. — Plantae Hasslerianae [*Genève. s. d.*].

Christ, H. — La flore de la Suisse et ses origines [*Genève*, 1883].

Copineau, Ch. — Herborisation à Naguilles [*Rev. Bot.*, 1892].

Coquerel, A. — Florule de la vallée de l'Oison [*Elbeuf*, 1888].

Corbière, L. — Nouvelle flore de Normandie [*Caen*, 1893].

Cosson, E. — Compendium florae atlanticae [*Paris*, 1883-1887].

Cosson, E. — Descriptio plantarum novarum in itinere Cyrenaico a cl. Rohlfs detectarum [*Bull. Soc. Bot. Fr.*, 1872].

Cosson, E. et Germain de Saint-Pierre. — Flore des environs de Paris [*Paris*, 1861].

Coste. H. — Flore de France. t. I [*Paris*, 1901].

Coupin, H. — Recherches sur l'absorption et le rejet de l'eau par les graines [*Paris*, 1894].

Daveau, J. — Excursion aux îles Berlengos et Farilhões [*Bol. Socied. Lisboa*, 4e sér., IX, p. 409, sq.].

Daveau, J. — Le palmier nain et le caroubier du Portugal [*Montpellier*, 1899].

Debeaux, O. — Plantes rares ou nouvelles de la province d'Aragon [*Rev. Bot.*, 1894].

Decaisne, J. — *Vide* Le Maout, Emm. et Decaisne, J.

De Candolle. — *Vide* Candolle, de.

De Layens, G. — *Vide* Bonnier, G. et De Layens, G.

DOUMERGUE. — Plantes remarquables pour la province d'Oran [*Oran*, 1888].

DRUDE, O. — Manuel de géographie botanique (Trad. Poirault), [*Paris*, 1897].

DURAND, E. et BARATTE, A. — Florae Lybicae Prodomus [*Genève*, 1910].

DUSS, LE R. P. — Flore phanérogamique des Antilles françaises [*Mâcon*, 1897].

DUSS, LE R. P. — Les Légumineuses de la Martinique [*Paris*, 1891].

ENGLER, A. — Entwickelungsgeschichte der extratropischen florengebiete der nördlichen Hemisphäre [*Leipzig*, 1879].

ENGLER, A. et PRANTL, K. — Die natürlichen Pflanzenfamilien, III, 3 [*Leipzig*, 1894] (*Monographie des Légumineuses*, par TAUBERT).

FLAHAULT, Ch. — La flore de la vallée de Barcelonnette [*Montpellier*, 1897].

FLAHAULT, Ch. — La végétation dans un coin du Languedoc [*Montpellier*, 1893].

FLAHAULT, Ch. — Herborisation proposées dans les Maures et aux environs d'Hyères [*Bull. Soc. Bot. Fr.*, 1899].

FOUCAUD, J. — *Vide* ROUY, G. et FOUCAUD, J.

FOURNIER, Eug. — Note sur le genre *Albizzia* Durazz. [*Ann. Sc. Nat.*, 4ᵉ sér., XIV, cah. nᵒ 6].

FRANCHET, A. — *Vide* BUREAU, Ed. et FRANCHET, A.

FREYN, J. — Ueber neue und bemerkenswerte orientalische Pflanzenarten [*Bull. Hb. Boissier*, V, 7, 1897].

GADECEAU, Em. — Le lac de Grand-Lieu [*Nantes*, 1909].

GANDOGER, M. — Novus Conspectus Florae Europae [*Paris*, 1910].

GAUDEFROY, Eug. et MOUILLEFARINE, Ed. — Note sur des plantes méridionales observées aux environs de Paris [*Bull. Soc. Bot. Fr.*, 1871].

GAUDEFROY, Eug. et MOUILLEFARINE, Ed. — La florule obsidionale des environs de Paris en 1872 [*Bull. Soc. Bot. Fr.*, 1872].

GERMAIN DE SAINT-PIERRE. — *Vide* COSSON, E. et GERMAIN DE SAINT-PIERRE.

GILLOT, X. — Etude des flores adventices. Adventicité et Naturalisation [*Congr. Bot. de l'Exp. Univ.*, Paris, 1900].

GILLOT, X. — Herborisation en Tunisie [*Bull. Soc. Bot. Fr.*, 1900].

GILLOT, X. — Sur le × *Vicia Marchandi* GILL. et ROUY [*Soc. Hist. Nat. Autun*, 1899].

GODRON — *Vide* GRENIER, Ch. et GODRON.

GRAEBNER, P. — *Vide* ASCHERSON, P. et GRAEBNER, P.

GRAVES. — Catalogue des plantes de l'Oise [*Beauvais*, 1857].

GREMLI, A. — Flore analytique de la Suisse [*Genève*, 1898].

GRENIER, Ch. — Flore de la Chaîne jurassique [*Paris*, 1865].

GRENIER, Ch. et GODRON. — Flore de France, I, 341 [*Paris*, 1847-1856].

GUÉRIN, Paul. — …Herborisation… dans les marécages de Bozat et au ravin de Cliergues [*Rev. Bot.*, décembre 1890].

GUIGNARD, L. — Recherehes anatomiques et physiologiques sur l'embryogénie des Légumineuses [*Paris*, 1882].

HARMS, H. — Ueber Geokarpie bei einer afrikanischen Leguminose [*Ber. deutsch. Bot. Gesell.*, XVI, 1908, p. 225 et pl. III].

HASSLER, E. — *Vide* CHODAT, R. et HASSLER, E.

HOOKER. — *Vide* BENTHAM et HOOKER.

HOSCHEDÉ, J.-P. — Catalogue des plantes adventices des environs de Vernon, etc. [*Vernon*, 1901].

HUMNICKI, Val. — Catalogue des plantes vasculaires des environs de Luxeuil (Haute-Savoie) [*Orléans*, 1876].

INDEX KEWENSIS. et suppléments I, II, III [*Oxford*, 1895-1908]

IVOLAS, J. — Note sur la flore de l'Aveyron [*Bull. Soc. Bot. Fr.*, 1885].

JACCARD, H. — Catalogue de la flore valaisanne [*Genève*, 1895].

JAHANDIEZ, Em. — Additions à la flore du Var [*Ann. Soc. Hist. Nat. Toulon*, 1910].

JAHANDIEZ, Em. — (Catalogue). *Vide* ALBERT, A et JAHANDIEZ, Em.

KOORDERS, S.-H. — Excursionsflora von Java, t. II [Iéna, 1912].

KUNTZE, O. — *Vide* POST, T. VON et KUNTZE, O.

LANGE, J. — *Vide* WILLKOMM, M. et LANGE, J.

LLOYD, J. — Flore de l'Ouest de la France, 5ᵉ édit. [*Nantes, s. d.*].

LECLERC DU SABLON. — *Vide* BONNIER, G. et LECLERC DU SABLON.

LE MAOUT, Emm. et DECAISNE, J. — Flore élémentaire des jardins et des champs [*Paris, s. d.*].

LE MONNIER, G. — Recherches sur la nervation de la graine [*Paris*, 1872].

LORET, H. et BARRANDON, A. — Flore de Montpellier, I, 142 [*Montpellier*, 1875].

MAISEL, A. — Recherches anatomiques et taxinomiques sur le tégument de la graine des Légumineuses [*Besançon*, 1909].

MALBRANCHE. — *Vide* BLANCHE et MALBRANCHE.

MARNAC, DR. — Contribution à la flore de Provence (Pépiole, Var) [*Marseille*, 1905].

MARNAC, DR. — Contribution à la flore de Provence (Sainte-Croix, Bouches-du-Rhône) [*Marseille*, 1906].

MARNAC, DR. — Tauroentum, Plage de Lecques, etc. [*Marseille*, 1908] (1).

MARTINS, CH. — L'*Anagyris foetida* L. considéré comme un des types exotiques de la flore française [*Bull. Soc. Bot. fr.*, XVI, 100].

MARTRIN-DONOS, V. DE. — Florule du Tarn, I, 142 [*Paris*, 1864].

MONGUILLON, M. — Excursions botaniques dans les Alpes Mancelles et le canton de Fresnay-sur-Sarthe [*Soc. Agric. Sc. et Arts de la Sarthe, Le Mans, s. d.*].

MOUILLEFARINE, Ed. — *Vide* GAUDEFROY, Eug. et MOUILLEFARINE, Ed.

1. Cet ouvrage et les deux précédents ont paru dans le *Bulletin de la Société d'Horticulture et de Botanique des Bouches-du-Rhône.*

NIEL, Eug. - Catalogue des plantes de l'Eure [*Rouen*, 1889].

NOUEL. — Sur un certain nombre de plantes adventices recueillies à Orléans [*Soc. Sc. et Arts, Orléans*, 1872].

NYMAN. — Conspectus florae europaeae.

PÉCHOUTRE, F — Contribution à l'étude du développement de l'ovule et de la graine des Rosacées [*Paris*, 1902].

PELLEGRIN, F. — Recherches anatomiques sur la classification des Genêts et des Cytises [*Paris*, 1908].

PHILIPPE. — Flore des Pyrénées, I, 187 [*Bagnères-de-Bigorre*, 1859].

PITARD, J. et PROUST, L. — Les îles Canaries Flore de l'Archipel [*Paris*, 1908].

PLANCHON, J.-E. — Mémoire sur le développement et les caractères des vrais et faux arilles, etc. [*Montpellier*, 1844].

POISSON, J. — Observation sur la durée de vitalité des graines [*Bull. Soc. Bot. Fr.*, 1903].

POST, T. VON et KUNTZE, O. — Lexicon generum phanerogamarum [*Stuttgart*, 1904].

PROUST, L. — *Vide* PITARD, J. et PROUST, L.

REVEL, J. — Recherches botaniques dans le Sud-Ouest de la France [*Bordeaux*, 1865].

REYNIER, A. — Evolution, à Toulon, du *Scorpiurus sulcata* L. vers le *S. subvillosa* L., et de l'un et l'autre vers le *S. muricata* L. [*Bull. Géogr. Bot.*, p. 184, *Le Mans*, 1912].

ROUX, Nisius. — Herborisation au col de Chavières [*Bull Soc. Bot. Lyon*, 1891].

ROUX, Nisius. — Herborisation au pic de Chabrières [*Bull. Soc. Bot. Lyon*, 1891].

ROUY, G. — Excursion botanique en Espagne [*Bull. Soc. Bot Fr.*, 1881].

ROUY, G. et FOUCAUD, J. — Flore de France, t. IV et V [*Paris*, 1897-1899].

SCHIMPER, W. — Pflanzengeographie [*Iéna*, 1908].

STEUDEL, E.-T. — Nomenclator botanicus [*Stuttgart*, 1840].

TISON. — Recherches sur la chute des feuilles chez le Dicotylédones [*Caen*, 1900].

TOUSSAINT, ABBÉ. — Notice sur quelques stations de plantes aux environs de Rouen [*Rouen*, 1890].

TOUSSAINT, ABBÉ. — Plantes rares des Andelys [*Rouen*, 1892].

TRABUT. — *Vide* BATTANDIER et TRABUT.

TRÉMEAU, G. -- Recherches sur le développement du fruit et l'origine de la pulpe de la Casse et du Tamarin [*Lons-le-Saunier*, 1892].

WARMING, Eug. — Lehrbuch der oekologischen Pflanzengeographie [*Berlin*, 1902].

WILLKOMM, M. et LANGE, J. — Prodromus florae hispanicae [*Stuttgart*, 1861].

Périodiques

Bulletin de la Société Botanique de France, collection *passim*.
Bulletin de l'Herbier Boissier, collection *passim*.
Revue générale de Botanique, collection *passim*.
Bulletin de la Société Botanique de Genève, collection *passim*.
Bulletin de la Société Botanique des Deux-Sèvres, collection *passim*.
La Nature, collection *passim*.
Revue générale des Sciences, collection *passim*.
La Géographie, collection *passim*.
Revue annuelle de Géographie, collection *passim*.

FAMILLE I

PAPILIONACÉES

TRIBU I. — Podalyriées

Dans cette tribu, on range vingt-huit genres, comprenant en tout environ 430 espèces (Il n'est pas sans intérêt de donner ces chiffres pour que l'on puisse se faire une idée de l'importance relative de chaque tribu). Les genres dont j'ai étudié des graines sont les suivants :

Anagyris L.
Thermopsis R. Br.

Le premier, seul genre de Podalyriées représenté en Europe, dans la région méditerranéenne, ne comprend que deux espèces. Mais, si nous étudions la répartition géographique de la tribu, nous obtenons le tableau statistique reproduit ci-après (1).

1. MÉTHODE EMPLOYÉE POUR LA CONFECTION DES TABLEAUX STATISTIQUES ET DES CARTES. — La considération des seules espèces dites *géographiques*, c'est-à-dire de celles qui, par leur répartition, peuvent avoir une influence sur la distribution générale d'une famille, nous conduit à la notion de pôle de diversité. Je remercie particulièrement ici, mon maître, M. G. Bonnier, de m'avoir suggéré cette expression claire et précise. J'ai appelé ainsi l'endroit du globe où l'on trouve le plus d'espèces, de genres, de tribus différents.

Distribution géographique des PODALYRIÉES

	Europe	Asie	Afrique	Amériques			Australie
				Nord	Centre	Sud	
Totalité du Continent							
Nord		1		1			17
Est		1		1			1
Sud			30	1			19
Ouest				1			178
Nord-Est		1					28
Sud-Est				12			77
Sud-Ouest		1		3			
Nord-Ouest							
Centre				3			
Centre-Nord							
Centre-Est							
Centre-Sud							
Centre-Ouest							
Région méditerr. totale	1	1	1				
Région méditerr. orientale							
Région méditerr. occidentale							
Montagnes Nord							
Montagnes Est							
Montagnes Sud		3					
Montagnes Ouest							
Montagnes Centre		2					
Montagnes Nord-Est							
Montagnes Sud-Est							
Montagnes Sud-Ouest							
Montagnes Nord-Ouest							
Déserts							
Asie Mineure							

L'examen de ce tableau montre que la tribu des Podalyriées est presque exclusivement limitée à l'Australie, dans la partie occidentale de cette île. Un autre pôle, tout à fait indépendant du premier, se trouve dans l'Afrique du Sud, où l'on rencontre seulement deux genres : *Cyclopia* et *Podalyria.*

Dans le premier cas on a le pôle de diversité d'un genre, dans le second celui d'une tribu et dans le troisième celui de la famille étudiée.

L'emploi de cette méthode, dont j'ai déjà résumé les principales conclusions, m'a conduit à l'établissement d'un certain nombre de cartes géographiques, où j'ai représenté pour chaque tribu étudiée, la plus ou moins grande diversité, par des teintes de crayons plus ou moins foncées. On voit donc, au premier examen, que le pôle de diversité se détache sur chaque carte en noir.

Pour l'établissement de ces cartes, on commence par former des tableaux tels que celui représenté schématiquement ci-dessous, en commençant par l'étude de chaque genre.

	1	2	3	4	5
a					
b					
c					
d					
e					
f					

Soit alors G_i un des genres considérés, comprenant n_i espèces géographiques :

$$a_i \, b_i \, c_i \ldots \qquad\qquad k_i$$

ou aura :

$$a_i + b_i + c_i + \ldots \quad + k_i = n_i$$

Considérons l'espèce a_i; inscrivons-la sous forme d'un signe quelconque, un point, par exemple, dans le tableau ci-dessus, et dans la ou les cases qui lui conviennent. Ces cases, à l'intersection des lignes et des colonnes ont chacune une signification spéciale : en effet, chaque colonne désigne

Pour l'Amérique du Nord, la tribu des Podalyriées se rencontre dans la Floride, la Géorgie et la Caroline, où elle est assez bien représentée.

Si l'on examine avec un peu plus de détails la distribution de la tribu dans l'Australie, on constate, ainsi qu'en témoignent le tableau ci-dessus et la planche I, que de l'Ouest, où elle offre une grande abondance, elle gagne le Sud-Est. Elle est en effet fort bien représentée encore dans la Nouvelle-Galles du Sud, la province de Victoria et jusqu'en Tasmanie. Par contre, dans le Sud proprement dit, les Podalyriées sont beaucoup moins abondantes.

une des cinq parties du monde, et chaque ligne une région déterminée, telle que « partie Nord », « partie Sud », « Montagnes du Centre », etc.

Faisons la même opération pour chacune des espèces b_i, c_i, ... k_i, du genre G_i; on conçoit aisément qu'il suffira, pour connaître le pôle de diversité du genre G_i, de totaliser les signes de chaque case, en soulignant d'une manière spéciale le total maximum. Il peut y avoir deux totaux maximums, et parfois même un nombre quelconque. Cela est d'ailleurs très rare, et le raisonnement resterait le même, au cas où cela se produirait : il y aurait seulement deux ou plusieurs pôles de diversité, pour la collection considérée.

Prenons d'autres genres G_k, G_l,... et recommençons de la même manière que ci-dessus, nous aurons finalement p tableaux, p étant le nombre total de genres considérés (réunis en famille ou tribu ou sous-tribu). Pour une petite famille, ne comprenant que quelques genres, la recherche du pôle de diversité sera une opération des plus simples : il suffira de porter dans un nouveau tableau les totaux de points des cases correspondantes des tableaux des genres. Mais pour une famille très étendue, il y aura lieu, comme je l'ai fait ici, d'envisager des subdivisions plus ou moins importantes, tribus, sous-tribus, sections, etc. Je me suis contenté d'examiner ici la répartition des tribus et les cartes que l'on trouvera au cours de ce travail représentent la répartition géographique de chacune d'elles.

Enfin, pour les trois familles envisagées, on a représenté l'ensemble de la répartition géographique, non plus par des teintes noires plus ou moins foncées, mais par des contours circonscrivant les régions les plus riches; l'emploi de teintes dégradées eût été, dans ce cas, d'un emploi trop long et surtout incommode pour rendre convenablement sur une carte étendue la répartition générale de la famille.

Sans m'étendre sur des détails qui sortiraient du cadre de ce travail, je me contenterai de donner ici les tableaux numériques que j'ai obtenus pour la répartition des tribus, en les commentant brièvement et en les faisant suivre des planches qui s'y rapportent. Cela permettra d'apprécier d'un seul coup d'œil, le résultat obtenu.

Du Sud-Est, la tribu remonte au Queensland, c'est-à-dire au Nord-Est, et s'étale de là, sur la partie septentrionale de l'île, pour fermer la boucle et regagner les territoires de l'Ouest.

Le centre de l'Australie paraît dépourvu de représentants de cette tribu, qui semble préférer, d'une façon générale, le voisinage de la mer. Cela ressort en outre de la répartition dans l'Afrique du Sud, la Floride et la Caroline. Peut-être aussi n'est-ce là qu'une simple apparence, et le manque de Podalyriées au centre de l'île n'est-il que le résultat du manque de documents.

La planche I résume ce qui vient d'être dit, et permet d'apprécier facilement l'allure de la distribution de la tribu.

Anagyris L.

Je n'ai eu à ma disposition que la seule espèce française :

A. foetida L.

qu'on rencontre dans le midi de la France et la région méditerranéenne. Suivant l'avis de Ch. Martins (*Bull. Soc. Bot. fr.*, XVI, 100-102), elle n'y est peut-être que subspontanée. Il n'est pas inutile de faire remarquer que cette seule Podalyriée représentée chez nous est fort intéressante, car si l'on se reporte à ce que j'ai dit plus haut, on verra que la tribu entière est localisée surtout en Australie. On peut alors être surpris de trouver quelques-uns de ses représentants en Europe, mais il faut songer qu'au point de vue des climats, les rivages de l'Australie méridionale et occidentale et la région du Cap offrent d'intéressantes analogies avec la région méditerranéenne.

A. foetida L. (fig. 1 et 2). — Graines lisses, bistre-fauve, de la taille d'un haricot environ, mais d'une forme nettement différente. La saillie radiculaire est presque nulle, sauf à l'extrémité où elle forme un léger bourrelet ; vue de profil, la graine présente dans cette région un surplomb extrêmement net. Il en

résulte que le micropyle est entièrement caché, d'autant plus
que la région hilo-micropylaire est très profondément enfoncée,
et encadrée de rebords tégumentaires très élevés. Le tout (surplomb de la radicule et rebords tégumentaires) limite une profonde fossette, dont le fond paraît saupoudré de blanc : une

FIGURES 1 et 2. — ANAGYRIS L.

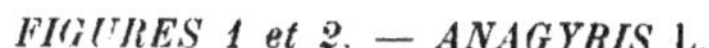
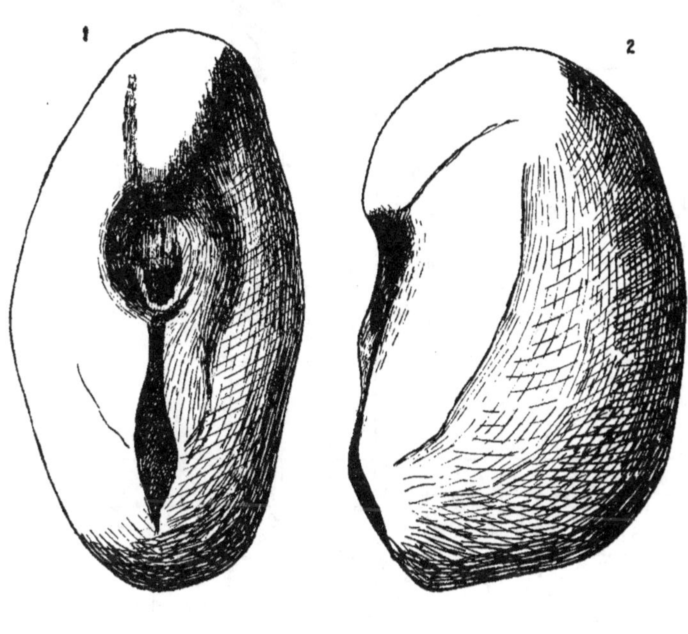

7 millimètres.

Fig 1 vue de face, fig. 2 vue de profil de *A. foetida* L., seule Podalyriée
française.

dépression ovale, arrondie du côté de la radicule, indique l'emplacement du micropyle, et une ligne médiane plus sombre,
comme une coupure de canif, se trouve à l'opposé, du côté de
la saillie raphéale. On retrouvera cette ligne médiane dans

LÉGUMINEUSES

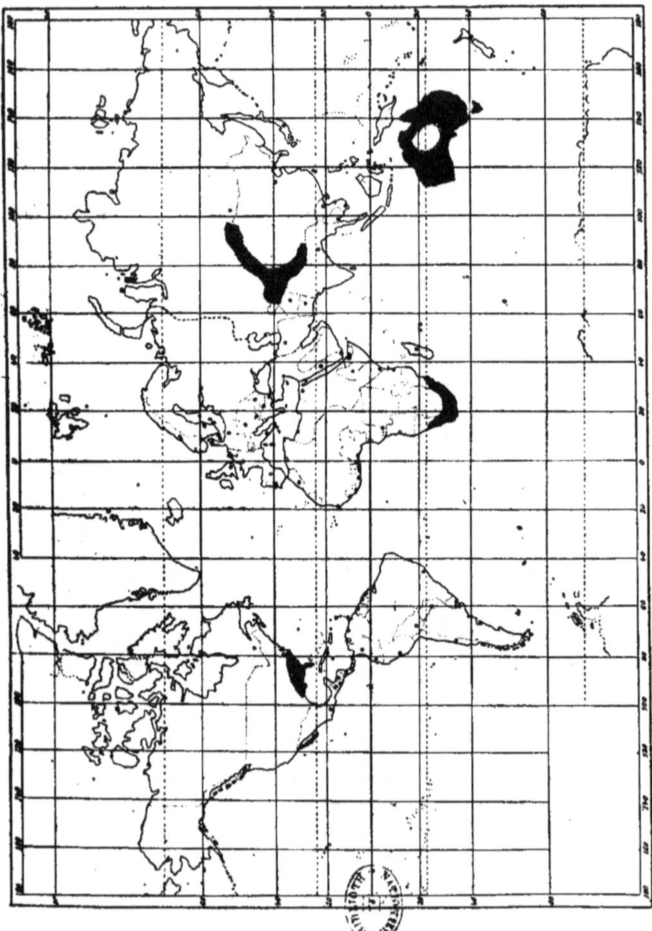

Répartition des Podalyriées

la région hilaire, chez un grand nombre de Papilionacées et notamment chez le genre *Phaseolus* L. où elle est très nette. La région raphéale ne se révèle ici que par une grande tache brun-rouge, claviforme du côté du pôle chalazien et représentée sur la figure par de fortes hachures. Les figures **1** et **2** complètent cette description et permettent de se rendre compte de l'aspect général de la graine. Il faut remarquer que :

1° Vue de face (fig. **1**) la graine présente deux forts bombements dans sa partie médiane ; cela la distinguerait des haricots si l'on voulait trouver entre ces graines des ressemblances qui n'existent pas ;

2° Vue de profil, la graine est nettement tronquée, du côté du pôle chalazien, tandis que la radicule est en forme de casque (fig. **2**).

Thermopsis R. Br.

Ce petit genre ne comprend qu'une quinzaine d'espèces, habitant l'Amérique du Nord, la Chine, le Japon, l'Himalaya. Les deux espèces que j'ai pu me procurer sont :

T. Caroliniana M. A. Curt.
T. fabacea DC.

La première se rencontre dans la Caroline, la seconde, à aire plus étendue, habite la Chine, le Japon, le Kamtschatka, l'Amérique du Nord, où on la trouve çà et là. Taubert (*in Engl. Nat. Pflanzenfam.*, III, 3, **201**) dit : « Samen mit oder ohne kleinen Nabelwulst ». Les espèces que j'ai étudiées sont dépourvues de tout ornement à la région ombilicale.

T. Caroliniana M. A. Curt. (fig. **3** et **4**). — Graines brun-jaunâtre clair, médiocres, de **3** millimètres environ, subglobuleuses, ovoïdes, lisses, brillantes. Saillie radiculaire médiocre, formant un surplomb plus ou moins accentué au-dessus de la région hilo-micropylaire, mais paraissant comme coupée brusquement à l'extrémité. Celle-ci, de même que la régiom ombilicale tout entière et la zone raphéale, est d'une couleur brune un peu plus foncée que le reste de la graine. Quant au hile

FIGURES 3 et 4. — THERMOPSIS R. Br.

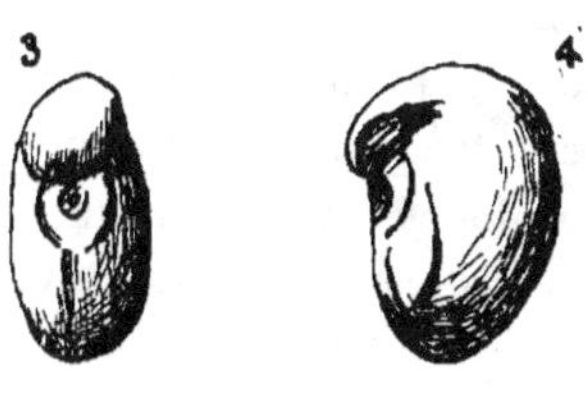

3 millimètres.

Fig. 3 vue de face, fig. 4. vue de profil de *T. Caroliniana* M. A. Curr.

proprement dit, il reste garni d'une sorte de collerette blanchâtre, fibreuse, évidemment constituée par les vestiges des

FIGURES 5 et 6. — THERMOPSIS R. Br. (*suite*)

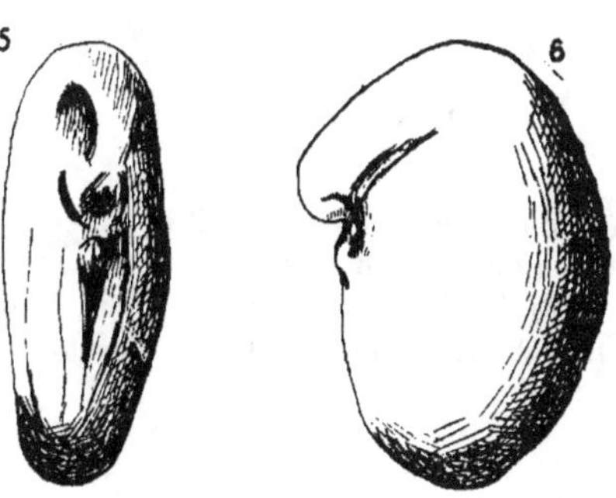

7 millimètres.

Fig. 5 vue de face, fig. 6 vue de profil de *T. fabacea* DC.

tissus funiculaires, mais il n'y a pas trace d'arille ni d'expansion ombilicale d'aucune sorte.

T. fabacea DC. (fig. 5 et 6). — Graines sensiblement plus grandes, atteignant 4,5 à 5 millimètres, brun-jaune très clair ou brun foncé, beaucoup moins globuleuses que celles du *T. Caroliniana*. Tégument lisse et brillant. Saillie radicale très prononcée, venant former à l'extrémité un bec très net et proéminent, surplombant fortement la région hilo-micropylaire. Celle-ci, fortement enfoncée dans l'échancrure ombilicale de la graine, est encastréc dans une sorte de fossette formée : en haut par le surplomb radiculaire, en bas par une bosse raphéale très nette, sur les côtés par deux proéminences tégumentaires. Ces rebords tégumentaires et la région raphéale sont d'un pourpre noir chez les graines brun foncé et bistre-jaune chez les graines claires. Enfin la région raphéale offre cette particularité de présenter une bosse nette au voisinage du hile, puis juste au-dessous une dépression très nette. Dans son profil, la saillie radiculaire est rectiligne ou subrectiligne sur une grande partie de sa longueur et souvent elle porte sur sa face antérieure une dépression assez nette. Il n'y a pas d'expansion membraneuse hilo-micropylaire. Ces diverses particularités permettent de distinguer aisément les deux espèces étudiées.

TABLEAU SYNOPTIQUE

Graines petites (3 mm.) subglobuleuses. Saillie radiculaire peu développée ; pas de dépression raphéale . . . . . *Caroliniana*
Graines plus grosses (4,5-5 mm.) plates, ovales allongées. Saillie radiculaire nette ; dépression raphéale bien développée . *fabacea*

<h1 style="text-align:center">TRIBU II. — Génistées</h1>

Dans cette tribu, on range **43** genres, comprenant en tout environ 975 espèces. Les genres dont j'ai étudié les graines sont assez nombreux ; ce sont les suivants :

Goodia Salisb.
Crotalaria L.
Templetonia R. Br.
Ulex L.
Laburnum Ludw.
Adenocarpus DC.
Spartium L.
Genista L.

A l'exception des trois premiers de ces genres, qui ne sont représentés que dans les régions tropicales, les autres ont des espèces françaises, et cela n'est pas pour diminuer leur intérêt. Le tableau statistique reproduit ci-après indique comment se groupent les Génistées à la surface du globe.

L'examen de ce tableau montre que la tribu des Génistées, qui comprend environ quarante genres (1) a son pôle dans l'Afrique du Sud, particulièrement dans la région du Cap. Et cela, avec une grande prédominance sur les autres régions du globe. Ce résultat peut surprendre *a priori*, car on range dans la tribu des Génistées bon nombre de genres abondamment représentés en Europe, et notamment en France. Si l'on quitte l'Afrique du Sud, pour porter son attention sur les autres par-

1. Cf. Louis Capitaine *Contribution à l'étude analytique et phytogéographique du groupe des Légumineuses*, où la note de la page 120 résume les diverses façons de voir des botanistes au sujet de la réduction du nombre des genres de Génistées, et notamment les opinions sur les genres *Genista* et *Cytisus*.

Distribution géographique des GÉNISTÉES

	Europe	Asie	Afrique	Amériques			Australie
				Nord	Centre	Sud	
Totalité du Continent	2				6	1	10
Nord		1	31		1	10	5
Est			27	2		4	2
Sud	21	57	367	4			5
Ouest	22		31	12		1	18
Nord-Est			8				7
Sud-Est	1	5					15
Sud-Ouest	58	6					
Nord-Ouest			14				Java : 6
Centre	8		8			20	
Centre-Nord							
Centre-Est							
Centre-Sud	2					1	
Centre-Ouest							
Région méditerr. totale	31	31	31				
Région méditerr. orientale	2	2	2				
Région méditerr. occidentale	1		1				
Montagnes Nord							
Montagnes Est			1				
Montagnes Sud	4	2	3			6	
Montagnes Ouest							
Montagnes Centre	3						
Montagnes Nord-Est							
Montagnes Sud-Est							
Montagnes Sud-Ouest	5					1	
Montagnes Nord-Ouest							
Déserts							
Asie Mineure		1					

Capitaine 2

ties du monde, on trouve trois autres pôles importants : deux sont sensiblement équivalents, ce sont l'Europe du Sud-Ouest, avec les Pyrénées, l'Espagne et le Portugal, d'une part, et d'autre part l'Asie méridionale, avec les Indes orientales et Ceylan. Quant au troisième pôle, qui est l'Australie, on y trouve encore une grande quantité de Génistées.

Si l'on examine un peu plus à fond les régions avoisinant ces pôles, on remarque que, en Europe, il y a une décroissance depuis la presqu'île ibérique jusque vers la Grèce, par la région méditerranéenne, qui reste ici, comme pour beaucoup d'autres Légumineuses, un berceau favori de ces plantes ; un grand nombre d'entres elles, en effet, recherche les sols arides, les climats doux, à étés chauds, à hivers peu rigoureux, et sont, pour une grande part, bien adaptées, par leur port éricoïde et la réduction de leur surface foliaire, aux déperditions d'eau par évaporation. De là, la tribu se diffuse dans l'Europe méridionale proprement dite (1), pendant qu'une autre branche, importante aussi, remonte droit vers le Nord, par la France, pour couvrir toute l'Europe atlantique.

En Asie, à part les Indes orientales, il n'y a guère à citer que la région méditerranéenne, avec l'Asie Mineure et la Syrie, qui se rattache peu nettement aux Nilghirris par l'Afghanistan, la Perse et peut-être aussi un peu l'Arabie.

Pour l'Australie, on trouve une prédominance marquée des Génistées dans la partie occidentale, là déjà où l'on avait rencontré le maximum des Podalyriées (2). On retrouve une nouvelle agglomération dans le Sud-Est, avec une zone de moindre importance au Sud, encore comme pour les Podalyriées, mais ici, on rencontre davantage d'espèces indifférentes, répandues dans toute l'île. Peut-être ne faut-il voir dans ce résultat qu'une conséquence de l'importance beaucoup plus considérable de la présente tribu. Il ne paraît guère probable, en effet, que ces parties extrêmement sèches, presque

---

1. Voir Gaston Bonnier, Variations des limites de la région méditerranéenne, *in La Géographie*, 1, 1900, p. 261.
2. Voir le tableau statistique des Podalyriées, p. 8, et la planche 1.

désertiques du centre soient abondamment peuplées de ces plantes, qui malgré le port éricoïde dont je parlais plus haut, et une certaine morphologie d'adaptation, ne peuvent, en réalité, prendre rang dans les plantes nettement xérophiles, comme *Cereus*, *Cactus* ou autres.

La planche II résume les conclusions que je viens de formuler et permet d'apprécier facilement la distribution de la tribu.

Goodia Salisb.

Le genre *Goodia* Salisb. est peu nombreux : on n'y range que deux espèces, et comme elles figurent toutes deux dans ma collection, je puis donner de ce genre une description assez complète. Ces deux espèces sont :

> *G. lotifolia* Salisb.
> *G. pubescens* Sims.

Elles habitent toutes les deux l'Australie. Leurs graines sont petites et munies d'un arille très remarquable, avec expansion en couvercle au-dessus du hile. Ces deux espèces ont des graines extrêmement caractéristiques ; on trouvera ci-après leurs diagnoses :

G. lotifolia Salisb. (fig. 7 et 8). — Graines de **3,5** millimètres environ, ovoïdes, globuleuses, entièrement d'un beau noir mat, lisse, uni. Hile ovale, avec une forte dépression médiane, en coup de canif. Arille jaune crème l'entourant complètement comme un fer à cheval fermé, dont le sommet de courbure serait prodigieusement développé et rabattu au-dessus du hile en couvercle de bouillote. Cette sorte de petit capuchon empêche de distinguer le hile et le mycropyle surtout, qui est protégé par l'auvent que forme au-dessus de lui la partie rabattue de l'arille. Cette disposition est très singulière, car il est rare que l'arille emboîte ainsi le micropyle, qui généralement reste plus ou moins libre. Celui-ci est d'ailleurs peu visible et ne présente aucun intérêt particulier.

Dans la figure que donne Engler (*in Pflanzenfamilien*, III, 3, 214, G), on ne comprend pas bien comment le funicule s'insère sur la graine. Comme je n'ai eu entre les mains que des graines dépourvues de tout vestige du funicule, je ne puis dire comment les choses se passent. Il y aurait cependant là, je crois, quelque chose d'intéressant, à examiner.

G. pubescens SIMS. (fig. 9 et 10). — Graines plus petites, ne dépassant pas 3 millimètres, en pyramide quadrangulaire dont

FIGURES 7 à 10. — GOODIA SALISB.

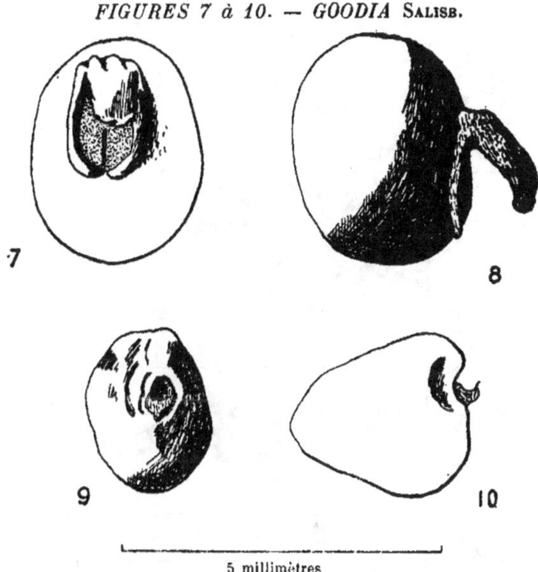

Fig. 7 et 8, *G. lotifolia* SALISB., de face et de profil. — Fig. 9 et 10 ; *G. pubescens* SIMS., de face et de profil.

la base grossièrement plane supporte la région hilo-micropylaire. Le hile, de forme plus ou moins ovale, est en partie recouvert par une sorte d'arille peu net et d'interprétation délicate, qui semble prendre naissance du côté du raphé pour s'élever un peu en capuchon au-dessus de la surface hilaire.

LÉGUMINEUSES

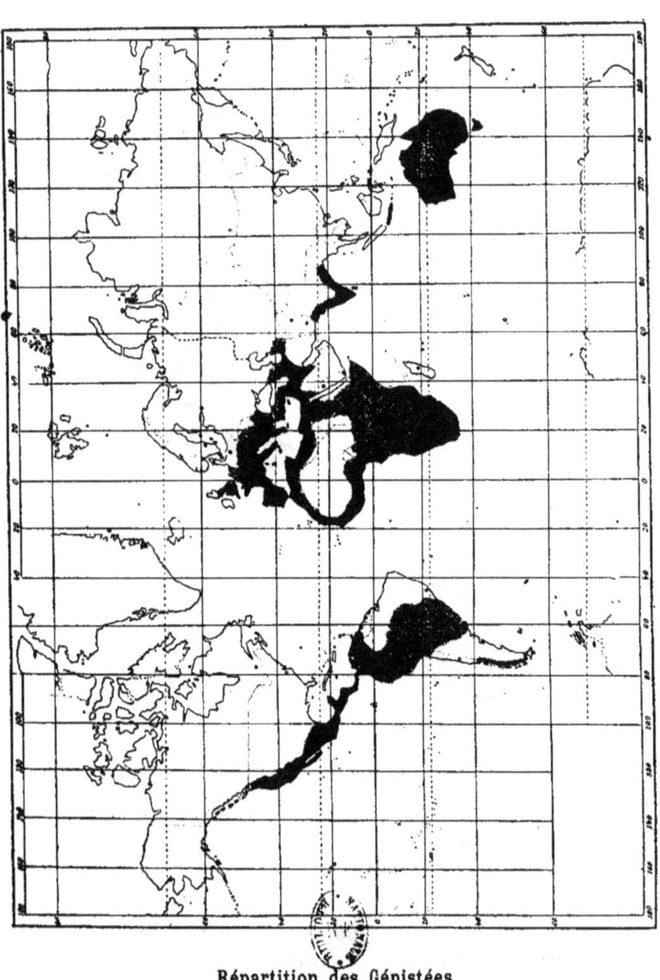

Répartition des Génistées

Il ne semble pas avoir une forme très définie. Ne serait-ce pas un débris du funicule qui, au niveau de son insertion, s'épanouit sur la tache hilaire ? Ce serait toujours par définition une formation arillaire. Quoi qu'il en soit, cette expansion est de couleur jaune parchemin très pâle, et le reste de la graine est brun-olive, à peine brillant, comme douci.

On peut facilement distinguer ces deux espèces, au point de vue séminologique. On trouvera ci-dessous résumées leurs différences capitales :

TABLEAU SYNOPTIQUE

Graines ovoïdes noires, mates. Arille en couvercle de bouillote . . . . *lotifolia*
Graines pyramidales, brun-olive, sub-brillantes. Arille peu net . . . . *pubescens*

Crotalaria L.

Le genre *Crotaïaria* L. comprend environ 250 espèces habitant les tropiques des deux hémisphères. Les graines des espèces que j'ai pu étudier sont très caractéristiques ; quoique peu nombreuses, elles permettent de se faire une idée de leur morphologie dans ce genre assez vaste.

Les douze espèces qu'il m'a été donné d'étudier sont les suivantes :

C. alata Roxb.
C. incana L.
C. incanescens L. f.
C. indica L.
C. laburnifolia L.

C. pulcherrima Roxb.
C. quinquefolia L.
C. retusa L.
C. sagittalis L.
C. semperflorens Vent.
C. striata DC.
C. verrucosa, W. et Arn.

Elles sont assez différentes les unes des autres et faciles à distinguer.

D'une façon générale, on pourra retenir que les graines de *Crotalaria* ont plus ou moins exactement la forme d'une oreille : la campylotropie de l'ovule est ici extrêmement accentuée, il en résulte que souvent l'extrémité du tégument où se loge la radicule est enroulée en colimaçon sur elle-même, donnant à la graine un aspect des plus remarquables. Je passerai rapidement en revue chaque espèce, et je donnerai ensuite un tableau récapitulatif et analytique des espèces étudiées.

C. alata Roxb. (fig. 21 et 22). — Graines bistre violâtre assez foncé, très brillantes, assez petites, non enroulées en colimaçon. Extrémités radiculaire et raphéale simplement arquées, et limitant entre elles une cavité très profonde (on dirait un trou). C'est la cavité hilo-micropylaire. On n'y peut distinguer aucun détail : le hile est trop profondément enfoncé pour qu'on puisse le voir ; quant au micropyle, il est situé sous la partie de la radicule qui est en surplomb sur la cavité creuse. Il est donc invisible.

C. incana L. (fig. 25 et 26). — Graines jaune de miel, d'aspect corné, un peu doucies, plutôt mates. Extrémité radiculaire assez nettement recourbée, axe hypocotylé rectiligne. La cavité hilo-micropylaire est ici très restreinte, et le raphé se traduit à l'extérieur par une légère dépression du tégument : on dirait une gouttière. La zone raphéale dépasse de beaucoup la zone radiculaire, et on peut dire qu'elle est à un niveau supérieur, si on tient la graine radicule en l'air, de façon que la ligne droite correspondant à l'axe hypocotylé soit verticale.

FIGURES 11 à 18. — CROTALARIA L.

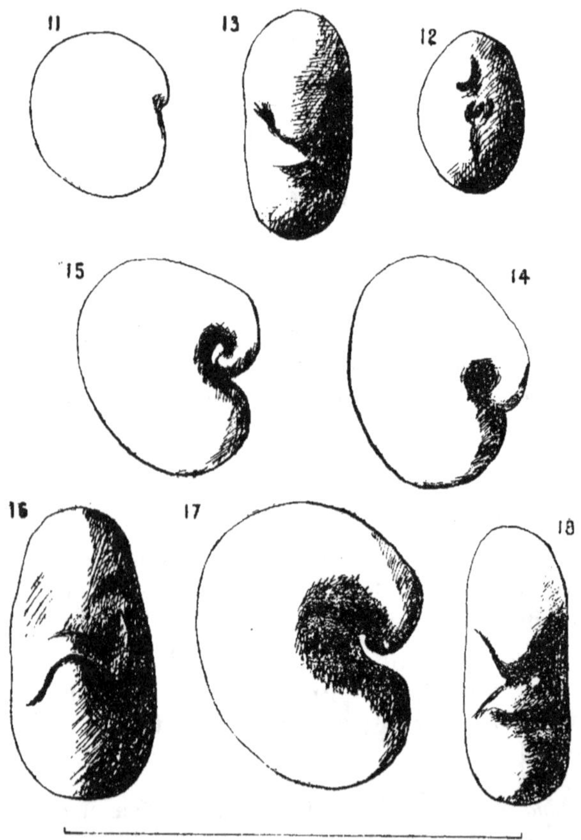

8 millimètres

Fig. 11 et 12, *C. verrucosa.* W et ARN., profil et face. — Fig. 13 et 14,
C. retusa L., face et profil. — Fig. 15, *C semperflorens* VENT., profil.
— Fig. 16 et 17, *C. quinquefolia* L., face et profil. — Fig. 18, *C. pul-
cherrima* ROXB , face.
[Voir fig. 28, *C. semperflorens* VENT., de face, et fig. 27, *C. pulcher-
rima* ROXB., de profil].

C. incanescens L.f. (fig. **23** et **24**). — Graines jaune verdâtre pâle, à légères mouchetures noires, ou vert paon uni (elles paraissent alors taillées dans du porphyre). L'axe hypocotylé est rectiligne, la radicule est ensuite courbée à angle droit pour se replier contre la région hilo-micropylaire. Vue de face, la graine présente, entre l'extrémité de la radicule et le bombement produit par les cotylédons une région creuse, limitée à droite et à gauche par deux rebords du tégument. La cavité hilo-micropylaire, ainsi définie, laisse voir en son milieu une petite fosse, au fond de laquelle se trouve le hile ; sur la paroi abrupte, on rencontre le micropyle, invisible directement.

C. indica L. (fig. **31** et **32**). — De couleur très sombre, vert paon ou brun-rouge très foncé, les graines de cette espèce ont le tégument lisse, poli, mais peu brillant. La région où se trouve l'axe hypocotylé est rectiligne ou presque. La radicule fortement recourbée s'incurve vers la cavité hilo-micropylaire, mais celle-ci est très peu profonde. D'ailleurs on ne distingue pas de hile et la cavité n'est pas limitée par deux rebords tégumentaires, à droite et à gauche. Il ne me paraît pas possible qu'on puisse confondre cette espèce avec le *C. incana*, à cause de la couleur et de l'aspect des graines. On a vu, en effet, que ce dernier a des graines d'aspect corné, semi-transparentes, tandis que celles du *C. indica* sont très fortement opaques. Elles paraissent en porphyre.

C. laburnifolia L. (fig. **33** et **34**). — Graines opaques, mais très luisantes, d'aspect huilé. Forme générale analogue aux précédentes. Couleur fauve plus ou moins ardent, présentant de très fines et très pâles mouchetures noires. Ressemble un peu au *C. incanescens*, mais s'en distingue aisément par la couleur (ce dernier est d'un jaune verdâtre caractéristique) par l'aspect brillant et non presque mat, par la région de l'axe hypocotylé qui est nettement convexe, tandis qu'elle est nettement rectiligne dans le *C. incanescens*. Vue de face, la graine présente une cavité hilo-micropylaire très nette, au fond de

laquelle on aperçoit vaguement le hile, sous forme d'une
petite tache concolore, un peu plus foncée, oblongue, se rat-

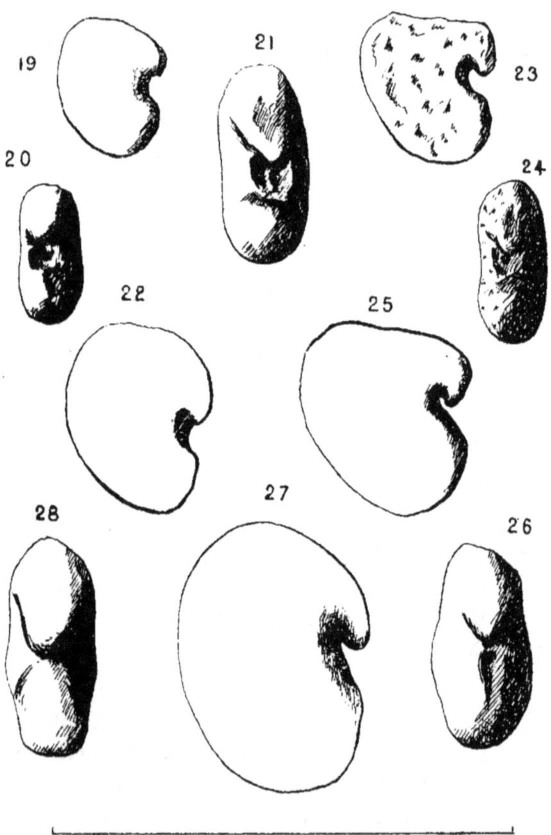

FIGURES 19 à 28. — CROTALARIA L. (*suite*)

8 millimètres

Fig. 19 et 20, *C. sagittalis* L., profil et face. — Fig. 21 et 22, *C. alata* Roxb.,
face et profil. — Fig. 23 et 24, *C. incanescens*, L.f., profil et face. —
Fig. 25 et 26, *C. incana* L., profil et face. — Fig. 27, *C, pulcher-*
rima Roxb., profil. — Fig. 28, *C. semperflorens* Vent., face. — [Voir
fig. 18, *C. pulcherrima* Roxb., de face, et fig. 15, *C. semperflorens* Vent.,
de profil].

tachant directement avec le début du raphé par une **plage en**
forme de raquette (comme dans le *Phaseolus vulgaris* L.). Cette
graine peut aussi présenter quelque analogie avec *C. striata*,
mais elle s'en distingue par sa couleur, car cette dernière est
jaune de miel foncé, par la forme de la radicule qui présente
un bec plus prononcé, en surplomb sur la cavité hilo-micropylaire, par un hile beaucoup moins étendu, par la région de
l'axe hypocotylé plus nettement rectiligne.

C. pulcherrima Roxb. (fig. **18** et **27**). — Graines grandes
(4,5 millimètres), polies mais peu brillantes, fauve plus ou
moins foncé, absolument lisses, dépourvues de toutes mouchetures. De profil la graine présente une forme en oreille assez
nette. La radicule vient faire une saillie en bec au-dessus de
la région hilo-micropylaire, qui forme ici une minuscule cavité
entièrement abritée par le surplomb de la radicule et protégée,
à droite et à gauche, par deux rebords tégumentaires. Le
raphé fait un coude brusque de telle sorte que la graine tout
entière, sauf l'indentation hilaire, qu'on peut comparer à une
encoche faite au canif, peut voir son contour inscrit dans un
ovale assez régulier, comme le représente la figure **27**. Cette
espèce présente en outre des faces latérales assez exactement
planes et ne peut être confondue avec aucune autre.

C. quinquefolia L. (fig. **16** et **17**). — Graines grosses (5 millimètres) subgl buleuses, d'un brun violacé très foncé, lisses et
paraissant dépolies (à un fort grossissement elles sont très
finement chagrinées et presque mates). Radicule fortement
enroulée en virgule, et surplombant la dépression hilo-micropylaire. Celle-ci est limitée, à droite et à gauche par deux
bourrelets tégumentaires assez éloignés l'un de l'autre, et en
bas, par la naissance du raphé, qui fait un coude extrêmement prononcé, comme la radicule, mais plus gros. Le centre
de cette dépression, de couleur jaune parchemin plus ou
moins clair, est occupé par la tache hilaire, qu'on aperçoit
partiellement, sous la saillie de la radicule, comme une
petite plage arrondie.

C. retusa L. (fig. 13 et 14). — Graines grosses, plates, fauve plus ou moins foncé allant jusqu'au brun-rouge. La forme de la graine est très particulière, car la radicule, enroulée en colimaçon, est si étroitement appliquée contre le reste de la graine qu'elle obture entièrement la cavité hilo-micropylaire, d'autant plus que le bombement du raphé la rejoint exactement. La région de l'axe hypocotylé est rectiligne. Il résulte de cette disposition que la graine forme un ombilic profond dans ladite région, comme on peut le voir sur les figures. De face, la graine ne présente rien de particulier, puisque la radicule obstrue tout.

C. sagittalis L. (fig. 19 et 20). — Graines petites (1 mm. 5 environ), brun-noir foncé, brillantes ou luisantes, peu arquées, plates. Radicule obtuse, peu enroulée et simplement recourbée sur la cavité hilo-micropylaire, ici très nette. Celle-ci est délimitée par le surplomb de la radicule, le raphé et deux rebords tégumentaires latéraux. On voit très bien, au fond, le hile sous forme d'une tache arrondie, tout au fond d'un trou qui est la partie intéressante de la cavité. La région de l'axe hypocotylé est assez convexe.

C. semperflorens Vent. (fig. 15 et 28). — Graines brun rouge plus ou moins franc et plus ou moins foncé, parfois teintées en vert-bleu, moyennes (3 millimètres), lisses, assez brillantes, à faces latérales bombées au milieu. De profil la forme est très remarquable : la radicule, circinée, s'enroule en colimaçon, de façon à laisser une petite lumière (ombilic perforé) ; mais elle s'appuie par son extrémité sur le reste de la graine et touche le début du raphé, en obstruant entièrement la cavité hilo-micropylaire. Région de l'axe hypocotylé rectiligne ou presque. Vue de face, elle offre deux bosses (radicule et raphé) très analogues de taille et d'aspect et on ne sait à laquelle on a affaire. Sur la vue de face, on voit aussi, nettement, les deux bombements centraux des faces latérales qui dominent de chaque côté, l'ombilic perforé.

C. striata DC. (fig. **29** et **30**). — Comme je l'ai dit plus haut, cette espèce présente quelque analogie avec le *C. laburnifolia* ou le *C. incanescens*, mais il est facile d'éviter les erreurs, en examinant d'un peu près et avec attention les échantillons étudiés. Couleur jaune de miel plus ou moins foncé, allant jusqu'au fauve foncé ou brun-rouge ; région de l'axe hypocotylé assez droite sans être aussi nettement rectiligne que dans l'*incanescens*, ni aussi convexe que dans le *laburnifolia*. Saillie radiculaire formant une simple bosse, non un crochet, comme dans ces deux espèces. Région hilo-micro-

FIGURES 29 à 34. — CROTALARIA L. (suite)

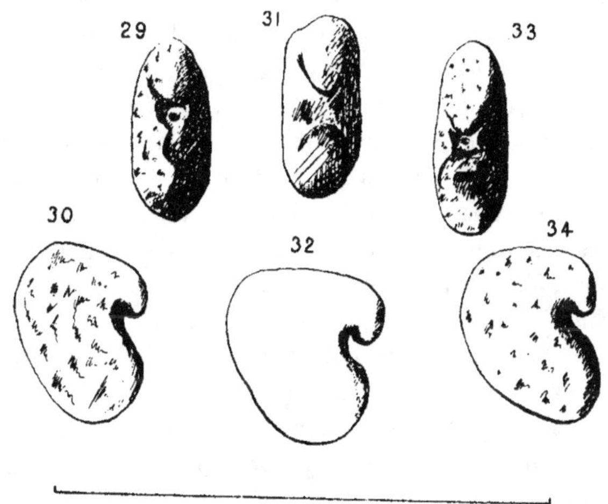

Fig. 29 et 30, *C. striata* DC., face et profil. — Fig. 31 et 32, *C. indica* L., face et profil. — Fig. 33 et 34. *C. laburnifolia* L , face et profil.

pylaire présentant des détails beaucoup plus nets. Le hile, en particulier, y forme une grande surface bien apparente, au fond d'un trou profond. La confusion ne paraît pas possible avec l'*incanescens*, par la couleur (ce dernier est d'un jaune verdâtre caractéristique) et par la forme de la région de l'axe hypocotylé. Et on a vu plus haut, à propos du *laburnifolia*, comment on peut distinguer les deux espèces. Je n'insisterai donc pas davantage ici sur cette question.

C. *verrucosa* W. et ARN. (fig. **11** et **12**). — C'est de toutes les espèces étudiées une des plus remarquables : jaune corné, mat, aspect gras. Graines très globuleuses, sans saillie radiculaire bien sensible, de contour suborbiculaire, à faces latérales très convexes. Raphé peu saillant, non proéminant au début. Région hilo-micropylaire très peu excavée, très nette et très petite, presque au ras de la surface. Graine présentant beaucoup d'analogie d'aspect avec les graines globuleuses de même couleur, de nombreuses Crucifères.

Maintenant que j'ai passé en revue les espèces étudiées, en faisant ressortir leurs caractères spéciaux et différentiels, on peut se proposer d'établir une clé permettant de trouver le nom d'une quelconque de ces espèces. Si alors on étudie d'autres échantillons de *Crotalaria*, on pourra, ou bien les déterminer, si ce sont des espèces qui se trouvent parmi celles qui sont examinées ici, ou bien les situer auprès d'une de celles-là, si elles sont différentes, ce qui permettra de connaître aisément leurs affinités morphologiques.

On peut diviser les échantillons étudiés en deux groupes, suivant que la saillie radiculaire forme ou non une bosse en surplomb ou une dent plus ou moins circinée. Ensuite dans le premier cas, on pourra distinguer les espèces où la saillie radiculaire touche ou ne touche pas le raphé. On aura donc le tableau suivant :

TABLEAU SYNOPTIQUE

1 { Saillie radiculaire en pointe plus ou moins circinée, ou au
      moins ayant la forme d'une bosse en surplomb. . .   2
   { Saillie radiculaire faible, ne formant jamais de surplomb ;
      dépression hilo-micropylaire faible et très évasée . .   10

2 { Pointe radiculaire touchant très nettement la saillie
      raphéale   3
   { Non   4

3 { Ombilic perforé . . . .   *semperflorens*
   { Ombilic obturé . . . .   *retusa*

4 { Graines à mouchetures noires ou pâles (visibles à la loupe).   5
   { Tégument unicolore   7

5 { Saillie radiculaire en crochet surplombant la cavité hilo-
      micropylaire   6
   { Saillie radiculaire simplement en bosse ; région de l'axe hypo-
      cotylé non nettement rectiligne ; couleur fauve foncé ou
      brun-rouge. Trou hilaire large . . . .   *striata*

6 { Région de l'axe hypocotylé nettement rectiligne. Couleur jaune
      verdâtre pâle . . . .   *incanescens*
   { Région de l'axe hypocotylé convexe ; couleur miel foncé ou
      fauve ± ardent . . . .   *laburnifolia*

7 { Saillie radiculaire en crochet recourbé un peu à angle
      droit   8
   { Saillie radiculaire simplement bossue. Graine fauve ardent de
      contour général ovale ; la dépression hilo-micropylaire
      semble une encoche faite au canif . . . .   *pulcherrima*

8 { Graine de 3,5 mm. au plus   9
   { Graine de 4,5 mm. au moins . . . . .   *quinquefolia*

9 { Région de l'axe hypocotylé nettement rectiligne, .   *incana*
   { Région de l'axe hypocotylé nettement convexe . .   *indica*

10 { Graines globuleuses, jaune de cire . . . . .   *verrucosa*
   { Graines plates, brun foncé.   11

11 { Graines de 2 mm. environ, bistre foncé très luisant.   *sagittalis*
   { Graines de 3 mm. environ, brun violâtre foncé, bril-
      lantes . . . .   *alata*

Templetonia R. Br.

La seule espèce (fig. 35 et 36) de ce genre intéressant que j'aie pu examiner est :

T. retusa R. Br.

Elle est extrêmement remarquable et impossible à confondre

FIGURES 35 et 36. — TEMPLETONIA R. Br.

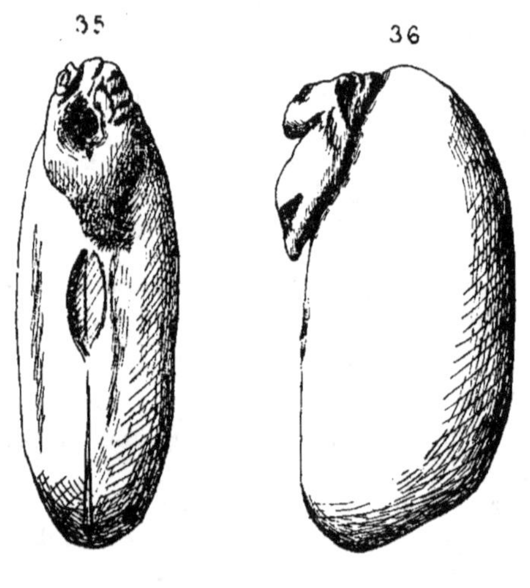

7 millimètres

Fig. 35 et 36, *T. retusa* R. Br. de face et de profil.

avec aucune autre de toutes celles que j'ai étudiées. Longue de 6 millimètres environ, elle est d'un brun-jaune clair rappelant assez la couleur de la corne. Vue de face, du côté de la radicule, elle est aplatie; de profil, elle est presque rectangulaire, allongée, avec une échancrure hilo-micropylaire très remarquable. Cette dernière, en effet, est entièrement formée d'une cavité profonde encadrée d'un rebord tégumentaire élevé et surmonté d'un arille bizarre ayant quelque analogie avec celui du *Goodia lotifolia* Salisb. Mais tandis que ce dernier est en fer à cheval net, quoique fermé par ses pointes qui se touchent, ici l'arille forme un gros bourrelet complètement continu et très saillant. Il en résulte que la région hilo-micropylaire est située comme au fond d'un petit puits. Du côté de la radicule, l'arille forme une saillie qui se rabat sur l'entrée de l'infundibulum pré-cité, et le recouvre en partie, un peu comme chez le *Goodia*. Mais chez celui-ci le couvercle, étalé et bien développé, reste éloigné de l'orifice. Ici, au contraire, il est plus réduit et reste appliqué par ses bords contre le rebord propre de l'arille ; il n'obstrue qu'une faible portion de l'orifice.

Il est à noter que le genre *Templetonia*, endémique en Aus-tralie, comme *Goodia*, est comme lui caractérisé par des graines très remarquables. C'est un petit genre qui ne compte que sept espèces environ. On trouve ici un curieux cas de ressem-blance morphologique, chez des graines produites par des plantes de même origine, rangées dans de petits genres un peu aberrants. C'est là une confirmation intéressante du rapport qui existe entre la morphologie des graines et la phytogéogra-phie.

Ulex L.

Le genre *Ulex* comprend une vingtaine d'espèces habitant l'Europe occidentale et sud-occidentale. Il m'a été possible d'examiner les graines des deux espèces françaises :

U. europaeus L.
U. parviflorus Pourr.

Pour le premier, l'aire géographique comprend l'Europe occidentale, du Danemark au Portugal, la Suisse méridionale, l'Italie. Le second, au contraire, habite plus spécialement l'Espagne et le Portugal et ne se rencontre chez nous que dans la région méditerranéenne, depuis les Pyrénées-Orientales jusqu'aux Bouches-du-Rhône environ. Tels sont les renseignements que donne M. Rouy dans sa *Flore de France* (IV, **242** et **246**). Bien que cet auteur ait subdivisé ces espèces en un grand nombre de sous-espèces et variétés, il semble qu'à ces deux stirpes correspondent des graines de types assez distincts. Celles de l'*U. Europaeus* L. (fig. **37** et **38**), obovales-cordiformes, sont plus ou moins échancrées à l'ombilic, mais toujours coiffées, à la région hilo-micropylaire, d'un arille très net, en fer à cheval, ouvert du côté du micropyle, et offrant sa convexité du côté du raphé. La couleur de la graine est généralement

FIGURES 37 à 40. — ULEX L.

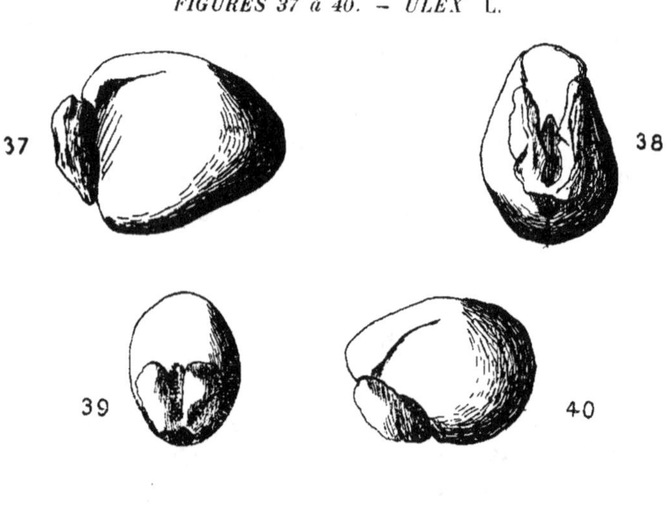

Fig. 37 et 38, *U. Europaeus* L., de profil et de face. — Fig. 39 et 40, *U. parviflorus* Pourr., de face et de profil.

très foncée, d'un vert presque noir, ou tirant sur le gris-bleu ou le bistre. L'arille est jaune de miel clair. Le tégument est lisse et paraît poli, à l'œil nu. Toutefois, avec une forte loupe,

on aperçoit de très fines ponctuations à la surface ; elles confèrent alors au tégument un aspect très légèrement chagriné.
L'*U. parviflorus* Pourr. (fig. 39 et 40) se distingue aisément
du précédent par sa couleur, sa taille, son aspect. La **graine**
en effet, ainsi qu'on peut le voir dans les dessins ci-joints,
n'est plus obovale-cordiforme, mais ovale, atténuée légèrement en pointe du côté de la radicule. L'arille plus petit et
plus étalé ne coiffe pas le sommet de la graine (si l'on prend
la saillie radiculaire pour le sommet) mais est rejeté latéralement. Enfin, vue de face, la graine offre un contour ovale,
tandis que chez *U. Europaeus*, elle a la forme d'une poire. En
outre l'arille, beaucoup plus étalé, comme on vient de le dire,
a la forme d'un fer à cheval ouvert du côté du micropyle,
mais dont les branches sont beaucoup plus courtes que chez
U. Europaeus. La couleur du tégument, beaucoup plus lisse que
dans cette dernière espèce, quand on le regarde à la loupe, est
brun-jaune clair, et l'arille jaune de miel est plus translucide.

On peut résumer toutes ces différences dans le tableau suivant :

TABLEAU SYNOPTIQUE

Graines obovales-cordiformes, de couleur foncée ; région
hilo-micropylaire développée formant une troncature terminale coiffée d'un arille à longues branches.   *Europaeus*
Graines ovales, atténuées en pointes du côté de la radicule ;
couleur brun-jaune clair ; région hilo-micropylaire subla-
térale recouverte d'un arille à branches courtes et trapues . . . .   *parviflorus*

Laburnum Ludw.

Souvent considéré comme sous-genre des *Cytisus*, (genre qui
lui-même doit être rattaché aux *Genista*, comme on le verra
plus loin, et dans Rouy, *Fl. fr.*, IV, 185), le genre *Laburnum*
se distingue, au point de vue séminologique, par un fait
capital : les graines sont toutes dépourvues d'expansion arillaire.

D'ailleurs les ressemblances sont assez grandes entre les graines de quelques-unes des espèces de chaque genre. Notamment, le *C. purpureus* Scop. ressemble beaucoup au *L. vulgare* Gris. J'ai indiqué, à l'article *Genista*, la différence entre les graines de ces deux espèces, je la rappellerai ci-dessous.

J'avais à étudier les espèces ou variétés suivantes :

> *L. Adami* Kirch.
> *L. alpinum* Lang.
> *L. alpinum* Lang, var. *lucidum* Kirch. (1).
> *L. Alschingeri* C. Koch.
> *L. vulgare* Gris.
> *L. vulgare* Gris., var. *quercifolium* Kirch. (1).
> *L. Wattereri* Dipp.

Je donnerai les diagnoses de chaque espèce, non sans faire remarquer au préalable que, d'une façon générale, ces graines sont grossièrement ovales, avec une forte échancrure à la région

---

1. Les variétés *lucidum* du *L. alpinum* Lang, et *quercifolium* du *L. vulgare* Gris. sont fort peu connues. N'ayant pu trouver le nom des botanistes qui avaient créé ces deux variétés, dont j'avais reçu des graines authentiques du jardin botanique de Kew, j'ai demandé le renseignement à M. Prain, le savant directeur de cet établissement. On sait en effet que les échantillons communiqués par le musée de Kew ne portent presque jamais l'indication du nom d'auteur, surtout quand ce sont des échantillons vivants ou des graines, car ces noms d'auteurs sont indiqués dans l'*Index Kewensis* ; mais cet ouvrage ne donne aucun renseignement sur les variétés, et ne mentionne que les types. Je remercie donc M. Prain d'avoir bien voulu me faire la réponse suivante : « .... the names *Laburnum alpinum* var. *lucidum* and *L. vulgare* var. *quercifolium* appear to have been first published by Kirchner (*Arboretum Muscaviense*, 1864, pp. 397 et 399) who records them as *L alpinum lucidum*, Hort. and *L. vulgare quercifolium*, Hort. The latter is included in Loudon, *Arb. et Frut. Brit.* ii, p. 590 (1838) as *Cytisus Laburnum* var. *quercifolium*, Hort.

« It may be mentioned that though writers usually state that Grisebach (*Spicileg. Fl. Rumel.*, 1843) is the author of the names *L. alpinum* and *L. vulgare* these combinations were first made by J. S. Presl in Berchtold, *O Prirozenosti Rostlin aneb Rostlinar*, iii, (1830-35), p. 99. » (London 29/12/11).

hilo-micropylaire. La radicule forme toujours un surplomb plus ou moins prononcé.

L. Adami KIRCH. (fig. 51 et 52). — Graines globuleuses, brun-rouge très foncé, presque noir, polies, à tégument lisse, comme toutes les autres. De profil, la saillie radiculaire est largement bombée. Elle forme un surplomb très net au-dessus du micropyle. Au-dessous de la cavité hilaire se voit une bosse très nette, début du raphé. A ce dernier correspond une zone un peu plus claire de la graine, qui s'étend jusqu'en bas, et se fond insensiblement dans la couleur générale du tégument. Au hile reste adhérent un débris du funicule qui pourrait faire croire à une légère expansion arillaire. Il a la forme d'une petite membrane papyracée blanc crème, qui tranche très nettement sur la couleur générale de la graine. De face, on ne voit pas le micropyle. Il est caché par la saillie radiculaire.

L. alpinum LANG, type (fig. 41 et 42). — Graines assez plates, ovales assez allongées, d'un bistre olivâtre plus ou moins foncé, polies (1). De face, le micropyle est caché par le surplomb en corne, de la saillie radiculaire. Le hile apparaît comme une toute petite tache sombre (concolore avec le reste de la graine) séparée du tégument proprement dit par un rebord blanc, formant une très mince collerette. La dépression hilo-micro-pylaire est entourée d'un rebord tégumentaire très net. La forme du funicule est intéressante à signaler : ce dernier au lieu de se détacher de la graine, au niveau du hile, reste le plus souvent adhérent à cette dernière. La section a lieu au placenta. La partie donc qui reste attachée à la graine a l'aspect représenté ici sur la figure 41.

La variété *lucidum* KIRCH. (fig. 43 et 44) est plus large et moins longue, de contour général plus arrondi. La couleur est plus nettement olivâtre, la corne radiculaire est moins aiguë. La tache hilaire est analogue, à collerette blanche et à fond bistre, mais

1. Ici comme chez les *Genista*, les graines sont vraisemblablement brillantes aussitôt après la récolte, et deviennent plus ou moins mates ou doucies pendant la dessiccation.

plus grande. Le raphé est rouge orangé plus vif, avec plage plus sombre exactement au milieu et bords clairs (jaunâtres). Le profil de cette graine permet de la ranger facilement dans l'espèce *alpinum*, et les caractères que nous venons d'énumérer permettent de la séparer non moins aisément du type.

L. *Alschingeri* C. Koch (fig. 53 et 54). — Graines globuleuses, noir rougeâtre, assez petites, de contour presque orbiculaire, de profil. La radicule forme un surplomb qui ne dépasse pas le contour général de la graine. La dépression hilo-micropylaire est très excavée et très resserrée à la fois. Le hile n'est pas exactement au fond de la dépression, ainsi qu'en témoigne le mode d'insertion du funicule, comme je l'ai représenté (fig. 54). De face, la graine épaisse montre un hile circulaire à bordure plus claire, protégé par une saillie tégumentaire en bourrelet, tout autour. Ce bourrelet est extrêmement net. La saillie radiculaire s'indique comme une forte côte, et le raphé par une tache un peu plus claire.

L. *vulgare* Gris., type (fig. 45, 46, 55 et 56). — Graines grosses, 4-5 millimètres de longueur, globuleuses (3 millimètres d'épaisseur environ) *quand elles ont été récoltées dans de bonnes conditions,* noires quand elles sont mûres, mates très peu de temps après la cueillette, ou tout au plus faiblement brillantes, orbiculaires réniformes, absolument lisses (1), sans arille. Hile

---

1. MM. Grenier et Godron (*Fl. fr.*, I, 359) et Rouy (*Fl. fr.*, IV, 200) disent, à tort, que cette espèce a les graines *alvéolées* ou *munies à leur surface de petites fossettes irrégulières.* Je n'ai jamais remarqué ce fait tant sur les échantillons *mûrs* que j'ai récoltés moi-même, que sur les plantes d'herbier que j'ai pu examiner. L'erreur provient vraisemblablement de ce que les graines étudiées par les auteurs précités, avaient été recueillies non mûres. Elles s'étaient alors ridées, en se recroquevillant légèrement, par un phénomène physique facile à comprendre : le tégument devenant trop grand pour son contenu. Toutes les autres graines que j'ai examinées, tant dans le genre *Laburnum* que dans les genres voisins (*Genista* en particulier) sont trop semblables entre elles, pour qu'il ne soit pas surprenant de trouver l'indication d'un caractère si particulier, pour *une seule* des espèces étudiées (et probablement — si c'était exact — la seule du genre). J'ai donné ici deux dessins de graines du *Laburnum vulgare* type. Elles sont

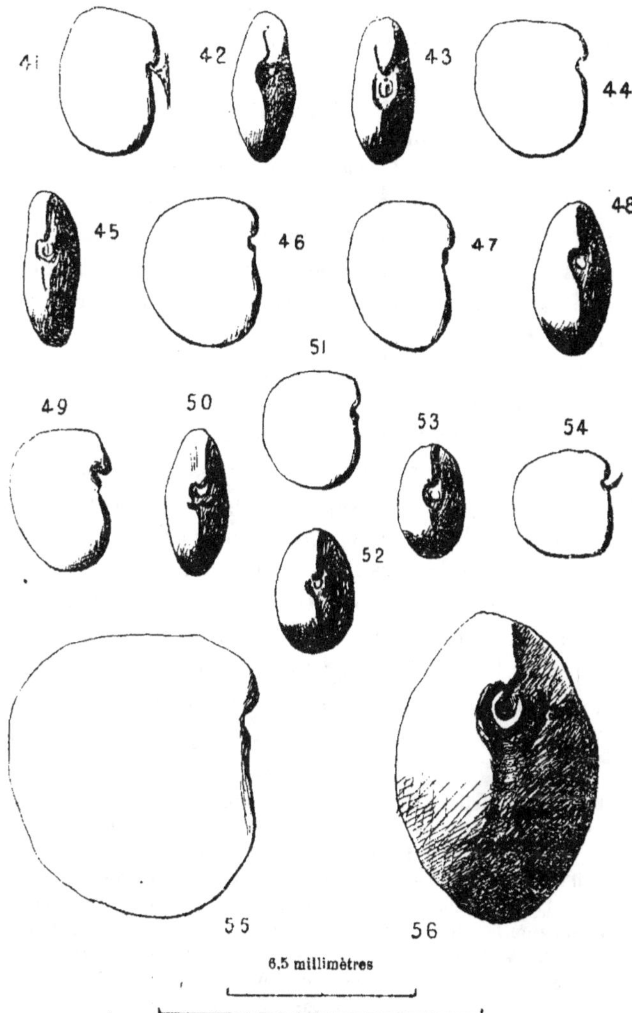

Fig. 41 et 42, *L. alpinum* Lang (type), de profil et de face. — Fig. 43 et 44, *L. alpinum* Lang, var. *lucidum* Kirch., de face et de profil. — Fig. 45 et 46, *L. vulgare* Gris. (Echantillon communiqué par M G. Rouy), de face et de profil. — Fig 47 et 48. *L. vulgare* Gris., var. *quercifolium* Kirch., de profil et de face. — Fig. 49 et 50, *L. Wattereri* Dipp., de profil et de face. — Fig. 51 et 52, *L. Adami* Kirch., de profil et de face. — Fig 53 et 54, *L. Alschingeri* C. Koch, de face et de profil. — Fig. 55 et 56, *L. vulgare* Gris. (type), de profil et de face. (Echantillon récolté par moi en Normandie. Mes échantillons du Valais (Suisse) sont identiques).
La première échelle (6 1/2 millimètres) se rapporte aux petits dessins ; la deuxième (5 millimètres) se rapporte aux deux grandes figures du bas.

entouré d'une minuscule membrane, relevée en forme de faux-col, et provenant soit de la prolifération des tissus tégumentaires au voisinage du hile (arillule), soit des vestiges du funicule qui ne s'est pas détaché rigoureusement au niveau de la graine, mais qui a abandonné sur elle quelque partie, toujours très faible, de lui-même (1). Cette espèce ressemble passablement au *C. purpureus* Scop. Je rappelle brièvement les caractères distinctifs des deux espèces, et pour plus de détails on pourra se reporter à la diagnose de cette dernière, où la question est traitée tout au long. Ici le tégument est plus lisse, la région de l'axe hypocotylé plus droite. La couleur du *purpureus* est plus claire.

La variété *quercifolium* Kirch. (fig. 47 et 48) se distingue du type en ce qu'elle est un peu plus longue et moins épaisse, mais, comme elle, elle présente la caractéristique spécifique, à savoir : une bosse raphéale très nette, facilement visible de profil. Le rayon de courbure de la saillie radiculaire est assez prononcé. La radicule forme un surplomb très net au-dessus de la dépression hilo-micropylaire, limitée de l'autre côté par la bosse raphéale. De face, le hile apparaît comme une tache sombre entourée d'une mince collerette papyracée, blanche, ouverte du côté du micropyle. Le tout est entouré par un rebord tégu-

---

exécutées à des échelles différentes, peu importe : la plus grosse fera mieux comprendre la disposition de la région hilo-micropylaire. On pourra constater en tous cas, et c'est intéressant, que les caractéristiques *sont les mêmes* chez les deux graines. J'ai exécuté la figure la plus grande d'après une graine provenant d'un lot récolté par moi, dans les meilleures conditions de maturité. Comme on le voit, ces graines sont restées parfaitement globuleuses, *épaisses et lisses.* L'autre figure a été faite d'après des graines authentiques de l'espèce en question, aimablement communiquées par M. Rouy. Ces graines sont brunes, à plages brûlées. Elles sont aplaties par retrait du contenu. Il est évident que ce sont des graines non mûres. Le tégument présente de larges fossettes, *comme un ballon dégonflé.* Cet envoi était accompagné de la note suivante : « Remarquez que ces graines sont creusées mais, comme vous l'avez constaté, non littéralement alvéolées ». Je pense que les éléments de la discussion étant mis sous les yeux du lecteur, il faudra seulement retenir de tout ceci que ces graines sont *normalement* globuleuses et lisses et *dépourvues de toute espèce de dépression.*

1. On trouvera plus loin, une sérieuse confirmation de cette dernière hypothèse.

mentaire très net, qui est très facilement visible à droite et à
gauche.

L. Wattereri Dipp. (fig. 49 et 50). — Graines bistre olivâtre,
assez plates, à profil extrêmement caractéristique ; la radicule
brusquement coudée, très au-dessous du sommet, forme un bec
en surplomb qui coiffe non seulement le micropyle, mais toute
la région hilo-micropylaire. Une bosse raphéale très prononcée
achève d'enclore cette région, presque complètement fermée.
Au delà de la bosse raphéale, le raphé subit une dépression
très sensible ; puis la courbure redevient normale. La forme
générale de la graine est un peu celle d'une oreille. De face, la
région hilo-micropylaire est presque complètement masquée ;
on n'aperçoit qu'une portion de la collerette blanche du hile,
entouré en haut par le bec de la radicule, en bas par la bosse
raphéale, à droite et à gauche par deux bourrelets tégumentaires.

Maintenant que j'ai passé en revue les espèces ou variétés
dont je disposais, je puis résumer dans un tableau synoptique
les caractères différentiels de chacune d'elles :

TABLEAU SYNOPTIQUE

1
- Bosse raphéale suivie d'une dépression **2**
- Pas de bosse raphéale, et par conséquent pas de dépression. **6**

2
- Saillie radiculaire proéminente mais non en bec . . . **4**
- Saillie radiculaire proéminente en forme de bec crochu . **3**

3
- Bec crochu très accentué. Bosse raphéale suivie d'une très forte dépression . . . . ***Wattereri***
- Bec peu crochu. Bosse raphéale suivie d'une dépression légère . . . . ***alpinum*** type

4
- Graines largement ovales ne dépassant pas 4,5 millimètres. Région radiculaire très convexe . . . . ***Adami***
- Graines ovales allongées, de 5 millimètres au moins. Région radiculaire assez nettement rectiligne **5**

<table>
<tr><td rowspan="2">5</td><td>Rayon de courbure de la saillie radiculaire très petit . . . .   vulgare type</td></tr>
<tr><td>Rayon de courbure de la saillie radiculaire assez grand . . . . vulgare var. quercifolium</td></tr>
</table>

<table>
<tr><td rowspan="2">6</td><td>Graines à peu près orbiculaires, ne dépassant pas 4,3 millimètres, noirâtres . . . . Alschingeri</td></tr>
<tr><td>Graines ovales-allongées, de 5 millimètres environ, bistre-olive. . . . . alpinum var. lucidum</td></tr>
</table>

Adenocarpus DC.

Je n'avais à étudier que quatre espèces :

       A. commutatus Guss.
       A. foliolosus DC.
       A. Hispanicus DC.
       A. intermedius DC.

La présence de caroncule (c'est plus un arille ; v. les définitions p. 46) chez deux d'entre eux, son absence chez les deux autres permettent tout d'abord de séparer en deux groupes ces quatre espèces :

Graines sans caroncule		*Hispanicus* *intermedius*
Graines caronculées		*commutatus* *foliolosus*

La taille ensuite est un bon auxiliaire. En effet *A. Hispanicus* DC. (fig. 61) possède des graines atteignant et dépassant même 5 mm., tandis que chez les trois autres, elles ne mesurent guère que 2,5 mm. en moyenne. D'autre part les graines de cette espèce sont très plates et mates, les autres, au contraire, sont globuleuses. L'une des plus remarquables est *A. intermedius* DC. (fig. 62), qui justifie son nom parce que la taille des graines est intermédiaire entre celles de l'*Hispanicus* et les caronculées,

mais surtout qui est caractérisée par une surface vernie, d'un
vert olivâtre tirant sur le brun, avec des marbrures d'un beau
noir. La figure en indique à peu près l'aspect.

La distinction des deux autres espèces est un peu plus délicate. Elles ont à peu près le même aspect extérieur, et on ne

FIGURES 57 à 62. — ADENOCARPUS DC.

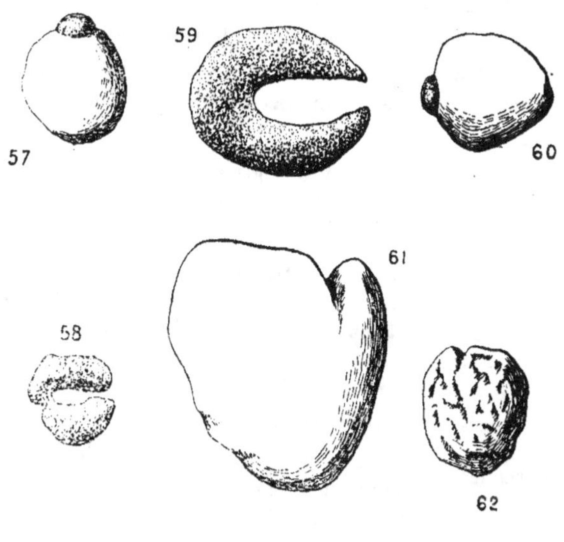

Fig. 57 et 58, *A. foliolosus* DC., graine entière de profil et caroncule vue de
face. — Fig. 59 et 60, *A. commutatus* Guss., caroncule vue de face et
graine de profil. — Fig. 61, *A. Hispanicus* DC., de profil. — Fig. 62. *A. intermedius* DC., de profil. — Grossissements : Fig. 57, 60, 61, 62, six fois ;
fig. 58, quinze fois : fig. 59, trente fois.

peut guère les distinguer que par la forme de la caroncule,
ainsi que je l'ai figuré. Chez *A. commutatus* Guss. (fig. 59
et 60), en effet, la caroncule offre la forme très nette d'un fer
à cheval, nettement ouvert d'un côté, tandis que chez
A. foliolosus DC. (fig. 57 et 58) cette caroncule a un aspect très

irrégulier, et il est difficile de se rendre compte, même à la loupe binoculaire, du sens de l'ouverture. On se reportera, pour plus de clarté et pour suppléer à la présente explication, au dessin ci-dessus, car, même médiocre, il est toujours plus explicite que la meilleure des descriptions.

Ce que l'on vient de dire peut se résumer dans le tableau suivant. Je ferai seulement remarquer que je n'indique la différence des deux espèces caronculées que sous réserve, car n'ayant pas eu entre les mains de spécimens de provenances diverses, je ne sais si les graines étudiées étaient bien authentiques. Je ne donne donc cela que comme première approximation.

TABLEAU SYNOPTIQUE

A. — GRAINES NON CARONCULÉES

Graines grosses, dépassant 5 mm , très plates, mates, à indentation fortement marquée au hile . . . . *Hispanicus*
Graines moyennes, de 2,5 mm. environ, à surface brillante, olivâtre, marbrée de noir . . . . *intermedius*

B. — GRAINES CARONCULÉES

Graines moyennes lisses (2,5 mm. env.) : caroncule en fer à cheval très net. *commutatus*
caroncule irrégulière . . . . *foliolosus*

Spartium L.

Le genre *Spartium* L. est monotype. La seule espèce qu'on y range est le *S. junceum* L. (fig. 63 et 64), très belle Légumineuse qui abonde dans tout le midi de la France, et d'une façon plus générale dans toute la région méditerranéenne de l'Europe et de l'Afrique. D'après M. Rouy (*l. c.*, IV, 240), elle se rencontre aux Canaries, en Arménie, Palestine et Syrie, ainsi que dans une grande partie de l'Asie Mineure. On la

retrouve aussi par places en Amérique du Sud (1) : c'était un fait
à noter.

Les graines sont parfois « ovoïdes et jaunâtres », mais toutes
celles que j'ai eu entre les mains étaient nettement aplaties et pour
la plupart d'un beau violet pourpre légèrement brun. Il n'y a
guère qu'une graine sur quinze qui soit plus ou moins bistrée
ou brune, ou parfois jaunâtre (2), mais dans une diagnose, il
faut tenir compte des caractères moyens, et non des exceptions. On dira donc :

Graines de 3,5 à 4 millimètres environ, très plates, possédant une forte échancrure hilo-micropylaire, avec saillie
radiculaire en surplomb. Vue de profil, la graine offre soit un
contour ovale régulier, soit une silhouette plus ou moins nettement rectangulaire. Le tégument est lisse, passablement brillant, et possède souvent deux dépressions qui ne sont en rien
comparables aux « alvéoles » dont parle M. Rouy à propos des

FIGURES 63 et 64. — SPARTIUM L.

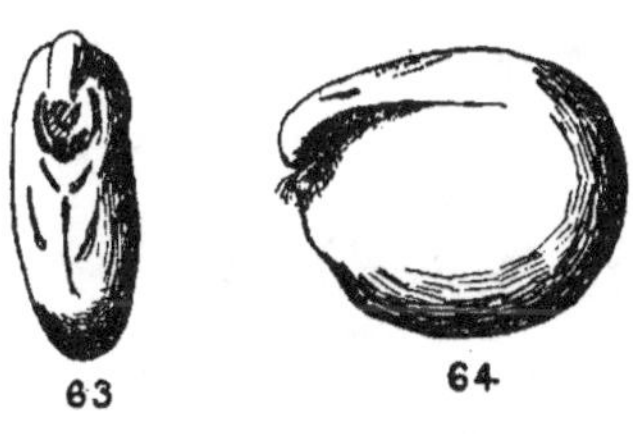

3 millimètres

Fig. 63 et 64, S. junceum L., face et profil.

graines de *Laburnum vulgare* Gris. Dans ce cas, il y a eu
méprise à cause des rides du tégument provoquées par retrait
du contenu sur des graines récoltées avant maturité. Ici, les
deux dépressions ont une origine embryogénique des plus
nettes : la première se manifeste depuis la région hilo-micro-

1. Cf. Engler et Prantl, *Nat. Pflanzenfam.*, III, 233.
2. Les graines jaunâtres sont peut-être avariées.

pylaire jusqu'au point d'attache de l'axe hypocotylé avec les cotylédons ; la deuxième, à peu près symétrique de la première par rapport au grand axe de la graine, vue de profil, s'étend environ depuis la bosse raphéale jusqu'au sommet de courbure opposé à la région hilo-micropylaire. L'une et l'autre (surtout la seconde) peuvent se voir très réduites, mais elles sont parfois si nettes et si bien développées que cela suffit à donner à la graine un aspect très particulier. Enfin, les débris du funicule, ou l'expansion de son point d'attache ont laissé sur le bord de la dépression — assez profonde — de la région hilo-micropylaire, une sorte de petite lamelle très fine, ayant parfois l'apparence de papier à cigarettes, mais parfois aussi déchiquetée : elle offre alors l'aspect d'un petit bout de fil à coudre qui aurait été cassé au ras de l'échancrure, et dont l'extrémité se serait détordue.

Les figures 63 et 64 qui accompagnent cette description aideront à comprendre l'aspect de la graine. On n'a pas représenté sur les dessins les dépressions tégumentaires dont j'ai parlé : cela aurait conféré au croquis un aspect qui aurait pu entraîner des erreurs dans l'esprit du lecteur.

Genista (L.) Rouy

On sait — et j'ai transcrit ailleurs (1) l'opinion de M. Rouy, à ce sujet — que le genre *Cytisus* est extrêmement voisin, par tout un ensemble de caractères du genre *Genista*. A l'exemple de Scheele, M. Rouy a opéré la réunion du genre *Cytisus* au genre *Genista*, objectant que la présence d'une strophiole chez la plupart des *Cytisus* et son absence chez la plupart des *Genista* ne sont pas des caractères assez fixes ni assez nets pour qu'on puisse maintenir la séparation.

J'adopterai ici le genre *Genista*. Je chercherai plus tard si l'étude de la graine permet d'opérer dans le groupe de ces

1. Cf. Louis CAPITAINE, *l. c.*, p. 120, en note.

deux genres (envisagés au sens le plus large, en y comprenant les sous-genres *Sarothamnus* et *Petteria*) des divisions véritablement sûres et pratiques. En ce moment je me bornerai à la définition de ces genres tels que les admettent un grand nombre d'auteurs.

On constatera, par ce qui suit, que la plupart des *Genista* étudiés ont au voisinage de la région hilaire une expansion plus ou moins développée en forme de crête, d'aspect un peu spongieux ou papyracé, ayant en plan la forme plus ou moins nette d'un fer à cheval dont l'ouverture serait tournée vers le micropyle, et à laquelle on donne le nom de *strophiole*. A ce propos je ferai remarquer qu'au simple point de vue de la terminologie, l'emploi de ce mot ici est impropre si l'on s'en rapporte à la définition que donne BELZUNG des annexes du tégument, dans son *Traité d'Anatomie et de Physiologie végétales* (p. 935), et que je reproduis ci-après :

« *a*) Dans quelques graines, le tégument est le siège, au voisinage du hile, du développement d'une enveloppe parenchymateuse supplémentaire, nommée *arille*. L'arille couvre entièrement la graine du *Nymphea ;* dans l'If, il forme simplement une coupe rouge, charnue, largement ouverte, et qui ne laisse dépasser que le sommet de la graine.

b) On a nommé *arillode* une expansion parenchymateuse, qui forme, comme l'arille, une enveloppe plus ou moins complète à la graine, mais qui part des bords du micropyle, et de là s'étend le long du tégument. On trouve un arillode dans le Muscadier, où il offre l'aspect d'un réseau rougeâtre, connu sous le nom de *macis*, et dans le Fusain, où il constitue une enveloppe rouge complète, en manière de sac, ce qui le fait, au premier abord, confondre avec un arille.

c) Citons encore la *caroncule*, petite excroissance de parenchyme, émanée des bords du micropyle et fermant ce dernier (Ricin), et la *strophiole*, émergence aliforme du raphé (Chélidoine) ».

Si maintenant on consulte les figures qui accompagnent ce texte pour les *Genista*, et si on examine celle que j'ai donnée ailleurs (1) pour le *Chelidonium majus* L., on remarque qu'ici on n'a pas affaire à une *strophiole* (2) mais bien à un véritable arille, puisque cette expansion provient sans nul doute de la région hilaire, et non du raphé, qui d'ailleurs ne se manifeste à l'observateur que comme une ligne légèrement plus sombre que le reste du tégument, et sans saillie bien sensible.

On remarquera, en outre, que pour qu'il y ait *arille* proprement dit, il n'est nullement nécessaire que l'expansion soit très développée jusqu'à entourer plus ou moins complètement la graine, mais même si l'on réservait le nom d'arille, à une pareille formation, l'ornement des graines de *Genista* n'en resterait pas moins un *petit arille* ou si l'on veut une *arillule*.

Cela posé on observera que tous les *Genista* étudiés, dont la liste alphabétique est donnée plus loin, ont un arille ; même ceux où la région hilaire ne paraît pas recouverte d'ornements visibles à l'œil nu, présentent, à la loupe, autour du hile, une petite membrane, très blanche, ressemblant à du papier à cigarettes, et qui, à mon avis, doit être considérée comme un arille, au même titre que celle des autres ou de l'If, cité comme exemple par Belzung : il n'y a que la taille qui diffère (3).

J'avais dans ma collection une assez bonne série de *Genista*, j'en ai profité pour faire voir combien l'examen minutieux des ornements seuls de la graine peut fournir de renseignements utiles pour la classification, car la similitude d'aspect de plusieurs espèces de graines, dans leurs traits extérieurs, eût causé, pour le rangement systématique de graves difficultés.

1. Louis Capitaine, Étude des graines des Papavéracées d'Europe, *in Revue gén. de Bot.*, 1910, p. 432.

2. Il me semble, à l'exemple de Belzung, qu'il faille faire du mot *strophiole*, un substantif féminin, et non masculin comme le veut M. Rouy, car par sa signification d'abord, ce mot doit être plutôt féminin ; en outre, Bentham et Hooker, dans le *Genera*, emploient constamment, dans leurs diagnoses latines, l'expression « *strophiola* », mot évidemment féminin.

3. Il se peut aussi fort bien, qu'ici on ait affaire à un débris du funicule. On retrouvera fréquemment, dans la suite de ce travail, des exemples remarquables d'une constitution analogue.

Heureusement que la forme, l'aspect, le développement plus ou moins complet de l'arille sont de bons caractères.

Voici la liste alphabétique des espèces étudiées :

Genista alba Lam.
G. Austriaca (L.) LC.
G. biflora (L'Hér.) LC.
G. candicans L.
G. canescens (Lois.) LC.
G. capitata Scheele (1).
G. ciliata (Wahlbg.) LC.
G. elongata Scheele (2).
G. Heuffelii (Wierzb.) LC.
G. hirta Rouy.
G. leiocarpa (Kern.) LC.
G. leucantha (W. K.) LC.
G. leucotricha (Schur.) LC.
G. Pontica (W.) LC.
G. prolifera (Kit.) LC.
G. purgans L.
G. purpurea (Scop.) LC.
G. Ratisbonensis (Schaeff.) LC.
G. Ruthenica (Fisch.) LC.
G. spinosa (Lam.) LC.
G. supina Scheele.
G. Tabernaemontani Scheele.
G. triflora Rouy (= *Cytisus nigricans* L.).
G. triflora Rouy (= *C. triflorus* L'Hér.).
G. Uralensis (Led.) LC.
G. Weldeni (Vis.) LC. (= *Petteria ramentacea* L.,
　　　　　　　　= *C. ramentaceus* Sieb.).

1. Pour la synonymie, voir Rouy, *l. c.* IV, p. 216.
2. Pour la synonymie, voir Rouy, *l. c.* IV, p. 214.

FIGURES 65 à 76. — GENISTA (L.) Rouy

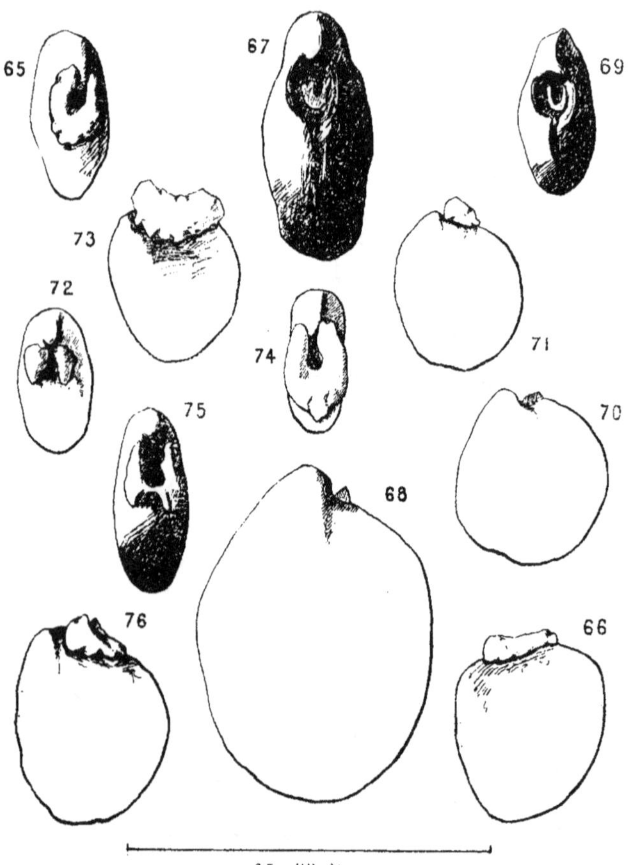

6,5 millimètres

Fig. 65 et 66, *G. hirta* Rouy, de face et de profil. — Fig. 67 et 68, *G. Weldeni* (Vis.) LC. [=*Petteria ramentacea* L.], de face et de profil. — Fig. 69 et 70, *G. triflora* Rouy (= *Cytisus nigricans* L.), de face et de profil. — Fig. 71 et 72, *G. Uralensis* (Led.) LC., de profil et de face. — Fig. 73 et 74, *G. triflora* Rouy (= *C. triflorus* L'Hér.), de profil et de face. — Fig. 75 et 76, *G. elongata* Scheele, de face et de profil. — [Remarquer que *Cytisus nigricans* L. et *C. triflorus* L'Hér., sont tous deux réunis, par M. Rouy, sous le nom de *G. triflora* Rouy (*Fl. fr.*, IV, 208), où il ne donne aucun détail sur les graines].

Capitaine 4

Remarque. — Avant d'aborder l'étude individuelle de chacune de ces espèces, et de faire un tableau analytique qui permette de les distinguer rapidement, il est bon de rappeler que la plupart d'entre elles sont groupées, suivant leurs affinités respectives, en séries, dont M. Gandoger, dans son *Novus Conspectus Florae Europae*, a donné une assez bonne idée (1). Voici d'après lui comment se groupent ces espèces toutes rangées dans le genre *Cytisus* :

1. — *Cytisus purpureus* Scop.
2. — *C. hirsutus* L.
    C. Ponticus W.
3. — *C. polytrichus* M. B. (je n'ai pas vu le type).
    C. leucotrichus Schur.
4. — *C. biflorus* L'Hér. (= *C. Ratisbonensis* Schaeff.).
    C. Ruthenicus Fisch.
    C. elongatus W. K.
    C. leiocarpus Kern.
6. — *C. Austriacus* L.
7. — *C. leucanthus* W. K.
    C. Heuffelii Wierzb.
    C. proliferus Kit.
10. — *C. capitatus* Scop.
    C. ciliatus Wahlbg.
12. — *C. supinus* L.
14. — *C. sessilifolius* L. (=*Genista Tabernaemontani* Scheele).
15. — *C. triflorus* L'Hér.
15ᵃ.— *C. canescens* Lois. (2).
15ᵇ.— *C. Uralensis* Led. (2).

1. Cf. Gandoger, *l. c.*, p. 104.
2. Ces deux espèces, voisines de *C. triflorus* L'Hér. ne figurent pas dans l'ouvrage cité. Pour *C. canescens* Lois., l'*Index Kewensis* (i, 706²) est muet relativement à son habitat. Le même ouvrage donne *C. Uralensis* Led. (i, 708¹) comme synonyme de *C. capitatus* Scop. Mais on remarquera la contradiction entre le nom spécifique *Uralensis* et l'habitat du *C. capitatus*, qui croît dans l'Europe méridionale, comme le disent l'*Ind. Kew.* et Gandoger. Je place donc ces deux espèces après le n° 15 de Gandoger, en raison de leurs affinités morphologiques avec cette dernière.

22. — *C. ramentaceus* Sieb. (= *C. Weldeni* Vis.).
25. — *C. Monspessulanus* L. (= *G. candicans* L.).
29. — *C. nigricans* L.
32. - *C. albus* Lam.
33. — *C. purgans* Willk.

      Cytisus spinosus Lam.(=*Calycotome spinosa* Link).

Comme on le voit par cette liste, M. Gandoger admet *C. biflorus* L'Hér. comme synonyme du *C. Ratisbonensis* Schaeff. Cela est surprenant, au point de vue séminologique, car ce sont des espèces dont les graines sont passablement dissemblables, comme nous le verrons plus loin. La liste des descriptions des graines étudiées étant donnée, dans l'ordre systématique admis par M. Gandoger, il sera intéressant de comparer les graines des espèces rentrant, d'après cet auteur, dans un même groupe, pour les opposer à celles d'espèces éloignées, ou séparées nettement.

Si je me suis étendu un peu longuement sur cette partie de mon travail, à laquelle on pourrait reprocher d'être trop spécialement systématique, c'est parce que le genre *Genista* est l'un des mieux représentés en Europe et dans les pays voisins, parmi les grands genres de Légumineuses. Comme d'autre part, j'avais un assez bon nombre d'espèces européennes, j'ai cru bon de les examiner à ce point de vue tout spécial (1).

On remarquera en outre que le genre *Petteria* a été réuni aux *Cytisus* par M. Gandoger. Il en résulte qu'au lieu d'examiner à part le *Petteria ramentacea* L. (bien connu des botanistes sous ce nom) on étudiera, avec les autres. le *Genista Weldeni* (Vis.) LC. (= *Cytisus ramentaceus* Sieb.). De même j'ai incorporé aux Cytises le *Calycotome spinosa* Link, à l'exemple des botanistes de plusieurs établissements scientifiques étrangers. Quoiqu'il en soit, on a surtout voulu prouver dans ce travail,

---

1. Il est regrettable que la synonymie, déjà si complexe, se soit trouvée encore plus embrouillée, du fait de la réunion au genre *Genista* de toutes les espèces de *Cytisus*. Il peut arriver qu'ainsi on ne sache plus du tout de quoi on parle.

qu'il existe, d'une espèce à une autre, des différences le plus
souvent assez grandes, pour qu'on puisse songer à édifier sur
les caractères morphologiques de la graine, une classification
autonome ou tout au moins un complément utile à la classification habituelle, basée, le plus souvent, sur la morphologie
florale. Peu importe, dans ces circonstances, que l'on fasse
d'un groupe d'espèces, un genre, un sous-genre etc., l'ordre
hiérarchique importe peu ; il suffit de prévenir le lecteur
pour lui éviter des erreurs.

Je décrirai maintenant chaque espèce en particulier, et suivrai dans cette étude l'ordre systématique de M. Gandoger,
mais en rapportant tout au genre *Genista*.

G. purpurea (Scop.) LC. (fig. 81 et 82). — C'est une des plus
grosses espèces, puisqu'elle atteint 4,5 mm. de longeur sur **2,5**
d'épaisseur. Elle ressemble beaucoup au *Laburnum vulgare* Gris.,
mais elle est toujours beaucoup plus lisse. En outre, un caractère
qui paraît assez constant est le suivant : la région radiculaire
est beaucoup plus convexe, dans son contour de profil, que dans
le *Laburnum vulgare* Gris., où elle est assez nettement rectiligne,
au moins dans la plupart des cas. Enfin ce dernier est plus épais,
plus globuleux et comme le tégument est finement chagriné, il
paraît plus terne, comme dépoli, tandis que celui du *G. purpurea*,
qui d'ailleurs n'est jamais si foncé, est comme poncé, et presque
un peu brillant. Il reste aux abords du hile une minuscule crête
blanche, d'aspect papyracé, qu'on peut considérer comme un
très petit arille (1). Toutefois il pourrait se faire que ce fût simplement la dilatation du funicule, à la région hilaire. Le funicule, alors, au lieu d'adhérer à la graine par un hile circulaire,
y serait rattaché par un hile plus ou moins en fer à cheval.
Et en se détachant, au lieu de laisser au niveau du tégument
une cicatrice ronde, il abandonnerait une partie de lui-même,
qui séchant sur la graine donnerait l'aspect de ce qu'on a
vu. Dans ce cas l'ornement en question n'appartiendrait à

---

1. Il est plus vraisemblable, comme on le verra par la suite, que c'est un
vestige du funicule.

FIGURES 77 à 90. — GENISTA (L.) Rouy [*suite*]

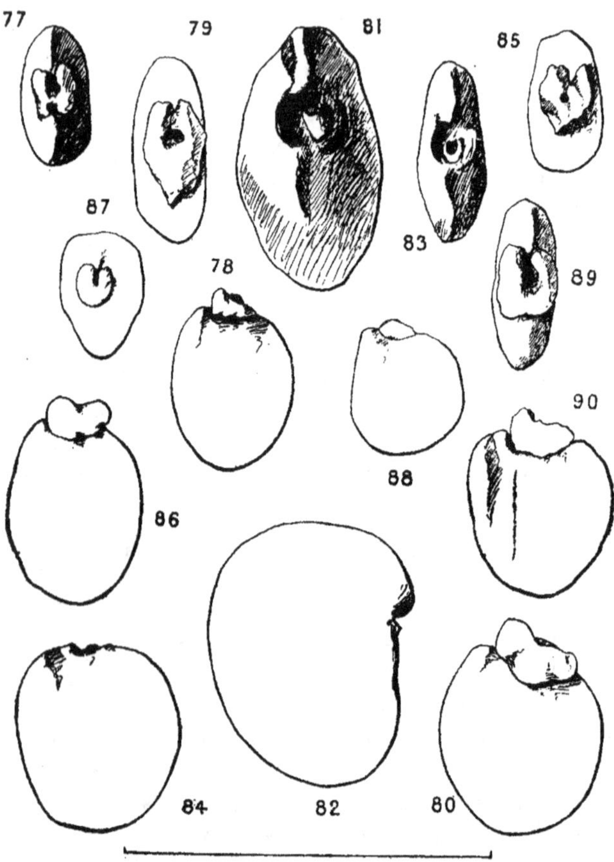

6,5 millimètres.

Fig. 77 et 78, *G. leiocarpa* (Kern.) LC., face et profil. — Fig. 79 et 80, *G. leucotricha* (Schur.) LC., face et profil — Fig. 81 et 82, *G. purpurea* (Scop.) LC., face et profil. — Fig. 83 et 84, *G. spinosa* (Lam.) LC. [= *Calycotome spinosa* Link], face et profil. — Fig. 85 et 86, *G. Austriaca* (L.) LC., face et profil. — Fig. 87 et 88, *G. candicans* L., face et profil. — Fig. 89 et 90, *G. canescens* (Lois.) LC., face et profil.

aucune des catégories que j'ai établies plus haut avec Belzung, à moins qu'on ne le range dans les formations arillaires, en le considérant comme une prolifération du hile. Retenons seulement de tout ceci, qu'il n'y a pas d'appendice spongieux ou papyracé, en forme de crête plus ou moins saillante, comme on en trouvera dans d'autres échantillons.

G. hirta Rouy (fig. 65 et 66). — Dans sa *Flore de France*, M. Rouy, en parlant des graines de cette espèce dit : « Graines lenticulaires, fauves ». C'est peu, d'autant plus que l'expression *lenticulaire* ne me paraît, en aucun cas, convenir à des graines de Cytises ou de Genêts. J'appellerais ainsi des graines circulaires aplaties, comme on en rencontre beaucoup chez les Crucifères, et rappelant, par leur aspect, les graines de lentille. Ici elles sont plus ou moins globuleuses, obcordées parfois, comme cela est surtout sensible chez le *G. candicans* L., qui présente tout à fait, chez certains échantillons, l'aspect d'un cœur de mammifère. Dans le cas présent, cette forme est peu nette, mais cependant on peut remarquer que, sur le contour du profil, la graine présente un côté rectiligne, celui de la radicule, un autre beaucoup plus convexe (vers le dos des cotylédons), et qu'on a ainsi, un contour très obscurément triangulaire, le sommet opposé à l'arille représentant à peu près le passage de l'axe hypocotylé aux cotylédons. L'arille est ici assez lisse, de couleur parcheminée, ayant nettement la forme d'un fer à cheval ouvert vers la radicule. Graine fauve, lisse, brillante, assez petite (3 mm. de longueur environ) et plate. L'arille est long et large (1,5 $\times$ 1 mm.) non échancré du côté du raphé.

G. Pontica (W.) LC. (fig. 112 et 113). — Pas d'arille proprement dit, mais seulement une petite membrane blanchâtre, dressée, à la région hilaire. Graine plus ou moins elliptique, à radicule assez saillante au-dessus du micropyle. Tégument jaune orangé plus ou moins vif, lisse, brillant. Faces de la graine très nettement planes.

G. leucotricha (Schur.) LC. (fig. 79 et 80). — Graines suborbiculaires, d'un fauve plus ou moins olivâtre, lisses, brillantes. Arille très nettement développé (1,5 × 1 mm.), présentant l'aspect d'un fer à cheval pointu au sommet, du côté extérieur (vers le raphé) et dont les deux branches sont rapprochées jusqu'à se toucher, de façon à laisser entre elles une petite cavité creuse qui communique avec le micropyle, invisible ici. Cet orifice est d'ailleurs fort peu visible sur les graines de Genêts, en général, en raison de sa position et de la forme des téguments qui recouvrent l'extrémité de la radicule.

G. biflora (L'Hér.) LC. (fig. **102** et **103**). — Graines petites, ovales, brunâtre clair ou fauve foncé, munies d'un arille extrêmement net, offrant l'aspect d'un fer à cheval très nettement ouvert **du côté du micropyle.** Tégument lisse et très brillant, un peu **plus** foncé, au voisinage de l'arille et comme ombré par lui.

G. Ratisbonensis (Schaeff.) LC. (fig. 91 et 116). — M. Gandoger, à l'exemple de Nyman, donne cette espèce comme synonyme de la précédente, je ne sais si c'est bien justifié, car l'arille est ici entièrement différent de celui du *G. biflora* (L'Hér.) LC. En effet, tandis que dans cette espèce, le fer à cheval qu'elle forme est ininterrompu, ici, il présente une forte encoche visible à l'œil nu, du côté du raphé et semble presque, sur certaines graines, être constitué par deux lamelles distinctes. A part cela, la taille de la graine est à peu près la même, variant de **3** à **3**,5 mm., arille compris, mais on peut dire que le *Ratisbonensis* est un peu plus gros, plus plat, de contour ovale moins allongé que l'autre. La couleur est à peu près la même, fauve plus ou moins foncé, avec une teinte légèrement olivâtre, mais on ne remarque pas, au voisinage de l'arille, que le tégument soit plus foncé, et comme ombré par lui, détail que nous avions signalé pour le *biflora*.

G. Ruthenica (Fisch.) LC. (fig. 114 et 115). — Cette graine présente quelque analogie avec le *G. biflora* (L'Hér.) LC., mais s'en distingue aisément par la forme de l'arille. Il est ici beaucoup plus fermé, du côté de la radicule, et forme, latéralement, à droite et à gauche, deux sommets, qui le font ressembler, vaguement, à un losange. En outre l'arille est un peu plus long ici, que dans le *biflora*. La couleur varie du brun foncé (bistre) au brun jaunâtre ou au fauve olivâtre. La graine ne présente pas au voisinage de l'arille de zone plus sombre. Pour ce qui est de la couleur de la graine, que j'indique comme variable, je crois qu'elle ne l'est pas. Cette variation provient seulement de ce que toutes les graines ne sont pas complètement mûres, et que certaines d'entre elles sont peut-être avariées. Si on considére, à l'appui de cette hypothèse, les graines de *Laburnum vulgare* Gris. on sait qu'elles sont noires, à maturité. Si elles ne sont pas complètement mûres, elles sont d'un vert cendré très net, qui pourrait induire en erreur. Je crois d'une façon générale, que les graines de Genêts sont fauves quand elles sont mûres ; elles ne possèdent une teinte olivâtre que lorsqu'elles ont été récoltées non encore mûres, ou incomplètement mûres, ou parfois quand elles sont avariées.

G. elongata Scheele (fig. 75 et 76). — Graines fauve assez foncé, très caractéristiques. Tégument lisse brillant. Arille très bien développé, de couleur jaune clair, ayant la forme d'un fer à cheval très ouvert du côté du micropyle, et largement échancré du côté du raphé. Graines plates, ovales, trapues, dans leur contour général, parfois presque orbiculaires.

G. leiocarpa (Kern.) LC. (fig. 77 et 78). — Graines petites (3 mm. environ) fauve clair, lisses, brillantes, ovales, plates. Arille très net, petit, bien ouvert du côté du micropyle et échancré légèrement en face du raphé. Aspect spongieux et bien en relief. Ressemble un peu au précédent, dont il se distingue par sa couleur plus pâle, sa taille plus petite, son arille qui, à l'œil nu, paraît entier du côté du raphé.

G. Austriaca (L.) LC. (fig. 85 et 86). — Graines fauve jaunâtre, arille roux, formant le plus souvent, comme l'indique la figure, une petite pointe du côté du raphé ; cette pointe se soulève un peu au-dessus de la graine. Souvent également, l'arille est fermé du côté de la radicule, laissant en son milieu une petite cavité circulaire. Mais je ne saurais trop répéter qu'il faut, pour l'examen des graines, avoir un bon lot à étudier. Il serait, je crois, impossible, surtout ici, de se faire une idée suffisante sur deux ou trois échantillons, d'autant plus que dans le nombre on trouve des exemplaires dont l'arille paraît nettement tronqué du côté du raphé et ouvert du côté de la radicule. En tout cas le contour est nettement ovale, et la graine assez épaisse.

G. *leucantha* (W. K.) LC. (fig. 106 et 107). — Graines fauve sombre, lisses, brillantes. Arille très développé, un peu massif, entier du côté du raphé, à branches courtes, laissant une ouverture très nette du côté du micropyle. Contour assez anguleux, presque cordiforme, c'est-à-dire offrant une partie en méplat à la région hilaire, coiffée de l'arille, tandis que l'extrémité opposée est extrêmement convexe. En outre la graine est très plate et à faces latérales planes.

G. *Heuffelii* (Wierzb.) LC. (fig. 98 et 99). — Graines moyennes, brillantes, lisses. fauve foncé, plates, mais non à faces latérales planes, comme la précédente. Arille très développé, en fer à cheval, à branches très longues, claviformes à l'extrémité, entier du côté du raphé, de couleur jaune pâle sur le dessus et franchement roux sur les bords. Saillie radiculaire très nette, remontant en un petit mamelon au-dessus du micropyle, de manière à donner l'impression d'une petite dent, au contact de l'arille.

G. *prolifera* (Kit.) LC. (fig. 110 et 111). — C'est une des espèces les plus caractéristiques. Graines noires très grosses (5 mm. compris l'arille), très peu brillantes ou mates (1), coiffées d'un arille énorme ; celui-ci forme, sur la graine, une sorte

1. Je crois qu'elles sont mates, comme celles du *Laburnum vulgare* Gris. ou du Marronnier d'Inde, quelque temps seulement après la récolte ; elles doivent être brillantes sur le frais.

de chapeau, d'aspect spongieux à bords fimbriés, laciniés de façon irrégulière, et mesurant environ 2,5 mm. de longueur sur 1,5 mm. de hauteur et 2 mm. de largeur. Vu d'en haut, il fait une pointe du côté du raphé, et forme un fer à cheval, dont les branches, très peu ouvertes ou presque fermées du côté de la radicule, laissent entre elles une cavité centrale visible, comme un cratère de volcan. L'arille est longuement décurrent sur la graine, dont il recouvre une assez forte partie. Il a l'apparence de peau de gant, couleur jaune parchemin, très mate. La région de la graine en contact avec l'arille est d'un mat beaucoup plus net et plus franc que le reste du tégument qui paraît poli.

G. capitata SCHEELE (fig. 104 et 105). — Graines fauve clair, ovales très allongées, lisses, brillantes, assez nettement déprimées, au voisinage de l'arille. Celui-ci, couleur parchemin sec, petit, en fer à cheval presque complètement ou complètement fermé du côté de la radicule, très entier du côté du raphé, forme un relief très net sur la graine. Cet échantillon ressemble un peu, à première vue au *G. biflora* (L'HÉR.) LC., mais l'arille est nettement différent : il forme ici deux petites crêtes très saillantes, quand on regarde la graine, la radicule en avant. Ce sont les deux branches du fer à cheval qui se montrent ainsi, et qui, de profil, offrent un contour très nettement relevé et plus saillant du côté du micropyle, alors que vers le raphé l'arille s'aplatit contre le tégument. Il n'y a rien d'analogue chez le *G. biflora* (L'HÉR.) LC.

G. ciliata (WAHLBG.) LC. (fig. 92 et 93). — Graines fauve très pâle, lisses, brillantes, un peu déprimées sous l'arille. Celui-ci couleur parchemin, est largement adhérent à la graine, offrant une plus grande hauteur du côté de la radicule. Vu d'en haut, il donne l'impression d'un fer à cheval très net dont les deux branches se resserrent au niveau de la radicule, tandis que la cavité centrale est nettement circulaire. A l'opposé de l'espace libre laissé entre les branches du fer à cheval, au-dessus du micropyle, on voit une espèce de gouttière assez profonde,

FIGURES 91 à 105. — *GENISTA* (L.) Rouy [*suite*]

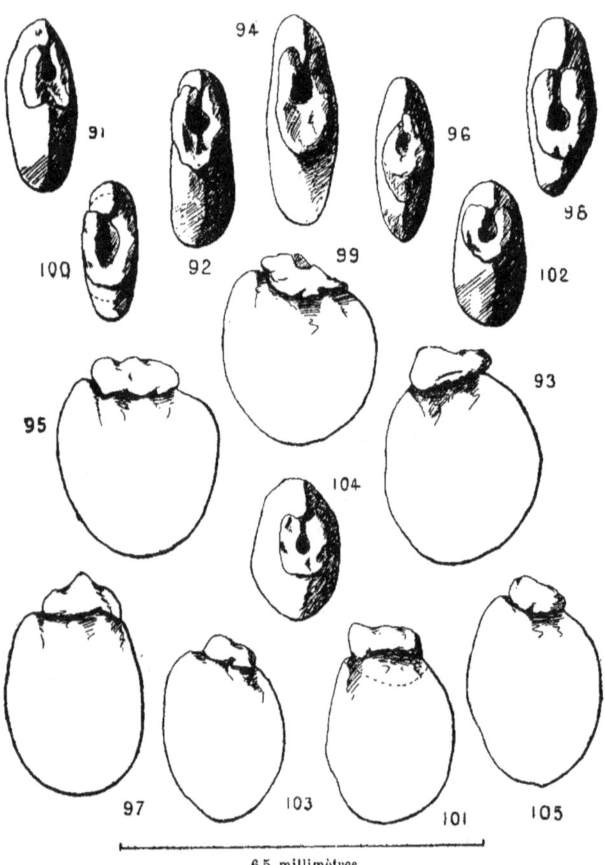

6.5 millimètres.

Fig. 91, *G. Ratisbonensis* (Schaeff.) LC., face [pour la représentation de profil de cette espèce, v. fig. 146]. — Fig. 92 et 93, *G. ciliata* (Wahlbg.) LC., face et profil. — Fig. 94 et 95, *G. purgans* L., face et profil. — Fig. 96 et 97, *G. alba* Lam., face et profil. — Fig. 98 et 99, *G. Heuffelii* (Wierzb.) LC., face et profil. — Fig. 100 et 101, *G. supina* Scheele, face et profil [le pointillé indique la limite de la zone jaune d'or]. — Fig. 102 et 103, *G. biflora* (L'Hér.) LC., face et profil. — Fig. 104 et 105, *G. capitata* Scheele, face et profil.

divisant presque l'arille, en deux parties distinctes. Mais au voisinage du raphé, elle a cessé de régner, et à ce niveau le contour extérieur de l'arille est bien entier.

G. supina Scheele (fig. 100 et 101). — Cette espèce est très caractéristique : fauve olivâtre, lisse, mais à surface un peu bosselée (par la radicule et les cotylédons), colorée en jaune d'or sur une assez bonne partie, dans le voisinage de l'arille. Celui-ci épais, jaune d'or, d'aspect corné, comme la partie du tégument dont il vient d'être question, et sur laquelle il repose. Nous avons figuré, sur le dessin, la limite de cette zone, couleur jaune et d'aspect corné luisant, par un trait ponctué. Ici l'arille a la forme d'un fer à cheval très allongé, très net. L'espace libre que laissent entre elles les branches est large et nettement ovale. Au centre, on aperçoit, à la loupe, un sillon longitudinal, analogue à celui qu'on voit sur le hile du haricot ordinaire (*Phaseolus vulgaris* L.) et qui va presque rejoindre le micropyle. C'est certainement l'espèce où ce caractère est le plus net. Je crois cependant que ce sillon existe plus ou moins dans toutes les espèces, mais je ne l'ai bien vu qu'ici.

G. Tabernaemontani Scheele (fig. 108 et 109). — Graines assez grandes (4 à 4,5 mm., y compris l'arille), lisses, un peu mates, noires, ovales ou parfois suborbiculaires, coiffées d'un arille jaune-soufre, d'aspect spongieux très caractéristique en ce sens qu'il n'a l'air d'adhérer à la graine que par un petit point, comme on le voit sur la figure de profil. Vu d'en haut il ressemble à un fer à cheval, aspect auquel on est habitué mais ici les branches en sont extrêmement trapues, épaisses, de forme très lourde à l'œil. La radicule se révèle au dehors par un bourrelet tégumentaire assez saillant.

G. triflora Rouy [= *Cytisus triflorus* L'Hér.] (fig. 73 et 74). — Graines très plates, suborbiculaires, fauve assez foncé parfois presque bistres, coiffées d'un arille jaune-blond assez ardent, dont le bord appliqué contre le tégument est sensible-

ment plus foncé et peut être brun roux (d'aspect corné). Vu
d'en haut il offre la forme très nette d'un fer à cheval à branches très trapues et surtout d'une très grande épaisseur au
sommet de la courbe. A ce même sommet, du côté du raphé,
l'arille est décurrent sur la graine en une petite pointe assez
remarquable.

G. *canescens* (Lois.) LC. (fig. 89 et 90). — Graines suborbiculaires, bistre jaunâtre, lisses, brillantes (mais non très brillantes),
très plates. L'arille jaune-soufre, très mat, vu de profil, semble
inséré dans une forte excavation du tégument de la graine. De
fait, à cette place, la graine offre un sinus assez profond, qui a
juste la longueur de l'arille. Celui-ci, enfin, a la forme d'une
crête, et du côté de la radicule s'avance en deux ailes assez
proéminentes, entourant l'extrémité de la radicule, et le micropyle. D'en haut, il a l'aspect d'un fer à cheval, très épais, dans
toutes ses parties et décurrent plus ou moins sur les faces latérales de la graine, à droite et à gauche du raphé. La surface de
cette graine n'est pas absolument régulière : outre la radicule
qui fait saillie et se révèle à l'extrémité par un bourrelet du
tégument, il y a plusieurs autres inégalités du tégument sur les
faces latérales. Elles sont produites, vraisemblablement, par les
cotylédons.

G. *Uralensis* (Led.) LC. (fig. 71 et 72). — Graines assez petites
(2,5 à 3 mm., compris l'arille), bistre jaunâtre, lisses, très
brillantes, avec arille jaune-parchemin, très petit et formé de
deux ailes indépendantes (ou se touchant à peine) qui encadrent
la cavité hilo-micropylaire. Celle-ci forme ici une dépression
très nette, nettement rebordée, sur les côtés, par deux saillies
tégumentaires et à chaque extrémité, d'une part par la saillie
radiculaire du côté du micropyle, d'autre part, par le raphé.

G. *Weldeni* (Vis.) LC. (fig. 67 et 68). — M. Gandoger donne
cette espèce comme synonyme du *Cytisus ramentaceus* Sieb.,
plus connu des botanistes sous le nom de *Petteria ramentacea* L.,
à l'exemple de Nyman, dans son *Conspectus*. Cela me paraît jus-

tifié, au point de vue séminologique, car les graines des divers échantillons que je possède, de provenances diverses, de cette espèce sont toutes absolument pareilles. Ce sont de grandes graines ovales orbiculaires, plates, lisses, brillantes, atteignant 5,5 mm. dans leur plus grande dimension, de couleur fauve ou jaune orangé (ici la couleur semble un peu influencée par le climat). Les graines sont d'autant mieux et brillamment colorées qu'elles viennent d'un pays plus méridional et mieux éclairé : j'ai des échantillons d'Espagne, de Portugal, d'Italie, qui sont couleur d'orange, tandis que ceux de Suède, d'Angleterre, sont d'un fauve tirant sur le bistre. Il y aurait lieu de vérifier expérimentalement et méthodiquement le fait, car de tous les organes d'une plante, les graines sont ceux qui devraient le moins subir l'influence de l'éclairement (1). Elles sont dépourvues d'arille proprement dit et ne possédent, dans la région hilaire, qu'une toute petite membrane, blanchâtre, très mince (arillule ou vestiges funiculaires ?). La radicule forme une forte saillie, qui bombe nettement le tégument aux environs du micropyle, en un mamelon très net, et se traduit sur le dos de la graine par une côte qui s'atténue progressivement en s'éloignant de la région hilaire. Raphé insensible.

G. candicans L. (fig. 87 et 88). — Il est bon de rappeler que ce nom est synonyme de *Cytisus Monspessulanus* L., car les deux vocables sont à peu près également employés. Graines très petites (2,5 mm. de longueur, environ), noires (ou brun-rouge très foncé), un peu mates, oborbiculaires, globuleuses, épaisses, parfois un peu cordiformes. Arille petit, mais très net, très entier, sans aucune laciniure, ne s'étalant pas sur le tégument en lame décurrente, mais ayant la forme d'un bourrelet, arrondi tout autour, à la zone de contact avec le tégument. Vu d'en haut, il offre la forme très nette d'un petit fer à cheval, de contours épais, trapu, à branches lourdes. Saillie radiculaire assez nette, surtout au voisinage du micropyle, où elle forme un petit mamelon.

1. La température joue aussi, très probablement, un rôle important.

G. triflora Rouy (= *Cytisus nigricans* L.) (fig. 69 et 70). —
Graines brun rougeâtre orbiculaires, lenticulaires, c'est-à-dire
à la fois presque discoïdes et à faces latérales convexes, sans
arille, lisses et brillantes. Région hilaire munie d'une toute
petite membrane blanchâtre, papyracée, comme on en a déjà
vu plusieurs fois. Saillie radiculaire très nette, au voisinage
du micropyle, où elle forme une bosse, presque une dent,
surplombant une cavité évidée, qui abrite le hile et le micropyle. M. Rouy dans sa *Flore de France* donne cette espèce
comme synonyme de *Cytisus triflorus* L'Hér. Il me paraît
cependant d'après les graines, que l'on doit les séparer, celle-ci
ayant un arille très net alors que le *C. nigricans* L. en est dépourvu. D'ailleurs, cette conclusion à laquelle j'arrive est conforme à l'avis de Grenier et Godron, dans leur *Flore de France*,
de Nyman, dans son *Conspectus*, et de Gandoger, dans son *Novus
Conspectus*. Grenier et Godron, notamment, ne citent pas le
C. nigricans L. dans leur *Flore*, à l'article *Cytisus* (I, 361), mais
ils ajoutent, en supplément (*l. c.*, I, 508), au sujet de cette
espèce : « Lapeyrouse l'indique à Collioures, où personne ne
l'a retrouvé. M. Gay pense que l'auteur a décrit sous ce nom
le *C. triflorus*. Le *C. nigricans* existe en Savoie et pourrait se
rencontrer en Dauphiné ». Il résulte de là que les deux espèces
sont voisines et peuvent prêter à confusion. D'autre part il ne
nous semble pas que ce soient deux plantes identiques : elles
ont, en effet, des habitats différents. Le *C. nigricans* L. se rencontre comme l'on sait, et je l'y ai récolté moi-même en grande
abondance, en juillet 1909, sur les pentes méridionales du Sim-
plon, dans les gorges de Gondo. A ce sujet, voici ce que dit
Jaccard dans son *Catalogue de la flore valaisane* (p. 64) :
« Pentes rocheuses ; RR et localisé autour de Gondo : de
Gondo à la Grande-Galerie ! et à Zwischbergen ! » Zwischbergen
est assez voisin des gorges de Gondo, à une altitude plus élevée ; on peut considérer que c'est presque la même station.
D'autre part, M. Rouy dans son *Aire géographique* dit : « Portugal, Espagne, Italie, Sardaigne, Sicile, Grèce, Macédoine ;
Tunisie, Algérie, Maroc » et plus haut donne comme habitat
de la plante, les « coteaux, buissons, taillis de la région médi-

terranéenne, surtout littorale ». Enfin M. Bonnier, dans sa *Flore complète de la France et de la Suisse*, page 71, sépare très nettement les deux plantes, car on lit :

Fleurs en grappes non entremêlées de feuilles, grappes dressées, fruit velu . . . . *Cytisus nigricans* L. *Provence* (très rare) [S].
Fleurs en grappes entremêlées de feuilles, trois folioles, arbrisseau à poils roux . . . *Cytisus triflorus* L'Hér. *Région méditerranéenne.*

La diagnose de M. Rouy est évidemment intermédiaire. Il n'est pas question de grappes florales dressées, non entremêlées de feuilles, mais les graines sont jaunâtres, lenticulaires, comme celles du *C. nigricans* L. Les feuilles noircissent à la dessication, mais il y a des poils blancs, etc. Ajoutons que les figures données par Coste dans sa *Flore de France* ne laissent non plus aucun doute à cet égard. Enfin Nyman et Gandoger les séparent tellement qu'ils les rangent dans deux sections distinctes ; *Lembotropis nigricans* et *Eucytisus purpureus.*

En conséquence maintenant que j'ai mis sous les yeux du lecteur les éléments de la discussion, je séparerai ces deux espèces, d'autant plus volontiers que c'est en conformité parfaite avec la géographie botanique et surtout avec l'étude morphologique des graines.

G. alba Lam. (fig. 96 et 97). — Graines ovales, planes, à faces convexes, lisses, fauve un peu olivâtre, coiffées d'un arille caractéristique, jaune parchemin : vu de profil, il présente au milieu un relief très accentué ; vu d'en haut, il offre l'aspect d'un losange (fer à cheval dont les branches se touchent, à leur extrémité) laissant en son milieu une cavité arrondie, dominée par la saillie en mamelon dont nous venons de parler. Au delà de cette saillie, et du côté du raphé, l'arille est décurrent sur la graine en une membrane mince, aliforme, brun carné, comme fripée-spongieuse. Les figures que je donne, jointes à ces détails, permettront de reconnaître facilement cette graine entre toutes.

G. purgans L. (fig. 94 et 95). — Graines assez grandes, ovales-orbiculaires, lisses, fauve-olivâtres, un peu mates ou peu bril-

FIGURES 106 à 116. — GENISTA (L.) Rouy (*suite*)

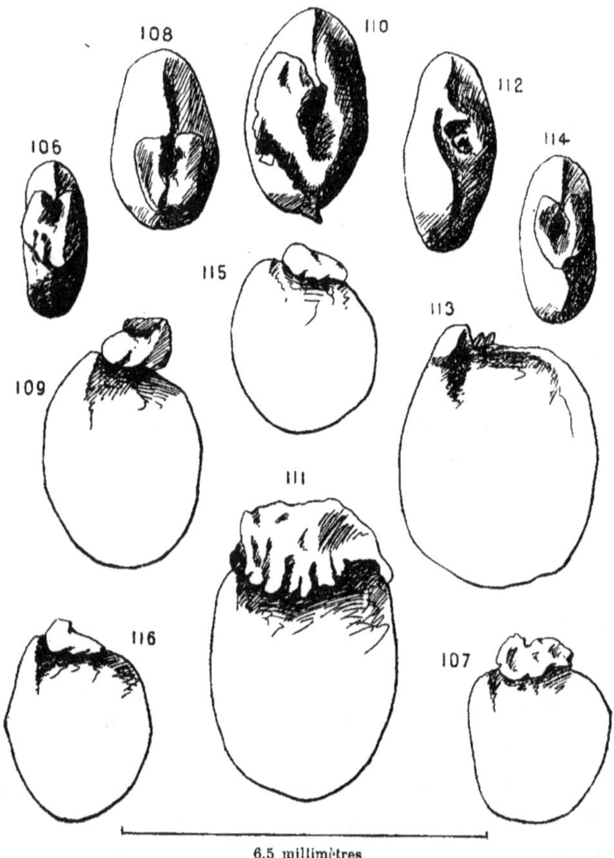

Fig. 106 et 107, *G. leucantha* (W. K.) LC., face et profil — Fig. 108 et 109, *G. Tabernaemontani* Scheele, face et profil. — Fig. 110 et 111, *G. prolifera* (Kit.) LC., face et profil. — Fig. 112 et 113, *G. Pontica* (W.) LC., face et profil. — Fig. 114 et 115, *G. Ruthenica* (Fisch.) LC , face et profil. — Fig. 116, *G. Ratisbonensis* (Schaeff.) LC., profil.
[Pour la représentation, de face, de cette dernière espèce, v. fig. 91].

lantes, très plates. Arille en fer à cheval très net, très épaissi
au sommet de la courbure. Cavité centrale très vaste, bien visible à l'œil nu. Saillie radiculaire médiocre, sauf à la région
micropylaire où l'extrémité de la radicule se traduit par un
petit mamelon. Raphé insensible.

G. spinosa (LAM.) LC. (fig. 83 et 84). — Cette espèce plus
connue sous le nom de *Calycotome spinosa* LINK est réunie parfois au genre *Genista* (section *Eucytisus*). Je l'y laisserai car
je n'ai pas d'autres *Calycotome* à étudier. On remarquera toutefois qu'elle a un aspect assez spécial qui l'isole des autres : graines moyennes, fauve obscurément olivâtre, lisses, un peu brillantes, ovales-orbiculaires, sans arille, sans saillie radiculaire
proprement dite, ayant parfois sur chaque face, assez plane,
une vague saillie provenant de l'irrégularité des cotylédons
au voisinage de leur insertion. Indentation de la région hilo-
micropylaire très faible, sur le profil. Vue de face, cette région
laisse apparaître une cavité assez large, comme l'indique la
figure. Cette espèce s'écarte autant des autres *Genista*, par la
forme de sa graine, que le *G. Weldeni* (VIS.) LC. que l'on considère presque toujours comme un *Petteria*, en laissant à ce
groupe la valeur d'un genre.

Comme on pourra le voir, en lisant ce qui précède, l'étude
du genre *Cytisus* proprement dit n'est pas chose très aisée et
plus d'une fois on rencontre des difficultés. C'est un genre
assez nombreux, controversé, tantôt isolé, tantôt réuni au genre
Genista (*s. l.*). En outre les graines présentent d'une espèce à
l'autre de très grandes ressemblances, qui rendent parfois fort
difficile un essai de classement ou même la simple étude morphologique. Il ne faut donc pas trop se fonder sur le tableau
analytique que je donne ci-après. Quoique j'aie apporté tous
mes soins à sa rédaction, il peut y avoir des erreurs ou des
imprécisions. Mais cette étude aura conduit à un certain nombre
de constatations qui justifient ou infirment les classifications
admises jusqu'ici. Tout d'abord on a séparé les *G. biflora*
(L'HÉR.) LC. et *G. Ratisbonensis* (SCHAEFF.) LC. réunis en une

seule espèce par Nyman et Gandoger. L'union de *G. candicans*
L. et de *Cytisus Monspessulanus* L. se trouve confirmée (A ce
propos, on remarquera que ces deux noms étant employés
indifféremment, pour désigner la même plante, une séparation
par les graines ne paraissait guère possible). Enfin, la seule
étude morphologique des graines a permis de séparer les
Cytisus nigricans L. et *C. triflorus* L'Hér. réunis par Rouy en
une seule espèce (*Genista triflora* Rouy) et cette séparation s'est
trouvée pleinement confirmée par tous les auteurs classiques
que j'ai consultés.

TABLEAU SYNOPTIQUE

1 { Arille très nettement développé.   4
  { Arille nul ou réduit à une minuscule membrane . . .   2

2 { Graines nettement globuleuses . . . .   *purpurea*
  { Graines plates   3

3 {
Graines brun-rouge, à indentation hilo-micropylaire nette.
   Arille en **U** ouvert . . . .   *nigricans*
Graines jaune-orangé plus ou moins franc, grandes, atteignant
   5 mm. de longueur.   *Weldeni* (= *Petteria ramentacea* L.)
Graines plus petites, même couleur, arille nul.   *Pontica*
Graines bistre jaunâtre, ovales orbiculaires à indentation hilo-
   micropylaire très peu sensible. Arille très nettement en **U**
   fermé . . . .   *spinosa*

4 { Arille en fer à cheval entier   5
  { Arille en fer à cheval échancré du côté du raphé . . .   21

5 {
Graines de 5 mm. noires, ovales allongées, coiffées d'un arille
   énorme (2,5 mm. de longueur) jaune pâle, fortement lacinié
   au bord . . . .   *prolifera*
  Non   6

6 {
Graines nettement bicolores, olivâtres sur les faces et jaune
   corné au voisinage de l'arille. Sillon hilaire très visible, au
   voisinage de la cavité arillaire . . . .   *supina*
  Non   7

7 { Arille en accent circonflexe, (de profil), en losange, (de face), à bord membraneux mince, nettement décurrent sur la région raphéale . . . . *alba*
Non 8

8 { Graines noires ; arille jaune pâle 9
Graines fauve plus ou moins foncé 10

9 { Graines petites (2,5 mm.) souvent en cœur ou suborbiculaires. Arille en bourrelet régulier . . . . . . *candicans*
Graines grandes (4 mm.) ovales allongées. Arille jaune-soufre semblant ne pas adhérer à la graine . *Tabernaemontani*

10 { Les deux branches de l'arille fermées l'une contre l'autre, ou très nettement convergentes. 11
Les deux branches plus ou moins ouvertes et parallèles 12

11 { Graines orbiculaires, plates. Arille allongé. . *leucotricha*
Graines ovales allongées, subglobuleuses. Arille presque circulaire . . . . *Austriaca*

12 { Arille nettement décurrent sur le tégument 13
Non 17

13 { Arille muni d'une gouttière dans le sommet, en forme de fer à cheval. . . . . *ciliata*
Non 14

14 { Sommet du fer à cheval de l'arille épais ; branches assez minces 15
Sommet du fer à cheval de l'arille mince ; branches très massives . . . . *Heuffelii*

15 { Branches du fer à cheval nettement relevées en crêtes. Profil montrant une petite indentation au sommet de l'arille, au niveau de la cavité centrale . . . . *leucantha*
Branches non nettement relevées en crêtes. Profil plan, ou très largement concave 16

16 { Graines suborbiculaires, atteignant 3,5 mm . . *purgans*
Graines ovales de 2,8 mm. environ. . *triflora* (L'Hér.) LC.

17 { Arille petit, à branches nettement relevées en ailes, logé dans une excavation très nette de la graine . . . *canescens*
Non 18

18 { Arille long et plat, atteignant 1,2 mm. de longueur ; graines
    suborbiculaires . . . . *hirta*
    Arille très court, ne dépassant jamais 1 mm. Graines ovales,
    plus ou moins allongées 19

19 { Graines ovales arrondies. Arille de 1 mm. . . . *Ruthenica*
    Graines ovales très allongées. Arille ne dépassant ordinaire-
    ment pas 0,8 mm. 20

20 { Cavité arillaire rétrécie en raquette . . . . . . *capitata*
    Cavité arillaire évasée en spatule. . . . . . . *biflora*

21 { Arille formé de deux crêtes séparées, à la région raphéale,
    par un espace nu . . . . *Uralensis*
    Non. Arille simplement échancré 22

22 { Arille grand, atteignant 1 mm., fortement évasé au raphé, à
    branches fortement relevées en ailes. Cavité arillaire très
    vaste . . . . *elongata*
    Arille, graine et cavité arillaire de taille plus réduite . 23

23 { Graines de 3,5 mm. Branches arillaires relevées en ailes con-
    vergentes . . . . *Ratisbonensis*
    Graines de 2,5 mm. Branches arillaires épaisses, parallèles.
    Ailes non nettes . . . . *leiocarpa*

TRIBU III. — Trifoliées

Cette petite tribu ne comprend que six genres avec 460 espèces environ. Sur les six genres, cinq sont représentés non seulement en Europe mais en France. J'ai pu étudier plusieurs
espèces de chacun d'eux, ce qui permet de se faire une idée
assez exacte de l'aspect des graines dans ce groupe. Le sixième
genre, qui habite les montagnes de l'Asie centrale et de l'Afrique orientale, *Parochetus* Hamilt., est monotype : on voit que
presque toute la tribu est localisée dans les régions tempérées de l'Europe et de l'Afrique. Les quelques Trifoliées de
l'Amérique et de l'Afrique méridionales, peu nombreuses, n'offrent qu'un médiocre intérêt. J'ai pu en examiner quelques
graines, mais n'étant pas sûr des déterminations, qui me parais-
saient erronées, j'ai dû les laisser de côté.

Le tableau statistique reproduit ci-après renseigne sur l'allure de la répartition géographique de la tribu.

L'examen de ce tableau apprend que le pôle de la tribu
est l'Europe méridionale, en y comprenant la région méditerranéenne totale, et l'Asie Mineure. On peut donc dire que la
tribu des Trifoliées forme, par sa distribution géographique,
une boucle enserrant toute la Méditerranée. Elle s'atténue
régulièrement et progressivement jusqu'au Maroc, pour se perdre dans les îles Canaries et Madère. Une autre branche recouvre l'Europe centrale et remonte au Nord jusqu'en Scandinavie. Au Sud, les Trifoliées ne dépassent pas l'Algérie méridionale, où le Sahara les arrête. Elles sont assez abondantes en
Russie et de là gagnent l'Asie centrale, où elles se perdent. Au
contraire, l'Arabie, la Syrie, la Mésopotamie, la Perse et l'Afghanistan sont très riches en Trifoliées.

Distribution géographique des TRIFOLIÉES

	Europe	Asie	Afrique	Amérique			Océanie
				Nord	Centre	Sud	
Totalité de la Région	8			1	1	1	
Nord	2	7	8	4			
Est	8		7				
Sud	34	3	3	4			
Ouest	12			4			
Nord-Est	4		6				
Sud-Est	10	3				1	
Sud-Ouest	11		11			1	
Nord-Ouest	19	30		22		2	
Centre	25	2		1		1	1
Centre-Nord	6		3				
Centre-Est	10			5	1		
Centre-Sud	8			3			
Centre-Ouest	7			4	1		
Région méditerr. totale	33	33	33				
Région méditerr. orientale	21	20	20				
Région méditerr. occidentale	8		8				
Montagnes Nord							
Montagnes Est			1				
Montagnes Sud	3	1					
Montagnes Ouest	3						
Montagnes Centre	8						
Montagnes Nord-Est							
Montagnes Sud-Est	3						
Montagnes Sud-Ouest							
Montagnes Nord-Ouest	6	1					
Déserts							
Asie-Mineure		33					

L'Amérique du Nord fournit, dans la Californie, un pôle intéressant, qui lutte d'importance avec celui de la Méditerranée. De là, les Trifoliées s'étalent sur le Sud-Ouest et le Centre des Etats-Unis. C'est surtout l'Amérique du Sud qui offre pour cette tribu une dispersion très remarquable : toute la partie orientale, depuis le Pérou et la Bolivie jusqu'au Chili méridional nous montre des Trifoliées ; puis par le Paraguay, la tribu gagne le Brésil méridional, l'Uruguay et l'Argentine.

La carte (planche III) apprend en outre que c'est surtout au voisinage des côtes qu'on rencontre le plus de Trifoliées, et dans les régions tempérées à température élevée : dès qu'on gagne les régions froides, elles disparaissent bien vite.

Comme je l'ai dit, j'ai pu étudier cinq genres sur six, ce qui est fort heureux pour se faire une idée d'ensemble. Ces genres sont les suivants :

Medicago L.
Ononis L.
Trifolium L.
Melilotus Juss.
Trigonella L.

J'ai pu examiner un assez grand nombre d'espèces, surtout dans les genres *Medicago* et *Trifolium*, pour lesquels j'avais respectivement vingt-trois et quarante et une espèces à ma disposition. Comme la plupart de celles-ci sont françaises, l'intérêt en est d'autant plus grand, surtout que je suis pour ainsi dire certain des déterminations. En effet, les graines, non écossées se trouvaient renfermées dans leurs gousses, ce qui m'a permis de vérifier assez exactement les noms des échantillons.

Medicago L.

Les espèces que j'ai pu étudier sont, par ordre alphabétique,
les suivantes :

> *apiculata* Willd.
> *arborea* L.
> *Blancheana* Boiss.
> *Carstiensis* Jacq.
> *ciliaris* Willd.
> *coronata* Desr.
> *denticulata* Willd.
> *falcata* Fries
> *Gerardi* Willd. (= *rigidula* Desr.)
> *lappacea* Desr.
> *lupulina* L.
> *maculata* Willd. (= *Arabica* All.)
> *marina* L.
> *minima* Grufbg.
> *Murex* Willd.
> *orbicularis* All.
> *pentacycla* DC.
> *radiata* L.
> *sativa* L.
> *scutellata* All.
> *sphaerocarpa* Burn.
> *suffruticosa* Ram.
> *tuberculata* Willd.

Comme la plupart de ces espèces sont françaises, les autres,
sauf rares exceptions, représentées en Europe, il importe,
avant d'aborder l'étude morphologique de chacune, ce qui
permettra de dresser un tableau analytique, de rappeler
l'ordre qu'admettent MM. Rouy et Gandoger, le premier dans
sa *Flore de France*, le second dans son *Novus Conspectus.*

Il est du plus haut intérêt, en effet, de connaître les affinités morphologiques de la plante entière, celles sur lesquelles toutes les classifications ont été fondées jusqu'à ce jour, et par conséquent l'ordre de groupement admis par les botanistes ; on trouvera alors soit des confirmations soit des infirmations dans l'étude morphologique de la graine. Toutefois, au cours de mes recherches, j'ai remarqué que les affinités indiquées par les graines permettaient souvent de trancher les questions litigieuses. Et même l'étude morphologique des divers échantillons m'a permis souvent de rectifier quelques erreurs dans les noms des graines que j'avais reçues. Je ne citerai qu'un seul exemble : ayant terminé l'étude des diverses espèces de *Medicago* que j'avais à ma disposition, je cherchai en vain, dans les ouvrages, où pouvait se classer le *M. sulcata* et l'examen des graines, puis de mes dessins, m'indiqua une ressemblance assez grande avec les *Melilotus.* J'acquis facilement la conviction que les prétendues *Medicago sulcata* n'étaient autres que des graines de Mélilots. On voit par cet exemple que la connaissance de la morphologie des graines permet de lever souvent bien des difficultés, et de redresser bien des erreurs. Enfin l'examen attentif des graines m'a prouvé que les Flores les plus estimées sont muettes sur la morphologie des graines, ou donnent sur elles des renseignements en général incomplets, peu clairs, et souvent erronés.

Voici, d'après M. G. Rouy, dans sa *Flore de France* le groupement des espèces classées d'après la morphologie externe (échantillons d'herbier ou frais, plantes entières). On voit que les *M. Blancheana* Boiss. et *Carstiensis* Jacq. sont tenus à l'écart : ce sont des espèces extra-françaises ; il en est de même de *M. arborea* L. et *M. radiata* L., non spontanées en France.

1. — *M. lupulina* L.
4. — *M. falcata* Fr.
5. — *M. sativa* L.
6. — *M. suffruticosa* Ram.
7. — *M. marina* L.
8. — *M. orbicularis* All.

LÉGUMINEUSES

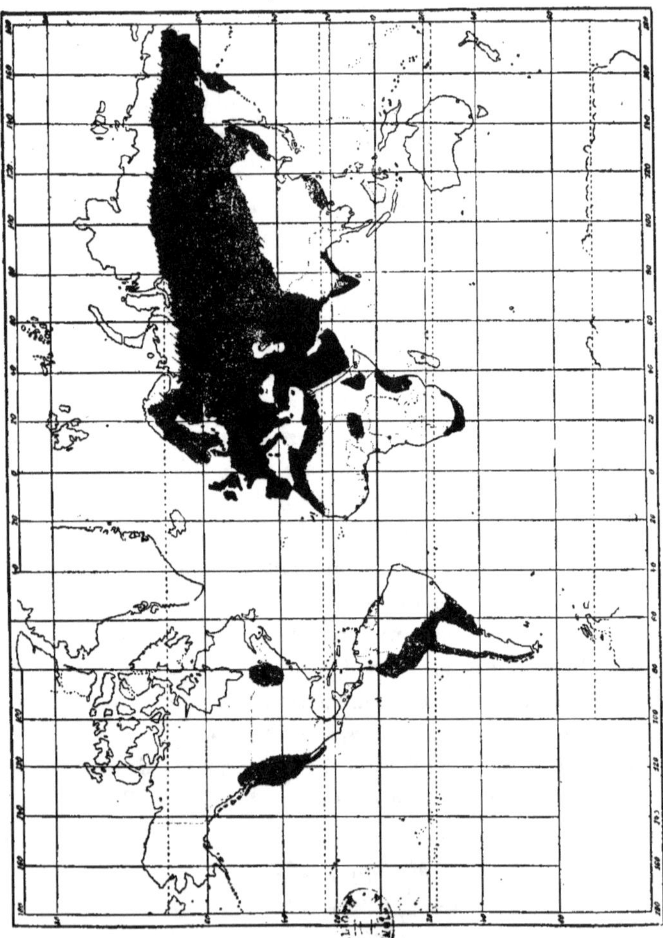

Répartition des Trifoliées

O praecox Bca.

Louis. Capitaine, phot.

O rotundifolia L.

Ononis sp Agrandissements de grossissements photographiques directs

FIGURES 117 à 122. — MEDICAGO L.

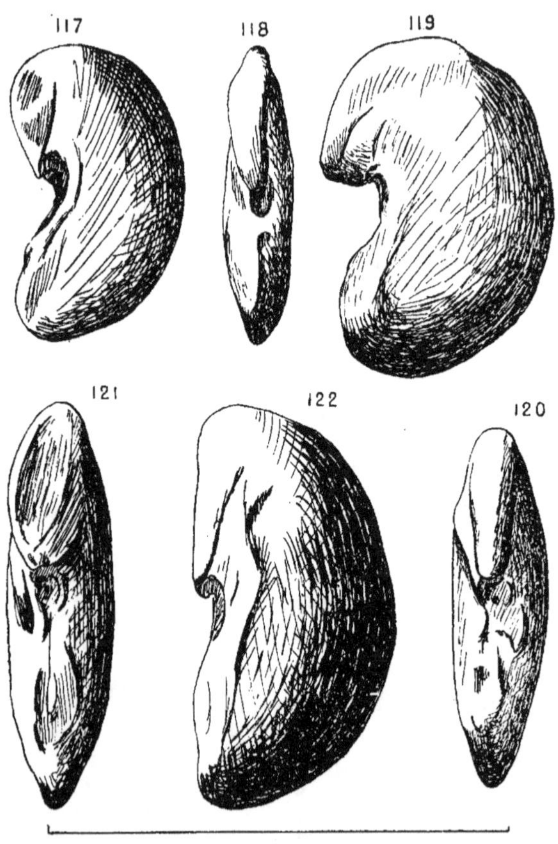

7 millimètres

Fig. 117 et 118, *M. Murex* Willd., profil et face. — Fig. 119 et 120,
M. scutellata All., profil et face. — Fig. 121 et 122, *M. sphaerocarpa*
Burn., face et profil.

9. — *M. scutellata* ALL.

12. — *M. ciliaris* WILLD.

15. — *M. rigidula* DESR.

18. — *M. tuberculata* WILLD.

19. — *M. Murex* WILLD. type et
  β *sphaerocarpa* BURN.

20. — *M. Arabica* ALL.

21. — *M. hispida* GAERTN., se divise en deux
  groupes :

  I. s. sp. *polymorpha* WILLD., dont les
  variétés étudiées sont :
  β *apiculata* GG.
  δ *denticulata* DESR.

  II. s. sp. *lappacea* DESR. type et
  f^a *pentacycla* DC.

23. — *M. coronata* DESR.

24. — *M. minima* GRUFBG.

On voit que les Medicago *apiculata* WILLD., *denticulata* WILLD., *lappacea* DESR., *pentacycla* DC. d'une part, et *M. sphaerocarpa* BURN. d'autre part, sont respectivement rangées, les premières dans le stirpe *hispida* GAERTN., la seconde dans le stirpe *Murex* WILLD.

Cela posé examinons de même comment M. Gandoger range ces diverses espèces, pour l'Europe, dans son *Conspectus :*

3. — *M. orbicularis* ALL.

6. — *M. scutellata* ALL.

14. — *M. tuberculata* WILLD.

15. — *M. Murex* WILLD.

16. — *M. sphaerocarpa* BERT.

19. — *M. Gerardi* WILLD. (= *rigidula* DESR.)

21. — *M. coronata* DESR.

24. — *M. lappacea* DESR.
  M. pentacycla DC.
  M. denticulata WILLD.

FIGURES 123 à 128. — MEDICAGO L. (suite)

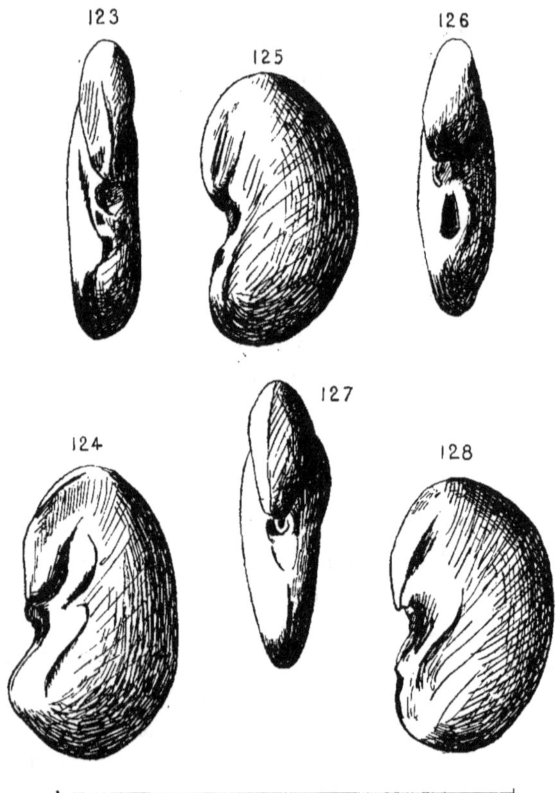

Fig. 123 et 124, *M. arborea* L., face et profil. — Fig. 125 et 126, *M. Blancheana* Boiss., profil et face. — Fig. 127 et 128, *M. ciliaris* Willd., face et profil.

25. — *M. apiculata* Willd.

26. — *M. maculata* Willd. (= *Arabica* All.)

27. — *M. minima* Desr.

32. — *M. ciliaris* Willd.

35. — *M. Carstiensis* Jacq.

37. — *M. lupulina* L.

> 40. — *M. arborea* L.
> 42. — *M. falcata* L.
> 44. — *M. sativa* L.
> 51. — *M. marina* L.
> 52. — *M. suffruticosa* RAM.

Comme on peut le constater aisément, ces deux listes son[t] assez dissemblables. Il reste alors à examiner chaque espèce en particulier, et à en donner une diagnose succincte. Cela permettra de mettre en évidence les caractères distinctifs de chaque espèce étudiée, et conduira à l'établissement du tableau synoptique. Les espèces seront étudiées dans l'ordre alphabétique :

M. apiculata WILLD. (fig. **137** et **138**). — Graines médiocres, jaune cire ou jaune miel, parfois un peu verdâtres, mates ou plus exactement doucies. Tégument lisse. Avec une très forte loupe, on relève parfois à la surface comme un léger réseau ressemblant à une toile d'araignée, mais je ne pense pas qu'il faille faire état de ce fait ; et l'on doit plutôt considérer ce réseau comme formé de rides produites par la dessiccation. Contour général de la graine ovale légèrement arqué à l'ombilic. Région hilo-micropylaire à peu près médiane. Quand la graine est bien mûre, la saillie radiculaire offre, par rapport au reste du tégument, l'aspect de la pointe de ces crochets dont les dames se servent pour faire la dentelle au fil. Mais ce caractère est en réalité assez rarement sensible, et il y a fort peu de différences avec le *M. falcata* FR. (fig. **139** et **140**). Cependant cette dernière espèce peut se distinguer, avec un peu d'habitude, par ce fait que, de profil, la saillie radiculaire est un peu plus épaisse. En outre, de la bosse raphéale au dos de la graine sur une ligne horizontale (1) la largeur est plus grande chez *apiculata* que chez *falcata*. Mais il faut avouer qu'ici, comme dans le genre *Trifolium* qui est étudié plus loin,

1. Disons une fois pour toutes que dans ces descriptions et toutes les autres, on suppose expressément les graines placées dans les positions que je leur avais données pour en exécuter les figures.

les différences sont si faibles d'une espèce à l'autre, dans certains cas, que bien que l'on puisse signaler quelques différences, il est prudent d'avouer simplement l'incapacité où l'on se trouve de donner des caractères différentiels bien nets ; le procédé contraire serait préjudiciable au but qu'on se propose d'atteindre.

M. arborea L. (fig. **123** et **124**). — Graines grosses, ayant plus de 4 millimètres de longueur, en général, très plates, jaune de cire, mates ou doucies, à tégument lisse. Les graines récoltées avant maturité sont souvent un peu déprimées par rétraction du contenu ; je signale ce fait pour mémoire, pour que l'on n'en puisse pas faire état. Toutefois, le plus souvent, il semble possible de distinguer un rebord dorsal, qui suit toute la convexité de la graine. Mais le caractère le plus remarquable réside dans l'hypertrophie souvent considérable de la bosse raphéale, comme le représente la figure **124**. Remarquons que lorsque les graines ont été récoltées avant maturité parfaite, il se fait une curieuse rétraction du contenu qui se traduit au dehors par une troncature intéressant toute la partie inférieure, et qui prend juste au-dessous de la bosse raphéale. Cette graine, qui a quelques analogies avec celles du groupe *scutellata*, *Murex*, *Blancheana*, *ciliaris*, auquel j'ai été conduit (v. le tableau synoptique) s'en distingue, dès le début, par sa bosse raphéale très nette.

M. Blancheana Boiss. (fig. **125** et **126**). — Cette espèce, originaire de Syrie où elle a été découverte par Blanche, a été dédiée à ce collecteur par le savant auteur du *Flora Orientalis*. Comme la graine présente, ainsi qu'on va le voir, quelques analogies avec celles du groupe *scutellata*, *Murex*, *ciliaris*, j'ai demandé à M. G. Rouy quelle place il assignerait à cette espèce dans sa *Flore de France* si par hypothèse, on la trouvait en France. Voici ce qu'il m'a répondu : « *M. Blancheana* Boiss. (*Diagn. Orient.*, série **2**, fasc. V, p. **75**, *Flora Orient.*, 2, p. **97**), dédié à Blanche, l'exportateur de la Syrie, est une plante exclusivement syrienne, qui appartient à la section des *orbiculares*

Rouy (*Fl. Fr.* V, **17**) et qui fait partie du groupe du *M. rotat*
Boiss., lequel n'a pas de représentant en Europe, existant seulement en Syrie, Palestine et Mésopotamie. Si on examine seulement les espèces de la flore française, le *M. Blancheana* serait
à classer à côté des *M. scutellata* et *M. orbicularis*, quoique bien
distinct de tous les deux ». Laissant de côté cette dernière
espèce, dont les graines très remarquables par leur forme
bizarre tranchent nettement sur toutes les autres, on trouve
dans cette lettre de M. Rouy, dont je lui exprime ici mes plus
vifs remerciements, une éclatante confirmation de l'utilité de
l'étude des graines. On voit en effet que cette seule étude a
permis de rapprocher le *M. Blancheana* Boiss. du *M. scutellata* All., et qu'on les rapprocherait également si l'on étudiait
ces plantes seulement d'après les organes qu'on a l'habitude
de considérer dans les études morphologiques. Donc j'arrive ici
aux mêmes conclusions et aux mêmes résultats que les mor-
phologistes et systématiciens. Mais cela n'était nullement à
prévoir ; quoique à mon avis, on puisse fonder sur l'étude morphologique de la graine une classification des espèces, il n'est
pas évident que cette classification confirmerait celles qui
sont admises jusqu'ici, et fondées sur l'étude des plantes
entières. Le principal est qu'elle puisse permettre une détermination rigoureuse des espèces : peu importe que les classifications, toutes artificielles, soient différentes. Voici maintenant
les principaux caractères de la graine : assez grosse, ayant 4 millimètres de longueur environ, jaune clair, lisse, mate, nettement et régulièrement arquée. Dépression ombilicale nette,
encadrée d'un côté par la saillie radiculaire en léger suplomb,
de l'autre côté par la bosse raphéale qui forme à l'extérieur une
tache brune, plus ou moins en forme de raquette renversée, et
très visible à l'œil nu. Au milieu de la tache brune, de couleur
claire, se voient à la loupe, sur la ligne axiale, deux taches
microscopiques, d'un brun beaucoup plus foncé. De profil cette
tache raphéale forme un léger relief d'apparence claviforme,
et de couleur un peu cornée, ce qui semble indiquer une
vague translucidité du tégument à cet endroit. Cette tache

raphéale que je n'ai vue que sur les graines de cette espèce, me semble un bon caractère distinctif.

M. Carstiensis Jacq. (fig. 151 et 152). — Graines petites, jaune de cire ou jaune brun, lisses, bombées. Vues de face elles présentent un contour apparent en forme de poire vers le bas, ce qui indique un grand développement de l'épaisseur des cotylédons à leur extrémité. Radicule très nettement saillante, se révélant au dehors par un bourrelet proéminent, hypertrophié, présentant un profil le plus souvent concave et une extrémité coupée en carré. Bosse raphéale assez nette quoique petite, au moins chez la plupart des individus. On sait en effet que les caractères mis en évidence dans ces diagnoses peuvent parfois ne pas se trouver tous réunis chez le même individu : il faut faire la part de la variabilité légère que les graines peuvent présenter dans leur forme, et se rappeler qu'il ne s'agit jamais ici que des caractères relevés sur un lot ; on a pris une moyenne, aussi bien pour la taille que pour les caractères mentionnés.

M. ciliaris Willd. (fig. 127 et 128). — Graines assez grandes ayant 4 millimètres au moins, un peu brillantes, sub-doucies, se révélant à la loupe très finement chagrinées, noires ou brun-rouge extrêmement foncé. Région ombilicale brun-rouge clair. Cette plage claire s'étend, à droite et à gauche sur le tégument et recouvre, quoique de façon variable, la bosse raphéale et la saillie radiculaire. Dans son aspect général, cette graine rappelle un peu le *M. Blancheana* Boiss. (fig. 125 et 126) mais sa couleur permet de l'en distinguer, puisque cette dernière est jaune clair. En outre, le profil de la saillie radiculaire est bien différent : il est ici plus grêle que dans le *Blancheana*, ainsi que l'indiquent les figures 125 et 128. Enfin, tandis que le *Blancheana* est une plante exclusivement syrienne, le *ciliaris* possède une aire de dispersion beaucoup plus étendue, puisqu'elle se rencontre jusqu'en Espagne et au Maroc. Mais elle habite aussi les mêmes régions orientales que le *Blancheana*. Il est à remarquer que le *ciliaris* n'est pas très éloigné du *scutellata* dont je parlerai plus loin, ce qui vient renforcer mes conclusions.

M. coronata Desr. (fig. 149 et 150). — Espèce fort curieuse par l'aspect de ses graines, dont le profil (fig. 150) est des plus remarquables. Graines très petites, de 2 millimètres environ, très plates ; région hilo-micropylaire nettement au-dessous de l'équateur. Saillie raphéale pourvue d'une légère bosse, et offrant un contour très net en menton de galoche court. Saillie radiculaire très allongée montant verticalement jusqu'au sommet, présentant vers le micropyle une légère concavité, avant l'extrémité radiculaire plus ou moins bombée. La disproportion qui existe dans les différentes parties de cette graine, son profil assez remarquable et en même temps l'allure de la courbure générale obscurément réniforme, font penser à ces statuettes chinoises représentant des poussahs au front démesurément hypertrophiés. Le tégument est jaune miel ou jaune cire parfois légèrement brunâtre, lisse, et mat.

M. denticulata Willd. (fig. 135 et 136). — Graines petites, jaunes de miel, mates, lisses, de contour oboval subréniforme assez régulier. Espèce assez difficile à définir en raison de l'absence de caractères vraiment nets et saillants. Les graines ne sont pas très plates, elles sont même parfois subglobuleuses, et quoique l'on puisse en trouver de beaucoup plus arquées que ne le représente notre dessin (fig. 136), on peut considérer celui-ci comme se rapportant à la moyenne. Un des caractères les plus intéressants est la présence d'une minuscule bosse raphéale, souvent très saillante et toujours tachée de brun noir. Ce détail est visible seulement avec une forte loupe mais me parait d'une constance assez grande pour qu'on en puisse faire état. Enfin cette espèce présente quelques analogies avec le *M. marina* L. (fig. 141 et 142) mais chez *denticulata* la saillie radiculaire présente une convexité très nette au-dessus de l'extrémité, tandis que le *marina* offre au contraire une saillie radiculaire légèrement concave au-dessus de la pointe.

M. falcata Fries (fig. 139 et 140.) — Graines le plus souvent jaune de miel ou jaune de cire légèrement verdâtre, parfois brunes, souvent de forme très irrégulière, quand elles sont récoltées avant maturité parfaite. Quand elles sont mûres, elles sont subglobuleuses, de contour régulier, à tégument lisse, mat ou douci. Saillie radiculaire développée, formant un gros bourrelet, mais ne donnant pas comme *M. apiculata* WILLD. avec laquelle elle présente quelques analogies, l'impression de crochet à dentelle dont j'ai parlé. Cette espèce, comme la plupart des *Medicago* à petites graines, offre assez peu de caractères nets et tranchés pour que l'on puisse savoir sûrement à quoi on a affaire : la ressemblance est souvent frappante d'une espèce à l'autre. Et même quand l'œil perçoit une différence de forme, elle est parfois très difficile à mettre en évidence par une description ou un dessin. Une bonne méthode, pour voir si réellement il existe d'une espèce à l'autre des différences sensibles entre les graines consiste à les mélanger. Le plus souvent alors, on remarque que les deux espèces se distinguent assez aisément. Et cette méthode a l'avantage, en outre, de montrer que bien souvent les sachets contiennent des mélanges.

M. Gerardi WILLD. (= *M. rigidula* DESR.) (fig. 131 et 132). — Graines assez grosses, atteignant 4 millimètres de longueur, non ou très faiblement arquées, offrant le plus souvent un contour général convexe à la région radiculo-raphéale. Echancrure très nette et brusque à la région hilo-micropylaire qui forme un ombilic profond. Tégument jaune clair, très mat. Saillie radiculaire extrêmement nette, un peu en crochet à dentelle, quoique l'épaisseur assez faible de la radicule (vue de profil) ne permette pas de voir là une ressemblance frappante. Vue de face la saillie radiculaire est aplatie sur le corps de la graine, et légèrement déprimée en son milieu. De profil, cette même saillie est à peu près rectiligne, avec un léger rebroussement à la pointe. Région raphéale tronquée obliquement, et à peu près antiparallèle à la saillie radiculaire. Rebord dorsal légèrement ondulé, au moins chez quelques individus.

M. lappacea DESR. (fig. 145 et 146). — Graines médiocres, jaune de cire, mates ou douciés, non chagrinées, arquées subréniformes. Saillie radiculaire souvent peu nette; sa ligne

de séparation du reste de la graine n'est indiquée que par un
trait de couleur plus claire, mais non en général par une

FIGURES 129 à 134. — *MEDICAGO* L. (*suite*)

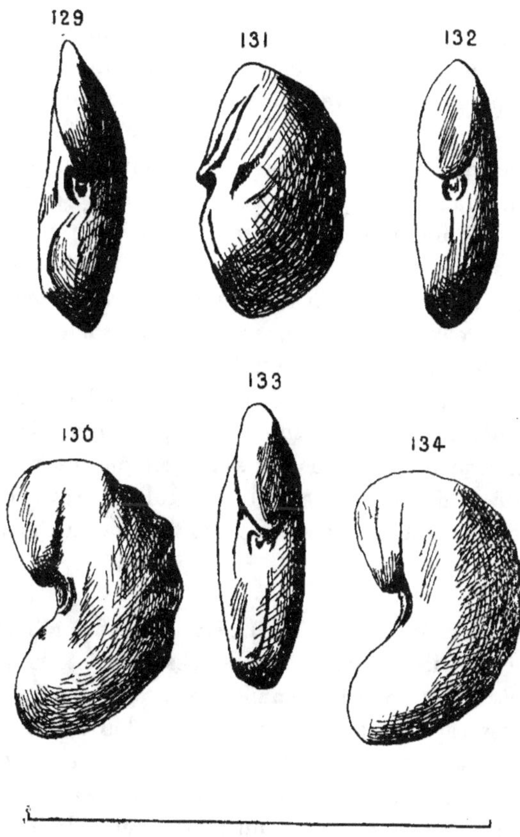

7 millimètres.

Fig. 129 et 130, *M. tuberculata* Willd., face et profil. — Fig. 131 et 132,
M. Gerardi Willd. (= *M. rigidula* Desr.), profil et face. — Fig. 133
et 134, *M. pentacycla*, DC., face et profil.

dépression bien sensible. La bosse raphéale toujours très nette est de couleur un peu plus sombre et verdâtre. Enfin cette graine qui vient se classer dans le groupe *denticulata, marina, apiculata, falcata,* se distingue aisément de toutes celles-ci par ce fait que les plans tangents aux saillies radiculaire et raphéale, dans leur partie médiane, forment un angle nettement rentrant.

M. lupulina L. (fig. 157 et 158). — Cette graine appartient au groupe très remarquable dans lequel l'ombilic de la région hilo-micropylaire se trouve nettement au-dessous de l'équateur de la graine, ce qui, comme chez *M. coronata* Desr., donne l'impression de ces crânes chinois hypertrophiés dont j'ai parlé plus haut. Graines très petites, brun-rouge clair, globuleuses ou ovoïdes. Saillie radiculaire assez peu sensible en général, mais souvent légèrement déprimée avant l'extrémité, qui forme comme une légère bosse. Les environs de la région ombilicale sont le plus souvent de couleur un peu plus soutenue que le reste du tégument. La région hilo-micropylaire proprement dite est d'un brun-rouge assez foncé. Cette espèce offre quelques analogies avec le *M. sativa* L. (fig. 147 et 148), mais quand on compare les profils, on s'aperçoit que les graines de cette dernière possèdent une saillie radiculaire très nettement en crochet à dentelle, avec une bosse nette au sommet de courbure.

M. maculata Willd. (= *M. Arabica* All.) (fig. 143 et 144). — Graines médiocres, jaune de miel, lisses, mates ou doucies. Cette espèce, peu arquée, à ombilic très prononcé se distingue entre toutes par l'extraordinaire saillie de l'extrémité radiculaire qui donne l'impression d'un bec de canard, et surplombe le micropyle comme une vérandah au-dessus d'une porte. Le plus souvent ensuite, la saillie radiculaire monte droit jusqu'au sommet de courbure. De face la graine paraît à peu près plate, avec la saillie radiculaire étalée sur elle, et le bec toujours saillant de l'extrémité radiculaire qui est un peu relevé. Ce caractère est tellement net que, à l'œil nu, on aperçoit comme une petite saillie blanchâtre. Cette saillie se continue sous forme d'une ligne claire, à la zone de séparation de la radicule et du reste de la graine, mais il est remarquable que ce caractère, parfaitement net et distinct à l'œil nu, perde beaucoup de sa valeur quand on regarde à la loupe. Cette espèce vient se ranger dans mon tableau à côté du *M. minima* GRUFBG., mais la distinction est des plus aisées, grâce à ce que je viens de dire.

M. marina L. (fig. 141 à 142). — Graines médiocres, arquées en général, quoique souvent très peu, subréniformes, jaune de cire ou de miel, lisses. Cette espèce se range à côté des *M. denticulata, falcata, apiculata*, et on a vu plus haut ce qui la distingue de *M. denticulata* WILLD. avec laquelle elle présente quelques analogies. La bosse raphéale est ici absente, sans relief sensible, seulement indiquée par une petite tache un peu plus sombre, bistre jaune ; et tandis que la saillie radiculaire est nettement bombée au-dessus de l'extrémité, dans le *M. denticulata*, ici, elle est droite ou plus souvent légèrement déprimée (fig. 142). Enfin vue de face elle montre une légère dépression sur son méplat.

M. minima GRUFBG. (fig. 153 et 154). — Rangée à côté du *M. maculata* WILLD. qui s'en distingue aisément, cette espèce est remarquable par la position de son ombilic situé au-dessous de l'équateur, ce qui donne une grande prédominence à la saillie radiculaire, en crâne chinois. Graines petites, jaune de cire vif, lisses, doucies, subtranslucides, d'aspect un peu corné. Quoique la zone de séparation se révèle ici, comme chez *maculata* par une ligne blanchâtre, aboutissant à l'extrémité de la radicule, la distinction est facile, car cette extrémité est saillante, mais non en bec de canard. Elle est toutefois un peu blanchâtre et visible à l'œil nu. La taille, la couleur, l'aspect rendent cette graine très distincte du *maculata*. Il est à noter que ces deux espèces ont une aire de dispersion à peu près analogue, et on trouve ici, une fois de plus, une correspondance remarquable entre l'ensemble des caractères morphologiques de la graine et l'allure de la répartition.

M. Murex WILLD. (fig. 117 et 118). — Graines grosses ayant
plus de 4 millimètres de longueur, brun-rouge ou brun-jaune
plus ou moins soutenu, très plates, lisses, mates ou doucies, non
chagrinées. Rebord dorsal net, en général, se poursuivant sur
la saillie radiculaire, qui paraît comme pincée. La graine est
souvent beaucoup plus arquée que ne l'indique la figure, et
prend quelquefois la forme d'une virgule, ou de la partie commune à deux demi-cercles concentriques. Quand on a dans la
main un lot de ces graines, toutes choses égales d'ailleurs, et
la taille mise à part, on a l'impression de tenir des noix d'aca-
jou grillées (*Anacardium occidentale* L.) dont elles ont l'aspect
et le toucher. Comme le montre la figure 117, la saillie radiculaire, brusquement terminée en pointe à l'extrémité, du côté
du micropyle, s'évase ensuite fortement. Souvent elle est comme
tronquée ; cela lui donne un contour rectiligne ou presque, et
non bombé. Enfin la région raphéale est marquée d'une tache
brun-rouge plus sombre que le reste du tégument, de même
d'ailleurs que l'extrémité radiculaire et que toute la région
ombilicale. C'est là un fait assez courant : presque toutes les
Medicago, et la plupart des graines des Légumineuses que j'ai
étudiées, ont la région ombilicale d'une couleur plus foncée que
le reste du tégument. Le contraire est beaucoup plus rare.

M. orbicularis ALL. (fig. 159 et 160). — C'est une des graines les plus bizarres que j'aie étudiées : l'examen de la figure 159
renseigne plus qu'une description. Ce qui frappe surtout ici,
c'est la forme de la saillie radiculaire qui se présente comme
un bourrelet à peu près cylindrique, transversalement annelé,
presque rectiligne, qui repose sur le reste de la graine comme
s'il était posé dessus. A l'œil nu, la graine paraît simplement
mate ; avec une forte loupe, on remarque qu'elle est nettement
tuberculée-bosselée, et non pas chagrinée, comme on le trouve
indiqué dans quelques auteurs. En réalité, bien que mon dessin n'en donne qu'une idée très imparfaite, ces bosses sont
du même ordre de grandeur que les anneaux de la saillie radiculaire. Le tégument est d'un jaune de corne assez soutenu
dans la gamme des bruns. Ici, contrairement à ce que l'on trouve

chez les autres *Medicago*, l'extrémité de la radicule, comme coupée en carré, est un peu plus clair que le reste du tégument. Il n'y a pas d'ombilic proprement dit. Vue de face, la graine présente deux bombements latéraux assez prononcés. Il est bon de signaler que parfois la saillie radiculaire présente des anneaux beaucoup moins saillants que ne l'indique mon dessin, parfois même ils sont nuls ou presque, mais c'est rare. Remarquons aussi que c'est près de cette espèce que vient se placer systématiquement le *M. Blancheana* Boiss., de Syrie. Voici ce que m'écrit à ce sujet M. Gandoger, l'auteur du *Novus Conspectus* : « Le *M. Blancheana* Boiss., qui ne vient pas en Europe, y est remplacé par le *M. Buonarotiana* Arcangeli, bien différent de l'espèce orientale avec laquelle quelques-uns ont voulu l'assimiler. Boissier (*Fl. or.*, II, 97) place son espèce en tête de la section *Rotatae* qui forme la transition entre les *M. orbicularis*, *rugosa*, *tribuloïdes*, etc. C'est l'opinion que j'ai adoptée, et qui est également celle d'Urban (*Gatt. medic.*) » Donc, pour M. Gandoger le *M. Blancheana* Boiss. serait à placer entre *M. orbicularis* All. et *M. Buonarotiana* Arcangeli. Quoique le voisinage des *M. orbicularis* et *Blancheana* soit inattendu, au point de vue séminologique, comme je l'ai dit plus haut (v. la diagnose de *M. Blancheana*), il est à remarquer que le *M. scutellata* avec lequel cette dernière espèce a plus d'une analogie, par ses graines, reste sa voisine et forme, avec elle, pour M. Gandoger, comme pour M. Rouy, un groupe assez étroit.

M. pentacycla DC. (fig. 133 et 134). — Cette espèce vient se ranger, par ses graines, à côté des *M. Gerardi* et *tuberculata*. En effet, le rebord dorsal, net, est légèrement ondulé. Graines jaune parchemin ou jaune-brun, lisses, mates, fortement arquées. Région raphéale allongée, régulièrement courbée (fig. 134). Bosse raphéale presque nulle, visible seulement à la loupe, sous forme d'une légère tache, allongée, un peu plus sombre que le reste du tégument. Saillie radiculaire très nette, en surplomb sur la région micropylaire, et comme coupée en carré au bout. La région hilo-micropylaire, assez profondément enfoncée, est d'un violet-brun plus ou moins soutenu. Cette

FIGURES 135 à 146. — MEDICAGO L. (suite)

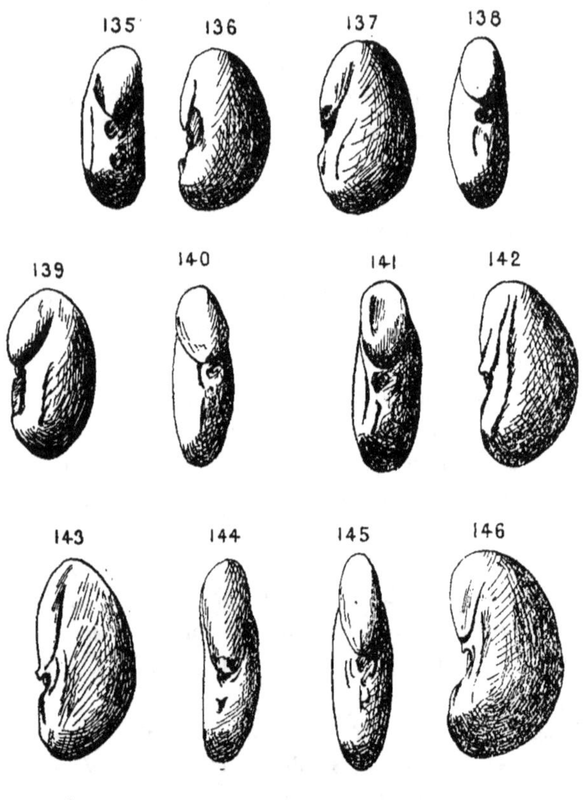

7 millimètres.

Fig. 135 et 136, *M. denticulata* WILLD., face et profil. — Fig. 137 et 138, *M. apiculata* WILLD., profil et face. — Fig. 139 et 140, *M. falcata* FRIES, profil et face. — Fig. 141 et 142, *M. marina* L., face et profil. — Fig. 143 et 144, *M. maculata* WILLD. (= *M. Arabica* ALL.), profil et face. — Fig. 145 et 146, *M. lappacea* DESR., face et profil.

graine offre quelque analogie avec le *M. tuberculata* WILLD.,
mais elle s'en distingue aisément par l'aspect de la saillie radiculaire vue de face : tandis qu'elle est plus ou moins aplatie,
trapue, chez le *pentacycla*, elle est nettement pincée chez le
tuberculata. Enfin le rebord dorsal très nettement ondulé, chez
tuberculata, l'est très faiblement chez *pentacycla*.

M. radiata L. (fig. 161 et 162). — C'est une espèce extra-
européenne, que l'on rencontre parfois aux environs de Nice,
où elle est subspontanée (1). Il est à remarquer combien cette
espèce est voisine, par la forme de sa graine, du *M. orbicularis*
ALL., mais les rides de la surface du tégument sont beaucoup
plus accentuées, et parfaitement visibles à l'œil nu. La couleur du tégument est beaucoup plus foncée, brune, opaque. Le
tégument, très finement chagrinée, est fortement ridé de plis
transversaux. La saillie radiculaire, en gros bourrelet annelé,
offre assez bien l'aspect d'une chenille qui serait posée sur le
reste de la graine, et dont la tête représenterait l'extrémité
radiculaire, très saillante et relevée. Sa pointe est brun foncée.
Tandis que chez *orbicularis* on ne pouvait guère distinguer de
région ombilicale nette, ici, l'ombilic est très accentué, à cause
de la saillie de la radicule sur le reste de la graine. Sous la
pointe, la radicule est légèrement concave, comme un casque,
c'est là que se trouve le micropyle. De face (fig. 161) la graine
est très différente de celle *d'orbicularis* : tandis que cette dernière est bombée en son milieu, le *radiata* est beaucoup plus
régulièrement épais, et moins doucement atténué vers les bords.
BOISSIER (*Fl. orient.*, II, 90) range cette espèce dans le genre
Trigonella avec la mention, entre parenthèses : (L. *Sp.* 1096 sub
Medicagine). Cette manière de voir est absolument conforme
aux conclusions de l'étude morphologique de la graine, et

1. Cf. ROUY, *Fl. Fr.*, V, 314 : « *Medicago radiata* L., subspontané aux
environs de Nice, et en Provence, mais nullement indigène dans notre
flore ». Voici à ce sujet ce que m'écrit M. Gandoger : « Ce n'est pas une
plante européenne, mais orientale, indiquée vaguement à Constantinople
par Sibthorp, il y a cent ans, et qui n'y a jamais été retrouvée. Cet auteur
l'avait certainement cueillie en Asie, où elle n'est pas rare, et dont elle nous
arrive parfois avec les grains, les laines, etc. ».

comme on le verra plus loin, au chapitre des *Trigonella*, la graine du *M. radiata* L. (comme celle du *M. orbicularis* All. d'ailleurs) a plus de rapport avec celle des *Trigonella* qu'avec celles des *Medicago*.

M. sativa L. (fig. 147 et 148). — Cette espèce se groupe à côté des *M. lupulina* L., *M. suffruticosa* RAM. et *M. Carstiensis* JACQ. Ces quatre graines sont caractérisées par l'hypertrophie de leur région radiculaire et la proéminence de la saillie de la radicule qui donne l'impression d'un casque. Le *M. sativa* est incontestablement, des quatre, celle qui est le plus remarquable à cet égard, car non seulement la radicule forme une saillie très développée en crochet à dentelle, mais encore au sommet de courbure, on aperçoit assez distinctement une sorte de bosse. Graines obovales, nettement échancrées à l'ombilic, jaune de miel foncé ou jaune-brun, mates ou doucies, assez épaisses. Cette espèce présente quelque analogie avec *M. lupulina* L., mais s'en distingue parce que cette dernière n'a pas de bosse radiculaire au sommet de courbure et qu'en outre la saillie radiculaire est déprimée plus ou moins fortement au-dessus de l'extrémité, tandis qu'elle est régulièrement bombée chez l'espèce dont il est ici question.

M. scutellata ALL. (fig. 119 et 120). — Graines grandes, dépassant 4 millimètres de longueur, jaune serin, lisses, mates, quelquefois tirant un peu sur le jaune d'or ; fortement arquées. Saillie radiculaire très fortement proéminente à l'extrémité, ce qui la distingue des *M. Murex* WILLD., et *M. sphaerocarpa* BURN. à côté desquelles elle vient se ranger par la forme de sa graine. Systématiquement, elle n'est pas éloignée du *M. orbicularis* ALL., et du *M. Blancheana* BOISS., mais on a vu plus haut qu'au point de vue séminologique, le *M. orbicularis* ALL. s'écarte nettement des deux autres par la forme de sa graine, qui le rapproche du *M. radiata* L. Il est à remarquer que *M. scutellata* ALL. et *M. Blancheana* BOISS., peu éloignés dans l'ordre systématique, sont aussi assez voisines par l'aspect et la forme de leurs graines.

M. sphaerocarpa Burn. (fig. 121 et 122). — Graines très grosses, atteignant 6 millimètres. On range cette espèce dans le groupe *Murex* Willd. (v. ce que je dis, au début, du classement adopté par M. Rouy pour sa *Flore de France*). Cela est justifié par la forme et l'aspect des graines, au moins dans une certaine mesure, quoique le *Murex* soit beaucoup plus arqué, tandis qu'ici la région radiculo-raphéale est presque rectiligne, de profil (fig. 122). Tégument brun-rouge ou brun-jaune, lisse, à rebord dorsal assez net, bistre-brun, légèrement pincé, en bourrelet. Saillie radiculaire un peu pincée aussi, mais fréquemment aplatie; alors, le méplat est légèrement excavé, comme le représente la figure 121. Ce cas n'est pas général ; souvent la saillie est nettement bombée, mais le profil — cela est à noter — reste très sensiblement le même. Région ombilicale brun-violet foncé, avec une tache en massue renversée, de même couleur, s'étendant sur la bosse raphéale. Celle-ci est peu accentuée, et la graine, dans son profil général, offre assez exactement l'aspect d'un D.

M. suffruticosa Ram. (fig. 155 et 156). — Nous avons vu que cette espèce appartient au groupe *sativa, Carstiensis, lupulina*. Mais tandis que les *M. sativa* et *lupulina* ont le contour apparent ovale (fig. 148 et 157) de face, les *M. Carstiensis* et *suffruticosa* l'ont en poire (fig. 151 et 156). Or la distinction est facile entre les *M. Carstiensis* et *suffruticosa*. Le premier a la saillie radiculaire déprimée au-dessus de l'extrémité, le second l'a très fortement bombée. L'apparence en crochet à dentelle que donne parfois la saillie radiculaire, par rapport au reste de la graine, n'est pas constante. Elle est cependant à noter, car l'examen d'un lot de graines montre au moins quelques individus offrant cet aspect. La couleur du tégument, lisse et mat, est jaune cire plus ou moins brun. La région ombilicale est à peine plus sombre que le reste du tégument, mais autour du hile on aperçoit une sorte de petite collerette annulaire, blanchâtre, formée des vestiges des tissus funiculaires.

M. tuberculata Willd. (fig. 129 et 130). — Cette graine peut

FIGURES 147 à 162. — MEDICAGO L. (suite)

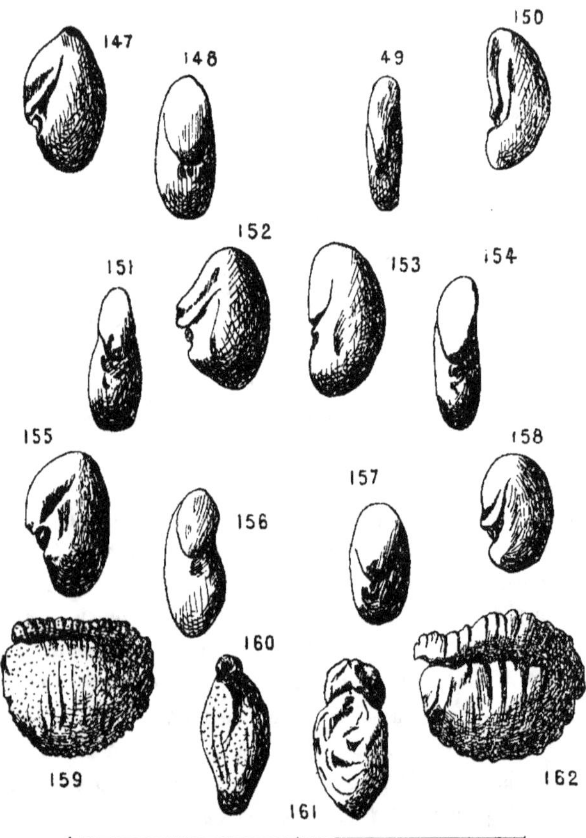

7 millimètres

Fig. 147 et 148, *M. sativa* L., profil et face. — Fig. 149 et 150, *M. coronata* Desr., face et profil. — Fig. 151 et 152, *M. Carstiensis* Jacq., face et profil. — Fig. 153 et 154, *M. minima* Grufbg., profil et face. — Fig. 155 et 156, *M. suffruticosa* Ram., profil et face. — Fig. 157 et 158, *M. lupulina* L., face et profil. — Fig. 159 et 160, *M. orbicularis* All., profil et face. — Fig. 161 et 162, *M. radiata* L., face et profil.

être prise comme le type de celles qui ont le rebord dorsal
très nettement ondulé-crispé. Ce rebord dorsal est fortement
pincé en général, et alors il paraît de couleur plus claire.
Graines assez grandes, brun-jaune clair, lisses, mates, fortement arquées. Bosse raphéale assez nette, se traduisant non
par une différence de couleur bien sensible, mais par ce fait
qu'elle est comme encadrée par deux légers bourrelets un peu
plus clairs que le reste du tégument. La radicule forme, vue de
profil, une saillie très nette, car elle est d'une assez grande
hauteur. Elle surplombe nettement la région hilo-micropylaire.
Cette dernière est échancrée, et le hile, encadré de deux
rebords tégumentaires assez développés, se montre entouré
d'une petite collerette annulaire blanche, fibreuse, vestige des
tissus funiculaires. Le reste de la tache hilaire et les bords tégumentaires qui l'avoisinent sont plus sombres que le reste de la
graine, brun violâtre. De face, la saillie radiculaire se révèle
nettement pincée, et la graine assez plate. La forme de la saillie
radiculaire et l'ondulation du rebord dorsal sont les deux caractères qui distinguent cette espèce du *M. pentacycla* DC. Chez
ce dernier en effet la saillie radiculaire vue de face est large
tandis qu'ici elle est mince (comparez les figures **133** et **129**) et
de profil (figures **134** et **130**) le rebord dorsal est à peine ondulé,
tandis qu'ici il est crispé.

TABLEAU SYNOPTIQUE

1 { Rebord dorsal net, plus ou moins ondulé-crispé 2
{ Rebord dorsal absolument lisse et continu, ou graine à rebord
{   dorsal peu sensible (aspect général plus ou moins ovoïde). 4

2 { Graines nettement arquées, à saillie radiculaire bombée (pro-
{   fil) 3
{ Non ; graines à région hilo-radiculaire nettement tronquée (pro-
{   fil) ; saillie radiculaire trapue (face) .   *Gerardi* (= *rigidula*)

3 { Saillie radiculaire pincée (face) au bord. Rebord dorsal nettement
{   ondulé (profil) . . . . *tuberculata*
{ Saillie radiculaire trapue (face). Rebord dorsal très peu on-
{   dulé . . . . *pentacycla*

4 { Saillie radiculaire très développée, en bourrelet cylindrique, offrant l'aspect d'une chenille (profil). 5
    Saillie radiculaire non en bourrelet cylindrique saillant. . 6

5 { Saillie radiculaire subcylindrique (face). Graines chagri- nées ou plutôt tuberculées-bosselées . . . . *orbicularis*
    Saillie étalée-aplatie (face). Graines lisses . . . . *radiata*

6 { Graines grosses ayant plus de 4 mm. de long (v. fig.) . . 7
    Graines petites ayant moins de 3 mm. de long (v. fig.) . . 12

7 { Profil radiculo-raphéal presque rectiligne ; graine très grosse atteignant 6 mm. . . . . *sphaerocarpa*
    Non ; profil radiculo-raphéal plus ou moins bombé et concave à la région hilaire 8

8 { Bosse raphéale très développée ; saillie radiculaire camuse, à profil subrectiligne. . . . . *arborea*
    Non 9

9 { Extrémité radiculaire en surplomb très net. Graine très forte- ment arquée . . . . *scutellata*
    Surplomb radiculaire non très développé. 10

10 { Saillies radiculaire et raphéale subrectilignes, formant un angle rentrant très net. . . . . *Murex*
     Saillie radiculaire nettement et régulièrement bombée . . 11

11 { Tache raphéale nette. Graines jaune-cire . . . *Blancheana*
     Tache raphéale nulle. Graines très sombres ou noires. *ciliaris*

12 { Proéminence radiculaire très nette et hypertrophiée, plus ou moins en casque 13
     Non ; saillie médiocre, non en casque, bombée ou droite . 16

13 { Contour apparent ovale (face). 14
     Contour apparent en poire ou graines plates (face). . . 15

14 { Saillie radiculaire en crochet à dentelle, de profil (v. diagn.), bombée au sommet (v. fig.) . . . . *sativa*
     Saillie radiculaire non en crochet à dentelle, mais légèrement con- cave en général. Convexité régulière au sommet . *lupulina*

15 {
Région raphéale obliquement tronquée (profil). Saillie radiculaire étalée, très bombée . . . . *suffruticosa*
Région raphéale non nettement tronquée. Saillie radiculaire
subrectiligne ou concave. . . . . **Carstiensis**

16 {
Région hilo-micropilaire au-dessous de l'équateur de la graine.
Saillie radiculaire subrectiligne, tombant verticalement.   17
Région hilo-micropylaire à l'équateur ; graines n'ayant pas les
caractères ci-dessus . . . . , ... 19

17 {
Graine très petite (2 mm.) étroite, allongée ; saillie raphéale en
menton de galoche court . . . . *coronota*
Graines très petites, plus ou moins nettement ovoïdes . . 14
Graines nettement plus grosses, région raphéale plus déve-
loppée . . , ... 18

18 {
Extrémité radiculaire obtuse . . . . *minima*
Extrémité radiculaire en pointe nette et blanchâtre (profil), en
bec de canard (face), visible à l'œil nu . . . . . *maculata*

19 {
Plans tangents aux saillies radiculaire et raphéale, formant un
angle rentrant très net (v. fig.) . . . . **lappacea**
Non 20

20 {
Saillie radiculaire subrectiligne 21
Saillie radiculaire nettement bombée 22

21 {
Bosse raphéale très nette et en pointe. Saillie radiculaire bombée,
au-dessus de l'extrémité. . . . . . . , . *denticulata* (1)
Bosse raphéale nulle ; saillie radiculaire concave avant l'extrémité qui forme une petite bosse . . . . . *marina* (1)

22 {
Saillie radiculaire en crochet à dentelle, avec sillon net (2) *apiculata*
Saillie non en crochet, se détachant peu du reste de la
graine (3) . . . . *falcata*

1. Les graines se présentent souvent plus arquées que sur le dessin.
2. Caractère bien apparent seulement sur les graines bien mûres.
3. Graines souvent déformées bombées, si la récolte a eu lieu avant la parfaite maturité, ou si la dessiccation a été mal conduite.

Ononis L.

Les espèces que jai étudiées sont, par ordre alphabétique,
les suivantes :

> *O. alopecuroides* L.
> *O. Antiquorum* L.
> *O. hircina* Lois.
> *O. minutissima* L.
> *O. praecox* Bca.
> *O. rotundifolia* L.
> *O. spinosa* L.

A part *O. praecox* Bca. qui habite la Sicile, et qu'on range
d'habitude au voisinage d'*O. biflora* Desf., les autres espèces
étudiées sont françaises. Mais avant d'aborder leur étude individuelle, il est bon d'envisager comment on groupe ces espèces,
car ce genre, comme le genre *Melilotus*, de la même tribu, a
souvent donné lieu à des controverses. Voici le classement
adopté par M. Rouy :

> 1. *O. rotundifolia* L.
> 11. *O. alopecuroides* L.
> 13. *O. vulgaris* Rouy
> > fᵃ *O. procurrens* Wallr., α *mitis* Spenn.
> > > = *O. hircina* Lois.
> > fᵃ *O. Antiquorum* L.
> > fᵃ *O. campestris* Koch et Ziz.
> > > = *O. spinosa* L.
> 17. *O. minutissima* L.

Comme on le voit, l'auteur forme un grand groupe, *O. vul-*
garis Rouy, où il distingue ensuite une série de formes. A ce
propos, je ferai remarquer que pour *O. hircina* Lois. et *O. spi-*
nosa L. il indique les graines comme nettement tuberculeuses,

tandis que pour *O. Antiquorum* L. il dit : « graines finement chagrinées ou presque lisses ». Je ne sais que penser de cette assertion. Les échantillons que j'ai eus entre les mains ne répondent pas à cette diagnose, et je trouve une remarquable ressemblance entre les graines d'*O. Antiquorum* L. et *O. hircina* Lois. Elles sont à peu près de même taille, de même forme, de même couleur, et possèdent des tubercules et mouchetures bien semblables. Aussi, comme j'ai examiné pas mal de graines et que je n'ai nulle part rencontré semblable analogie, j'en arrive à induire que vraisemblablement les échantillons que j'ai examinés appartiennent tous à *O. hircina* Lois. J'ai voulu citer ce fait comme exemple de ce que peut donner l'étude morphologique des graines. On pourra voir qu'ainsi les dessins, faits sur des échantillons provenant de lots absolument différents, possèdent une ressemblance frappante. Cependant j'ajouterai que les divers lots d'*O. Antiquorum* L. que j'ai eus étaient tous semblables ; faut-il en conclure que les dénominations seraient toutes erronées ? Cette hypothèse a sa valeur.

Quoi qu'il en soit, je n'insisterai pas sur les graines d'*O. Antiquorum* L., et me contenterai de signaler le fait sans conclure dans un sens ou dans l'autre.

Je donnerai maintenant une courte diagnose de chaque espèce étudiée :

O. alopecuroides L. (fig. 173 et 174). — Graines subglobuleuses, ovoïdes, lisses, brillantes, jaune-rougeâtres. Le tégument est, par endroits, au moins sur quelques individus, sinon sur tous, ponctué de petites fossettes circulaires. Ce fait est très remarquable car des diverses espèces que j'ai étudiées, celle-ci est la seule qui soit dépourvue d'ornements en relief, et au contraire munie, le plus souvent, de fossettes. Souvent aussi, le tégument, de couleur jaune plus ou moins soutenu, parfois brun-rouge, est comme couvert de mouchetures rouge-sang. Sur les graines bien mûres, la saillie radiculaire est fort peu nette, et l'échancrure ombilicale très peu prononcée. Le micropyle est caché cependant par une légère saillie de la radicule,

qui surplombe faiblement, à son extrémité. Une bosse raphéale
légère se traduit par une tache sombre plus ou moins divisée
en son milieu par une saillie.

FIGURES 163 à 170. — ONONIS L.

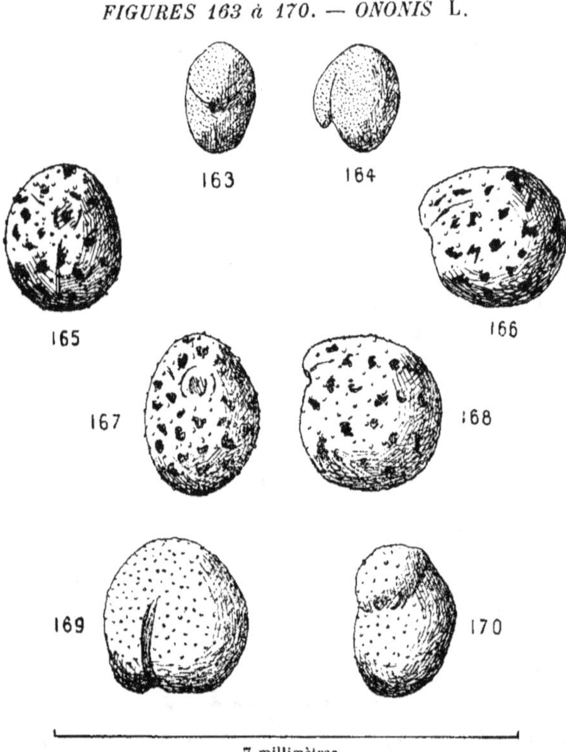

Fig. 163 et 164, *O. minutissima* L., face et profil. — Fig. 165 et 166
O. Antiquorum L., face et profil. — Fig. 167 et 168, *O. hircina* Loɪs.,
face et profil. — Fig. 169 et 170, *O. spinosa* L., profil et face.

O. Antiquorum L. (fig. 165 et 166). — Graines globuleuses,
brun-gris cendré, assez foncé, couvertes de mouchetures noires
très petites. Surface tégumentaire couverte de protubérances
tuberculeuses (?) ou lisse. J'ai dit plus haut l'embarras que

j'éprouvais à savoir si tous mes lots de graines sont mal nommés ou si la diagnose de M. Rouy est inexacte. J'admets volontiers que j'ai tort surtout étant donnée la grande ressemblance de cette graine avec celles de *O. hircina* Lois.

O. hircina Lois. (fig. 167 et 168). — Graines globuleuses, brun-violâtre ou jaune-brunâtre, cendrées, abondamment mouchetées de noir, ce qui leur donne à l'œil nu un aspect et une couleur qu'elles ne présentent pas à la loupe. Surface tégumentaire abondamment hérissée de petits tubercules arrondis, séparés par des espaces plans égaux à 1,5 ou 2 fois leur hauteur. Saillie radiculaire imperceptible sur le corps de la graine, se traduisant seulement par une pointe à l'extrémité, pointe d'ailleurs très fortement arrondie et convexe. Echancrure ombilicale beaucoup plus nette que dans les graines étudiées sous le nom de *O. Antiquorum* L. (Comparez les figures 166 et 168). Bosse raphéale nulle, seulement indiquée par une tache brune, allongée, sans relief. Je ne vois pas de distinction bien valable entre ces graines et les précédentes. Le seul caractère de l'échancrure ombilicale est trop variable pour qu'on en puisse faire état.

O. minutissima L. (fig. 163 et 164). — Graines petites n'atteignant pas 2 millimètres, globuleuses, brun-jaune clair sur toute leur surface, sauf dans la région radiculaire et ombilicale, où elles sont d'un beau violet. Cela leur donne un aspect très particulier. Tégument mat, non pas chagriné, mais tout couvert d'une infinité de petits tubercules qui se touchent. Cela produit une surface beaucoup plus rugueuse que si elle était simplement chagrinée. Saillie radiculaire très proéminente, mais ne se détachant du reste de la graine par aucun sillon. L'extrémité seule forme un surplomb avancé en grosse bosse au-dessus de la région hilo-micropylaire. Vue de face, la saillie radiculaire a un aspect très trapu. Cette graine par sa faible taille et sa jolie couleur me paraît impossible à confondre avec aucune autre de celles que j'ai étudiées.

O. praecox Bᴄᴀ. (fig. 171 et 172, et planche III *bis*). — Cette espèce sicilienne est très remarquable par sa forme et sa taille. C'est une des plus grosses que j'aie étudiées. Graines brun-

FIGURES 171 à 176. — ONONIS L. (suite)

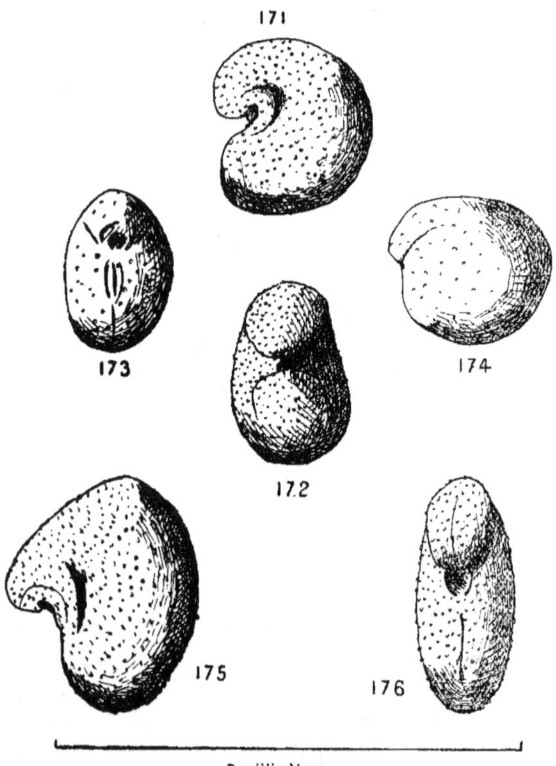

Fig. 171 et 172, *O. praecox* Bᴄᴀ., profil et face. — Fig. 173 et 174, *O. alopecuroides* L., face et profil. — Fig. 175 et 176, *O. rotundifolia* L., profil et face.

jaune ou brun-verdâtre, très fortement arquées, et très épaisses, les saillies radiculaire et raphéale, à peu près d'égale importance, sont souvent si rapprochées l'une de l'autre qu'elles

viennent se toucher. La graine, enroulée en colimaçon, ne laisse
alors en son centre qu'un infundibulum très étroit, au milieu
duquel se trouve la région hilo-micropylaire. On trouve ici, à
la taille près, et les ornements tégumentaires mis à part, une
assez grande ressemblance avec certaines graines de *Crotalaria* (Comparez fig. 15 et **28**, *C. semperflorens* Vent., et fig. **17**
et **18**, *C. quinquefolia* L.). Surface tégumentaire mate, recouverte de fins tubercules en pain de sucre assez proches les uns
des autres, et n'étant guère séparés que par des espaces plans
égaux à 0,5 à 1 fois leur hauteur. Par sa forme en colimaçon et
l'épaisseur considérable de sa région dorsale, cette espèce ne
peut se confondre avec aucune autre étudiée ici.

L'*O. praecox* Bca, est, comme on vient de le voir, une espèce
sicilienne ; ses graines offrent une assez grande ressemblance
avec celles d'une autre espèce, plus répandue, *O. viscosa* L.,
qui habite en particulier le midi de la France. Cette espèce,
qui croît, comme l'indique M. Rouy (*l. c.*, **IV**, **261**) dans les
champs maigres et sur les coteaux incultes de la région
méditerranéenne, du Var aux Pyrénées-Orientales, n'est pas
systématiquement très éloignée d'*O.praecox* Bca. Suivant M. Gandoger (*l. c.*, p. **108**), *O. praecox* Bca., se range à côté de
O. biflora Desf., dans le groupe des *Natrices*, tout près d'*O. viscosa* L. Notons enfin que M. Rouy donne les indications suivantes pour celle-ci : « ... Graines jaunâtres, réniformes-renflées,
tuberculeuses-chagrinées... Aire géographique : *Portugal, Espagne, Baléares, Italie, Sardaigne, Sicile ; Algérie* ». On trouve
donc dans l'étude morphologique de la graine une intéressante
confirmation des résultats fournis par la systématique. Malheureusement mes échantillons d'*O. viscosa* L. ne m'ont pas permis
d'établir une diagnose certaine, car je n'étais pas absolument
sûr de leur authenticité. Je me suis donc abstenu de publier
ici les dessins et les photographies que j'avais faits de cette
espèce. On trouvera planche III *bis*, une reproduction photographique des graines d'*O. praecox* Bca. (1).

1. Les deux reproductions photographiques ci-jointes (planche III *bis*)
montrent, à titre d'exemple, ce que peut donner la photographie dans un

O. rotundifolia L. (fig. 175 et 176). — Graines grosses, atteignant 4 millimètres, assez plates, de profil irrégulier. Tégument mat, parfois obscurément moucheté de noir, recouvert d'une infinité de protubérances très fines et très rapprochées, qui rendent la surface grenue. La saillie radiculaire forme un bec très proéminent, qui surplombe fortement la région hilo-micropylaire. Celle-ci se trouve au fond d'une échancrure large et profonde, limitée par deux bourrelets tégumentaires brun-jaune clair, et par une sorte de bosse raphéale qui a plutôt l'air d'un pli tégumentaire. Cette échancrure ombilicale et la zone raphéale sont abondamment colorées en noir. Tout au fond de cette échancrure, sous la saillie radiculaire, on aperçoit le hile, noir, entouré d'une collerette circulaire de fibres blanchâtres, vestiges des tissus funiculaires. Le mycropyle est trop profondément enfoncé sous la saillie radiculaire pour qu'il soit perceptible. Par sa forme et sa taille, cette graine ne peut se confondre avec aucune autre. On trouvera planche III *bis*, une reproduction photographique de cette espèce (1).

O. spinosa L. (fig. 169 et 170). — Graine *en mitre* (2), brun chocolat foncé, plus rarement brun-jaune, à mouchetures

travail comme celui-ci. Les clichés ont été obtenus à l'aide du binoculaire Zeiss. Pour qu'ils puissent supporter un agrandissement assez fort et ne pas perdre trop de leur finesse à la simili, j'ai dû les exécuter au moyen de plaques photographiques extra-lentes, à grain très fin. J'ai employé les plaques Lumière dites « étiquette rouge », et j'ai opéré le développement lent, en cuvette verticale, à la paraphénylènediamine. C'est en effet le révélateur le mieux approprié à l'obtention des clichés très fins. J'ai utilisé comme source lumineuse une lampe à arc de petites dimensions (3 amp.) et des verres et écrans de couleurs diverses pour adoucir les reflets et les ombres, et atténuer les duretés.

1. Pour *O. rotundifolia* L., en particulier, il sera bon, si l'on veut comparer les photographies aux dessins de la page 101, de les regarder dans la même position où ont été exécutés les dessins, c'est-à-dire radicule en l'air, avec grand axe vertical. On s'apercevra alors que, par un curieux phénomène d'optique, l'aspect du contour apparent, qui semble différent sur la photographie de ce qu'il est sur le dessin, change sensiblement, et que les deux sont en réalité très semblables.

2. D'une façon générale, et quoique les faits soient assez éloquents par eux-mêmes, on peut dire qu'une graine sera *en mitre* lorsque le profil radi-

noires formant taches. On ne les a pas représentées sur la figure à cause de leur étendue, car cela eût nui à l'intelligence du dessin. Tégument douci, mais non complètement mat, hérissé de fins tubercules peu rapprochés. Saillie radiculaire se détachant du reste de la graine par un sillon très net. Extrémité radiculaire peu saillante, et cependant région ombilicale assez nettement échancrée. Au fond d'une fossette profonde, formée par la saillie radiculaire en haut, la bosse raphéale en bas, et deux bourrelets tégumentaires de chaque côté, on aperçoit la tache hilo-micropylaire. Le hile forme un disque sombre, traversé verticalement d'une large bande jaune clair. Le contraste est si vif que cela est visible à l'œil nu.

Maintenant qu'on a étudié chaque espèce individuellement, on pourra résumer ce qui vient d'être dit dans un tableau synoptique.

TABLEAU SYNOPTIQUE

1 { Surface tégumentaire lisse, brillante, parfois ponctuée de fines fossettes . . . . *alopecuroides*
{ Surface tégumentaire grenue, ou tuberculeuse, jamais lisse.　2

2 { Graines très petites (moins de 2 mm.), très finement ponctuées ; saillie radiculaire très nette, violette . . . *minutissima*
{ Graines moyennes ou grosses (plus de 3 mm.), fortement tuberculeuses. 3

3 { Graine grosse, en colimaçon, rappelant les *Crotalaria*. *praecox*
{ Graine non en colimaçon. 4

4 { Graine en mitre. Saillie radiculaire se détachant nettement du reste de la graine . . . . *spinosa*
{ Extrémité radiculaire en surplomb net ; graine grosse, à profil irrégulier . . . . *rotundifolia*
{ Graines médiocres, subglobuleuses, ovoïdes 5

culo-raphéal sera à peu près rectiligne et sensiblement perpendiculaire au grand axe hilo-dorsal, de telle sorte qu'il sera logique de considérer la graine comme reposant sur la base formée par le méplat radiculo-raphéal, avec la convexité dorsale en haut, *comme une mitre* (v. fig. 169). J'emploierai fréquemment cette expression à propos des graines de *Trifolium* (v. plus loin).

<table>
<tr><td rowspan="2">5</td><td>Graines finement chagrinées, brunes, presque lisses (1). . . . .</td><td>Antiquorum</td></tr>
<tr><td>Graines fortement tuberculeuses, cendrées, mouchetées de noir . . . .</td><td>hircina</td></tr>
</table>

Trifolium L.

Les quarante et une espèces de Trèfles qu'il m'a été possible d'étudier sont, par ordre alphabétique, les suivantes :

T. agrarium (L.) All.

T. albidum Retz.

T. album Lam. (2).

T. Alexandrinum L.

T. alpinum L.

T. angustifolium L.

T. arvense L.

T. badium Schreb.

T. Balcanicum Velen.

T. Bocconii Savi

T. campestre Schreb.

T. Cherleri L.

T. elegans Savi

T. fragiferum L.

T. glomeratum L.

T. hirtum All.

T. hybridum L.

T. incarnatum L.

T. Johnstoni Oliver.

T. lappaceum L.

T. Lupinaster L.

1. Cf. Rouy, *Fl. Fr.* IV, 272.

2. L'*Index Kewensis*. ii, 1112¹. donne cette espèce comme synonyme de *T. hybridum* L. et de *T. repens* L. On verra plus loin, à l'étude individuelle de chaque espèce, que les graines ont une ressemblance en parfait accord avec cette manière de voir.

T. maritimum Huds.

T. medium (L.) Huds.

T. minus Relh.

T. montanum L.

T. ochroleucum Huds.

T. Olympicum Hornem.

T. Pannonicum Jacq.

T. patens Schreb.

T. pratense L.

T. repens L. (type)

T. repens L. (var. *minus* Gib. et Belli)

T. resupinatum L.

T. rubens L.

T. scabrum L.

T. spadiceum L.

T. stellatum L.

T. striatum L.

T. trichocephalum Bieb.

T. tumens M. B.

T. Wormskioldii Lehm.

Avant d'en aborder l'étude morphologique individuelle, comme la plupart de ces espèces sont représentées en France, il est intéressant de mettre sous les yeux des lecteurs la classification adoptée en général par les botanistes et par M. Rouy en particulier dans sa *Flore de France*, à l'exemple de MM. Gibelli et Belli, monographes italiens (1).

Sect. I. — *Chronosenium* Ser.
1. — *T. badium* Schreb.
2. — *T. spadiceum* L.
3. — *T. aureum* Poll. = *T. agrarium* (L.) All.
4. — *T. patens* Schreb.
5. — *T. campestre* Schreb.
6. — *T. minus* Relh.

1. Cf. Rouy, *Fl. Fr.*, V, 63, Obs.

Sect. II. — *Trifoliastrum* Ser. } 8. — *T. montanum* L.
9. — *T. repens* L., type et var. *minus* Gib. et Belli
11. — *T. elegans* Savi
13. — *T. Michelianum* Savi = *T. hybridum* L.
16. — *T. glomeratum* L.

Sect. IV. — *Galearia* Presl. } 19. — *T. fragiferum* L.
20. — *T. resupinatum* L.

Sect. VI. — *Lupinaster* Mnch. 24. — *T. alpinum* L. (→ *T. Lupinaster* L. (1).

Sect. VIII. — *Lagopus* Koch } 26. — *T. striatum* L.
27. — *T. Bocconii* Savi
29. — *T. arvense* L.
31. — *T. scabrum* L.
33. — *T. angustifolium* L.
35. — *T. incarnatum* L.
36. — *T. stellatum* L.
39. — *T. maritimum* Huds.
42. — *T. pratense* L.
43. — *T. ochroleucum* Huds.
44. — *T. medium* (L.) Huds.
46. — *T. rubens* L.
47. — *T. hirtum* All.
48. — *T. Cherleri* L.
49. — *T. lappaceum* L.

Il est fort intéressant de comparer ce groupement des espèces avec celui très différent auquel on arrive par l'étude morphologique des graines. Toutefois, pour ne citer qu'un exemple, on

---

1. Le *T. alpinum* L. est la seule espèce française de la section *Lupinaster* Mnch. Le *T. Lupinaster* L. habitant la Pologne et la Russie viendrait se ranger auprès de lui (Cf. Rouy, *Fl. Fr.*, V, 97, Gandoger, *Nov. Consp. Fl. Eur.*, p. 116, nᵒˢ 72 et 73 et Nyman, *Consp.* I, p. 179, nᵒˢ 94 et 95).

trouve une analogie, dans le voisinage de *T. agrarium* (L.) ALL. et de *T. patens* SCHREB., d'une part, de *T. campestre* SCHREB. et de *T. minus* RELH. d'autre part. On verra aux conclusions finales ce qu'on peut penser de l'analogie ou de la dissemblance des groupements auxquels conduisent ces deux méthodes bien différentes : la morphologie générale et la morphologie séminologique.

Je donnerai maintenant une courte diagnose de chacune des espèces étudiées, en indiquant les caractères distinctifs — si tant est qu'il s'en trouve — qui permettent de les reconnaître.

T. agrarium (L.) ALL. (fig. **237** et **238**). — Petite espèce mesurant environ un millimètre de longueur, ovoïde, subglobuleuse, roulant facilement sur le papier ; tégument lisse, jaune cire ou jaune paille clair, luisant. Saillie radiculaire à peine indiquée sur le corps de la graine par une faible ligne blanchâtre. Surplomb radiculaire à peu près nul. Région hilo-micropylaire présentant peu de caractères distincts. Le hile se révèle comme une minuscule tache sombre, entourée d'une petite collerette blanchâtre, fibreuse, vestiges des tissus funiculaires. La région raphéale ne se trahit par aucun signe extérieur, ni bosse, ni plage colorée. Le rayon de courbure, au sommet de la graine est très faible, à l'endroit où l'axe hypocotylé s'attache aux cotylédons. Cela confère au sommet de la graine, une forme plus ou moins nettement en pain de sucre. Cette graine ressemble à celles du *T. Bocconii* SAVI, et du *T. minus* RELH., mais tandis que cette dernière est piquetée de blanc, comme si on avait donné sur la surface du tégument une multitude de coups d'aiguilles qui seraient restés indiqués par autant de petits points d'impact blancs, les deux autres espèces n'offrent pas ce caractère. Chez le *T. Bocconii*, le surplomb radiculaire est assez prononcé, ici il est presque nul. Toutefois, vu la taille excessivement petite de ces trois graines l'usage du binoculaire, avec le plus fort jeu d'objectifs est indispensable. Encore faut-il réaliser un éclairage opportun, pour apercevoir ces détails, surtout les piquetages du *T. minus*, car ces faibles marques sont difficiles à apercevoir.

T. albidum Retz. (fig. 191 et 192). — Graines moyennes, mesurant environ 1,7 à 1,8 millimètre, jaune d'ocre ou jaune cire, doucies ou mates, subtranslucides. Saillie radiculaire formant une proéminence assez nette, brusquement tronquée au-dessus de la région hilo-micropylaire. Vue de face cette saillie est assez trapue et de la même largeur que le reste de la graine qui est assez épaisse et subglobuleuse. Par l'ensemble de ses caractères morphologiques, cette espèce se range à côté du *T. Cherleri* L., mais tandis que ce dernier a des graines ovoïdes, jaune cire pâle, à région ombilicale presque basilaire, le *T. albidum* Retz. a l'ombilic subéquatorial. Enfin, la région raphéale et les surfaces tégumentaires voisines de la région hilo-micropylaire, qui forment une plage arrondie tout autour de celle-ci, sont d'un jaune de corne subtransparent. La tache raphéale est à peu près rectangulaire.

T. album Lam. (fig. 207 et 208). — Cette espèce, de petite taille (1), puisqu'elle ne mesure en moyenne que 0,9 à 1,1 millimètre, vient se ranger à côté des *T. resupinatum* L., *T. hybridum* L., *T. lappaceum* L., *T. Johnstoni* Oliver, *T. repens* L., qui sont tous caractérisés à la fois par la petitesse de leur graine et par sa forme en mitre plus ou moins nette. Ainsi que le représente la figure 203, cette forme en mitre est ici nettement accusée : elle possède un plan de base (région radiculo-raphéale) assez large, a une saillie radiculaire qui se distingue très facilement à l'œil nu du reste de la graine, car elle est très saillante, très nettement en bourrelet, et qu'elle se sépare du reste de la graine par un sillon profond. La hauteur de cette saillie, fait très remarquable, et qui se rencontre rarement chez les *Trifolium*, est d'environ 50 0/0 du reste de l'épaisseur transversale de la graine, soit environ 35 0/0 du petit diamètre total. Cette espèce présente quelque analogie d'aspect avec le *T. repens* L., var. *minus* Gib. et Belli, mais s'en distingue aisément par sa

---

1. Sa taille atteint quelquefois 1,3 à 1,4 millimètre de longueur. Elle vient alors se ranger à côté du *T. fragiferum* L., et l'on trouvera la comparaison des deux espèces à l'étude spéciale de cette dernière.

couleur beaucoup plus foncée, et sa taille nettement plus grande, comme on peut s'en rendre compte en comparant les figures **208** et **222**. Le tégument lisse est subluisant. Vue de face, la région ombilicale ne présente aucune particularité bien digne de remarque. Les régions hilo-micropylaire et raphéale se traduisent à peine par une coloration différente du reste du tégument : elles sont plus sombres : brunes sur les individus brun-rouge, brun-vert sur les autres. Cette différence de teinte est toujours très faible. Le hile a la forme d'une minuscule tache sombre entourée d'une fine collerette blanchâtre, vestiges des tissus funiculaires. Cela d'ailleurs se produit sur presque tous les *Trifolium* et sur un grand nombre d'autres graines.

T. Alexandrinum L. (fig. **201** et **202**). — Graines assez grosses mesurant environ **2,2** millimètres de longueur en moyenne. Cette espèce, facile à distinguer par sa taille et sa couleur se range à côté du *T. Lupinaster* L., avec laquelle cependant on ne peut pas la confondre. De couleur brun-rosâtre, assez clair, elle est nettement ovoïde, à tégument lisse et un peu luisant. Cette graine possède un caractère qui la rend aisément reconnaissable : la région ombilicale est située très au-dessous du plan équatorial (1) environ au quart inférieur, comme le représente la figure **201**. Saillie radiculaire peu sensible, séparée du reste de la graine par une très faible dépression et indiquée vaguement par une ligne plus claire, jaunâtre. Le surplomb radiculaire est très faible, d'où il résulte que la région ombilicale est peu échancrée, comme le montre la figure **201**. Le hile se présente, comme d'habitude, sous forme d'une tache sombre entourée d'une collerette blanchâtre, fibreuse ; le tout est ceint d'une zone en bourrelet de couleur plus sombre qui s'étend sur la région raphéale, rappelant par sa forme les miroirs à main dont on se servait au xvii° siècle. Tandis que chez *T. Alexandrinum* L., la région ombilicale est située très bas, chez sa voisine *T. Lupinaster* L. elle est subéquatoriale ; cela évite toute confusion,

____

1. Je rappelle que toutes mes descriptions supposent les graines placées dans des positions identiques à celles où je les ai figurées.

comme on peut s'en rendre compte par la comparaison des figures 201 et 206.

FIGURES 177 à 192. — TRIFOLIUM L.

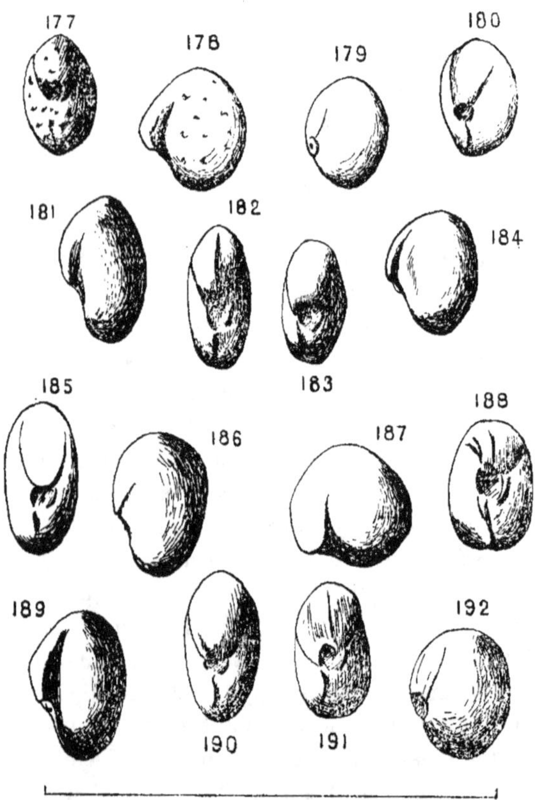

7 millimètres.

Fig. 177 et 178, *T. rubens* L., face et profil. — Fig. 179 et 180, *T. striatum* L , profil et face. — Fig. 181 et 182, *T trichocephalum* Bieb., profil et face. — Fig. 183 et 184, *T. ochroleucum* Huds., face et profil. — Fig. 185 et 186, *T. maritimum* Huds., face et profil. — Fig. 187 et 188, *T. Pannonicum* Jacq., profil et face. — Fig. 189 et 190, *T. pratense* L., profil et face. — Fig. 191 et 192, *T. albidum* Retz., face et profil.

T. alpinum L. (fig. 257 et 258). — C'est la plus grosse espèce étudiée, encore ne dépasse-t-elle pas sensiblement **3** millimètres de longueur. Impossible à confondre avec aucune autre, par sa taille, sa forme et sa couleur, elle se range à côté du *T. medium* (L.) Huds. ; toutes deux possèdent un surplomb radiculaire excessivement net, mais tandis que le *T. medium* (L.) Huds. est d'un jaune-verdâtre pâle, les graines de *T. alpinum* L. sont toujours très foncées, d'une couleur variant du rouge brique au brun-vert. Graine épaisse, de contour général ovale (profil) si l'on ne tient pas compte que l'extraordinaire saillie radiculaire, en nez, donne par son surplomb, à la région ombilicale, la forme d'une échancrure à angle droit, ou presque. La saillie radiculaire est séparée du reste de la graine par un sillon très net, plus sombre que le tégument voisin ; à l'opposé de ce que l'on trouve chez les autres espèces, on voit ici que la région ombilicale, sur une assez vaste surface, est de couleur plus claire (au moins sur les individus brun-vert) que le reste du tégument, et se traduit par une plage jaune orangé assez vif. Au milieu de cette plage, on distingue à l'œil nu une bande rectiligne et rectangulaire brune, indicatrice du raphé, et parcourue dans sa longueur par une mince ligne blanchâtre. Le hile apparaît comme une tache discoïde bistre, traversée dans sa longueur par un fort sillon sombre, large ; le hile est entouré d'une collerette blanchâtre, fibreuse, et encadré par deux petits rebords tégumentaires brun verdâtre foncé. Il est situé à peu près sous le surplomb radiculaire. Le micropyle est invisible, comme presque toujours chez les *Trifolium*, à cause de sa petite taille, et de sa situation sous le surplomb de la radicule. Il est à noter que souvent les graines sont déprimées sur les faces ventrales : cela n'est pas un caractère distinctif ; de tels individus sont seulement affectés d'un retrait, parce qu'ils ont été récoltés trop tôt, avant la maturité parfaite. Ils doivent être rejetés.

T. angustifolium L. (fig. 199 et 200). — Graines médiocres, dépassant rarement **2,1** ou **2,2** millimètres de longueur. Cette espèce appartient au groupe *Olympicum-stellatum*, mais, comme on le verra plus loin, elle est aisée à distinguer de ses deux voisines. Graines régulièrement ovoïdes, allongées, jaune paille clair, lisses et brillantes. Saillie radiculaire nette, quoique peu haute (profil) se détachant, surtout vers l'extrémité, du reste de la graine, par un léger sillon marqué d'une ligne plus claire, jaune très pâle ou blanchâtre. Surplomb radiculaire très faible, mais formant à l'extrémité, comme une petite entrée caverneuse, au fond de laquelle se cache le micropyle parfaitement invisible. Cette petite caverne offre l'aspect d'un trou qu'on aurait pratiqué, dans un objet mou, avec l'extrémité d'un canif très pointu. Juste au-devant s'aperçoit le hile, tache concolore avec le reste de la graine, n'offrant pas de détails distincts, entouré d'une collerette très blanche. Cette tache hilaire est enfoncée dans une dépression nette constituée, en haut par la saillie radiculaire, sur les côtés par deux légers bourrelets tégumentaires, en bas par une petite bosse raphéale. Bourrelets et bosses sont d'un brun-vert assez net, mais clair. La bosse raphéale se poursuit, vers le bombement cotylédonaire par une petite plage rectiligne, de même couleur. Le tout est si pâle et la graine, en réalité, si petite, qu'on ne distingue ces détails qu'à l'aide d'une forte loupe. Certains individus présentent parfois de légères stries convergeant, comme l'indique la figure 199, vers la région ombilicale. Mais ce fait n'étant pas constant, je pense qu'il s'agit là de graines non complètement mûres, et peut-être légèrement ridées. La ressemblance avec *T. Olympicum* Hornem. n'est pas assez parfaite pour qu'on ne puisse distinguer aisément les deux espèces. Chez le *T. Olympicum* Hornem. en effet, la saillie est un peu plus grande ; le tégument, jaune parchemin légèrement verdâtre, est mat. Enfin la saillie radiculaire est prononcée, et l'échancrure ombilicale nette et arrondie. Plus délicate, mais non impossible, est la distinction entre l'espèce ici étudiée et le *T. stellatum* L. Toutefois, si la couleur, beaucoup plus pâle, n'est pas un bon caractère, étant donnée la variation toujours possible des teintes, dans une certaine mesure, le tégument, finement chagriné permet de distinguer le *stellatum* de l'*angustifolium* qui est lisse.

T. arvense L. (fig. **231** et **232**). — Cette espèce est l'une des plus petites que j'aie étudiées. Elle fait partie de l'intéressant groupe *arvense-scabrum-glomeratum*, caractérisé par une surface tégumentaire plus ou moins chagrinée. Ici cet aspect est moins net que dans les deux autres, et surtout que chez *T. glomeratum* L., où la surface tégumentaire est couverte de pustules saillantes. Mais il est bon de noter, que vu la petite taille des graines, ce caractère échappe presque à la loupe (1) et n'est visible qu'au binoculaire, avec le plus fort objectif, en réalisant les conditions d'éclairement optimum. Cela établi, les graines de *T. arvense* L. se distinguent aisément des deux autres espèces par leur couleur verte, tandis que les deux autres sont jaunes. Celle-ci est ovoïde, celles-là plus ou moins nettement en mitre, non ovoïdes. Celle-ci a les ponctuations en creux, celles-là ont des ornements en relief. On peut donc résumer les caractères de la graine de *T. arvense* L. de la façon suivante : graines petites, mesurant en moyenne 0,6 millimètre, ovoïdes, vertes, jamais en mitre ; tégument presque mat, finement ponctué de fossettes microscopiques, difficilement visibles et seulement par réflexion de la lumière incidente, sur la surface bombée de la graine, et non sur le contour apparent. Saillie radiculaire très peu accentuée, se traduisant seulement, du côté de l'ombilic, par un très léger sillon, marqué d'une faible ligne verte, plus foncée que le reste du tégument. Surplomb radiculaire à peu près nul. Région hilo-micropylaire de très faible étendue, concolore avec le reste de la graine. Hile formé d'une fine tache claire entourée d'un petit cercle plus sombre. Région raphéale indistincte. Pas de bosse, pas de plage colorée comme on en rencontre chez la plupart des autres *Trifolium*.

T. badium Schreb. (fig. **219** et **220**). — Graines médiocres, de 1,4 à 1,6 millimètre de longueur environ, mi-partie verdâtres sur toute la partie supérieure, et rosâtres, à la partie inférieure (région d'épanouissement des cotylédons). Cette espèce est en

1. Je me suis servi, pour toutes mes études, de la petite loupe dite « anastigmatlupe, Carl Zeiss, Iena » qui donne un grossissement de 16 diamètres, et qui est la plus claire et celle au plus vaste champ que j'aie pu rencontrer.

outre assez remarquable par sa forme (profil). A peu près ovale, elle est brusquement tronquée en biais dans la région ombilico-raphéale. Saillie radiculaire peu haute (profil) mais large (face), et très nette, séparée du reste de la graine par un sillon profond, dont la couleur n'est pas différente de celle de la graine, qui est verte dans cette région. Surplomb radiculaire à peu près nul : l'extrémité de la radicule est comme tronquée et dans le même plan que la région ombilico-raphéale. Hile circulaire, entouré d'une fine collerette blanchâtre, elle-même entourée d'un rebord tégumentaire brunâtre, concentrique, très net. Petite bosse raphéale assez nette (profil) ne se traduisant à l'œil par aucune différence de couleur (face). Cette espèce, comme on vient de le voir, présente quelques analogies de couleur et de forme avec le *T. spadiceum* L., mais on peut l'en distinguer par une série de caractères : le plus important est la forme de la radicule peu haute et large chez *badium*, haute et étroite chez *spadiceum*. La taille aussi est plus faible chez *spadiceum* que chez *badium*. Enfin, il semble que quelques individus de *T. badium* Schreb. présentent, sur la surface ventrale, des stries convergeant toutes vers la région ombilicale, mais je pense qu'il ne faut pas trop faire état de ce fait, car ces stries ne sont peut-être que des rides, observées seulement sur des graines insuffisamment mûres, ou mal récoltées. Quoi qu'il en soit, ce caractère n'étant pas général, je ne le cite que pour mémoire.

T. Balcanicum Velen. (fig. 255 et 256). — Graines assez grosses de 2,2 à 2,3 millimètres de longueur moyenne (1), épaisses, globuleuses, jaune cire, presque mates ou d'un aspect légèrement gras. Vues à un fort grossissement, elles semblent très finement chagrinées ou même seulement un peu rudes, comme dépolies. Saillie radiculaire très petite, très peu accentuée, séparée du reste de la graine par une ligne jaune pâle, ou blanchâtre, mais non par un sillon sensible. Surplomb radi-

---

1. Il n'est pas inutile de faire remarquer que les dimensions indiquées au cours de ce travail, et qui résultent de mesures effectuées avec soin sur un grand nombre d'individus, varient fort peu pour une espèce déterminée.

culaire presque nul; région ombilicale très peu échancrée. Hile discoïde, enfoncé, brunâtre; collerette funiculaire à peine visible. Région raphéale très nettement indiquée par une plage brunâtre en tibia, traversée dans son milieu par une fine ligne claire, et aboutissant, du côté de l'épanouissement cotylédonaire, non pas à une bosse, mais à un sommet où la courbure, presque nulle sur la région ombilico-raphéale, change brusquement d'allure, et devient très forte. Cette espèce présente quelques analogies avec le *T. maritimum* Huds. (fig. 185 et 186) mais s'en distingue aisément par une série de différences, dont les plus importantes sont les suivantes : la couleur du tégument est beaucoup plus foncée, chez *maritimum*, où elle est jaune-brun, et la région ombilicale est au quart inférieur, environ, ou tout au moins nettement au-dessous de la région équatoriale. Ici au contraire la région hilo-micropylaire est subéquatoriale (1).

T. Bocconii Savi (fig. 233 et 234). — Graine petite, ne dépassant pas 1 millimètre de longueur, ovoïde, allongée, jaune paille ou jaune d'ambre, très luisante. Saillie indistincte sur presque tout le corps de la graine, ne se révélant vers l'extrémité de la radicule que par un léger sillon marqué d'une ligne brune, très nette. Surplomb radiculaire net, d'où échancrure ombilicale bien indiquée, comme une encoche au canif. Hile circulaire brun-rouge, sombre, traversé par une petite ligne jaune longitudinale, et enfoncé dans une dépression tégumentaire nette. Collerette funiculaire nulle, mais contour du hile beaucoup plus sombre que le reste de la tache. Rebords tégumentaires d'un brun-rouge net, sur leur convexité. Cette ligne brun-rouge, au lieu d'entourer la fossette hilaire comme d'un cercle, remonte sur l'extrémité radiculaire, d'où il résulte qu'elle prend la forme d'une ogive très nette. Ce fait est très remarquable et suffirait à lui seul à différencier cette espèce de ses voisines. Région raphéale non indiquée : ni bosse, ni plage colorée. La région ombilicale est située très bas, presque à

---

1. *Subéquatoriale*, entendez *presque équatoriale*, le préfixe *sub* étant pris ici, comme le plus souvent en botanique, dans le sens de *presque*. (Ex. : *subbilobé*, *suborbiculaire*, etc.).

l'une des extrémités de la graine, comme le montre le croquis de profil (fig. 234). Cette espèce fait partie du groupe *minus-Bocconii-agrarium*, mais elle se distingue aisément. Le tégument du *T. minus* Relh. est piqueté de blanc, le surplomb radiculaire est presque nul ; le *T. Bocconii* Savi, et le *T. agrarium* (L.) All. n'ont pas le tégument piqueté, mais tandis que le surplomb radiculaire est presque nul chez *agrarium*, comme chez *minus*, il est beaucoup plus prononcé chez *Bocconii*.

T. campestre Schreb. (fig. 229 et 230). — C'est la plus petite espèce que j'aie vue ; la graine ne mesure que 0,5 à 0,7 millimètre de longueur moyenne et encore faut-il considérer 0,7 millimètre comme un très grand maximum. On peut dire que cette espèce se distingue surtout par ses caractères négatifs, car on ne voit rien de saillant. Graine très luisante, jaune serin ou jaune d'ambre clair, ovoïde, d'aspect translucide. Tégument lisse ; saillie radiculaire à peine indiquée sur le corps de la graine, et seulement vers l'extrémité, par une faible ligne blanchâtre. Surplomb radiculaire presque nul, échancrure ombilicale presque nulle, formant une minuscule troncature presque plane, sur laquelle se trouve la région hilo-micropylaire, très peu distincte. La région ombilicale est d'un brun-jaune légèrement différent de la couleur de la graine et d'aspect huileux. Parfois l'extrémité radiculaire se traduit par une petite tache orangée, sous laquelle s'aperçoit la tache hilaire comme un microscopique point sombre entouré de blanc (collerette funiculaire). La région raphéale se traduit aussi parfois par une petite tache vaguement roussâtre, mais ces détails ne sont visibles qu'au binoculaire, dans des conditions d'éclairage particulièrement favorables et seulement sur quelques individus. D'après la moyenne des échantillons étudiés, on peut dire que la graine se présente, même à un fort grossissement, comme un petit œuf jaune, brillant, où l'on n'aperçoit que bien difficilement la région ombilicale. Précisément à cause de sa taille et de ses caractères négatifs, il n'apparaît pas que cette espèce puisse être confondue avec aucune autre.

T. Cherleri L. (fig. 225 et 226). — Graines médiocres, de 1,6 à 1,8 millimètre de longueur moyenne, mais paraissant assez grosses parce qu'elles sont très globuleuses, régulièrement ovoïdes. Tégument lisse ou très finement chagriné, peu brillant, jaune cire pâle. Saillie radiculaire petite, mais assez nette, séparée du reste de la graine non par un sillon prononcé, mais par une faible ligne crème, aboutissant, sous le petit surplomb radiculaire, au-dessus de la tache hilaire. Surplomb radiculaire peu net, mais région hilo-micropylaire assez fortement excavée en général, (v. fig. 225). Hile sombre, à collerette, souvent enfoncé, mais aussi parfois à fleur du tégument. Parfois même le tégument, vu de profil, dans cette région, est comme pincé, et forme une sorte de bourrelet sur lequel repose le hile. Cela est rare, et on peut penser que ce cas est accidentel (graines trop tôt ou mal récoltées, cas tératologique). Je crois que dans le cas normal, le hile est relativement assez éloigné de l'extrémité bombée de la radicule. On ne voit pas le micropyle enfoui dans les tissus qui se sont formés autour de lui. Mais vu la distance qui sépare l'extrémité bombée de la radicule de l'emplacement probable du micropyle (contre le hile), il est presque certain que l'on est là, non en présence de l'extrémité radiculaire proprement dite, mais devant une partie simplement busquée de la radicule. Dans le cas qui me paraît normal, le hile est en partie recouvert par la collerette blanchâtre, vestige du funicule, et entouré d'un petit rebord tégumentaire à peine plus sombre que le reste de la graine. La région raphéale apparaît surtout comme une petite troncature de la partie inférieure de la graine. Elle se traduit par une minuscule bande, brun-jaune très pâle, à peine plus foncée que le reste du tégument, rectiligne. Un caractère remarquable de cette graine est l'aspect de sa région ombilicale, très pâle, et dont il est très difficile de distinguer les diverses parties. Sa position est aussi fort curieuse : elle est presque à l'extrémité de la graine, du côté de l'épanouissement cotylédonaire. Celui-ci, en raison de la troncature plus ou moins concave de la région hilo-micropylaire, est souvent réduit à une sorte de pointe, comme l'indique assez bien la figure 225. Ajou-

tons enfin que cette graine globuleuse, ovoïde, sans doute à cause
de la nature spéciale de son tégument extrêmement lisse, est
très difficile à saisir et à examiner ; elle glisse entre les doigts
avec une grande facilité, et ne peut s'étudier convenablement
qu'après avoir été posée sur une goutte de cire vierge, et c'est
là une opération malaisée. Cette espèce, comme nous l'avons
vu, se range à côté de *T. albidum* Retz., mais se distingue aisément de cette dernière par sa couleur, plus pâle, par l'emplacement de sa région ombilicale, subapiculaire, tandis qu'elle
est subéquatoriale chez *albidum*, enfin par la difficulté que l'on
éprouve à la saisir pour l'examiner, ce qui révèle une contex-
ture très spéciale de la surface tégumentaire.

T. elegans Savi (fig. 243 et 244). — Cette espèce ressemble
beaucoup, comme couleur et comme aspect, au *T. hybridum* L.;
mais elle s'en distingue aisément par sa forme plus ou moins
ovoïde (surtout si l'on ne tient pas compte de l'échancrure
ombilicale), tandis que *T. hybridum* L. est nettement en mitre.
En outre, chez ce dernier, l'échancrure ombilicale est beaucoup
moins prononcée, et la région radiculo-raphéale est assez plane
pour pouvoir être considérée comme la base de la mitre. A
part ce détail, la ressemblance, comme on le verra en comparant les deux diagnoses, est assez grande, pour pouvoir embar-
rasser. En réalité, c'est au voisinage de *T. montanum* L.
et de *T. tumens* M. B. que vient se ranger l'espèce dont il
est ici question, mais elle est bien distincte de ces deux
dernières par une série de caractères dont les plus importants
sont : la couleur plus foncée chez *T. elegans* Savi, la présence
de mouchetures noires abondantes qui n'existent pas chez les
autres, la forme enfin, ovale-allongée chez *montanum* et
tumens, alors qu'ici c'est un ovale plus trapu et même assez peu
net, en raison de l'importance de l'échancrure ombilicale. En
résumé, les caractères du *T. elegans* Savi peuvent s'énoncer
comme suit : graines petites, mesurant environ 0,9 millimètre
de longueur moyenne, atteignant rarement 1 millimètre, très
mates, d'aspect velouté, comme moisies. Tégument vert sombre, abondamment moucheté de noir. Les mouchetures sont si

abondantes que parfois elles se touchent et que la graine semble presque entièrement noire. Région ombilicale jaune serin ou
jaune d'or, tranchant de façon assez nette avec le reste de la
graine. Saillie radiculaire très forte, haute et large. Surplomb
radiculaire prononcé, aboutissant à l'échancrure ombilicale.
Celle-ci, d'un brun-jaune, se distingue même à l'œil nu. L'extrémité radiculaire participe de cette tache claire, et il est à
remarquer que la couleur jaune se fonce pour passer du jaune
serin au jaune d'or ou au jaune-brun, quand on va de l'extrémité radiculaire au bombement raphéal. Celui-ci est parfois légèrement sillonné, dans sa longueur, d'une dépression plus sombre, presque brune. Le hile ponctiforme est brunâtre, entourée
d'une collerette blanchâtre très nette.

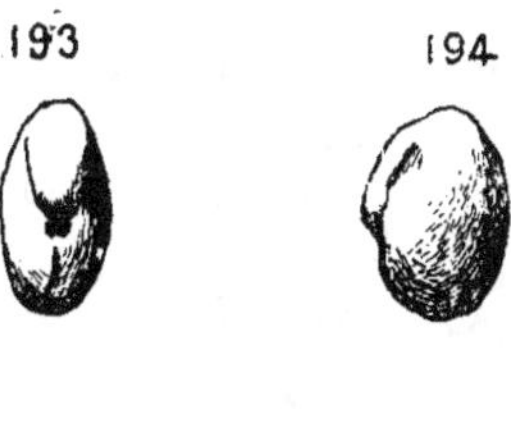

FIGURES 193 et 194. — TRIFOLIUM L. (*suite*)

Fig. 193 et 194, *T. tumens* M. B., face et profil.

T. fragiferum L. (fig. 213 et 214). — Graines médiocres, plutôt petites, mesurant en moyenne 1,3 à 1,4 millimètre, en
mitre très nette, de forme élevée, à base presque plane. Echancrure ombilicale presque nulle. Tégument lisse, subdouci,
paraissant finement chagriné, de couleur jaune assez soutenue
passant au brun (couleur eau-de-vie, madère, etc.) ou au rouge
violacé. La couleur la plus fréquente est jaune d'ocre assez brillant. Très souvent on aperçoit sur la surface du tégument des
mouchetures ou marbrures fines, noires ou pourpre foncé.
Saillie radiculaire très nette, séparée du reste de la graine par
un sillon profond, dont le fond est souvent marqué d'une ligne

jaune clair. L'extrémité de la radicule très développée donne à
la graine une forme de mitre penchée pour ainsi parler, c'est-
à-dire que si l'on considère la graine de profil, et le plan tangent aux bombements radiculaire et raphéal, ce plan n'est
pas perpendiculaire au grand axe de la graine, mais incliné du
côté de la radicule. Cette particularité est très remarquable,
surtout si l'on songe que souvent — et dans les graines ovoïdes
en particulier — le plan tangent en question fait avec le grand
axe un angle souvent très petit, et est toujours relevé et non
penché comme ici, du côté de la radicule. Région ombilicale
très faiblement échancrée, presque plane, toujours d'une couleur très pâle dans la gamme des jaunes. Cette couleur s'étend
aux alentours, sur le tégument, l'extrémité bombée de la radicule, et la région raphéale. Le raphé s'indique par une légère
proéminence, marquée, au milieu de la plage jaune claire,
par une petite bande un peu plus sombre, rectiligne, traversée
dans sa longueur par une très fine ligne plus claire. Si je m'é-
tends sur ces détails, c'est que l'expérience m'a montré à
plusieurs reprises quelle valeur ils présentent au point de vue
systématique. Cette espèce fait partie du groupe *Pannonicum-
fragiferum-album*, caractérisé par la forme en mitre de la
graine ; mais c'est plutôt à côté du *T. album* Lam. qu'elle vient
se ranger. Le *T. Pannonicum* Jacq. est en effet en mitre surbaissée, plus large que haute, tandis que les deux autres
espèces sont en mitre élevée. Mais ici encore la distinction est
facile, car tandis que le *T. fragiferum* L. a une échancrure
ombilicale presque nulle, et une base presque plane, le
T. album Lam. possède une échancrure ombilicale nette, comme
on le verra sur la figure **208**.

T. glomeratum L. (Fig. **235** et **236**). — Cette intéressante
espèce fait partie du groupe *arvense-scabrum-glomeratum*,
caractérisé par sa petite taille et surtout un tégument couvert
de ponctuations, en creux chez *arvense*, en relief chez les deux
autres. Mais c'est ici, sans doute aucun, que ces ornements
atteignent leur plus grande taille ; ils sont déjà visibles,
quoique mal, à la loupe : le tégument paraît alors chagriné. Au

binoculaire, on remarque que ce n'est pas seulement un aspect chagriné ou grenu, mais bien un aspect nettement pustuleux que présente le tégument. Celui-ci est tout couvert de boutons irréguliers concolores avec le fond. D'ailleurs, en outre de ce détail caractéristique, qui le distingue de *T. scabrum* L., couvert de pustules beaucoup plus petites, la couleur plus foncée, la forme non en mitre mais ovale, sont autant de différences entre ces deux espèces. Graines petites, mesurant 0,6 à 0,7 millimètre, en moyenne, jaune d'ocre, mates, ovales, parfois assez trapues. Tégument entièrement recouvert de pustules irrégulières concolores, qui confèrent à la graine vue à la loupe l'apparence d'avoir été roulée dans le sucre cristallisé, comme certains bonbons aux fruits. Saillie radiculaire presque nulle, se révélant vers l'extrémité, et encore pas toujours, par une fine ligne un peu plus sombre que le reste du tégument, mais sans aucun sillon. L'extrémité radiculaire forme, non à proprement parler, un surplomb, mais une sorte de bosse, brun-jaune pâle, d'aspect translucide-huileux, au-dessous de laquelle se dessine le hile, peu net. Quand on trouve des individus sur lesquels on peut distinguer quelque détail à la **région hilo-micropylaire**, on remarque que le hile est réduit à une tache microscopique brun pâle, entourée d'une forte collerette funiculaire très blanche. Région raphéale indiquée par une légère saillie, et une plage colorée en brun pâle, d'aspect corné, à peu près rectiligne, parfois un peu en tibia.

Remarque. — Il est bien entendu que les détails que je donne ci-dessus sont toujours très difficilement visibles. Souvent la saillie raphéale fait comme une petite bosse brune qu'on pourrait prendre pour le hile, d'autant que celui-ci est fréquemment caché sous la saillie de l'extrémité radiculaire. Sur plusieurs échantillons, j'ai vu le hile sur le bombement de l'extrémité radiculaire, ce qui tendrait à faire croire que dans ce cas particulier le bombement en question recouvre plus que la seule extrémité radiculaire. Je crois être là en présence d'un cas tératologique que je n'indique que pour mémoire.

T. hirtum All. (fig. **223** et **224**). — Graines paraissant assez grosses, n'atteignant cependant pas **2** millimètres de longueur moyenne, globuleuses, ovoïdes, jaune cire plus ou moins foncé, souvent clair. Tégument lisse, luisant. Saillie radiculaire très faible, à peine indiquée, très difficile à voir, même à la loupe, ne se détachant de la graine ni par un sillon, ni par une ligne, sauf à la pointe, où l'on voit une ligne sombre, verdâtre, creusée dans le tégument. Le surplomb radiculaire est nul, mais quand on regarde la graine de face, on voit que devant l'extrémité radiculaire se dresse une espèce d'ogive, formée par les rebords tégumentaires verdâtres ; ils circonscrivent une niche au fond de laquelle se trouve la région micropylaire, dont on ne voit, en somme, presque rien : le hile apparaît vaguement comme un petit point simplement entouré d'une collerette blanchâtre. Au-dessous de la région hilo-micropylaire on voit une sorte de plage en spatule très élargie ou en cœur, au même niveau que les bords de l'ogive : c'est la zone raphéale, de couleur jaune d'or. Mais comme le tégument semble très translucide, l'appréciation des teintes est fort délicate, et ces teintes assez peu sensibles. Sur la saillie radiculaire, vue de face, on aperçoit un profond sillon, à fond carré, longitudinal axial, qui est visible jusqu'au sommet de courbure de la graine, c'est-à-dire plus loin que la région d'insertion de l'axe hypocotylé sur les cotylédons. Enfin, la région ombilicale est fort remarquable par sa forme obliquement tronquée. La région hilo-micropylaire est située assez bas : au quart inférieur ou plus bas. Il est à noter que l'on voit fréquemment sur cette espèce des stries longitudinales. Je crois être là en présence de graines mal récoltées ou non mûres, et je ne tiens pas compte de ce fait que je ne cite que pour mémoire. Il ne me paraît pas que cette graine puisse être confondue avec aucune autre.

. *T. hybridum* L. (fig. **247** et **248**). — M. Rouy (1) fait dans le *T. hybridum* L. des subdivisions : l'une est synonyme de *T. elegans* Savi, une autre est synonyme de *T. Michelianum*

1. Rouy, *Flore de France*, V, p. 81, 84, et note (1) p. 82.

Savi. C'est celle-ci que j'étudie ci-dessous. On a vu en effet dans l'étude du *T. elegans* Savi que les graines examinées ne pouvaient être confondues avec celles du *T. hybridum* L. Il ne s'agit donc pas ici du *T. hybridum* L. synonyme de *T. elegans* Savi, mais d'un autre. Je crois bien avoir affaire au *T. Michelianum* Savi. D'ailleurs la graine de ce dernier étant nettement en mitre, se rapporte davantage à la description que donne M. Rouy de la graine du *T. Michelianum* Savi. Les descriptions de cet auteur, quoique peu précises, s'accordent dans une certaine mesure avec ce que je dis du contour de la graine chez ces deux espèces. On lit en effet (*l. c.*, p. 81) à propos du *T. elegans* Savi : « Graines lenticulaires subréniformes », tandis que pour le *T. Michelianum* Savi on trouve (*l. c.*, p. 85) : « Graines lenticulaires, lisses ». Au surplus j'ajouterai ce qui suit, touchant la graine du *T. hybridum* L. (= *T. Michelianum* Savi) : graines en mitre nette, médiocres, atteignant 1,1 à 1,2 millimètre, donc plus grosses que celles du *T. elegans* Savi, assez épaisses, les unes jaune-brun, les autres brun-bistre plus ou moins foncé (vues à l'œil nu). Tégument lisse, non mat, d'aspect un peu douci, mais ne présentant jamais ce facies velouté et cette apparence presque moisie ou grasse que j'ai relevée chez *T. elegans* Savi. Vus à la loupe les individus présentent tous, à de très rares exceptions près, un fond de couleur assez soutenu, jaune paille ou brun, plus ou moins abondamment moucheté ou marbré. Les graines les plus claires sont jaune paille, marbrées de pourpre, les plus foncées brun sombre avec des mouchetures noires qui peuvent, parfois, se toucher presque complètement. Leur apparence est celle de la corne, ou de l'écaille mal polie. Saillie radiculaire très nette, séparée du reste de la graine par un sillon large, mais peu profond, sauf vers l'extrémité ; le fond du sillon est en outre marqué par une ligne plus sombre que le reste du tégument en général. Extrémité radiculaire en surplomb, ou en bosse arrondie, généralement saillante. Région ombilicale en encoche, souvent plus claire que le reste de la graine, jaune pâle ou verdâtre, parfois concolore. Hile ponctiforme, sombre, entouré d'une épaisse collerette funiculaire blanchâtre. Zone raphéale souvent en bosse, petite, arrondie, peu saillante, non ou très rarement marquée par une plage de couleur distincte, ou par un aspect spécial (huileux, brillant, etc.) du tégument. J'ajouterai enfin que cette espèce est plus spécialement localisée dans l'Europe méridionale, tandis que l'aire du *T. elegans* Savi est beaucoup plus vaste et recouvre une grande partie de l'Europe.

T. incarnatum L. (fig. 251 et 252). — Graines grosses mesurant 2,3 à 2,5 millimètres de longueur, en moyenne, absolument ovoïdes, ressemblant beaucoup par leur forme, leur taille, leur couleur, aux graines de *Viola* sp. Tégument lisse, ou finement chagriné, un peu brillant, de couleur claire, crème-rosâtre (ou brun-rouge pâle, mais c'est la minorité des individus qui possèdent cette couleur). Saillie radiculaire presque nulle, ne se révélant que par une fine ligne blanchâtre, surtout visible vers l'extrémité de la radicule. Surplomb radiculaire nul. Hile ovale jaune d'or sur les graines pâles, plus foncé sur les autres, traversé dans sa longueur par un sillon très net, aboutissant au micropyle. Ce dernier — exception remarquable chez les *Trifolium* — est très visible et d'une taille énorme. Il est entouré d'un rebord tégumentaire en ogive, blanc chez les graines pâles, brun sombre ou brun-gris chez les autres, qui part de l'extrémité oblique de la radicule, pour encadrer le hile. La région raphéale, peu distincte chez les graines pâles, se traduit chez les autres par une tache sombre, brun-rouge, en général, et plus ou moins en dôme. Cette graine par sa forme, son aspect et la visibilité remarquable de son grand micropyle, ne me paraît pas possible à confondre avec aucune autre.

T. Johnstoni Oliver (fig. 245 et 246). — Graines petites, mesurant en moyenne 0,7 à 0,9 millimètre de longueur, en mitre nette, jaune d'or ou brun-rouge foncé (à peu près 50 0/0 de chaque). Tégument lisse, mat ou douci. Saillie radiculaire très prononcée, séparée du reste de la graine par un profond sillon, mais non par une ligne de couleur. Ce que l'on pourrait prendre parfois pour une ligne sombre n'est en réalité qu'un jeu d'ombres, au fond du sillon, et la graine convenablement éclairée reste unicolore. Echancrure ombilicale très nette, en encoche, ce qui fait que même ici, où la graine est en mitre, on peut parler d'un surplomb radiculaire et dire qu'il est très prononcé. Le hile est très peu net, c'est une petite tache brun-jaune pâle, entourée d'une mince collerette blanche, elle-même entourée d'un cercle sombre appartenant au rebord tégumentaire. Région raphéale peu distincte. De face, la graine, d'apparence translucide, montre une sorte de plage brun-jaune pâle, d'aspect corné ou huileux, dans laquelle il est fort malaisé d'apercevoir quoi que ce soit. Il faut des échantillons particulièrement nets pour distinguer la constitution de la région hilaire. Au binoculaire le tégument se montre faiblement piqueté. Ce détail est absolument invisible avec la loupe à main.

T. lappaceum L. (fig. 241 et 242). — Graines médiocres, de 1,0 à 1,1 millimètre de longueur moyenne, brun-rouge, subglobuleuses, en mitre peu nette. Tégument lisse, ou très finement chagriné, douci ou un peu brillant, surtout vu à la loupe. Saillie radiculaire peu sensible, sur toute la zone de contact avec le reste de la graine, mais apparaissant à l'extrémité comme une bosse saillante, nettement séparée du corps de la graine par un sillon profond marqué d'une ligne jaunâtre, et faisant de profil l'impression d'un nez, légèrement busqué au-dessus de son extrémité. Echancrure ombilicale faible, obliquement tronquée et peu profonde, ce qui rend peu nette la forme en mitre de cette espèce. Vue de face la région hilo-micropylaire ne présente aucun caractère bien net : le hile sombre, à collerette blanche, est non pas au fond de l'ombilic, mais sous la saillie radiculaire : il paraît donc en pente. Quant à la région raphéale, elle n'est révélée que par une légère bosse (v. fig. 242) visible en profil, comme un petit dôme. Cette espèce se range à côté du *T. Johnstoni* Oliver, mais elle est assez différente de celle-ci pour qu'on l'en puisse distinguer aisément. En effet, de la comparaison des figures et des diagnoses, il résulte que tandis que *T. Johnstoni* est en mitre nette, *T. lappaceum* est en mitre peu nette, et celui-ci a l'ombilic mal indiqué, tandis qu'il est très net chez celui-là. La couleur enfin permet dans une certaine mesure de les séparer.

T. Lupinaster L. (fig. 205 et 206). — Graines assez grosses, mesurant environ 2,2 à 2,4 millimètres de longueur moyenne, ovoïdes, très luisantes, d'un brun roussâtre très particulier, à reflets rose-jaunâtres. Cette couleur seule permet, je pense, de distinguer cette espèce des autres, et notamment du *T. Alexandrinum* L. à côté de laquelle elle vient se ranger, comme on le verra plus loin. Tégument lisse. Saillie radiculaire très peu distincte, se révélant seulement vers l'extrémité par une très petite ligne pâle, légèrement en creux. Extrémité radiculaire tronquée obliquement, et à peu près dans le plan de la région ombilicale, si peu échancrée qu'on la dirait plane. De face, le hile, sombre, circulaire, à peine entouré d'une collerette funiculaire presque invisible, se montre situé au fond d'une profonde dépression, entourée de tous côtés par un haut rebord tégumentaire, dont le sommet est d'un brun presque noir. Zone raphéale formée par une légère saillie en bourrelet, brunâtre, traversée en son milieu par un sillon longitudinal concolore. Cette saillie en bourrelet, légère du côté du hile, s'accentue à mesure qu'elle se rapproche de la zone d'épanouissement des cotylédons. Elle a donc un peu la forme d'une massue : elle cesse brusquement après un maximum qui se traduit par une saillie un peu plus forte, comme l'indique la figure 206. Cette graine se range au voisinage du *T. Alexandrinum* L. qui a une couleur voisine, mais qui est aisé à distinguer ; en effet, dans le *T. Alexandrinum* L. la région ombilicale est à peu près au quart inférieur ou même plus bas, ici elle est subéquatoriale. Les graines de *T. Alexandrinum* L. très globuleuses, sont d'un brun-rouge clair, celles du *T. Lupinaster* L. sont d'une couleur assez particulière, comme nous l'avons vu plus haut, et elles sont plus allongées, plus ovoïdes, quoique assez globuleuses, et roulant facilement sur le papier.

T. maritimum Huds. (fig. 185 et 186). — Graines médiocres, atteignant souvent 2,3 millimètres de longueur moyenne, mais restant aussi fréquemment au-dessous de cette taille, ovoïdes dans leur forme générale ; région ombilicale en encoche. Tégument lisse ou subchagriné, presque mat en général, ou douci, jaune de cire assez soutenu, ou jaune de miel. Saillie radiculaire peu nette, ne se détachant pas du reste de la graine comme un bourrelet, sauf un peu, vers l'extrémité, où on aperçoit une fine ligne pâle, jaune crème, dans un léger sillon. Surplomb radiculaire nul ou presque, mais la région ombilicale étant un peu excavée au-dessous, il en résulte que l'extrémité paraît saillante. Le hile est, comme cela se rencontre le plus souvent, formé d'une légère tache sombre entourée d'une collerette funiculaire blanchâtre. Mais il est bon de noter que le tégument étant un peu translucide, la graine, vue de face, ne présente que des détails bien peu nets et difficiles à distinguer. C'est ainsi que de face la saillie radiculaire devient presque complètement invisible. Par contre la zone raphéale se détache nettement sous forme d'une plage sombre, ovale, plus ou moins allongée, devenant parfois presque circulaire, d'un brun-rouge si net qu'on la voit même à l'œil nu. Il arrive aussi parfois que la région hilo-micropylaire est encadrée de rebords tégumentaires de chaque côté. Le sommet de ces rebords est alors d'un brun assez net et peut aussi se distinguer à l'œil nu. Cette espèce se range à côté de *T. Balcanicum* Velen., mais s'en distingue aisément par sa taille plus petite, par sa couleur plus foncée. Enfin, ici, l'ombilic est situé assez bas : il est parfois au quart inférieur, ou toujours nettement au-dessous du plan équatorial.

T. medium (L.) Huds. (fig. 253 et 254). — Graines assez grosses mesurant 2,3 millimètres environ, de longueur moyenne, jaune verdâtre pâle, d'un contour général subtriangulaire très facile à reconnaître. Tégument très finement chagriné, douci. La preuve qu'il n'est pas complètement lisse, c'est que vu dans un rayon de soleil ou de lumière blanche vive, il donne des spectres de diffraction, qui font comme une infinité de points colorés microscopiques. Saillie radiculaire excessivement prononcée (v. fig. 253), en nez très proéminent. L'extrémité radiculaire vient former un surplomb très avancé au-dessus de la région

ombilicale. Un sillon très large et peu profond marque la séparation entre la radicule et le reste de la graine. Mais on ne voit
aucune ligne au fond de ce sillon. Enfin, le plus souvent, la
saillie radiculaire se distingue du reste du tégument par une
couleur verdâtre, assez nette. Vue de face, l'importance de cette
saillie ne saurait se deviner. Toujours à cause d'une légère
translucidité du tégument, l'apparence est profondément modifiée. La tache hilaire est très nettement circulaire, fauve, traversée d'une ligne longitudinale pâle, peu visible, qui aboutit à
une microscopique fente triangulaire : c'est le micropyle.
Autour de la tache hilaire, on distingue — mal — la collerette
funiculaire, qui forme un fin anneau blanc, et tout autour une

FIGURES 195 et 196. — TRIFOLIUM L. (*suite*)

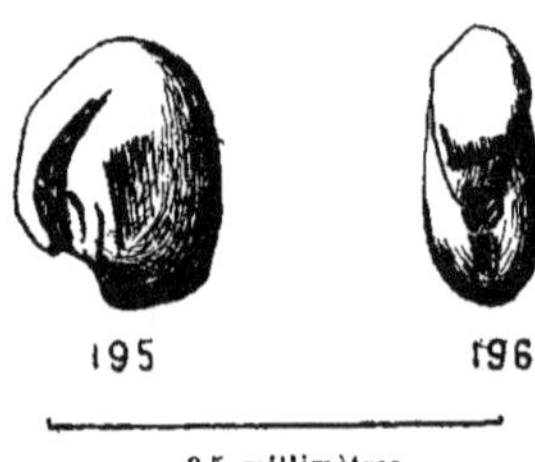

Fig. 195 et 196. — *T. Wormskioldii* LEHM., profil et face.

couronne sombre appartenant au fond du rebord tégumentaire.
La bosse radiculaire est affectée sur les côtés d'une bande de
même couleur, qui semble former un bourrelet, et de face il
semble que la tache hilaire soit logée dans une dépression en
forme de voûte romane, car le contour de ce cadre est presque
circulaire. Cette bande fauve, qui vient rejoindre la tache
raphéale règne sur le sommet du rebord tégumentaire, dont les
versants, du côté du hile, participent de la couleur générale
de la graine. Donc en allant du centre au bord on trouve, par
ordre : tache hilaire fauve ; collerette blanche ; couronne sombre ; versants du rebord tégumentaire de même couleur que le

reste de la graine ; bande fauve allant de la bosse radiculaire à la tache raphéale. Cette dernière est en forme de tibia et se prolonge assez avant du côté du bombement cotylédonaire. Elle est traversée en son milieu par une fine ligne pâle, peu visible, longitudinale. Elle fait une saillie légère. Par la forme très remarquable de sa saillie radiculaire, cette espèce vient se ranger à côté du *T. alpinum* L. Toutefois la distinction est aisée, car les graines de *T. alpinum* L. sont foncées, rouge-brique ou brun-vert, et très grosses puisqu'elles atteignent et dépassent 3 millimètres de longueur, tandis qu'ici la couleur seule — jaune verdâtre pâle — est un bon caractère distinctif.

T. minus RELH. (Fig. 239 et 240). — Graines petites, ne dépassant pas 1 millimètre de longueur moyenne (chez les plus gros individus, mais l'ensemble se tient entre 0,8 et 0,9 millimètre), ovoïdes allongées. Tégument lisse, très luisant, jaune de cire plus ou moins foncé (1), piqueté de blanc. Ce caractère est très difficile à voir avec la loupe, et ne se perçoit que sur certains individus favorisés. Au binoculaire on remarque que c'est un excellent caractère distinctif de cette espèce. Saillie radiculaire presque imperceptible, ne se traduisant du côté de l'extrémité que par une très fine et courte ligne pâle. Au contraire de ce qui se passe généralement, la radicule est beaucoup plus nette de face, et dans cette position on distingue très facilement les lignes ou sillons, presque invisibles, de profil, qui séparent du reste de la graine la saillie de la radicule. L'extrémité de cette saillie, qui ne surplombe aucunement, est d'un brun-roux assez vif : vue de face, elle présente deux bourrelets dont la réunion forme une espèce d'ogive encadrant la région hilo-micropylaire. Hile très peu visible, à collerette funiculaire blanche développée. Zone raphéale sans caractères

1. Il est intéressant de noter un curieux phénomène optique : vues en groupe, ces graines paraissent beaucoup plus foncées qu'elles ne sont en réalité ; cela tient à la présence des individus brun-roux qui semblent très nombreux. Au binoculaire on rétablit la véritable couleur dominante, qui est dans la gamme des jaunes. D'ailleurs toutes ou presque toutes les graines brunes me paraissent gâtées.

distincts, en général ; on aperçoit, mais rarement, une petite plage vaguement colorée. Je ne cite ce fait que pour mémoire. Cette espèce se range dans le groupe *campestre-minus-Bocconii-agrarium*, mais elle est facile à distinguer par le piquetage blanc de son tégument et par sa taille nettement plus grosse que celle du *campestre*.

T. montanum L. (fig. 209 et 210). — Graines médiocres, plutôt petites, mesurant environ 1,1 à 1,4 millimètre, de longueur moyenne. C'est avec le *T. album* la seule espèce que j'ai dû mettre dans le groupe des petites graines et aussi dans celui des moyennes. Dans le premier, elle se range à côté de *T. tumens* M. B., mais se distingue de cette dernière espèce par son surplomb radiculaire presque nul, tandis qu'il est net chez le *T. tumens*, et par sa saillie radiculaire large (vue de face), tandis qu'elle est étroite chez *tumens*. Dans le second, elle fait partie du groupe *montanum-badium-spadiceum*, qui sont toutes trois verdâtres, mais elle se différencie de ses deux voisines parce que son tégument est entièrement verdâtre pâle, piqueté de blanc, avec ombilic subéquatorial. Je résumerai comme suit les principaux caractères de la graine : ovoïde ou obovale, lisse, presque mate, d'un verdâtre sale assez caractéristique, piqueté de blanc. On ne voit le piquetage, bien entendu, qu'à l'aide du binoculaire. Ombilic subéquatorial. Saillie radiculaire très peu accentuée, le plus souvent invisible, ne présentant de face aucun caractère net, offrant parfois, de profil, une fine et courte ligne, crème verdâtre. Hile ponctiforme, entouré d'une très abondante collerette blanche, vestiges des tissus funiculaires. Zone raphéale très peu indiquée : on y voit parfois une vague plage roussâtre.

T. ochroleucum HUDS. (fig. 183 et 184). — Graines moyennes, mesurant environ 1,5 millimètre de longueur moyenne. Tégument lisse, luisant (1) jaune d'ocre, plus ou moins soutenu (2).

---

1. Je pense que la plupart des graines fraîches doivent être luisantes ou brillantes, elles ne prennent l'aspect douci ou mat que sur le sec. Comparez avec les marrons d'Inde (graines de l'*Æsculus Hippocastanum* L.).

2. Il me semble que d'une façon générale, chez les *Trifolium*, les graines

Saillie radiculaire nette, mais peu haute, busquée avant l'extrémité. Extrémité radiculaire vue de face aboutissant à un rebord tégumentaire brun foncé en forme de fer à cheval ouvert vers le raphé, et encadrant la région hilo-micropylaire. Hile entièrement chevelu de blanc. Ce sont là les vestiges reconnaissables du funicule, sous forme d'une espèce de fibre blanchâtre, mais tandis que chez la plupart des espèces étudiées ces vestiges localisés, formaient une coronule plus ou moins large et plus ou moins nette, ici ils envahissent toute la surface du hile. Région raphéale peu nette, parfois mais non toujours affectée d'une plage fauve roussâtre d'aspect huileux et de contour vague. Ce qui est ici fort remarquable, c'est en profil, la troncature très oblique de la région ombilicale et de la zone de bombement des cotylédons. Si l'on compare cette graine à un profil humain, on pourra dire que la saillie radiculaire forme un nez busqué, tandis que la troncature en question représente un menton très fuyant. Cette espèce se range dans le groupe vague *striatum-ochroleucum-hirtum*, etc., où les caractères de chaque espèce sont trop distincts pour qu'il puisse y avoir confusion possible.

T. Olympicum Hornem. (fig. 203 et 204). — Graines grosses, mesurant environ 2,2 à 2,3 millimètres de longueur moyenne, jaune parchemin parfois légèrement verdâtre ou couleur liège à bouchons (roux-rosâtre clair). Tégument douci, à peu près lisse. Saillie radiculaire très nette quoique peu haute, séparée du corps de la graine par un sillon assez creux, formant un dièdre rectangle (la radicule étant beaucoup moins large que l'épaisseur totale de la graine sur les faces ventrales). Ombilic en encoche nette quoique le surplomb radiculaire soit peu prononcé. De face, la région hilo-micropylaire se présente comme une tache brune arrondie, longitudinalement sillonnée en son milieu, entourée d'une collerette funiculaire assez fibreuse, mais

sombres (brun-roux) d'un lot de la gamme des jaunes, sont des individus avariés ou mal récoltés, car la plupart d'entre eux, sinon tous, sont plus ou moins ridés, indice certain d'une rétraction du contenu, non mûr ou gâté.

très réduite. Le tout est situé au fond d'une fossette entourée
d'un rebord tégumentaire saillant, dont le sommet est de couleur sombre, bistre jaune foncé. Région raphéale indiquée par
une plage rousse ou brune, plus ou moins en tibia ou spatulée,
largement évasée vers la base, c'est-à-dire vers le bombement
cotylédonaire. Parfois elle est réduite à une tache ovale ou à une
bande presque imperceptible. Cette espèce ne me paraît susceptible de confusion avec aucune autre.

T. Pannonicum Jacq. (fig. 187 et 188). — Graines médiocres,
mais paraissant grosses parce qu'elles sont épaisses, ne mesurant guère que 1,9 à 2 millimètres de longueur moyenne. Cette
espèce présente une forme assez variable : tantôt en mitre surbaissée quelquefois peu nette, mais en tout cas, plus large que
haute, elle affecte la forme représentée par la figure 187, tantôt
elle est plus ou moins ovoïde, ou ovale et un peu aplatie (1).
La saillie radiculaire forme alors comme un casque qui vient
recouvrir le sommet de la graine et s'avance en surplomb (peu
développé) au-dessus de la région ombilicale qui est alors subéquatoriale. Dans tous les cas la saillie radiculaire est peu
nettement séparée du corps de la graine, sauf vers l'extrémité
où se voit un sillon net et parfois profond, marqué d'une ligne
pâle. Tégument mat, lisse, d'un jaune de cire plus ou moins
soutenu, d'apparence graisseuse. Vue de face, la graine, assez
épaisse, présente une région hilo-micropylaire enfoncée assez
profondément dans le tégument. Hile sombre, recouvert de
fibres blanchâtres (vestiges du funicule). Le micropyle, non
directement visible est indiqué nettement par le changement de
courbure du rebord tégumentaire à cet endroit, où il forme
une petite voûte en ogive. Sur son sommet, ce rebord est marqué d'une bande sombre, brun-bistre, qui remonte jusque sur
l'extrémité de la radicule. Région raphéale marquée par une
tache fauve roussâtre plus ou moins rectangulaire. Il est à noter
que je décris ici le cas le plus net : il s'en faut de beaucoup
que toutes les graines présentent une région ombilicale aussi

1. Dans ce dernier cas, les individus sont peut-être plus ou moins avariés.

nettement constituée. Mais on peut, malgré tout, retrouver toujours les caractères saillants que je viens de signaler : ils sont
plus ou moins atténués mais ne font jamais défaut. Quand la
forme de la graine est en mitre surbaissée, elle vient se ranger
au voisinage des *T. fragiferum* L. et *T. album* LAM., dont elle se
distingue par sa forme, puisque ces deux dernières espèces sont
en mitre élevée ; quand elle n'est pas en mitre, elle se range à
côté des *T. Cherleri* L. et *T. albidum* RETZ., dont elle est facile
à distinguer : la région ombilicale est en effet presque basilaire
chez *Cherleri*, et la proéminence radiculaire est tronquée chez
albidum.

T. patens SCHREB. (fig. **249** et **250**). — Graines petites mesurant 1 à 1,1 millimètre de longueur moyenne, ovoïdes aplaties,
de couleur assez variable. Un grand nombre d'individus sont
violet pâle tendant au brunâtre, d'autres brun-verdâtre, un
très petit nombre sont jaune-verdâtre pâle. Or si l'on examine
un lot de ces graines à l'œil nu, elles paraissent souvent d'un
brun-roux très accentué. Il ne faut pas s'arrêter à cette apparente contradiction, car la loupe apprend que les graines en
question sont toutes avariées et doivent être rejetées ; mais vu
la petitesse des graines un tel travail est malaisé et ne donnerait
qu'un faible avantage, dès l'instant qu'on est mis en garde
contre une erreur possible. Tégument douci, peu brillant,
comme piqueté. Saillie radiculaire en général indistincte, sauf
vers l'extrémité, où on voit assez souvent une dépression plus
ou moins accentuée et colorée en brun-rouge sombre. Surplomb
radiculaire faible, limité tout au plus à une légère bosse. La
région ombilicale est plus fortement colorée que le reste du
tégument et le plus souvent brun-rouge ou brun-violacé ;
on y voit un hyle très petit, ponctiforme, entouré d'une épaisse
collerette blanche, vestiges des tissus funiculaires. Région
raphéale à caractères peu nets, en général non marquée d'une
tache colorée. Cette espèce, que j'ai rangée au voisinage des
T. elegans SAVI, *T. montanum* L. et *T. tumens* M. B., s'en distingue aisément par sa couleur, dans la gamme des jaunes

foncés, des bruns ou des violets, tandis que les autres sont vertes ou verdâtres.

T. pratense L. (fig. 189 et 190). — Graines moyennes, plutôt
grosses, dont la taille oscille autour de 2,2 millimètres de
longueur moyenne, plus ou moins ovales, assez épaisses, à
région ombilicale fortement échancrée. Tégument lisse, mat
ou douci, généralement violâtre, sur le tiers de la surface, du
côté de la radicule ; le reste de la surface, soit deux tiers environ, est verdâtre ou jaunâtre. Il arrive aussi que toute la surface
est brun-violet. Ici encore les échantillons brun-rouge sombre
sont à mettre de côté : ils sont avariés et non mûrs. Saillie
radiculaire nette, séparée du reste de la graine par une ligne
pâle et une dépression légère, souvent busquée au-dessus de la
pointe comme le montre la figure 189. Région ombilicale en
encoche. Vue de face, la région micropylaire présente des
caractères bien atténués : le hile est une tache sombre en
général, sillonnée dans sa longueur par une fente large. Couronne funiculaire, assez nette, formée de fibres blanches. Souvent, mais pas toujours, le hile est enfoncé, par rapport au
tégument voisin, qui forme autour de lui un bourrelet dont le
sommet est parcouru par une bande sombre remontant jusque
sur l'extrémité de la bosse radiculaire. Région raphéale indiquée par une plage roussâtre, spatulée ou vaguement en tibia,
mais souvent peu visible ou inexistante. Cette espèce, par la
couleur violette que présente fréquemment son tégument, possède quelque analogie avec le *T. trichocephalum* BIEB., mais
s'en distingue par ce fait que ce dernier a le sommet radiculaire
pointu, et l'allure caractéristique que j'ai dénommée « en crochet à dentelle ». En outre, le *T. trichocephalum* BIEB. est
d'une taille nettement inférieure.

T. repens L. (fig. 217 et 218). — Graines petites, mesurant
environ 1 millimètre de hauteur moyenne, en mitre très nette,
assez plates. Tégument lisse, douci ou mat, non piqueté, brun-
rouge clair ou jaune vif. Saillie radiculaire nette, séparée du
corps de la graine par une dépression profonde, ce qui donne à

cette graine l'apparence de ces vieilles cornues d'alchimistes comme on en voit encore dans les musées. Surplomb

FIGURES 197 à 206. — TRIFOLIUM L. (*suite*)

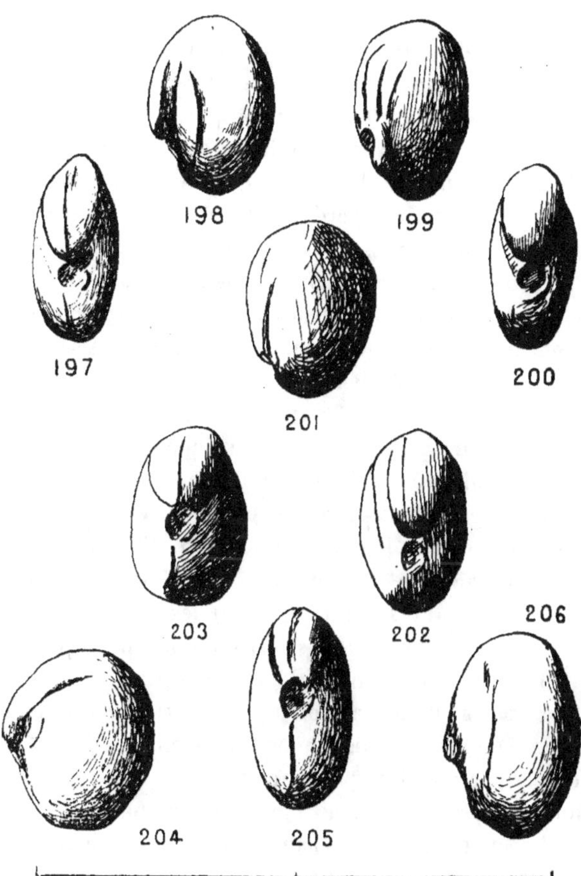

Fig. 197 et 198, *T. stellatum* L., face et profil. — Fig. 199 et 200, *T. angustifolium* L., profil et face. — Fig. 201 et 202, *T. Alexandrinum* L., profil et face. — Fig. 203 et 204, *T. Olympicum* Hornem., face et profil. — Fig. 205 et 206, *T. Lupinaster* L , face et profil.

radiculaire peu développé. Région ombilicale peu échancrée. Vue de face, la région hilo-micropylaire offre assez peu de détails : le hile, caché sous les débris du funicule, se présente comme un petit trou entouré de fibres blanchâtres. Le rebord tégumentaire est parfois marqué d'une ligne sombre, le raphé est affecté d'une plage colorée, mais ces deux caractères sont assez peu constants.

Dans sa variété *minus* Gib. et Belli (fig. **221** et **222**), le *T. repens* L., présente les mêmes caractères généraux de forme en mitre nette, et la seule différence qu'on puisse signaler c'est que dans la variété l'échancrure ombilicale est un peu plus nette, et la saillie radiculaire plus droite et moins épaisse. La couleur est jaune cire un peu verdâtre. Le tégument est lisse, mat, d'apparence un peu graisseuse. Vue de face, la région ombilicale présente un hile circulaire brunâtre, entouré d'une très fine collerette funiculaire et peu enfoncé dans le tégument. La zone raphéale se distingue par une ligne fauve roussâtre, plus ou moins large, généralement creusée en son milieu d'un sillon plus ou moins net. A part la couleur, nettement différente, il n'apparaît pas qu'on puisse pratiquement faire un partage de ces graines et les séparer d'avec le type : elles sont cependant un peu plus petites, ne mesurant en moyenne que 0,8 à 0,9 millimètre de hauteur environ. Et l'on voit alors qu'elles viendraient se ranger l'une à côté de l'autre, dans mon tableau, n'étant séparées que par les caractères que je viens d'énoncer, et qui ne me paraissent pas spécifiques, si je n'avais été obligé de mettre ici le *T. album* Lam., bien distinct cependant, par sa taille, sa couleur et sa forme. La taille, surtout, est un bon indice, mais comme les dimensions de cette dernière espèce paraissent un peu empiéter sur celles que j'ai arbitrairement adoptées, je l'ai fait figurer à deux places distinctes, ainsi qu'il a été expliqué plus haut. Enfin l'ensemble des caractères qu'on pourra comparer chez *T. album* Lam., et chez les *T. repens* L. type et variété *minus* Gib. et Belli, permettra de distinguer aisément les trois lots étudiés.

T. resupinatum L. (fig. **215** et **216**). — Cette espèce fait partie, par sa forme en mitre et sa petite taille, du groupe auquel appartiennent les espèces précédemment étudiées *T. repens* L. type et variété *minus* Gib. et Belli, et *T. album* Lam., mais l'ensemble de ses caractères et sa forme la rendent aisée à distinguer de ses voisines. Graines petites, mesurant environ 1 millimètre de hauteur moyenne, en mitre élevée, très nette, à base très plane, d'où il résulte que l'échancrure ombilicale n'existe pour ainsi dire pas, ou bien est très peu prononcée. Tégument brun-vert, lisse, un peu brillant, parfois mais exceptionnellement, rouge orange foncé, ou vert mousse. Saillie radiculaire peu nette, sauf vers la base où l'on voit un sillon assez profond, où le tégument prend une coloration très foncée. Vue de face, par la région basilaire de la mitre, c'est-à-dire par la région ombilicale, cette espèce présente un contour en poire des plus nets. Toute la base est généralement d'une couleur roussâtre. Au milieu se voit, non pas le hile, mais un disque blanc fibreux qui affecte d'habitude, ainsi qu'on l'a vu, la forme d'une couronne plus ou moins développée, mais qui ici recouvre toute la surface du hile. Ce sont les vestiges du funicule. La région raphéale ne présente aucun caractère net. Cette espèce, en raison de sa forme en mitre élevée (profil) et en poire (face), ne me paraît pas devoir être confondue avec aucune autre.

T. rubens L. (fig. 177 et 178). — Espèce remarquable entre toutes par la nature de son tégument. Graines moyennes, mesurant environ 1,7 à 1,8 millimètre de longueur moyenne, subglobuleuses, de contour général ovale, si l'on ne tient pas compte de la saillie radiculaire, très importante. Tégument lisse, douci, d'aspect graisseux, jaune verdâtre moucheté de pourpre ou de taches rouge sang généralement orientées suivant le grand axe de la graine. Saillie radiculaire très nette, séparée du corps de la graine par une dépression profonde, et formant vers son extrémité une proéminence en nez, très avancée, ce qui fait que dans l'ensemble de son contour cette graine, à peu près aussi large que longue, pourrait être inscrite dans une circonférence. Vue de face, la région ombilicale, largement échancrée (profil) ne présente aucun caractère intéressant. On voit au fond d'une légère dépression une tache hilaire un peu sombre, entourée d'une fine collerette funiculaire. Le tout est encadré d'un rebord tégumentaire, plus ou moins saillant, dont le dos est souvent marqué d'une ligne sombre. Zone raphéale peu distincte, à peine marquée d'une petite plage roussâtre, souvent concolore avec le reste de la graine. Elle n'est plus reconnaissable, alors, qu'à une insignifiante saillie, par rapport à la surface du tégument. Les mouchetures rouge sang et le profil de la saillie radiculaire me semblent deux caractères qui s'opposent efficacement à ce que cette espèce puisse être confondue avec aucune autre.

T. scabrum L. (fig. **227** et **228**). — Graines très petites, mesurant en moyenne **0,6** à **0,7** millimètre environ de hauteur, en mitre plus ou moins nette, globuleuses. Tégument jaune serin, plus ou moins soutenu, mat; vu à la loupe, il semble finement chagriné, mais si on l'examine au binoculaire, dans des conditions d'éclairement convenable, il montre une infinité de ponctuations ayant la forme de petites pustules, très visibles seulement sur le contour apparent. La légère translucidité du tégument et, par conséquent, des pustules qui le recouvrent explique pourquoi ces pustules sont très difficiles à voir de face. Saillie radiculaire assez nette, surtout vers la base, où elle se sépare du corps de la graine par une dépression marquée d'une ligne pâle (crème) ou sombre (bistre), formant à son extrémité une légère proéminence sur la région ombilicale. Celle-ci est peu accentuée : vue de face, elle montre un hile circulaire, fauve roussâtre, entouré d'une coronule funiculaire de couleur crème, formant comme un petit puits au fond duquel se voit le hile. Le tout est engagé dans une faible dépression tégumentaire, dont le rebord, ainsi que la région raphéale, est souvent d'un jaune pâle assez net. Cette espèce vient se ranger dans l'intéressant groupe *arvense-scabrum-glomeratum*. Tandis que la première offre des ponctuations en creux, fait très remarquable chez les *Trifolium*, les deux autres les ont en relief, mais la distinction est facile entre celles-ci. car le *glomeratum* possède de grosses ponctuations en boutons nets et saillants, visibles à la loupe, et donnant à la graine l'apparence d'avoir été roulé dans le sucre cristallisé, tandis que les ornements tégumentaires du *T. scabrum* L. sont assez fins pour échapper même à la loupe, et ne se révéler au binoculaire que sur le contour apparent.

T. spadiceum L. (fig. **211** et **212**). — Graines moyennes, mesurant environ 1,4 à 1,5 millimètre de longueur, ovoïdes allongées. Tégument mat, lisse, très finement chagriné, mi-partie vert ou verdâtre sur la saillie radiculaire et rosâtre sur le reste de la graine. Saillie radiculaire nette, haute quand on la voit de profil, mais peu visible de face, séparée du reste de la graine par un sillon profond et large. Extrémité radiculaire en surplomb sous lequel se trouve la région hilo-micropylaire. Hile circulaire ponctiforme entouré d'une large collerette funiculaire, fibreuse, rabattue sur lui. Région raphéale marquée par une plage fauve roussâtre en forme de violon, traversée d'une ligne pâle, longitudinale, simulant les cordes. Cette espèce ressemble passablement à *T. badium* Schreb. mais s'en distingue par plusieurs caractères dont le principal est l'aspect de la saillie radiculaire peu haute (de profil) mais large (de face) chez *badium*.

T. stellatum L. (fig. **197** et **198**). — Graines grosses, mesurant environ 2,2 à 2,3 millimètres de longueur moyenne, largement ovales et peu plates, ce qui les rend subovoïdes. Tégument lisse, jaune cire assez vif, luisant, très finement chagriné. Saillie radiculaire nette, quoique peu haute, séparée du corps de la graine par une ligne pâle, jaunâtre, surtout visible vers l'extrémité. Surplomb radiculaire faible, presque nul (1). De face la région ombilicale (située assez bas) est peu nette. Cela tient à la translucidité du tégument. On peut cepen-

1. Parfois, mais rarement, saillie radiculaire forte et surplomb terminal prononcé. comme le représente la figure 198.

dant voir, quand on regarde avec soin, une tache hilaire arrondie, fauve clair, sans collerette funiculaire visible, mais directement entourée d'un rebord tégumentaire jaune pâle, qui semble comme fendu, en haut, d'un coup de lancette, à l'emplacement du micropyle. Ce dernier détail est très difficile à voir. Sur son sommet le rebord tégumentaire est brun-fauve. La région raphéale possède une tache de même couleur, en forme de spatule, dont l'extrémité évasée se trouve du côté des cotylédons. Cette espèce se range à côté de *T. angustifolium* L., mais s'en distingue aisément par sa couleur plus claire, son tégument finement chagriné et sa forme plus largement ovale, comme on peut s'en assurer en comparant les figures 198 et 199.

T. striatum L. (fig. **179** et **180**). — Graines moyennes, mesurant environ **1,4** à **1,5** millimètre de longueur moyenne, ovoïdes globuleuses, presque sphériques. Tégument jaune orangé présentant à sa surface de fines ponctuations, qu'on peut apercevoir parfois à la loupe mais qui ne révèlent leur couleur qu'au binoculaire : elles sont rondes et blanches. Ce seul caractère du tégument me semble de nature à éviter toute confusion avec une autre espèce. Saillie radiculaire sensiblement nulle, n'étant séparée de la graine par aucune espèce de ligne ou de sillon, sauf parfois vers l'extrémité. Le contour de cette partie du tégument est souvent de couleur un peu plus brune que le reste de la graine. Surplomb radiculaire rigoureusement nul. Vue de face la graine offre une région ombilicale non déprimée, mais participant de la convexité moyenne de la graine. Ce fait est très remarquable. Il rapproche un peu le *T. striatum* L. du *T. albidum* Retz., mais ce dernier a la région ombilicale nettement quoique très faiblement concave. Au milieu de la surface convexe que l'on trouve ici, on aperçoit le hile : petite tache sombre, circulaire, entourée d'une collerette funiculaire très nette, et située exactement au niveau du tégument. Bosse raphéale nulle. Parfois très légère dépression en lame de sabre à cet endroit, la pointe étant tournée vers les cotylédons. Dans mon tableau, j'ai éliminé le *T. striatum* L. dès le début, dans l'étude du groupe où je l'ai rangé (groupe *Wormskioldii*, ..., *Panno-*

FIGURES 207 à 226. — TRIFOLIUM L. *(suite)*

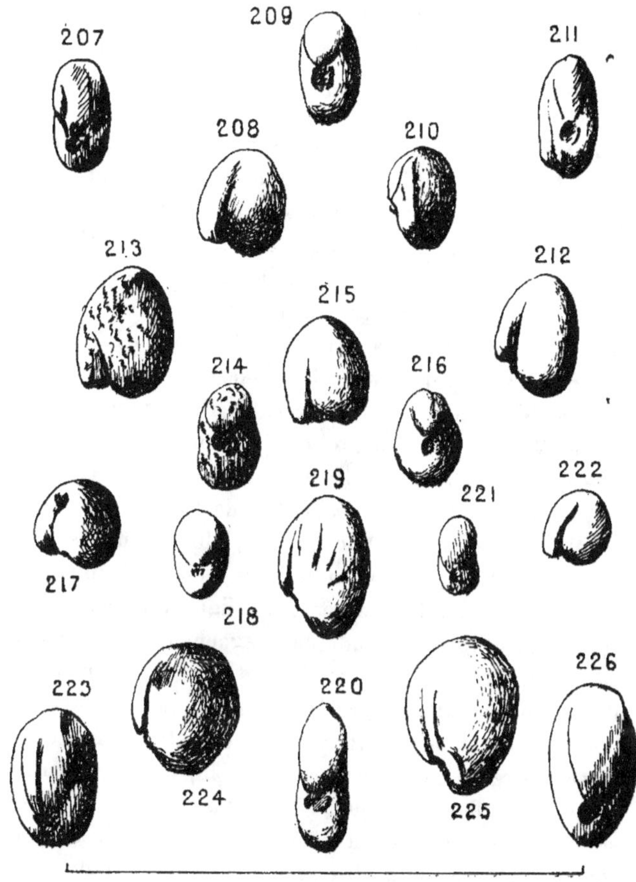

7 millimètres

Fig. 207 et 208, *T. album* Lam., face et profil. — Fig. 209 et 210, *T. montanum* L.
face et profil. — Fig. 211 et 212, *T. spadiceum* L., face et profil. →
Fig. 213 et 214, *T. fragiferum* L., profil et face. — Fig. 215 et 216,
T. resupinatum L., profil et face. — Fig. 217 et 218, *T. repens* L. (type),
profil et face. — Fig. 219 et 220, *T. badium* Schreb., profil et face. →
Fig. 221 et 222, *T. repens* L., var. *minus* Gib. et Belli, face et profil. →
Fig. 223 et 224, *T. hirtum* All., face et profil. — Fig. 225 et 226, *T.
Cherleri* L., profil et face.

nicum) en raison de son piquetage blanc caractéristique, mais en réalité on aurait pu le mettre à côté du *T. albidum* Retz., en dernière ligne, en raison de sa forme très particulière et des caractères de sa saillie radiculaire et de son surplomb radiculaire nuls. La distinction ensuite eût été facile, puisque l'*albidum* n'est pas piqueté.

T. trichocephalum Bieb. (fig. **181** et **182**). — Graines médiocres, mesurant **1,8** à **1,9** millimètre de longueur moyenne, ovales dans leur contour général, mais assez plates. Tégument lisse, douci, d'un violâtre plus ou moins net, sauf à l'extrémité cotylédonaire où il est jaune rosâtre. Saillie radiculaire nette, séparée du reste de la graine par une dépression marquée qui s'élargit à mesure qu'on s'approche de l'extrémité où la saillie devient de plus en plus haute, et de plus en plus en bourrelet, mais sans ligne colorée. Il en résulte l'apparence que j'ai dénommée « en crochet à dentelle » (voir plus haut, et notamment le chapitre relatif aux *Medicago*). Surplomb radiculaire net ; région ombilicale en encoche. Vue de face, la région hilo-micropylaire présente un hile sombre, plus ou moins circulaire, fortement enfoncé, encadré d'un rebord tégumentaire net dont le sommet est marqué d'une ligne plus sombre, en général. Région raphéale indiquée vaguement par une plage rousse, allongée, de forme variable, et plus ou moins rectangulaire ou ovale. Cette espèce présente quelque analogie avec le *T. pratense* L., mais on a vu à l'étude de cette graine, que la différence entre les deux est assez sensible, car ce dernier a la saillie radiculaire busquée au-dessus de son extrémité, chose qui n'existe pas ici. En outre, on voit qu'ici la courbure du sommet est beaucoup plus accentuée, au point de former un dôme qui n'existe pas chez *T. pratense* L., où la courbure est partout nettement arrondie. En outre, la taille du *T. pratense* L. est nettement supérieure.

T. tumens M. B. (figure **193** et **194**). — Graines petites, mesurant environ **1** à **1,1** millimètre de longueur moyenne, ovales, plus ou moins bombées sur les faces ventrales, mais plutôt

FIGURES 227 à 250. — TRIFOLIUM L. *(suite)*

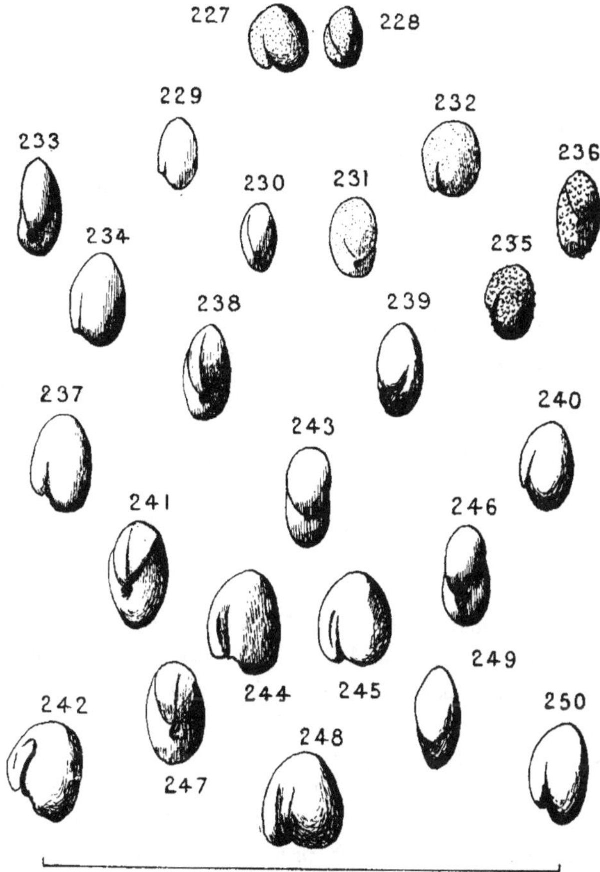

Fig. 227 et 228, *T. scabrum* L., profil et face. — Fig. 229 et 230, *T. campestre* SCHREB., profil et face. — Fig. 231 et 232, *T. arvense* L., face et profil. — Fig. 233 et 234, *T. Bocconii* SAVI, face et profil. — Fig. 235 et 236, *T. glomeratum* L., profil et face. — Fig. 237 et 238, *T. agrarium* ALL., profil et face. — Fig 239 et 240, *T. minus* RELH., face et profil. — Fig. 241 et 242, *T. lappaceum* L., face et profil. — Fig. 243 et 244, *T. elegans* SAVI, face et profil. — Fig. 245 et 246, *T. Johnstoni* OLIVER, profil et face. — Fig. 247 et 248, *T. hybridum* L., face et profil. — Fig. 249 et 250, *T. patens* SCHREB., face et profil.

plates. Tégument très finement grenu, donnant par conséquent
dans un rayon de lumière blanche une infinité de petits spectres
de diffraction ; couleur verdâtre sur tout le haut, et plus ou
moins jaunâtre sur le bombement cotylédonaire. Saillie radiculaire nette, séparée du corps de la graine par un sillon marqué
en général d'une ligne claire, jaunâtre ou verte. Surplomb
radiculaire sensible, quoique peu développé. Région ombilicale
peu échancrée. Le hile, nettement au-dessous du surplomb
radiculaire apparaît comme une tache fauve souvent recouverte
de fibres blanchâtres, légèrement enfoncée dans une dépression
tégumentaire. Région raphéale souvent marquée par une plage
fauve plus ou moins en forme de violon. Cette espèce se range
à côté du *T. montanum* L., qui possède, comme elle, un tégument vert ou verdâtre, au moins dans la région radiculaire,
mais les deux espèces sont faciles à distinguer, car le *T. montanum* L. a le surplomb radiculaire presque nul, et la saillie radiculaire, vue de face, large ; ici, c'est le contraire qui se produit : le surplomb est net, et la saillie radiculaire, vue de
face, est étroite.

T. Wormskioldii Lehm. (Fig. 195 et 196). — Graines médiocres, mesurant environ 1,5 à 1,7 millimètre de longueur
moyenne, mais paraissant assez grosses en raison de leur
forme irrégulière et très anguleuse. Tégument lisse, douci,
presque mat, brun-rouge. Saillie radiculaire très nette, en bec
d'oiseau, rappelant par son profil, l'aspect de celles des *T. alpinum* L. et *T. medium* (L.) Huds.; elle est séparée du reste de
la graine par un sillon large, prenant naissance à peu près au
sommet de courbure apical de la graine, pour s'évaser jusqu'à
l'extrémité. Surplomb radiculaire très prononcé. Région ombilicale profondément excavée. Hile ponctiforme, circulaire,
fauve, situé sous le surplomb radiculaire, fréquemment recouvert de fibres blanchâtres, vestiges du funicule, et légèrement
enfoncé dans une dépression cotylédonaire. Bombement raphéal
assez net, souvent marqué d'une plage sombre, rousse ou fauve.
Par sa forme très anguleuse, cette espèce ne me paraît pas
pouvoir être confondue avec aucune autre. Toutefois, il est bon

de signaler que souvent on a affaire à des individus plus ou
moins ridés provenant de mauvaises récoltes. Ils doivent être
rejetés, et il faut se garder de prendre en considération leurs

FIGURES 251 à 258. — TRIFOLIUM L. *(suite)*

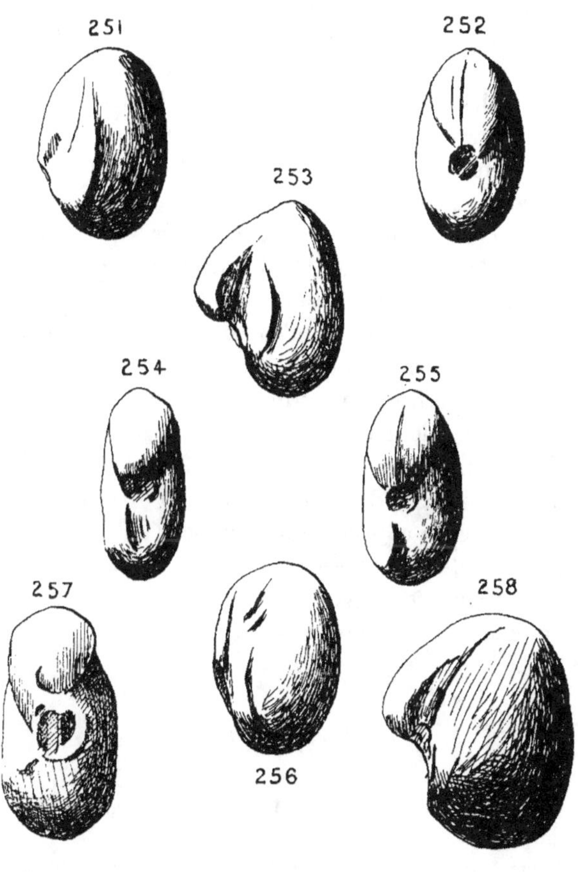

Fig. 251 et 252, *T. incarnatum* L., profil et face. — Fig. 253 et 254,
T. medium (L.) Huds., profil et face. — Fig. 255 et 256, *T. Balcanicum*
Velen., face et profil. — Fig. 257 et 258, *T. alpinum* L., face et profil.

rides et de les interpréter comme des fossettes. Il n'en est pas
moins vrai que la forme irrégulière de cette graine, très anguleuse, notamment dans la région du bombement cotylédonaire,
est des plus remarquables.

Remarque. — Il est curieux de constater que le genre *Trifolium*, en particulier, dont l'étude me paraissait d'abord très
embrouillée, vu la similitude de taille et d'aspect des graines,
m'est apparu, une fois terminé, comme assez simple. Tant qu'on
ne fait que les dessins, tant qu'on ne se borne qu'à les examiner,
on trouve une grande ressemblance à tous les croquis obtenus.
Sur les quarante et une espèces étudiées, il n'y en a guère que
trois ou quatre, qu'on puisse aisément distinguer au premier
coup d'œil : *alpinum* par sa grandeur, *rubens* par ses mouchetures, etc. Mais quand on établit pour chaque graine une
diagnose aussi exacte que possible, fondée sur les caractères
moyens de plusieurs lots, et qu'on se livre, loupe en main,
à une minutieuse comparaison des espèces qui paraissent le
plus semblables, on trouve alors des différences très sensibles,
là où on ne voyait primitivement qu'identité. Et je crois que pour
ce genre, plus encore que pour tout autre, la seule étude morphologique des graines bien dénommées et vérifiées par la
culture peut être un adjuvant précieux pour la détermination
parfois fort difficile des espèces ; on peut, en effet, dresser un
tableau synoptique, conduisant au n.m des espèces, par le seul
examen attentif de leurs graines mêmes.

TABLEAU SYNOPTIQUE

1	Graines petites, mesurant 1,30 mm. ou moins de longueur (1)	2
	Graines grosses, mesurant 2,20 mm. ou plus de longueur .	18
	Graines intermédiaires, comme taille, ou ne rentrant dans aucun des deux groupes précédents	28

1. On peut s'étonner de voir figurer ici des mesures aussi rigoureuses en
apparence : cela est facile à expliquer. J'ai dessiné les graines à la chambre

2 {
  Graines à surface nettement chagrinée ou tuberculée. . .   3
  Graines à surface lisse, ou à peine affectée d'un léger pique-
    tage   5
}

claire, avec un grossissement de 11,4 environ, tel que sur le dessin 8 centimètres représentent 7 millimètres de l'objet. Dès lors, j'ai divisé mes dessins en trois groupes : A, ceux qui ont 15 millimètres de longueur ou moins ; B, ceux qui ont 25 millimètres de longueur ou plus ; C, tous les autres. La différence choisie, entre 15 et 25 millimètres est assez facilement appréciable à l'œil. Or si l'on cherche à quoi correspondent ces dimensions de 15 et 25 millimètres, sur les objets étudiés, on obtient, par une règle de trois, les chiffres suivants : $\dfrac{7 \times 15}{80} = 1,3125$ et $\dfrac{7 \times 25}{80} = 2,1875$; j'ai arrondi les chiffres, le premier en moins, le deuxième en plus, d'où les nombres 1,30 et 2,20 que j'ai choisis pour limites, soit en réalité près de 1 millimètre de différence de longueur, ou environ 30 0/0 de la longueur des plus grosses, et 50 à 60 0/0 de celle des plus petites, ce qui est appréciable [V. en outre la note 1 page 114].

A titre documentaire, je donne ci-après le tableau récapitulatif de classement des espèces d'après leur taille. Elles sont rangées en trois groupes A, B, C, suivant les catégories ci-dessus énoncées, et dans l'ordre des affinités mises en évidence par le tableau synoptique.

A) Graines petites, mesurant 1,30 mm. ou moins de longueur :

    arvense, 0,6 mm. environ.
    scabrum, 0,6 à 0,7 mm.
    glomeratum, 0,6 à 0,7 mm.
    resupinatum, 1 mm. environ.
    hybridum, 1,1 à 1,2 mm.
    lappaceum, 1 à 1,1 mm.
    Johnstoni, 0,7 à 0,9 mm.
    repens (type), 1 mm. environ.
    album, 0,9 à 1,1 mm.
    repens (var. *minus*), 0,8 à 0,9 mm.
    campestre, 0,5 à 0,7 mm.
    minus, 0,8 à 1 mm.
    Bocconii, 1 mm. environ.
    agrarium, 1 mm. environ.
    patens, 1 à 1,1 mm.
    elegans, 0,9 mm. environ.
    montanum, 1,1 à 1,4 mm. (figure aussi dans le groupe C).
    tumens, 1 à 1,1 mm.

B) Graines grosses, mesurant 2,20 mm. ou plus de longueur :

    medium, 2,3 mm. environ.
    alpinum, 3 mm. environ.
    pratense, 2,2 mm. environ.

3 { Graines jaunes, en mitre (1) ou ovales ; ponctuations *en relief* 4
Graines vertes, ovoïdes, jamais en mitre ; ponctuations *en creux*, difficilement visibles et seulement par réflexion de la lumière sur la surface, et non sur le contour apparent . . *arvense*

4 { Graines jaune serin plus ou moins en mitre ; ponctuations ayant la forme de petites pustules très visibles sur le contour apparent . . . . *scabrum*
Graines jaune d'ocre, non en mitre ; ponctuations peu nombreuses en boutons nets et saillants, visibles sur le contour apparent et sur la surface . . . . *glomeratum*

5 { Graines en mitre ± nette 6
Graines ovoïdes, jamais en mitre 12

incarnatum, 2,3 à 2,5 mm.
Olympicum, 2,2 à 2.3 mm.
stellatum, 2,2 à 2,3 mm.
angustifolium, 2,2 mm. environ.
Balcanicum, 2,2 à 2,3 mm.
maritimum, 2,3 mm. environ (mesure parfois moins de 2 mm. de longueur ; figure donc aussi dans le groupe C).
Alexandrinum, 2,2 mm. environ.
Lupinaster, 2,2 à 2,4 mm.

C) Graines moyennes, de taille intermédiaire entre 1,30 mm. et 2,20 mm. de longueur :

Pannonicum, 1,9 à 2 mm.
fragiferum, 1,3 à 1,4 mm.
album, 1,3 à 1,4 mm. (mesure le plus souvent 0,9 à 1,1 mm. ; figure donc aussi dans le groupe A).
trichocephalum, 1,8 à 1,9 mm.
montanum, 1,1 à 1,4 mm. (figure aussi dans le groupe A).
badium, 1,4 à 1,6 mm.
spadiceum, 1,4 à 1,5 mm.
Wormskioldii, 1,5 à 1,7 mm.
striatum, 1,4 à 1,5 mm.
ochroleucum, 1,5 mm environ.
hirtum, 2 mm. environ, au maximum.
maritimum, 2 mm. environ (mesure le plus souvent 2,3 mm. environ ; figure donc aussi dans le groupe B).
rubens, 1,7 à 1,8 mm.
Cherleri, 1,6 à 1,8 mm.
albidum, 1,7 à 1,8 mm.

1. Voir note 2 page 103.

6   Graines brun noir en mitre élevée, très nette ; base très sensible-
     ment plane . . . . *resupinatum*
     Graines n'ayant pas *tous* ces caractères 7

7   Graines à tégument vert très mat, plus ou moins foncé, comme
     velouté, abondamment moucheté de noir. . . *hybridum*
     Graines brunes ou jaunes 8

8   Graines brun-rouge, subglobuleuses, en mitre peu nette. Echan-
     crure ombilicale faible . . . . *lappaceum*
     Graines en mitre nette, brun-jaune plus ou moins clair . . 9

9   Graines à tégument brun-rouge, foncé, ou jaune d'or, mat,
     piqueté. . . . . *Johnstoni*
     Graines de couleur claire, non piquetées. 10

10   Graines jaunes, très rarement brun orangé soutenu, en mitre
     globuleuse ; échanchure ombilicale faible. . *repens*, type
     Non ; échancrure ombilicale très nette 11

11   Graine brun-jaune ou brun-rouge, assez grosse. . . *album*
     Graine très petite, jaune cire verdâtre . *repens*, var. *minus*

12   Graines excessivement petites, ovoïdes, très brillantes, jaune
     serin clair ; aspect translucide. Saillie radiculaire à peine indi-
     quée, sur le corps de la graine, par une faible ligne blanchâ-
     tre . . . . *campestre*
     Graines plus grosses, jaune de cire $\pm$ translucide . . . 13
     Gaines non jaunes (au moins la majorité des individus) ou jaune-
     brun soutenu 15

13   Graines piquetées de blanc, très luisantes ; saillie radiculaire à
     surplomb presque nul . . . . *minus*
     Graines non piquetées de blanc ; saillie radiculaire à peine indi-
     quée sur le corps de la graine par une faible ligne blanchâtre
     ou brune 14

14   Surplomb radiculaire prononcé . . . . *Bocconii*
     Surplomb radiculaire presque nul . . . . . *agrarium*

15   Graines brun foncé, ou brun verdâtre, ou brun violâtre (quel-
     ques individus jaune verdâtre pâle), doucies, peu brillantes,
     comme piquetées. . . . . *patens*
     Graines vertes ou verdâtres 16

16 { Graines à tégument vert, très mat, plus ou moins foncé, comme velouté, abondamment moucheté de noir . . . *elegans*
{ Graines vert pâle, doucies, piquetées, ovales très allongées . 17

17 { Surplomb radiculaire presque nul ; saillie radiculaire (vue de face) large . . . . *montanum*
{ Surplomb radiculaire net ; saillie radiculaire (vue de face) étroite . . . . *tumens*

18 { Surplomb radiculaire très prononcé ; graines grosses, subtriangulaires 19
{ Surplomb radiculaire nul ou presque, graines toujours ovoïdes 20

19 { Graines jaune-verdâtre pâle . . . . *medium*
{ Graines foncées, rouge brique ou brun-vert, très grosses (3 millim.) . . . . *alpinum*

20 { Graines violettes au moins en partie . . . . . . *pratense*
{ Graines jaunes ou plus ou moins brunes ou rousses, ou rosâtres 21

21 { Graines couleur crème rosâtre pâle ou rouge-brun très clair, chagrinées, grosses, absolument ovoïdes : surplomb radiculaire nul (1). . . . . *incarnatum*
{ Graines jaunes ou brunes ou rousses 22

22 { Graines jaunes 23
{ Graines brunes ou rousses. 27

23 { Tégument jaune parchemin, parfois légèrement verdâtre, ± mat, parfois un peu luisant. Saillie radiculaire prononcée ; échancrure ombilicale nette, arrondie . . . . . *Olympicum*
{ Tégument jaune cire, ± luisant, ± chagriné 24

24 { Saillie radiculaire nette ; graines luisantes 25
{ Saillie radiculaire peu indiquée par une ligne blanchâtre ou jaune pâle 26

25 { Graines jaune cire, largement ovales, finement chagrinées . . . . *stellatum*
{ Graines jaune paille, ovale-allongées, lisses . *angustifolium*

1. Analogie morphologique avec les graines de *Viola* sp.

26 {
Graines grosses, presque mates, jaune cire, globuleuses . . . . *Balcanicum*
Graines médiocres, assez peu bombées, jaune-brun. Ombilic au
quart inférieur ou nettement au-dessous de la l'équateur . . . . *maritimum*

27 {
Région ombilicale au quart inférieur ou au-dessous ; graines
très globuleuses, brun-rouge clair . . . . *Alexandrinum*
Région ombilicale voisine de l'équateur ; graines brun-rosâtre,
ovoïdes allongées . . . . *Lupinaster*

28 {
Graines en mitre, jaune d'ocre ou brun-jaune 29
Graines ovoïdes, jamais en mitre 31

29 {
Graines très globuleuses, en mitre surbaissée, parfois peu nette,
mais toujours plus large que haute. . . . *Pannonicum*
Graines en mitre plus ou moins élevée. 30

30 {
Graines en mitre élevée, base presque plane ; échancrure ombilicale insensible. Couleur assez foncée, jusqu'au rouge violacé,
mais souvent jaune d'ocre moucheté de noir . *fragiferum*
Graines en mitre plus basse, à peine plus haute que large, brun-
jaune, échancrure ombilicale nette . . . . . . *album*

31 {
Graines vertes, au moins en partie. 32
Graines jamais vertes, jaunes ou brun plus ou moins foncé. 34
Graines violettes sauf à l'extrémité cotylédonaire. Saillie radicu-
laire en crochet à dentelle. Sommet radiculaire assez nette-
ment pointu . . . . *trichocephalum*

32 {
Graines moitié vertes sur la saillie radiculaire, moitié rosâtre sur
le reste de la graine. Ombilic bas 33
Graines entièrement verdâtre pâle, piqueté de blanc ; ombilic à
peu près à l'équateur . . . . *montanum*

33 {
Saillie radiculaire peu haute (profil) mais large (face). *badium*
Saillie radiculaire haute (profil) mais peu visible
(face) . . . . *spadiceum*

34 {
Graines brun-rouge très anguleuses ; saillie radiculaire très prononcée . . . . *Wormskioldii*
Graines jaune plus ou moins soutenu, non anguleuses ; saillie
radiculaire plus ou moins nette 35

35 { Graines orangé-brunâtre, très globuleuses, piquetées de blanc . . . . *striatum*
Graines non à la fois orangé-brunâtre et piquetées de blanc.   36

36 { Graines brun-jaune, ou jaune d'ocre plus ou moins soutenu ; saillie radiculaire faible, mais région ombilicale très nettement tronquée . . . . *ochroleucum*
Graines jaune cire ± foncé   37

37 { Saillie radiculaire faible   38
Saillie radiculaire nette   39

38 { Ombilic au quart inférieur ou plus bas. Graines globuleuses . . . . *hirtum*
Ombilic subéquatorial. Graines ovales allongées.   *maritimum*

39 { Proéminence radiculaire très nette, en nez à l'extrémité. Tégument jaune verdâtre moucheté de pourpre. Graine aussi large que longue . . . . *rubens*
Proéminence radiculaire moins nette. Pas de mouchetures.   40

40 { Graines ovoïdes, jaune cire pâle. Ombilic presque basilaire . . . . *Cherleri*
Graines subglobuleuses, assez grosses, jaune cire foncé. Ombilic subéquatorial. Proéminence radiculaire tronquée à son extrémité . . . . *albidum*
Saillie radiculaire nette, en casque ; proéminence assez nette . . . . *Pannonicum*

Melilotus L.

Les espèces de ce genre que j'ai pu examiner sont, par ordre alphabétique, les suivantes :

M. alba Desr.

M. gracilis DC.

M. Italica Lk.

M. macrorrhiza Pers.

> *M. Messanensis* ALL.
> *M. officinalis* LK.
> *M. parviflora* DESF.
> *M. perfrondosa* ROXB.
> *M. sulcata* DESF.

Avant d'aborder l'étude individuelle de chaque espèce, il est opportun de signaler comment M. Rouy range les espèces pour la flore de France (1). On remarquera tout d'abord que le *M. officinalis* LK. est démembré en trois tronçons qui deviennent respectivement synonymes de *M. albus* DESR., *M. altissimus* THUIL., *M. arvensis* WALLR. D'autre part, le nom du genre *Melitotus* devient masculin. Voici maintenant comment M. Rouy groupe les espèces :

> 1. — *M. Italicus* LK.
> 2. — *M. albus* DESR.
> 3. — *M. altissimus* THUIL.
>   *f*ª *M. macrorhizus* PERS. (2).
> 4. — *M. Indicus* ALL. (= *M. parviflora* DESF.)
> 5. — *M. Neapolitanus* TEN. (= *M. gracilis* DC.)
> 8. — *M. falcatus* DESF.
> 9. — *M. Messanensis* ALL.

On voit ici que l'*Index Kewensis* (II, 199) sépare les espèces *alba*, *officinalis*, et réunit les espèces *macrorrhiza* et *officinalis*; c'est à peu près le contraire qui a lieu dans la *Flore de France* de M. Rouy. Il sera désormais intéressant de voir les résultats fournis par l'étude des graines. Je donnerai donc une courte diagnose de chacune d'elles.

M. alba DESR. (fig. 269 et 270). — Graines médiocres, mesurant 1,3 à 2 millimètres de longueur moyenne, obovales, apla-

---

1. Cf. ROUY, *Flore de France*, V, 51 sq.
2. L'*Index Kewensis* écrit l'espèce de Persoon avec deux *r* (*macrorrhiza*). Mais il écrit *M. macrorhiza* BESS. (= *M. pallida* BESS.). Cette dernière espèce est une plante de Russie bien différente de celle de Persoon

ties sur les faces ventrales. Tégument lisse, mat ou douci, brun-rouge clair. Saillie radiculaire peu nette, peu distincte du reste du corps de la graine, formant un très faible surplomb au-dessus de la région ombilicale ; celle-ci faiblement échancrée en rond. La région hilo-micropylaire, vue de face, présente un hile, très petit, ponctiforme, sombre, à collerette funiculaire blanchâtre, dont les fibres recouvrent plus ou moins la surface du hile. Ce dernier est plus ou moins enfoncé dans une dépression tégumentaire. Bosse raphéale assez nette, formant un brusque changement de courbure dans le profil de la graine, et caractérisée le plus souvent par une tache fauve qui commence près de la région hilaire. On voit sur la figure 269 que la radicule ne forme pas à proprement parler de surplomb, mais aboutit à la région ombilicale, qui forme une excavation arrondie. Par la forme de sa graine, cette espèce est à rapprocher des *M. officinalis* Lₖ. et *M. macrorrhiza* Pₑₐₛ., mais elle s'en distingue par plusieurs caractères et notamment par sa taille beaucoup plus grande.

M. gracilis DC. (fig. 261 et 262). — C'est, comme on va le voir, une des espèces les plus remarquables par la nature de son tégument. Graines assez petites, mesurant environ 1,4 à 1,6 millimètre de longueur moyenne, ovoïdes ou ovales, peu aplaties. Tégument brun-noir foncé, fortement granuleux, comme sablé, mat. Saillie radiculaire faible (vue de profil) ne se détachant presque pas du reste de la graine, sur laquelle on ne distingue ni sillon ni ligne, comme on le voit si fréquemment chez les *Trifolium.* Surplomb radiculaire très faible, presque nul. Région ombilicale peu échancrée. Vue de face, la graine présente une saillie radiculaire large, trapue, aboutissant en pointe obtuse à la région hilo-micropylaire. Celle-ci est peu nette. On n'y distingue qu'un hile ponctiforme, circulaire, foncé, recouvert presque totalement d'un feutrement blanc, vestiges des tissus funiculaires. Ceux-ci proviennent de la coronule entourant la tache hilaire proprement dite, dont le plan est un peu en renfoncement par rapport au niveau du tégument. Souvent d'ailleurs le tégument prolifère un peu en bourrelet autour de la région hilo-micropylaire. Zone raphéale fréquemment indiquée par une plage sombre, presque noire, et sur le profil par une bosse en dôme arrondi assez nette. Cette espèce, par la nature de son tégument, se rapproche un peu du *M. Italica* Lк. mais elle s'en distingue aisément par un grand nombre de caractères dont l'un des principaux est la taille, comme on s'en rendra compte en comparant les figures 267 et 268 aux figures 261 et 262.

M. Italica Lк. (fig. 267 et 268). — Graines très grosses, dépassant parfois 3 millimètres de longueur moyenne, ovoïdes-comprimées, comme dit M. Rouy (*l. c.*, 52) ou plutôt très nettement ovoïdes. Il ne faut pas perdre de vue, en effet, que la déformation peut provenir, non pas d'une compression réciproque, puisque ici les graines sont isolées dans chaque gousse, mais d'un défaut de récolte, ce qui n'est que trop fréquent : on a sans doute affaire, dans ce cas, à des graines non mûres (le plus souvent) ou mal séchées. Donc on peut admettre que les graines sont à peu près ovoïdes, avec saillie radiculaire parfois plus ou moins déformée. Tégument mat, d'aspect cireux ou graisseux, couleur parchemin clair ou jaune de cire, couvert de petites granulations qui lui confèrent un aspect sablé. La graine, comme celle du *Trifolium agrarium* L. semble avoir été roulée dans du sucre (dit « sucre semoule »), car les sommets de chaque pustule sont légèrement brillants. Saillie radiculaire nette, séparée du reste de la graine par une dépression qui semble l'étrangler de chaque côté. Il est remarquable que cette dépression cesse brusquement, au lieu de s'atténuer progressivement du côté où l'axe hypocotylé s'attache aux cotylédons, c'est-à-dire du côté de l'apex de la graine. Surplomb radiculaire très prononcé, terminé par une très petite bosse qui forme comme une sorte de pointe, et qui est généralement d'un brun-roux très vif, visible à l'œil nu. Echancrure ombilicale très nette, en encoche. Vue de face, la saillie radiculaire a, en général, un aspect irrégulier, se termine au-dessus de la région hilo-micropylaire en un bec obtus, et présente cette particularité assez constante d'être souvent plus déprimée d'un côté de la graine que de l'autre. C'est donc tantôt le sillon de droite, tantôt celui de gauche, qui l'emporte en profondeur. Cela donne à la saillie radiculaire une apparence déjetée assez remarquable. La région hilo-micropylaire est située sous le surplomb radiculaire, qui vient en bec au-dessus d'elle. Le hile forme une petite tache brun-fauve recouverte partiellement des débris fibreux blanchâtres du funicule, provenant de la coronule périphérique. Le tout est enfoncé dans une fossette tégumentaire encadrée d'un rebord en bourrelet dont l'ombre donne l'apparence d'une ligne noire au fond de la dépression. Cet aspect est facile à expliquer : il provient de ce que la fossette tégumentaire où se loge le hile a la forme d'un pertuis plus large en bas qu'en haut, c'est-à-dire à peu près la forme d'une demi-ponctuation aréolée vue de face. La région raphéale est marquée d'une plage brune très nette, visible à l'œil nu, et affectant la forme d'un violon, dont la base serait tournée du côté de la région hilo-micropylaire. Cette espèce se rapproche de la précédente par la nature de son tégument, mais s'en distingue aisément par sa taille et son aspect général.

M. macrorrhiza Pers. (fig. 265 et 266). — Graines moyennes, mesurant environ 1,7 à 1,8 millimètre de longueur moyenne, ovales, subglobuleuses. Tégument très mat, d'aspect velouté, vert, au moins dans la région radiculaire, parfois plus ou moins jaunâtre dans la région d'épanouissement cotylédonaire et presque toujours moucheté de pourpre. Saillie radiculaire en général assez nette, séparée du reste de la graine par une dépression. Surplomb radiculaire presque nul, aboutissant à une région ombilicale peu excavée. Celle-ci, à l'inverse de ce qui se produit d'habitude, est le plus souvent d'une couleur plus claire que le reste du tégument, jaune crème par exemple. On y voit un hile petit, circulaire, sombre, entouré d'une coronule blanchâtre et enfoncé légèrement dans une fossette tégumentaire. Région raphéale indiquée par une légère saillie tégumentaire dont la surface est plus ou moins bosselée, de couleur fauve pâle, et d'aspect corné semi-translucide. On distingue

FIGURES 259 à 276 — MELILOTUS L.

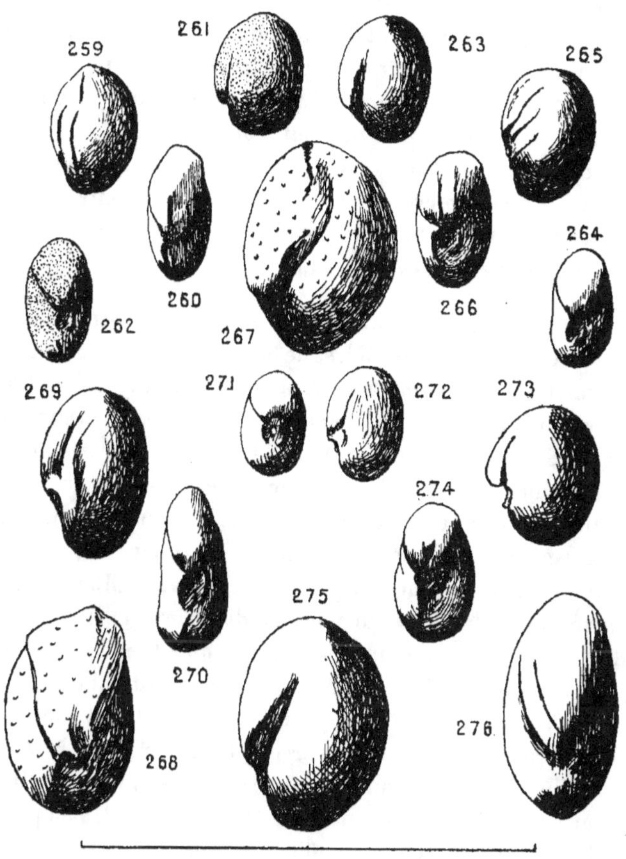

7 millimètres

Fig. 259 et 260, *M. officinalis* Lk., profil et face. — Fig. 261 et 262, *M. gracilis* DC., profil et face. — Fig. 263 et 264, *M. parviflora* Desf., profil et face — Fig. 265 et 266, *M. macrorrhiza* Pers., profil et face. — Fig. 267 et 268, *M. Italica* Lk., profil et face. — Fig 269 et 270, *M. alba* Desr., profil et face. — Fig. 271 et 272, *M. sulcata* Desf., face et profil. — Fig. 273 et 274, *M. perfrondosa* Roxb., profil et face. — Fig. 275 et 276, *M. Messanensis* All., profil et face.

parfois chez cette espèce des rides convergeant vers la région hilo-micropylaire. Je ne mentionne le fait que pour mémoire, car j'estime que ces rides doivent être attribuées à une avarie quelconque, défaut de récolte ou de séchage. C'est un cas analogue à celui que j'ai rencontré deux ou trois fois chez les *Trifolium*. A tout prendre, cette espèce ressemble fort par ses graines à celles du *M. officinalis* Lk. Mais cependant la forme de la saillie radiculaire n'est pas tout à fait la même, car chez ce dernier elle est étroite et ne porte en général que zéro ou une seule strie sur sa crête, tandis qu'ici on en rencontre presque toujours deux. On verra au surplus d'autres différences, à l'étude spéciale de *M. officinalis* Lk.

M. Messanensis All. (fig. 275 et 276). — Graines grosses, mesurant en moyenne 2,8 à 3 millimètres de longueur environ, ovoïdes, subglobuleuses. Tégument brun-rouge ou brun-jaune, lisse (ou très finement granité) (1), comme velouté, d'aspect cireux ou graisseux. Saillie radiculaire très nette, séparée du reste de la graine par une dépression large au fond de laquelle règne une ligne jaunâtre pâle ou orangée. Surplomb radiculaire souvent très net. Dans ce cas, la région ombilicale est échancrée, arrondie, mais il faut remarquer que le tégument étant saillant entre la région raphéale et le surplomb radiculaire, l'échancrure ombilicale paraît toujours moins profonde qu'elle n'est. Vue de face, la saillie radiculaire vient mourir en pointe obtuse audessus de la région hilo-micropylaire. Cette pointe est souvent d'un beau brun-rouge vif, ce qui crée une analogie avec *M. Italica* Lk. Hile circulaire sombre, traversé dans sa longueur par un sillon net, enfoncé dans une fossette tégumentaire peu profonde. Bosse raphéale nette aboutissant à un brusque changement de courbure de la graine, et marquée d'une plage fauve translucide, en forme de violon renversé, dont la base serait tournée du côté de la région hilo-micropylaire. Cette graine, par sa taille, par la bossette qui termine le surplomb radiculaire, par sa couleur (quoiqu'un peu plus soutenue) ressemble à *M. Italica* Lk., mais elle se distingue aisément de cette

____

1. On n'aperçoit bien le granité qu'en lumière frisante.

dernière par son tégument uni ou à peine chagriné et par la forme toujours très régulière et moins développée de sa saillie radiculaire.

M. officinalis Lk. (fig. 259 et 260). — Graines médiocres, mesurant en moyenne 1,8 à 2 millimètres de longueur environ, ovales, assez bombées. Tégument lisse, très mat, à apparence de parchemin, jaunâtre ou verdâtre, jamais moucheté de pourpre (ce qui le différencie du *M. macrorrhiza* Pers.). Saillie radiculaire peu nette, en général, séparée du reste de la graine par une ligne plus pâle, et plus rarement, en outre de cette ligne, par une dépression marquée. Surplomb radiculaire très faible. Encoche ombilicale assez nette en général, de couleur souvent plus pâle que le reste du tégument, possédant en son milieu une petite plate-forme arrondie et légèrement excavée, au centre de laquelle se trouve le hile. Vue de face, la saillie radiculaire est généralement marquée par une ligne longitudinale ovale, pâle, ou par une dépression légère. Son extrémité, qui surplombe légèrement la région ombilicale est terminée par une bosse rouge-brun très brillante et très nette, qui semble ne faire jamais défaut. Hile situé au centre de la petite plate-forme un peu concave, brun-verdâtre pâle, semi-translucide. Il apparaît comme une très petite tache circulaire pâle, entourée d'une coronule blanchâtre. Région raphéale marquée, le plus souvent, d'une plage brun corné d'aspect translucide, de forme variable, plus ou moins ovale. Si l'on compare cette diagnose avec celle donnée pour le *M. macrorrhiza* Pers., on trouve de nombreux points communs, et pour n'en citer qu'un : la couleur pâle de la région ombilicale. Par contre, on relève un certain nombre de différences que l'on peut résumer comme suit :

OFFICINALIS Lk.	MACRORRHIZA Pers.
Région hilo-micropylaire au centre d'une plate-forme circulaire légèrement excavée.	Région hilo-micropylaire enfoncée dans une fossette tégumentaire nette.
Tégument brun verdâtre sans mouchetures, sans aspect velouté.	Tégument vert olive moucheté de pourpre, d'aspect velouté.
Bosse radiculaire rouge-brun, brillante.	Bosse radiculaire effacée, concolore.

Ces caractères sont assez nets et nombreux pour permettre de séparer les deux lots, mais ils n'ont peut-être pas une valeur systématique bien grande. Or les avis sont partagés et certains auteurs réunissent les deux espèces en une seule, tandis que d'autres les séparent ; on trouve ici une confirmation de leurs hésitations, puisque les ressemblances sont, dans une certaine mesure, équivalentes aux différences. Cependant je crois qu'il faut les séparer, en raison des caractères assez nets qui différencient les deux lots.

M. parviflora DESF. (fig. **263** et **264**). — Graines médiocres, mesurant en moyenne **1,5** à **1,7** millimètre de longueur, ovales, globuleuses. Tégument brun-vert, parfois vert dans la région radiculaire, mat, d'aspect cireux ou graisseux. Saillie radiculaire peu importante, quoique nette. Surplomb radiculaire faible. Echancrure ombilicale nette, quoique faible. Vue de face, la graine présente sa saillie radiculaire comme légèrement pincée et marquée d'une ligne sombre, violâtre. Région ombilicale plus claire que le reste de la graine, jaune pâle. Hile circulaire petit, à coronule blanche nette ; le tout encadré d'un rebord tégumentaire élevé, de couleur foncée dans le bas, sans doute par un jeu de lumière et d'ombre. Région raphéale marquée d'une bosse fauve-olivâtre pâle, d'apparence translucide. De face, la graine se présente comme assez plate, sur les faces ventrales. Et la région ombilicale étant non pas excavée mais plutôt tronquée obliquement par un plan, il en résulte que les divers détails que l'on a signalés sur la vue de face paraissent tous au même plan, comme dans une graine en mitre.

M. perfrondosa ROXB. (fig. **273** et **274**). — Graines moyennes, mesurant environ **2,1** à **2,3** millimètres de longueur, largement ovales, suborbiculaires, à faces ventrales souvent assez bombées. Tégument mat, lisse, parfois douci, brun-rouge net, souvent très clair, tirant alors sur le jaunâtre. Saillie radiculaire extrêmement prononcée, séparée du reste de la graine par une dépression forte et s'épaississant à son extrémité, où elle devient très obtuse, ainsi que le représente la figure 273. Surplomb radiculaire, en conséquence, très proéminent, et très arrondi, vu de profil. Région ombilicale en encoche profonde. Vue de face, la graine montre l'extrémité de son surplomb radiculaire muni d'une bosse brun-rouge net, bifide et s'évasant à la base en deux bourrelets qui forment comme une petite ogive au-dessus de la région hilo-micropylaire, encadrée de deux hauts rebords tégumentaires rouges. Le hile, petit, circulaire, est surélevé, en même temps que le rebord tégumentaire et paraît à fleur de la surface de la graine. Bosse radiculaire nette, en tibia, pincée dans le milieu, dans sa longueur, ce qui lui donne une forte hauteur. La couleur est brun-fauve, verdâtre, translucide.

M. sulcata Desf. (fig. 271 et 272). — Graines petites, mesurant en moyenne 1,4 à 1,5 millimètre de longueur environ, ovoïdes, roulant facilement sur le papier. Tégument lisse, mat ou douci, rouge-brun clair. Saillie radiculaire très nette, séparée du reste de la graine par un sillon profond et large, qui souvent s'évase du côté de l'apex de la graine (région d'insertion des cotylédons sur l'axe hypocotylé, qui correspond à peu près au sommet, dans la position où la graine est représentée de profil) pour se rétrécir vers l'extrémité de la radicule. Surplomb radiculaire nul ou presque, d'où il résulte que l'extrémité radiculaire est souvent tronquée. Sur cette troncature se voit, de face, une dépression nette, circulaire, au milieu de laquelle apparaît le hile, noirâtre. Plus haut, sur la face bombée de l'extrémité radiculaire, se trouve une petite tache allongée, brun-rouge. Région raphéale marquée d'une plage ovale, bistre foncé, marquée d'une ligne médiane, concolore, un peu plus claire, n'atteignant pas son extrémité inférieure. Il en résulte que cette tache offre assez bien l'aspect d'un fer à cheval dont les branches larges auraient été appliquées l'une contre l'autre, et dont la convexité serait tournée vers la région d'épanouissement cotylédonaire.

Maintenant que j'ai donné de chaque graine une diagnose spéciale, je peux résumer ce que j'ai dit en un tableau synoptique.

TABLEAU SYNOPTIQUE

1 { Tégument chagriné ou sablé 2
    Tégument lisse (ou très finement granité, quand on le regarde
    en lumière frisante → *Messanensis*). 3

2 { Graine grosse, 3 mm. environ ; saillie radiculaire déje-
    tée . . . . *Italica*
    Graine petite, 2 mm. environ ; saillie radiculaire régu-
    lière . . . . *gracilis*

3 { Graine grosse, 3 mm. en moyenne . . . . *Messanensis*
    Graine médiocre ou petite, de 2 mm. ou moins en moyenne. 4

4 { Saillie radiculaire extrêmement bombée à l'extré-
    mité . . . . *perfrondosa*
    Saillie radiculaire faible, à surplomb faible ou nul . . . 5

5 { Tégument brun-rouge plus ou moins clair 6
    Tégument vert ou verdâtre, ou brun-vert 7

6 { Graines petites (1,4 à 1,5 mm. de long.) très globuleuses, ovoï-
    des . . . . *sulcata*
    Graines médiocres (1,8 à 2 mm. de long.) ovales allongées,
    plates . . . . *alba*

7 { Saillie radiculaire nette, séparée par un sillon du reste de la
    graine ; celle-ci largement ovale. Tégument brun-vert, d'as-
    pect cireux ou graisseux . . . . *parviflora*
    Saillie radiculaire faible et assez basse ; graine ovale, allongée.
    Tégument d'aspect velouté ou parcheminé 8

8 { Tégument parcheminé, jaunâtre ou verdâtre sans mouchetures
    pourpres. Région hilo-micropylaire sur une plate-forme légè-
    rement creuse . . . . *officinalis*
    Tégument velouté, vert olive, moucheté de pourpre. Région
    hilo-micropylaire enfoncée dans une dépression tégumen-
    taire. . . . . *macrorrhiza*

Trigonella L.

Les espèces de ce petit genre que j'ai pu étudier sont, par ordre alphabétique, les suivantes :

T. coerulea Lk.
T. corniculata L.
T. Cretica Boiss.
T. Foenum-Graecum L.
T. Monspeliaca L.
T. pinnatifida Cav.
T. polycerata L.

Toutes ces espèces sauf une, le *T. Foenum-Graecum* L., sont caractérisées par un tégument pustuleux et par une taille souvent assez petite. L'espèce précitée, au contraire, a de très grosses graines. M. Rouy, dans sa *Flore de France* (1), admet le classement suivant, pour les espèces françaises :

1. — *T. Foenum-Graecum* L.
3. — *T. polycerata* L.
4. — *T. Monspeliaca* L.
5. — *T. corniculata* L.

T. coerulea Lk. et *T. Cretica* Boiss. (= *Pocockia Cretica* Ser.) habitent l'Europe orientale et l'Orient. Quant au *T. pinnatifida* Cav., l'*Index Kewensis* en fait un synonyme de *T. polycerata* L. En fait, quand on examine attentivement les dessins que je donne, on trouve une assez grande ressemblance entre les deux, mais je ne pense pas que les deux noms désignent une seule et même espèce : M. Rouy est de cet avis, car dans la synonymie qu'il donne du *T. polycerata* L., il n'indique nullement le *T. pinnatifida* Cav. Enfin M. Rouy donne, à la diagnose de cette espèce, une description qui semble montrer

1. Rouy, *Fl. Fr* , V, 44 sq.

qu'il trouve un certain polymorphisme à la graine ; il dit en
effet (1) : « Graines obtuses ou tronquées, échancrées à l'ombilic, *légèrement tuberculeuses* ». Si l'on se reporte à mes
figures (fig. 287, 288, 289 et 290), on remarque que le mot
« tronquées » désigne plus spécialement le *T. polycerata* L.
(fig. 289 et 290) tandis que le mot « obtuses » s'applique plus
spécialement aux figures 287 et 288, c'est-à-dire au *T. pinnatifida* Cav. Enfin l'expression « échancrées à l'ombilic » s'adapte
mieux au *T. polycerata* L. bien que l'échancrure soit, dans tous
les cas très faible. Elles sont toutes deux nettement verru-
queuses et non pas seulement légèrement tuberculeuses. Je les
étudierai donc comme deux espèces séparées, en faisant ressortir leurs nombreux caractères communs.

T. coerulea Lk. (fig. 277 et 278). — Graines médiocres,
mesurant en moyenne 2 millimètres de longueur environ,
ovales, aplaties ou un peu bombées sur les faces ventrales.
Tégument mat brun-roux plus ou moins foncé, grenu, parfois
très finement chagriné-pulvérulent, parfois au contraire presque
verruqueux. Il semble que ce dernier cas soit l'apanage de
graines avariées et que ce que l'on prend pour un tégument
verruqueux ne soit en réalité qu'une enveloppe ridée par
retrait du contenu. Saillie radiculaire très nette, profondément
séparée du corps de la graine par un large sillon marqué d'une
ligne orangée, et de forme allongée, aboutissant à un surplomb net, largement obtus. Echancrure ombilicale nette,
profonde, à angle droit, semblant faite au canif. Vue de face, la
région radiculaire montre une saillie obtuse, ovale, arrondie,
aboutissant, à son extrémité, à une bosse très brillante, rouge-
brun. Région ombilicale concolore avec le tégument, mais
souvent plus claire, montrant un hile petit, de contour un peu
irrégulier, situé tout au fond de l'encoche ombilicale, et le
plus souvent recouvert de fibres blanchâtres, vestiges du tissu
funiculaire ; ce hile est un peu enfoui dans une fossette tégumentaire qui l'encadre de toutes parts comme un rebord régulier. Bosse raphéale très nette, faisant le pendant à la bosse de

1. *l. c.*, p. 47.

l'extrémité radiculaire, très brillante, rouge-brun vif, souvent sillonnée en son milieu et paraissant double. A cette bosse, comme l'indique la figure 277, correspond un brusque changement de courbure dans le profil. Cette espèce me paraît difficile à confondre avec aucune autre pour plusieurs raisons : sa taille, sa forme aident à la reconnaître, mais c'est surtout son tégument qui est caractéristique : tandis que toutes les autres espèces ont un tégument grenu, couvert de boutons arrondis plus ou moins gros, plus ou moins saillants, ici, les ornements affectent la forme de pinçons, tous orientés dans le sens transversal, comme si on les avait pratiqués en serrant fortement le tégument avec une pince de chirurgie. L'aspect que présente alors celui-ci est, toutes proportions gardées, celui d'un mur dont le faîte serait garni de tessons de bouteilles, tous de forme arrondie ou ovale.

T. corniculata L. (fig. **281** et **282**). — Graines médiocres, plutôt petites, mesurant de **1,9** à **2,2** millimètres de longueur moyenne environ, ovales très allongées, plates, d'un profil très remarquable comme on le verra plus loin. Tégument fauve roussâtre, hérissé de pointes dures, qui lui donnent une certaine ressemblance avec du papier de verre. Saillie radiculaire de forme très remarquable, se distinguant nettement du reste de la graine, dont elle est séparée par un sillon net; le fond de ce sillon n'est pas, en général, marqué d'une ligne colorée. A l'inverse de ce qui se passe chez l'espèce précédente, l'épaisseur de la saillie radiculaire décroît ici régulièrement, au lieu de croître, depuis la région d'insertion cotylédonaire, jusqu'à la pointe. Celle-ci forme une saillie très nette, un petit surplomb en nez ou en bec de canard, de couleur plus claire que le reste du tégument, ainsi que la région ombilicale, et dans la gamme des jaunes de chrome. Echancrure ombilicale extrêmement nette, limitée en haut par le surplomb radiculaire, en bas par la bosse raphéale, qui est ici très saillante. L'ombilic porte, en outre, au milieu (1), un petit relief, près de la base de la région hilaire. Cette disposition présente quelque analogie avec

1. Ou plus haut. comme dans le cas de la figure **281**.

celle d'un profil humain un peu camus, où le nez serait très
aplati, le menton en galoche et la bouche très rentrée. Cela est
plus sensible sur la graine elle-même que sur le dessin. Vue de
face, la graine assez plate a un contour grossièrement en poire,
la région ventrale se bombant au niveau de l'épanouissement
des cotylédons. La saillie radiculaire souvent plus étroite que
ne le représente la figure 282, donne, en plus trapu, l'impression d'une trompe d'éléphant ; l'analogie est d'autant plus
grande que l'extrémité radiculaire se termine souvent par une
petite bosse claire, jaunâtre ou verdâtre, pincée comme la
pointe du nez, derrière laquelle elle s'évase pour simuler les
ailes. Hile très petit, fauve clair, peu visible, caché en grande
partie par le surplomb radiculaire et encadré par un rebord
tégumentaire roux ou brun, en bourrelet. A la base du hile, on
voit comme une petite languette qui pend vers le bombement
raphéal : c'est un vestige du funicule, équivalant à la coronule
qu'on a rencontrée chez les *Trifolium*. Toutefois, il est bon de
signaler que cette languette, probablement très fragile, est
souvent plus ou moins mutilée ou absente ; parfois, le hile est
complètement entouré d'une collerette blanche, mais, même
dans ce cas, on peut toujours distinguer un renforcement du
tissu fibreux à la base du hile, où il forme au moins un petit
bouton arrondi, quand il n'affecte pas la forme en languette
dont je viens de parler. La région raphéale est marquée par
une plage fauve ou brun-jaunâtre pâle, d'aspect huileux,
translucide, ovale-allongée, parfois en forme de violon, aboutissant à la bosse raphéale, très nette, où se produit un brusque
changement de courbure dans le contour de la graine. Souvent
cette plage raphéale est marquée d'un petit sillon dans sa longueur : ce n'est pas constant et c'est peu net. Par la forme
étrange de son profil et l'échancrure profonde de sa région
ombilicale, cette espèce ne me paraît pas pouvoir être confondue
avec aucune autre.

T. Cretica Boiss. (fig. 279 et 280). — Cette espèce est plus
connue sous le nom de *Pocockia Cretica* Ser. Elle habite l'Asie
Mineure et une grande partie de l'Orient. Sa taille et sa forme

très plate militent en faveur de l'autonomie du genre *Pocockia* Ser., mais les caractères de son tégument et l'aspect général de toute la graine la réunissent au genre *Trigonella* L. Cette réu-

FIGURES 277 à 284. — TRIGONELLA L.

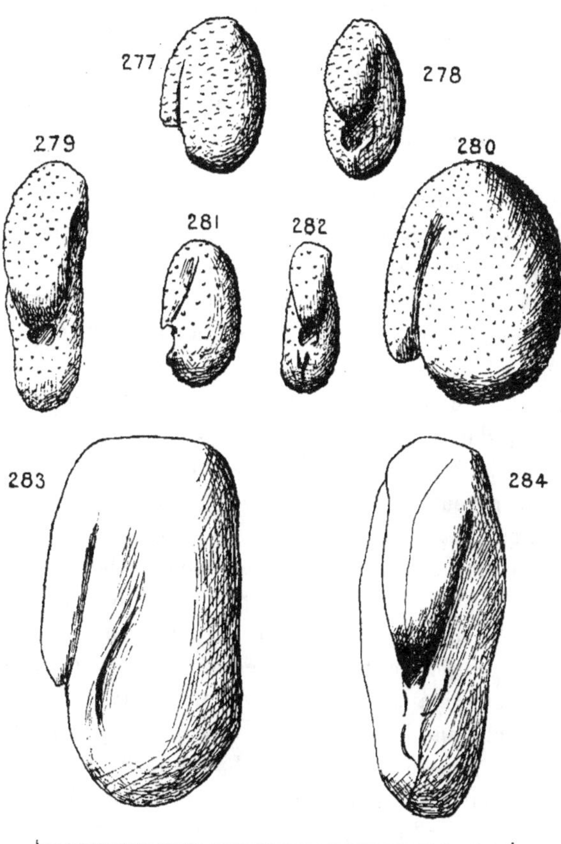

Fig. 277 et 278, *T. coerulea* Lk., profil et face. - Fig. 279 et 280, *T. Cretica* Boiss. (= *Pocockia Cretica* Ser.), face et profil. — Fig. 281 et 282, *T. corniculata* L., profil et face.—Fig. 283 et 284, *T. Foenum-Graecum* L., profil et face.

nion a été faite depuis longtemps, et l'on considère maintenant l'espèce en question, et plusieurs autres voisines, comme formant dans le genre *Trigonella* L. un groupe, auquel on a donné tantôt le rang de sous-genre, tantôt celui de section. Graines grosses, ovales, suborbiculaires, très plates, atteignant 4 millimètres de longueur sur le grand axe, et mesurant en moyenne 3,5 millimètres de largeur, quand elles sont bien développées. Tégument rouge-brun assez soutenu, mat, couvert de fins tubercules hémisphériques, parsemés irrégulièrement à sa surface, et nettement séparés les uns des autres ; leur sommet est douci ou brillant. Cela tient, très vraisemblablement aux frottements qu'ont subis les différents individus, au cours des manipulations dont ils ont été l'objet. Saillie radiculaire très nette, subcylindrique, formant comme un bourrelet rabattu sur le bord de la graine dont elle est séparée par un sillon profond. Surplomb radiculaire très sensible, obtus à son extrémité, qui est brun-noir. Région ombilicale fortement excavée, en encoche, paraissant taillée au canif. Bosse raphéale peu nette de profil (car on la voit mal) ne modifiant pas sensiblement la régularité de courbure de la graine. Vue de face, la saillie radiculaire paraît plus ou moins déjetée d'un côté ou de l'autre. Sa largeur est sensiblement la même que celle de la graine, et même par un simple effet de perspective, elle paraît souvent plus large. Elle se termine en pointe obtuse, plus ou moins nettement pincée à son extrémité. Le hile est en partie caché sous le surplomb radiculaire. Il forme une petite tache circulaire à collerette blanche, renforcée à sa base par une sorte de bouton blanchâtre. Ce détail paraît général chez les *Trigonella* et semble avoir une valeur générique. La région raphéale est fort peu nette. On voit bien une légère bosse d'aspect translucide, mais si vague qu'on n'en saurait trop apprécier la couleur. Elle paraît être dans la gamme des brun-verts pâles. Espèce impossible à confondre avec aucune autre par sa forme, sa taille, sa couleur et la nature de son tégument.

T. Foenum-Graecum L. (fig. **283** et **284**). — C'est l'espèce la plus remarquable tant par la taille de ses graines que par la

forme géométrique de leur contour. La taille surtout est très
remarquable, puisque les individus moyens atteignent et dépassent 5 millimètres de longueur. Tégument fauve clair, très
mat, comme dépoli, offrant un aspect presque chagriné, mais
même au binoculaire, quoiqu'on ait l'impression d'une surface
rugueuse, on ne trouve aucun grain figuré. La taille de ces
granulations est évidemment du domaine du microscope. Le
contour de la graine est assez géométrique : très plate, parfois
bombée sur les faces ventrales, soit au-dessus de l'équateur, soit
au-dessous, elle possède un profil à peu près rectangulaire,
car très souvent l'extrémité inférieure, au lieu d'être arrondie
comme je l'ai représentée sur la figure 283, est nettement tronquée, coupée en carré, ou obliquement. Saillie radiculaire
extrêmement nette, séparée du reste de la graine par un sillon
très profond, concolore. Ce sillon, à peu près rectiligne, tantôt
règne parallèlement au contour extérieur de la saillie, comme
sur la figure 283, tantôt se dirige vers le milieu de la base
supérieure, tantôt enfin se dirige vers l'angle supérieur droit.
Dans la majorité des cas c'est vers le milieu de la base supérieure que tend ce sillon. Alors, la saillie radiculaire présente
une forme très nette en triangle, au lieu d'une forme en bourrelet, comme sur la figure 283. La pointe libre de ce triangle
constitue le surplomb radiculaire, très prononcé. Mais l'échancrure ombilicale, quoique nette, n'est pas très forte. Elle forme
une petite encoche en coup de canif, mais brusquement le contour général de la graine reprend son allure normale : c'est
qu'en effet la bosse raphéale est située ici tout contre la région
hilo-micropylaire, ce qui limite à une bien faible portion l'étendue de la région ombilicale. De face, la saillie radiculaire a un
contour peu régulier, souvent plus ou moins déjeté d'un côté
ou de l'autre. Elle s'atténue progressivement en une pointe assez
fine qui surplombe et cache le hile. Pour apercevoir celui-ci, il
faut prendre la graine à l'envers, la pencher en arrière, comme
on ferait pour regarder à quelqu'un l'intérieur du nez ; on aperçoit alors une petite tache hilaire, circulaire, rousse, entourée
d'une collerette blanche, régulière, chose rare chez les *Trigonella*. Tout contre le hile, un relief en dos d'âne, de couleur

brune, d'aspect corné, translucide, constitue la bosse raphéale, et cette plage colorée, très courte, cesse brusquement là où le contour général de la graine reprend son allure normale. La confusion de cette espèce avec aucune autre me paraît impossible.

T. Monspeliaca L. (fig. 285 et 286). — M. Rouy (1) dit de cette espèce : « Graines fortement tuberculeuses, obtuses ou

FIGURES 285 à 290. — TRIGONELLA L. (suite)

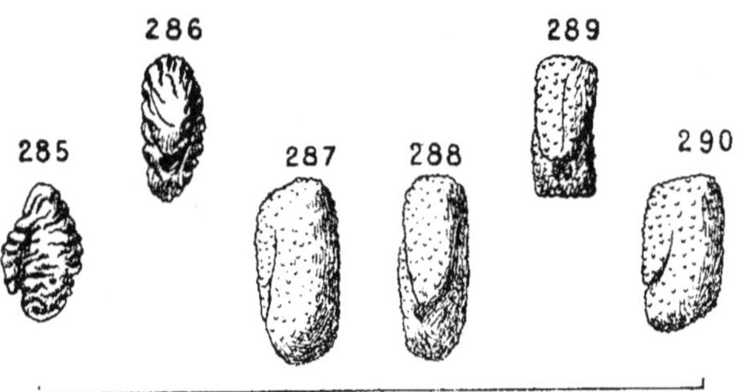

Fig. 285 et 286, *T. Monspeliaca* L., profil et face. — Fig. 287 et 288, *T. pinnatifida* Cav., profil et face. — Fig. 289 et 290, *T. polycerata* L., face et profil.

tronquées, échancrées à l'ombilic ». C'est vague : 1° l'auteur ne dit rien de la taille, qui cependant n'est pas à négliger ; 2° il dit « fortement tuberculeuses », or on ne peut guère qualifier de tubercules des rides en bourrelets, parallèles entre elles, et sensiblement perpendiculaires à l'allongement de la graine ; néanmoins, malgré ces légères critiques, il faut savoir gré à ce savant botaniste d'avoir dit un mot des graines, pour la plupart des espèces décrites, car presque tous les descripteurs sont muets sur ce sujet. Je compléterai donc ces indica-

1. Rouy, *Fl. Fr.*, V. 47.

tions de la façon suivante : graine extrêmement petite, ne dépassant pas 1 millimètre de longueur, en forme de losange ou de parallélogramme allongé, à base inférieure tronquée, très pointue à la région apicale. Tégument noir, couvert de gros bourrelets enchevêtrés, dont la direction générale est grossièrement perpendiculaire à l'allongement de la graine ; ces bourrelets arrondis passent directement sur la saillie radiculaire, ce qui a pour résultat de rendre très peu net le sillon qui la délimite. Cette saillie forme un gros bourrelet, souvent busqué avant l'extrémité, et descend au-dessus de la région ombilicale en un surplomb net qui forme comme un petit bec, ainsi que le montre la figure 285. La région ombilicale se trouve, de ce fait, avoir une échancrure très nette, en encoche. Région raphéale légèrement bombée. Vue de face, la saillie radiculaire ne présente aucune particularité. Sa pointe, qui surplombe la région hilo-micropylaire, est souvent d'un beau noir brillant. Au-dessous, le hile se détache comme un minuscule point blanc, où l'on ne distingue rien qui soit net et bien remarquable. La couleur de fond du tégument est jaune d'ocre assez vif ; mais il est rare qu'on puisse la distinguer. Cela ne se produit que quand les bourrelets noirs qui recouvrent le tégument sont un peu espacés et tendent vers une forme plus ou moins nettement en tubercules allongés. Dans ce cas la graine prend un aspect particulier. Enfin, sa forme, sa couleur, son extrême petitesse font qu'elle est impossible à confondre avec aucune autre.

T. pinnatifida Cav. (fig. 287 et 288). — Graines médiocres, mesurant 1,4 à 1,6 millimètre de longueur moyenne environ, en rectangle très allongé arrondi aux angles, aplaties, ce qui leur donne grossièrement une forme prismatique. Tégument verdâtre-jaunâtre, d'une couleur à classer nettement à l'œil nu dans la gamme des verts, mais qui, vu à la loupe, présente cette remarquable particularité d'avoir un fond jaune cire uni, mat, sur lequel paraissent posés un grand nombre de tubercules vert foncé, espacés les uns des autres, arrondis, surbaissés. Dans les individus qui paraissent jaunes à l'œil nu, ces tubercules verts n'existent pas, mais toute la surface du tégument, unicolore, est alors ridée, et ces rides se touchent, rappelant un peu par leur disposition les bourrelets remarqués sur l'espèce précédente. Je crois, d'après leur aspect, que ces graines unicolores, à tégument ridé, sont des individus plus ou moins avariés ; je ne m'occuperai que de celles qui ont des tubercules verts. Saillie radiculaire assez peu nette, s'élargissant vers sa racine, séparée du reste de la graine par un sillon peu marqué se dirigeant en général, à peu près vers le milieu de la base supérieure, plus rarement vers l'angle droit supérieur. Extrémité radiculaire en surplomb peu net, d'où échancrure ombilicale toujours faible. Vue de face la graine a une dépression légère mais sensible dans la partie supérieure de ses faces ventrales, qui se renflent au contraire un peu dans le bas. En raison de la translucidité de cette petite espèce, la graine vue de face ne présente aucun caractère facilement visible. La région ombilicale est très mal définie ; le hile, très difficile à distinguer, offre l'aspect d'un petit point blanc imperceptible. Enfin la région raphéale ne présente aucun caractère précis. Cette espèce présente beaucoup d'analogies avec la suivante, qu'on considère souvent comme identique à elle, mais il me semble que les différences qu'on va relever sont suffisantes pour motiver le maintien des deux noms, désignant deux espèces distinctes.

T. polycerata L. (fig. **289** et **290**). — Graines plus petites que celles de l'espèce précédente, ne dépassant pas 1,2 à 1,4 millimètre de longueur moyenne environ, assez nettement rectangulaires, à contour beaucoup plus anguleux que le *T. pinnatifida* Cav. Tégument de même nature, jaune verdâtre, uni, pâle, pour ce qui est du fond, couvert de verrues vert foncé, espacées. Saillie radiculaire un peu plus large et moins longue que dans l'espèce précédente, séparée nettement du reste de la graine par un sillon se dirigeant soit vers le milieu de la base supérieure, soit le plus souvent vers l'angle droit supérieur. Région ombilicale plus nettement indiquée que chez le *T. pinnatifida* Cav., mais toujours très petite. Bosse raphéale petite mais nette. Vue de face la graine paraît nettement rectangulaire, et non plus obovale comme celles de *T. pinnatifida* (comparez les figures 288 et 289). Saillie radiculaire plus obtuse à la pointe. Hile à peine visible, comme un microscopique point blanc. Bosse raphéale formant une petite tache brune en virgule. La difficulté que l'on éprouve à étudier cette graine de face tient, comme pour la précédente, à sa grande translucidité.

Je donnerai ci-après un tableau synoptique résumant les caractères que je viens de mettre en évidence pour chaque espèce et permettant de les distinguer les unes des autres :

TABLEAU SYNOPTIQUE

1 { Tégument lisse ; graines très grosses. . *Foenum-Graecum*
{ Tégument tuberculeux, verruqueux ou à bourrelets . . 2

2 { Graines extrêmement petites, noires, à bourrelets transver-
{   saux. . . . . *Monspeliaca*
{ Graines non noires, sans bourrelets. 3

3 { Graine grosse (plus de 3 mm.), suborbiculaire, plate, finement
{   verruqueuse . . . . *Cretica*
{ Graine petite ou moyenne (2 mm. ou moins) 4

4 { Tégument jaunâtre à verrues vertes. Graines très petites
{   (1,5 mm.). 5
{ Verrues non vertes, graines plus grosses (2 mm.). . . . 6

5 { Echancrure ombilicale presque nulle ; contour apparent de face
{   en rectangle *très arrondi* aux angles . . . . *pinnatifida*
{ Echancrure ombilicale nette, quoique petite ; contour apparent
{   de face en rectangle net, non ou très peu arrondi aux angles ;
{   graine plus courte (v. fig. 289). . . . . . *polycerata*

6 { Graines épaisses ventrues (de face). Ornements du tégument pin-
{   cés, tous orientés transversalement . . . . . *coerulea*
{ Graines plates, plus ou moins en poire (de face). Verrues arron-
{   dies . . . . *corniculata*

Remarques sur la tribu des Trifoliées

Je me suis longuement étendu sur l'étude de la tribu des Trifoliées, parce que je possédais beaucoup d'espèces bien dénommées, et parce que ces espèces sont pour la plupart représentées en France, ce qui ajoute un intérêt particulier à leur étude.

J'ai donné, pour chaque espèce étudiée une diagnose souvent beaucoup plus longue que je ne me l'étais proposé, parce que c'est par les plus petits détails que les espèces diffèrent souvent le plus de l'une à l'autre. En conséquence, il fallait insister sur ces détails et donner pour chaque espèce, non seulement une description aussi exacte que possible, mais un résumé des caractères différentiels permettant de distinguer sûrement les espèces les plus analogues.

De tous ceux que j'ai étudiés, le genre *Trifolium* est celui où j'ai vu le plus clairement les résultats précieux qu'on est en droit d'attendre des études séminologiques menées avec soin et méthode. Il ressort en effet nettement de toute cette étude que dès que l'on sera en possession d'une série d'espèces authentiques d'une région déterminée, les *Trifolium* des environs de Paris, par exemple, on pourra envisager comme utile et fructueuse l'étude morphologique des espèces considérées, examinées au point de vue de leurs graines ou semences. Il ne me paraît pas douteux que les graines, quoiqu'il n'existe à peu près aucun ouvrage spécial sur ce sujet, possèdent une valeur systématique considérable : une fois établis de bons repères, c'est-à-dire une fois décrite et figurée chaque espèce d'un groupe déterminé, on peut par le seul examen des graines, savoir si un échantillon nouveau appartient ou non à cette espèce. L'étude des Trifoliées m'a fait voir que c'est dans les plus petits détails qu'on peut et doit chercher les caractères distinctifs les plus sûrs.

En outre, il faut examiner, décrire et figurer chaque espèce de profil et de face, et le meilleur moyen d'observer les graines qu'on aura à comparer et à rapporter aux travaux déjà existants sera, je crois, de les dessiner à la chambre claire, par le même procédé qui aura servi à l'établissement du travail primitif ; et si celui-ci comporte des photographies, ce qui n'en vaudrait que mieux, la comparaison des dessins obtenus avec ces photographies rendra de grands services et permettra d'apprécier aisément si l'on se trouve ou non en présence de la véritable espèce en question.

TRIBU IV. — Lotées.

Cette petite tribu ne comprend que huit genres et environ
140 espèces. Elle n'offre qu'un assez médiocre intérêt mais j'ai
pu cependant, comme on le verra plus loin, étudier quelques
espèces des genres européens, au nombre de quatre : deux de
ces genres, *Lotus* L. et *Dorycnium* Vill., sont fréquemment
démembrés, dans les flores locales, et l'on pourra se reporter
à ce que j'ai dit ailleurs (1) à leur sujet.

C'est la région méditerranéenne qui semble le berceau des
Lotées, et on trouvera dans le tableau statistique ci-après, les
renseignements sur l'allure de la répartition géographique de
la tribu.

L'examen de ce tableau montre que la petite tribu des
Lotées a son pôle dans la région méditerranéenne. De là, une
branche s'étend sur toute la partie Nord-Ouest de l'Afrique. où
les îles Canaries en possèdent de nombreux représentants, tandis qu'une autre branche remonte dans les montagnes de l'Europe centrale. L'Asie Mineure en est assez dépourvue ; cela
peut surprendre, puisqu'après en avoir rencontré en Syrie, en
Cilicie, etc., on en retrouve d'autres représentants, en Perse et
en Béloutchistan. Mais il n'y a peut-être, comme cause à cette
apparente anomalie, que le simple manque de documents.

La partie occidentale de l'Amérique du Nord possède à elle

1. Cf. Louis Capitaine, *l. c.*, page 453, la deuxième « Note complémentaire »,
relative aux sections ou subdivisions de genres, non admises au rang de
genre dans les ouvrages généraux, mais élevées à cet ordre dans les flores
spéciales. Il est à remarquer que l'Index de Kew subordonne le groupe
Tetragonolobus Scop. au genre *Lotus* L., et le groupe *Bonjeania* Rchb.
(qu'il orthographie *Bonjeanea*) au genre *Dorycnium* Vill.

Distribution géographique des LOTÉES

	Europe	Asie	Afrique	Amérique			Océanie
				Nord	Centre	Sud	
Totalité du Continent	3	2					
Nord			2				
Est			1	1			
Sud	2						
Ouest				7			
Nord-Est			3				
Sud-Est	1						2
Sud-Ouest	5	6					
Nord-Ouest			13				
Centre	1			1			
Centre-Nord			1				
Centre-Est							
Centre-Sud							
Centre-Ouest							
Région méditerr. totale	21	21	21				
Région méditerr. orientale	1	1	1				
Région méditerr. occidentale	2		2				
Montagnes Nord							
Montagnes Est							
Montagnes Sud							
Montagnes Ouest							
Montagnes Centre	11						
Montagnes Nord-Est							
Montagnes Sud-Est							
Montagnes Sud-Ouest							
Montagnes Nord-Ouest							
Déserts							
Asie Mineure		1					

seule le genre *Hosackia* Dougl., que l'on trouve en Californie et en Colombie britannique : ce fait particulier était intéressant à citer.

Les seuls genres qui retiendront ici l'attention sont les suivants :

Anthyllis L.
Securigera DC.
Lotus L. (sous-genre *Tetragonolobus* Scop.)
Dorycnium Vill. (et le sous-genre *Bonjeania* Rchb.)

Ils sont tous représentés en France et à ce titre méritent davantage de retenir l'attention. La planche IV résume la dispersion des Lotées, et permet d'apprécier facilement la distribution géographique de cette petite tribu.

Anthyllis L.

J'avais peu d'espèces, mais la plupart bien dénommées, comme j'ai pu le constater par la concordance d'aspect des graines de mêmes noms et de provenances diverses.

Les espèces étudiées sont :

A. Barba-Jovis L.
A. Hermanniae L.
A. montana L.
A. tetraphylla L.
A. Vulneraria L.
A. rubra Gouan

Elles sont très aisées à distinguer les unes des autres. Deux caractères principaux facilitent cette distinction, la morphologie de la graine, d'une part, et d'autre part l'aspect et la consistance du fruit. Ce dernier, qui est généralement indéhiscent, peut intervenir dans l'étude de la graine, comme adjuvant, d'abord parce qu'il est indéhiscent, et qu'ensuite, en aucun cas, je ne me suis imposé l'obligation de ne pas tenir compte du fruit.

On fera donc trois groupes, d'après ce caractère :

1 { Fruit glabre, sec, petit, ayant environ 5 mm. et contenant une seule graine 2
Fruit très soyeux, gris souris, ayant 1 cm. au moins de longueur, contenant deux graines grosses . . . . . *tetraphylla*

2 { Fruit papyracé, très facile à déchirer à la pince, couleur parchemin très clair ou bistre noir ; coupe transversale en forme de fuseau . . . . | *Vulneraria rubra*

Fruit dur, coriace, s'écrasant difficilement sous la pince et se déchirant mal, brun, parfois pâle, coupe transversale à peu près circulaire, avec côtes longitudinales assez saillantes . . . . | *Barba-Jovis Hermanniae montana*

A *tetraphylla* L. (fig. 294). — C'est de beaucoup l'espèce la plus caractéristique, par ses graines grosses, ovales, atteignant 3,75 millimètres, de couleur olive-brunâtre, et dont la surface est recouverte de petits tubercules très serrés, donnant l'aspect d'une graine à la surface de laquelle seraient fixés d'innombrables et minuscules petites billes de cristal. Celle-ci paraissent lisses au binoculaire, mais l'examen en lumière réfléchie, au microscope, montre qu'elles sont pourvues de petites facettes, comme des gemmes taillées.

A. *Vulneraria* L. (fig. 295) ; **A. *rubra*** Gouan (fig. 296). — La plupart des auteurs estiment qu'il faut considérer le second comme une variété du premier. Je ne citerai, pour la synonymie, que quelques exemples. Grenier et Godron (*Fl. Fr.*, I, **381**) indiquent : « *A. Vulneraria* L., var. γ *rubriflora* DC. », et on verra plus loin que cette dénomination est synonyme de *A. rubra* Gouan. Nyman (*Conspectus*, I, **164**) subordonne le

LÉGUMINEUSES

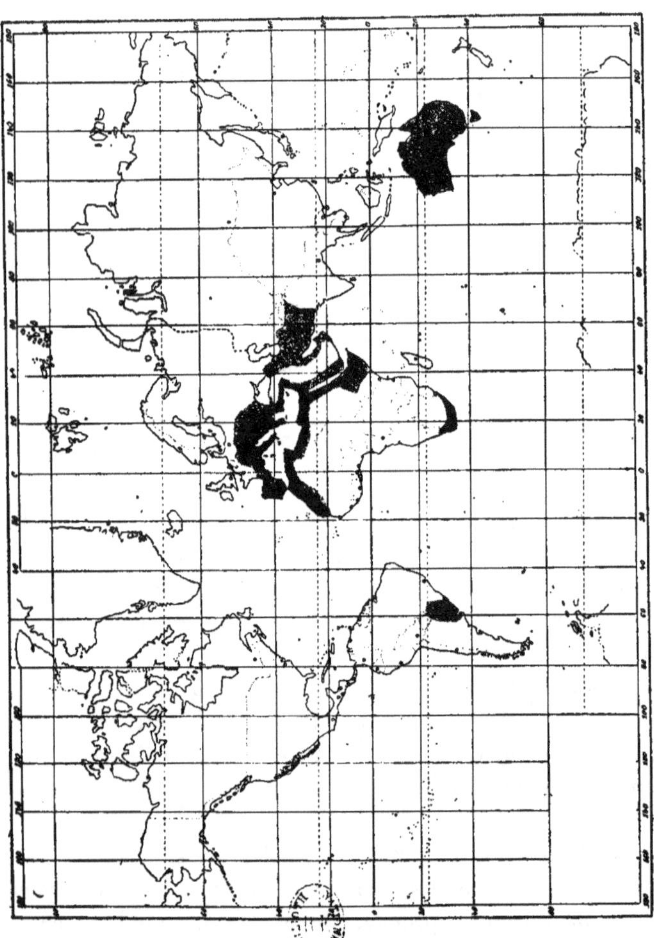

Répartition des Lotées

second au premier sous le même numéro ; mais il ne semble
pas que pour lui ce soient deux synonymes. Il fait *A. rubra*
Gouan synonyme de *A. Dillenii* Schult. Philipph (*Fl. Pyrén.*, I,
208) subordonne également le second au premier, mais ici on

FIGURES 291 à 296. — ANTHYLLIS L.

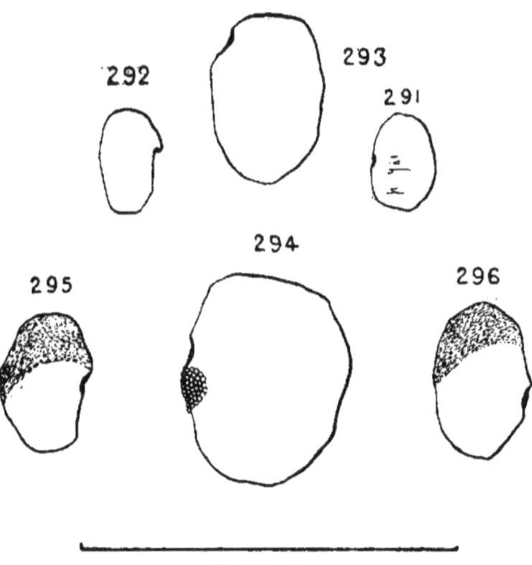

Fig. 291, *A Barba-Jovis* L. — Fig. 292, *A. Hermanniae* L. — Fig. 293,
A. montana L. — Fig. 294, *A. tetraphylla* L. — Fig. 295, *A. Vulnera-*
ria L. — Fig. 296, *A. rubra* Gouan.

[Toutes ces figures représentent les graines vues de profil Sur les figures
295 et 296, on a représenté par des hachures les parties de la graine qui se
trouvent colorées en vert. On a représenté, sur une partie de la figure 294,
les petits granules perlés qui recouvrent la surface du tégument].

trouve, sous le nom de *A. Vulneraria* L. et après l'étude du
type, l'indication de trois noms, sans que l'auteur dise les
rapports qu'il voit entre eux et le type. Le dernier seul est intéressant ici, et on lit : «... *A. rubriflora* DC. ; GG. ; *A. Dillenii*
Schult. » Loret et Barrandon (*Fl. Montpel.*, I, 156) indiquent
nettement *A. rubra* Gouan comme variété de *A. Vulneraria* L.,

on trouve en effet : « *A. Vulneraria* L., β *rubriflora* DC. = *A. rubra* GOUAN ». Enfin, M. ROUY, dont on consultera utilement la *Flore de France* à ce sujet (IV, 284), donne un excellent tableau des formes de *A. Vulneraria* L. (cf. également la note 1, *l. c.*, p. 284) ; on trouve alors que *A. rubra* GOUAN est synonyme de *A. Vulneraria* L., fᵃ *communis* ROUY, ι *Dillenii* ROUY. Il résulte de tout ce qui précède que *A. rubra* GOUAN doit être considéré comme une variété de *A. Vulneraria* L., celui-ci étant un stirpe très vaste et très polymorphe.

Les graines de ces deux sujets sont bicolores, à la manière de celles d'*A. precatorius* L. Une partie, environ les deux tiers de la surface, est de couleur parchemin clair, l'autre partie d'un vert cendré bien franc. Or, cet aspect est le même chez les deux individus. Peut-être pourrait-on dire que chez *A. Vulneraria* L. la partie jaunâtre est plus foncée et parfois d'un brun pâle, et la partie verte moins tranchée ; mais cette seule différence de nuance n'est pas de nature à justifier la distinction de deux espèces autonomes. Donc, en plus des raisons habituelles qui doivent faire ranger *A. rubra* GOUAN sous *A. Vulneraria* L., comme simple variété de celui-ci, l'étude morphologique de la graine vient donner de cette manière de voir une bonne confirmation. En outre, comme on pourra en juger par les dessins, les graines sont très sensiblement de même taille, et rien, dans leur aspect extérieur, dans la netteté de leur surface, qui est lisse et doucie, ne permet de les distinguer.

Enfin, il est bon de remarquer que les conditions biologiques ne semblent pas avoir une influence sensible sur l'aspect des graines. Je possède, en effet, dans ma collection, des *A. rubra* GOUAN authentiques, récoltés au jardin botanique du Lautaret, à 1.950 mètres d'altitude environ, en pleines Alpes, et d'autres du centre de l'Espagne. Les graines de ces deux lots sont absolument identiques, comme leurs fruits, avec leurs deux zones jaunâtres et verdâtres. L'examen attentif de ces deux lots me porte à penser que peut-être on pourrait distinguer l'*A. rubra* GOUAN du type, par une coloration plus vive, plus tranchée, mais les matériaux dont je dispose actuellement ne me permettent pas de pouvoir rien affirmer à ce sujet.

En résumé, il faudra laisser *A. rubra* Gouan comme variété de
A. Vulneria L.

Les trois espèces qui restent à étudier sont aisées à distinguer par le seul examen de la graine. Toutes trois ont les
graines ovales, allongées, lisses, brun plus ou moins pâle.
Mais, comme le montre le dessin, **A. montana** L. (fig. 293)
possède des graines atteignant 3 millimètres, tandis que les deux
autres ont des graines de 1,5 à 1,75 millimètres en moyenne.
Ces deux dernières sont faciles à distinguer l'une de l'autre
parce que **A. Barba-Jovis** L. (fig. 291) a des graines globuleuses, sans encoche hilaire, tandis que **A. Hermanniae** L.
(fig. 292) possède une petite encoche très nette, dans la région
du hile. En outre, l'excentricité — pour emprunter le langage
des mathématiques — est très nettement supérieure dans le cas
de l'*Hermanniae*. On a :

$$E_{\mathrm{H}} > E_{\mathrm{BJ}}$$

On pourra résumer ce qui précède dans le petit tableau ci-
dessous :

1. { Graines ovales atteignant 3 mm. . . . . *montana*
     { Graines ovales allongées, ne dépassant pas 1 mm. 75 . . 2

2. { Graine de contour régulier, ovales-globuleuses . *Barba-Jovis*
     { Graines ovales allongées, à encoche hilaire très nette. *Hermanniae*

Securigera DC.

La seule espèce de ce genre que j'ai pu étudier est

S. Coronilla DC.

que M. Rouy place dans les Hédysarées, sous le nom de *Bona-
veria Securidaca* Scop. C'est une espèce du midi de la France,
et plus généralement du midi de l'Europe, et dont l'aire géogra-

phique est nettement circumméditerranéenne, s'étendant de
l'Espagne et du Maroc jusqu'à la Turquie, l'Asie Mineure, la
Syrie et la Perse. Graines plates (fig. 297 et 298), nettement
rectangulaires d'un beau rouge lie de vin, mesurant environ
3 à 4 millimètres de longueur sur 2,25 à 2,75 mm. de largeur en
moyenne. Tégument mat, doux et onctueux au toucher, parfois
mais rarement rouge-brun, chagriné. Pas de saillie radiculaire.
La région ombilicale brun-rouge presque noire est en encoche

FIGURES 297 et 298. — SECURIGERA DC.

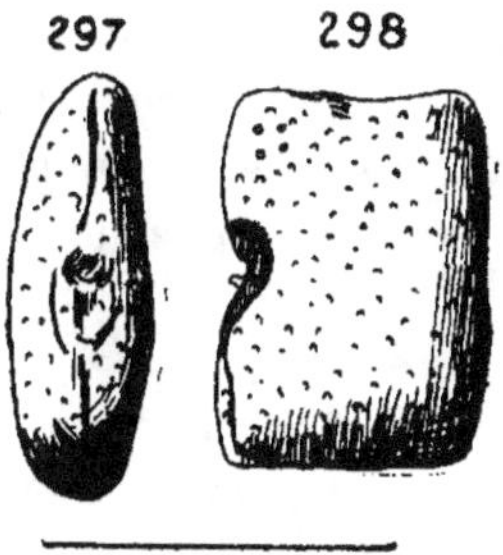

Fig. 297, *S. Coronilla* DC., vue de face. — Fig. 298, même espèce, vue de
profil.

très nette : parfois la région située au-dessus du hile est jaune-
brun sale. Vue de face, la graine présente un micropyle non
directement visible, en général, mais indiqué par la présence
d'une granulation blanchâtre, ressemblant à de la poussière.
Hile concolore avec le reste de la graine, entouré d'une collerette granuleuse blanchâtre, vestige des tissus funiculaires.
Noter que souvent au-dessous du hile, on voit une petite traî-
née blanchâtre, rectiligne, axiale, granuleuse. Région raphéale
marquée par une bossette brun pâle, semi-translucide. De face,
le contour apparent de la graine est plus ou moins ovale-
allongé, en général, mais parfois les deux bases sont très
planes et la graine paraît prismatique.

Tetragonolobus Scop.

Les trois espèces que j'ai pu étudier sont par ordre alphabétique les suivantes :

T. purpureus Mnch.
T. Requienii F. et M.
T. siliquosus Roth.

toutes françaises (1). Elles présentent de l'une à l'autre de très grandes différences, comme on peut s'en rendre compte par l'examen des dessins, et il ne me semble pas qu'elles puissent être confondues. Voici au surplus quelques détails sur chacune d'elles :

T. purpureus Mnch. (fig. 303 et 304). — Graines globuleuses, grosses, subsphériques, atteignant 4 et même 4,5 millimètres de diamètre, en moyenne. Tégument lisse, légèrement luisant, brun-rouge, recouvert d'une pruine gris-bleu, très fugace. Saillie radiculaire absolument invisible. Région micropylaire au niveau du tégument ; hile circulaire, brun foncé, couvert de débris blanchâtres du funicule, encadré d'un très léger rebord tégumentaire, et traversé en son milieu, en long, par une ligne jaunâtre très nette. Micropyle assez visible. Bosse raphéale très distincte, offrant l'aspect de deux testicules. Parfois le micropyle, presque fermé, est entouré d'un léger bombement tégumentaire.

T. Requienii F. et M. (fig. 301 et 302). — Graines moyennes, subsphériques, de 2 millimètres de diamètre environ. Tégument lisse, mat, vert jaunâtre clair. Région hilo-micropylaire très

1. On consultera toutefois avec fruit ce que dit M. Rouy dans sa *Flore de France* (V, 157) où on trouvera une observation et une note fort intéressantes.

réduite. Hile brun, circulaire, nettement enfoncé dans une dépression tégumentaire, recouvert d'une pruine blanche grossière, sillonné en long, faiblement, dans son milieu. Région radiculaire invisible, quoique parfois de face on puisse distinguer une vague saillie, un peu plus foncée que le reste du tégument, et toujours de très petites dimensions. Bombement raphéal très réduit, presque nul.

FIGURES 299 à 304. — TETRAGONOLOBUS Scop.

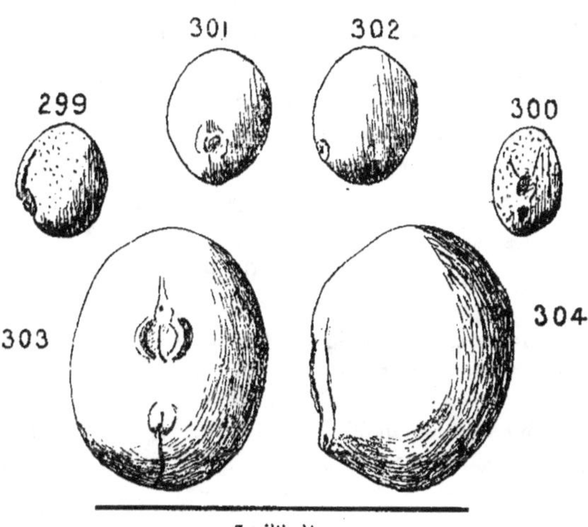

Fig. 299 et 300, *T. siliquosus* Roth., profil et face. — Fig. 301 et 302, *T. Requienii* F. et M., face et profil. — Fig. 303 et 304, *T. purpureus* Mnch., face et profil.

T. siliquosus Roth. (fig. 299 et 300). — Graines petites, ovoïdes, globuleuses, mesurant environ 1,8 à 2 millimètres de longueur moyenne. Tégument lisse, un peu luisant, jaune verdâtre assez soutenu, très abondamment maculé de noir, ce qui fait qu'à l'œil nu les graines paraissent pour la plupart complètement noires. Saillie radiculaire généralement invisible. Région hilo-micropylaire à fleur du tégument, ou faiblement enfoncée dans une dépression de celui-ci, mais toujours encadrée par un bourrelet tégumentaire assez large (1). Micropyle très visible, sous forme d'un infundibulum brun-noir d'assez grande taille. Hile circulaire brun-noir, entouré d'une collerette blanchâtre granuleuse. Région raphéale généralement indiquée par une plage noirâtre, formée de deux bandes sombres, rectilignes, parallèles.

Remarque. — On peut retenir comme caractère de ce genre, la forme globuleuse ou subsphérique des graines, et la nature granuleuse de la collerette funiculaire, tandis que ces mêmes vestiges du funicule étaient de nature fibreuse chez les *Trifolium* et *Trigonella*.

On peut résumer ce que j'ai dit dans le tableau synoptique suivant :

TABLEAU SYNOPTIQUE

1 {	Graines grosses, subsphériques, pruineuses . .	*purpureus*
	Graines petites, non pruineuses	2
2 {	Graines maculées de noir	*siliquosus*
	Graines unicolores verdâtres	*Requienii*

Dorycnium VILL.

Le genre *Dorycnium* VILL. est très voisin des *Lotus* L. et *Bonjeania* RCHB. Néanmoins, il ne semble pas douteux qu'il faille lui conserver son autonomie. M. Rouy, dans sa *Flore de France* (V. 135), après Grenier et Godron dans la leur, indique que sa gousse est 2-4-sperme, les graines n'étant pas séparées par du tissu cellulaire. Mais comme d'autre part on

_____
1. Souvent d'un brun-jaune assez brillant.

trouve dans la diagnose que, très souvent, le fruit, globuleux et très court, est, à moitié ou au tiers, inclus dans le calice marcescent, on se demande comment on peut allier ces deux faits. J'ai dans ma collection des *Dorycnium* à gousse 2-4-sperme, où les graines sont séparées par du tissu cellulaire, mais la taille de la graine dépasse alors nettement le calice. Dans d'autres échantillons, j'ai une gousse globuleuse à moitié incluse dans le calice, et qui n'a pas l'air 2-4-sperme. Quoi qu'il en soit, je crois bien que les espèces que j'ai étudiées étaient exactement nommées. Elles sont d'ailleurs peu nombreuses et offrent une grande ressemblance les unes avec les autres (1). Globuleuses, très petites, d'un jaune olivâtre presque toujours moucheté de noir, elles exigent une attention soutenue pour que l'on puisse y apercevoir des différences notables.

Les trois espèces examinées sont, par ordre alphabétique, les suivantes :

> *D. gracile* Jord.
> *D. herbaceum* Vill.
> *D. suffruticosum* Vill.

Il n'est pas étonnant que l'on éprouve à les séparer une grande difficulté, car M. Rouy, dans sa *Flore de France* (V, **135**) en fait trois sous-espèces du *D. pentaphyllum* Scop. Or ces trois sous-espèces sont incontestablement très voisines et ne présentent entre elles que des différences assez légères. Il n'est donc pas surprenant que leurs graines soient assez analogues, ainsi qu'on en pourra juger par l'examen des dessins.

Le plus souvent, les graines, globuleuses, ovoïdes, presque sphériques sont maculées de noir, mais je ne pense pas qu'il faille attacher trop d'importance à ce caractère, des graines du même pied pouvant ou non être dépourvues de mouchetures.

D. gracile Jord. (fig. 305 et 306). — Graines petites, globuleuses, lisses, brillantes, ne dépassant guère 1 millimètre 3/4, olivâtre plus ou moins foncé, généralement maculées de noir,

---

1. Et avec celles des *Bonjeania*, surtout du *B. hirsuta* Rchb.

contenues dans un fruit ovoïde, à peu près de la taille d'un
grain de millet. Région hilo-micropylaire formant une indentation arquée assez grande, d'un rayon de courbure peu prononcé. Saillie radiculaire assez nette, plus forte que la saillie
raphéale. Raphé peu visible, quand on regarde la graine de
face. Hile ovale, entouré d'un rebord tégumentaire assez net,
à droite et à gauche.

D. herbaceum Vill. (fig. 307 et 308). — Graines olive-bru-
nâtres, un peu plus grosses que les précédentes, atteignant
2 millimètres de diamètre, le plus souvent dépourvues de ma-

FIGURES 305 à 310. - DORYCNIUM Vill.

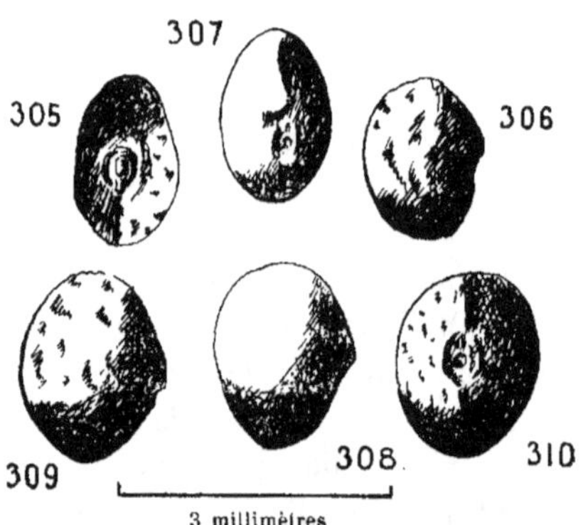

Fig. 305 et 306, *D. gracile* Jord., face et profil. — Fig. 307 et 308, *D. herbaceum* Vill., face et profil. — Fig. 309 et 310, *D. suffruticosum* Vill.,
profil et face.

culatures noires, lisses, d'aspect cireux. Vues de profil, elles
offrent une saillie radiculaire en dent assez pointue, et la
dépression hilo-micropylaire très peu sensible se raccorde très
obscurément avec la région raphéale. De face, on voit une
légère saillie radiculaire, qui vient se butter contre la région
hilaire. Le micropyle est très difficilement visible. Le tout est

entouré par deux rebords tégumentaires estompés, à droite et à gauche, puis vient le raphé, qui se révèle par une fine ligne obscure.

D. suffruticosum VILL. (fig. 309 et 310). — Graines de 2 millimètres environ, très globuleuses, olivâtres, à mouchetures noires. Saillie radiculaire très nette sur le profil, formant un bec brusquement arrêté à la région hilo-micropylaire. Celle-ci très creuse possède un rayon de courbure très réduit, elle est très courte et le raphé, à son début, forme une nouvelle bosse très évidente. De face, on n'observe pas de particularité bien remarquable. Le micropyle est assez net. La région hilo-micropylaire est entourée de deux relèvements latéraux du tégument.

En somme, la distinction est difficile. On pourra cependant avoir recours au tableau synoptique suivant :

TABLEAU SYNOPTIQUE

1. { Région hilo-micropilaire à concavité très creuse et courte. Graines de 2 mm. très globuleuses presque sphériques. Tégument moucheté de noir . . . . *suffruticosum*
   { Région hilo-micropylaire à concavité très évasée 2

2. { Saillie raphéale sensible. Graines petites (1,7 mm.) mouchetées de noir. . . . . *gracile*
   { Saillie raphéale presque nulle. Graines plus grosses (2 mm.) sans mouchetures noires . . . . *herbaceum*

Remarque.— On peut voir qu'il est à peu près aussi difficile de séparer ces trois espèces par leurs graines, que par tous leurs autres caractères. Il suffit pour se convaincre de leur très étroite affinité, de regarder les figures qu'en donne Coste, dans sa *Flore de France* (I, 354, 355) après avoir lu toutes les clés analytiques qui s'y rapportent.

Bonjeania Rchb.

Ce petit groupe, que certains auteurs regardent comme un sous-genre rattachable aux *Dorycnium* Vill., d'autres comme un genre autonome, est représenté par un très petit nombre d'espèces, quatre ou cinq. Les *Bonjeania* Rchb. ne diffèrent guère des *Dorycnium* Vill. que par la présence, dans la gousse, de tissu cellulaire séparant les graines, alors que chez les *Dorycnium* qu'on pourrait appeler *Eudorycnium* Boiss., la gousse est dépourvue d'un semblable tissu. C'est l'opinion de Taubert [*Pflzf.* III, 3, 257] (1).

J'avais à étudier :

> *B. cinerascens* Jord.
> *B. recta* Rchb.
> *B. venusta* Jord.

Les deux espèces jordaniennes se rangent sous le *B. hirsuta* Rchb. Mais quelle que soit leur place dans la systématique, il était évident, à la seule inspection des graines, qu'on ne pouvait pas séparer ces deux petites espèces. Cela me fournit une fois de plus l'occasion de remarquer que l'étude morphologique des graines ne permet, à part des cas assez rares, que de séparer les grandes espèces, les espèces linnéenes.

Ainsi donc tout se passe comme si nous avions seulement :

> *B. hirsuta* Rchb.
> *B. recta* Rchb.

1. L'opinion de M. Rouy, dans sa *Flore de France*, est nettement différente (**V**, 135), sans doute par erreur typographique, car dans le tableau dichotomique des *Dorycniées* (*l. c.*, p. 132) la clé 2 indique les *Bonjeania* comme ayant des graines séparées par du tissu cellulaire, tandis que les *Dorycnium* en sont dépourvus.

Quoi qu'il en soit, l'affinité séminologique des *Bonjeania* et *Dorycnium* ne saurait être mise en doute. Et même en l'absence du fruit, entièrement différent, dans ces deux genres, toute distinction sûre paraît bien malaisée.

Or le qualificatif qu'on rencontre dans les meilleurs auteurs pour les graines de ces deux espèces, notamment dans la *Flore de France* de M. Rouy, V, **133**, est insuffisant pour les distinguer. Pour le premier on lit « graines subglobuleuses »,

FIGURES 311 à 316. — BONJEANIA Rchb.

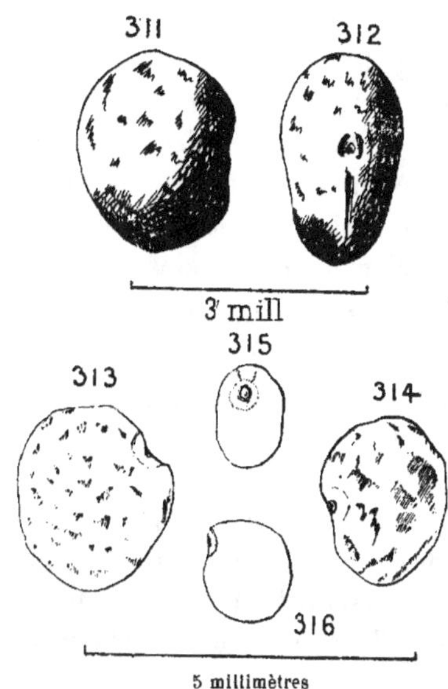

Fig. 311 et 312, *B. cinerascens* Jord., profil et face. — Fig. 313 et 314, *B. venusta* Jord. — Fig. 315 et 316, *B. recta* Rchb., face et profil [Les figures 313 et 314 représentent deux aspects de profil, de la même espèce].

pour le second « graines petites, globuleuses ». C'est vrai mais un peu bref, comme toujours et partout. On ne parle même pas de la couleur, de l'aspect de la graine. Il est cependant assez net.

B. *hirsuta* Rchb. (fig. **311, 312. 313** et **314**). — Les fig. **311** et **312** représentent le *B. cinerascens* Jord. Graines mesurant en moyenne **2,5** millimètres, d'un vert olive clair, tirant sur le jaune-brunâtre, marbrées de noir, lisses, un peu brillantes, sub-globuleuses, un peu réniformes. Le *B. venusta* Jord. (fig. **313** et **314**) paraît présenter une plus forte proportion de marbrures noires, qui sont aussi plus grandes, mais c'est là, je crois, un caractère qu'on ne peut signaler qu'en passant, et qui vraisemblablement est sujet à variations. En outre, il est bien délicat, et ne peut être sensible que par comparaison.

B. recta Rchb. (fig. **315** et **316**). — Graines beaucoup plus petites que les précédentes, mesurant environ **1,4** millimètre, globuleuses, presque sphériques, noires, à surface si finement chagrinée que même au binoculaire elles paraissent presque lisses. Elles semblent recouvertes de noir de fumée et ne sont brillantes que là où elles ont subi un léger frottement.

On peut donc aisément les distinguer :

> Graines ± olivâtres, à marbrures noires . . . . . *hirsuta*
> Graines noires unies . . . . *recta*

Les figures ci-jointes rendent compte de la différence de taille et d'aspect des espèces. On a dessiné les deux espèces jordaniennes de *B. hirsuta* Rchb. pour montrer la différence signalée. On a choisi, bien entendu, des échantillons présentant des caractères moyens.

Remarque. — L'examen comparatif des deux espèces jordaniennes conduit aux résultats ci-après. Le *B. venusta* Jord. a des graines en général plus vertes et un peu plus grosses, de forme un peu moins globuleuse, à région hilaire faisant une légère concavité. Le *B. cinerascens* Jord. au contraire a des graines plus rondes, en général d'une couleur plus foncée, à région hilaire sans saillie ni concavité. On peut, par l'étude comparative, apercevoir aisément ces différences, mais elles sont trop délicates pour qu'on puisse se fonder sur elles pour distinguer ces deux espèces jordaniennes.

J'ai joint à mes dessins la figure, de face et de profil, d'un

Capitaine   13

B. cinerascens JORD. (1). Comme on le voit, c'est toujours très sensiblement la même chose et quoique l'étude comparative minutieuse des échantillons représentés par les figures **311**, **312**, **313** et **314** ait pu révéler quelques légères différences, il est prudent de ranger les deux espèces jordaniennes sous la dénomination de *B. hirsuta* créée par Reichenbach.

1. A une échelle légèrement supérieure.

TRIBU V. — **Galégées**

La grande tribu des Galégées renferme 75 genres et ne compte pas moins de 2.300 espèces en chiffres ronds : dans ce total, le genre *Astragalus* L. figure seul pour un nombre d'environ 1.200 espèces : c'est le genre le plus nombreux de la flore. Il a donné lieu à d'intéressants travaux, dont on trouvera un résumé dans mon travail précité sur les Légumineuses (p. 168).

Le champ des recherches se présentait à moi comme à peu près infini avec cette tribu, mais j'ai limité mon sujet, car, entre autres raisons, la pénurie de mes matériaux était le plus sûr moyen de me borner : aussi bien, dans un travail comme celui-ci, n'est-il pas besoin de multiplier le nombre des exemples.

J'avais dans ma collection un nombre assez considérable de genres dont je n'étais pas sûr, et que j'ai dû laisser de côté. Je pense que les quelques exemples que j'ai choisis parmi les échantillons qui m'offraient le plus de garanties, seront suffisants pour donner de cette tribu une idée au moins succincte.

Parmi les genres que j'ai pu examiner se trouvait le genre *Psoralea* L. représenté par le *Ps. bituminosa* L. très abondant dans le midi de la France et dans toute la région méditerranéenne, et dont j'ai pu récolter moi-même des graines bien mûres. Malheureusement ce qu'on appelle graines, n'est dans la circonstance que de très curieux akènes (1) que je n'ai pas dessiné ni décrit, préférant n'étudier ici que les graines propre-

---

1. Ce sont plutôt des caryopses, par définition, bien qu'on ait l'habitude de réserver ce terme pour les Graminées, car il y a parfaite adhérence de la graine avec le péricarpe.

ment dites. C'est donc à dessein que j'ai négligé ce genre intéressant.

La tribu des Galégées m'a fourni en tout les genres suivants :

Petalostemon Mich.
Robinia L.
Colutea L.
Indigofera L.
Astragalus L. (incl. *Oxytropis* DC.)
Caragana Lam.

On remarquera ici, comme pour les autres tribus étudiées,
l'extrême pénurie de genres exotiques et dans les genres ubi
quistes, le très petit nombre d'espèces exotiques. Cependant, je
tiens à remercier ici spécialement M. le directeur du jardin
botanique de Lawang à Java, qui a bien voulu me communiquer de bons échantillons d'*Indigofera* et de *Caragana*, ainsi
que MM. les directeurs des jardins botaniques de Buitenzorg
et de la Trinidad.

La tribu des Galégées comprend un grand nombre de genres
exclusivement tropicaux ou exotiques, et j'aurais voulu pouvoir
étudier de préférence quelques-unes des espèces les plus remarquables de ceux-ci, pour montrer leur forme ou leurs caractères, mais cela ne m'a pas été possible. Quant au genre *Astra-*
galus, je n'ai étudié ici que quelques-unes des espèces que
j'avais, je ne les ai pas choisies, mais prises au hasard, bien
entendu dans les échantillons dont j'étais le plus sûr.

Avant d'aborder l'étude des genres en particulier, il n'est
pas inutile de faire voir quelle est l'allure de la distribution
géographique de cette tribu. C'est pourquoi je donne ci-après
un tableau statistique qui résumera assez clairement l'état de la
question.

L'examen de ce tableau nous montre que le pôle de la tribu
(excl. gen. *Astragalo* L.) est l'Australie. Vient ensuite l'Afrique
du Sud avec la région du Cap, allant, par le Natal rejoindre la
côte orientale et l'île de Madagascar d'une part, et d'autre part,
par l'Angola, le Congo et le Cameroun s'étalant sur toute la

Distribution géographique des GALÉGÉES (1)

	Europe	Asie	Afrique	Amérique			Océanie
				Nord	Centre	Sud	
Totalité de la Région				25	41		
Nord	1	3		11		18	
Est		37	22	6	1		1
Sud	13	39	82	40		1	
Ouest		3	34			2	
Nord-Est	1	10	6	1	8	5	
Sud-Est	7	32	12	1			6
Sud-Ouest	1	40	7	4	3		
Nord-Ouest			3			3	7
Centre	1	55	20	2	1	28	88
Centre-Nord		1	3			4	8
Centre-Est			18				3
Centre-Sud		1		1		2	4
Centre-Ouest		11	12				2
Région méditerr. totale	3	3	3				
Région méditerr. orientale	1	1	1				
Région méditerr. occidentale							
Montagnes Nord							
Montagnes Est							
Montagnes Sud			1				
Montagnes Ouest	1					10	
Montagnes Centre	6	51					
Montagnes Nord-Est	1	3					
Montagnes Sud-Est							
Montagnes Sud-Ouest	2	25					
Montagnes Nord-Ouest						4	
Déserts		2					
Asie Mineure							

(1) Excl. gen. *Astragalo* L.

partie occidentale de ce vaste continent, où la Guinée en compte de nombreux exemplaires. On en rencontre encore beaucoup de représentants dans le centre (*sensu latiore*) du continent, jusqu'à la vallée du Haut-Nil et l'Abyssinie De là, une branche se dirige le long du Nil jusqu'à l'Egypte, tandis qu'une autre couvre la partie nord-occidentale, avec les îles Canaries. Le nord de l'Afrique, au contraire, en semble presque totalement dépourvu totalement même, d'après le tableau, mais je ne saurais tro répéter que ces tableaux, malgré tout le soin que j'ai apporté à leur établissement, ont une certaine part d'approximation).

La région méditerranéenne, exclusion faite du genre *Astragalus* L. dont je parlerai plus loin, en est aussi très pauvre, ainsi que l'Europe qui ne compte pas assez de représentants de cette tribu, pour que je croie devoir y insister davantage.

La tribu des Galégées a une répartition beaucoup plus intéressante en Asie, où le centre du continent avec ses hautes altitudes de l'Himalaya, Tibet Altaï, nous en offre un important bouquet. De là, une grosse branche s'étale sur toute la région sud-occidentale en Arabie, Mésopotamie, Perse, Afghanistan, Béloutchistan, mais c'est un fait remarquable qu'à part le genre *Astragalus* L., il n'y a pas sensiblement de Galégées en Asie Mineure, ainsi que me l'ont montré mes recherches. La région montagneuse du Sud-Ouest en est aussi assez riche. Cette branche se bifurque et gagne d'un côté le Sud, avec les Indes, la Birmanie, la Cochinchine et la Chine sud-orientale, de l'autre, la région sud-orientale de l'Europe, par la chaîne du Caucase. Vers le Nord-Est, la tache centrale s'étale progressivement en montant vers la Sibérie, en descendant par la Mongolie et la Mandchourie, dans la Chine proprement dite, qui en compte de nombreux individus. On peut donc dire que l'Asie tout entière est le pôle de diversité des Galégées.

De nombreuses espèces de cette tribu se groupent encore dans l'Amérique chaude, depuis le Texas et le Nouveau-Mexique, jusqu'au sud du Brésil, avec forte prédominance dans le Mexique et l'Amérique centrale continentale. De là, les Galégées se répandent progressivement vers le Nord jusqu'au

Canada, vers le Sud, jusqu'à l'extrémité de l'Argentine et du Chili, mais cette distribution n'offre aucune particularité et je n'y insisterai pas davantage, me contentant de renvoyer le lecteur à la planche VI sur laquelle il pourra suivre la distribution de cette tribu, diminuée du genre *Astragalus* L. comme je l'ai signalé plus haut.

Petalostemon Mich.

La seule espèce que j'ai pu étudier de ce petit genre américain est :

P. candidus Mich. (1)

qui habite l'Amérique du Nord, comme toutes les autres espèces du même genre, au nombre de vingt environ, en tout. Celle-ci (fig. 317 et 318) a des graines assez petites, ne dépassant pas ou fort peu 2 millimètres de longueur. Elles affectent une forme très remarquable, en crochet, à cause de l'extraordinaire saillie du tégument, au niveau de la radicule et de l'axe hypocotylé. Tégument lisse, un peu brillant, à aspect de pierre, de couleur pâle, brun-olivâtre ou brun-jaunâtre, paraissant très dur. La couleur est variable à la région ombilicale, souvent jaune très pâle. De profil la saillie radiculaire fait un relief très développé, avec un sillon très profond qui va s'élargissant jusqu'à embrasser toute la région ombilicale, de telle sorte que la région hilo-micropylaire se trouve située sur une espèce de dos d'âne. L'extrémité de la radicule forme, non pas un surplomb, à proprement parler, mais une pointe, en éperon, fortement saillante en avant, et la direction moyenne de l'axe de cette saillie est à peu près exactement perpendiculaire au grand axe de la graine. Quand on examine la graine de face, on remarque que le hile est situé, non parallèlement au grand axe de la graine, mais obliquement, en partie caché sous le nez saillant

---

1. Il me semble qu'il faudrait dire *Petalostemon candidum*, le nom de genre me paraissant neutre (désinence grecque).

de la radicule. Il forme une tache jaune d'or sombre, entourée d'une collerette funiculaire blanchâtre. Quant au micropyle, il est invisible, mais au-dessus du hile on remarque une légère bosse tégumentaire, au milieu d'une petite plage légèrement sombre, et entourant certainement l'entrée (qui paraît fermée) de micropyle. La région raphéale se manifeste par une longue bande en massue, brun-olive un peu plus soutenu, avec expansion tournée vers le bas.

Le contour général de cette graine, vue de face, présente une forme plus ou moins en poire, toujours aplatie, mais plus ou moins renflée sur les faces ventrales, au niveau de l'épanouissement cotylédonaire.

FIGURES 317 et 318. — PETALOSTEMON Mich.

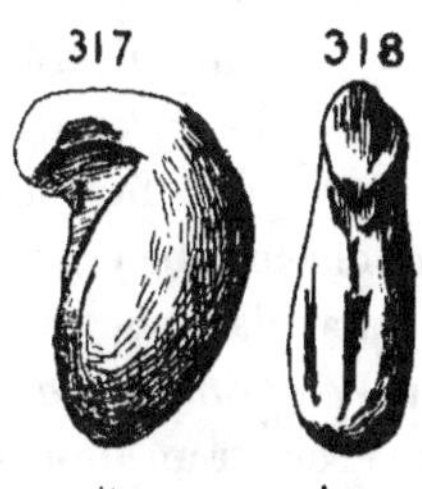

Fig. 317, *P. candidus* Mich., vu de profil. — Fig. 318, même espèce vue de face.

Robinia L.

Les deux espèces que j'ai pu étudier sont :

R. Decaisneana Verlot
R. Pseudo-Acacia L.

Il est à remarquer que l'*Index de Kew* fait du premier un synonyme du second. Néanmoins, on verra que les graines quoiqu'analogues ne sont pas semblables, et diffèrent surtout par leur tégument. C'est un caractère qui milite en faveur d'une séparation, et je pense que le *R. Decaisneana* VERLOT doit être considéré au moins comme une variété de notre Robinier ordinaire. Je rappellerai que les *Robinia* sont pour la plupart originaires de l'Amérique du Nord, ou des Antilles, et que le Robinier n'est pas indigène en France, mais planté et tout au plus subspontané.

R. *Decaisneana* VERLOT (fig. **319** et **320**). — Graines assez grosses, atteignant et même dépassant parfois 5,5 millimètres, ovales, réniformes, très plates. Tégument lisse, luisant, brun chocolat ou brun-jaune, abondamment marbré de noir, sauf sur le rebord tégumentaire épais qui entoure le hile, et qui est jaune de cire foncé, tirant sur le jaune d'ocre ou le jaune d'or. Une caractéristique intéressante des graines de *Robinia* en général (1) est de rester munies d'un funicule gros, court, épais, brun-rouge, qui leur donne un aspect très étrange tant sur le profil que de face. La graine dans son contour général a quelque analogie avec celle du *Petalostemon candidus* MICH. précédemment étudié ; on peut y retrouver un *air de tribu* pour ainsi parler. Et sans que la saillie radiculaire ait la même importance ici, on peut constater que la direction générale est plus ou moins nettement normale au grand axe de la graine. Ce fait est surtout visible sur la figure **321**. Cela confère à la graine, vue de profil, une certaine ressemblance avec une outre de biniou, surtout ici où le funicule simule assez bien l'un des pavillons. Echancrure ombilicale nette, quoique ayant des contours adoucis. Vu de face, la graine, débarrassée de son funicule, montre une hile brunâtre, profondément enfoncé dans une cavité tégumentaire formant comme une petite loge. La surface du hile n'est pas plane, mais paraît formée de deux gros bourrelets,

---

1 Je possédais de ce genre une assez bonne collection d'espèces. mais je ne pouvais faire état de leurs dénominations, car leurs provenances étaient trop sujettes à caution. J'ai dû les passer sous silence.

orientés dans le sens de la longueur de la graine, et laissant entre eux un étroit sillon. Le hile est entouré sur toute sa périphérie, sauf au niveau du micropyle, d'une couronne funiculaire qui semble en dentelle, et qui est d'un jaune de beurre assez foncé, presque café au lait. Le micropyle, très visible, apparaît comme un trou d'aiguille pratiqué dans le rebord tégumentaire en bourrelet très épais, qui délimite la cavité hilaire. La région hilaire est marquée par une bande noire, en forme d'étoile filante, présentant une bossette en chapeau chinois, figurant le noyau de l'étoile, et située près de la région d'épanouissement des cotylédons, tandis que sa queue, étroite, presque rectiligne, est tournée du côté de la région hilaire, et vient mourir au bas du rebord tégumentaire.

FIGURES 319 à 322. — ROBINIA L.

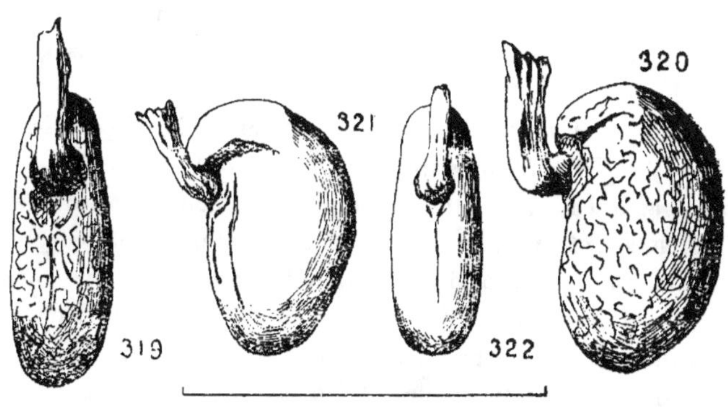

Fig. 319 et 320. *R. Decaisneana* VERLOT, face et profil. — Fig. 321 et 322, *R. Pseudo-Acacia* L., profil et face.

R. Pseudo-Acacia L. (fig. **321** et **322**).— Graines plus petites, ovales, subréniformes, dépassant rarement 4 millimètres de longueur, noires ou brun-rouge si foncé qu'elles paraissent noires, sauf à la région ombilicale, brun-rouge parfois assez clair. Tégument lisse, luisant. Cette espèce présente des analogies avec la précédente, et la disposition rectangulaire des axes radiculaire et cotylédonaire apparaît ici encore, et d'une façon très nette, comme un bon caractère de la tribu. L'expression que j'ai fréquemment employée au cours de ce travail de « couronne funiculaire » est ici plus que partout ailleurs, justifiée. Il ne faudrait pas croire, en effet, que le funicule adhère à la graine sur toute la surface du hile. Il appert nettement de mes recherches que dans la plupart des cas au moins, le funicule est creux, au voisinage du hile, et n'adhère à la graine que par une surface annulaire et non discoïde. La surface de ce qu'on est convenu d'appeler le hile est donc toujours ou presque toujours libre. Il y a très vraisemblablement *régression* du tissu cellulaire médullaire du funicule, qui amène la formation d'une cavité en voûte surélevée, formant un peu comme un bonnet de coton ou un pavillon de cladonia, au-dessus de la surface libre du hile. Mais alors que devient le hile ? Et qu'est-ce que le hile ? On apprend en général dans les traités de botanique que le hile est « la cicatrice laissée à la surface de la graine par la chute du funicule » ou par la rupture du funicule à son niveau (1). S'il en est ainsi, le hile ne sera pas la tache plus ou moins discoïde qu'on voit sur toutes les graines, et qui ne m'a jamais semblé une tache cicatricielle, mais bien simplement la couronne qui entoure cette tache comme un anneau tantôt fibreux, tantôt granulé, presque toujours blanc ou jaune, et qui, elle, a bien l'air d'un tissu déchiré *par rupture*. Il ne m'appartient pas en ce moment de discuter cette question à fond, il faudrait faire des recherches anatomiques et embryogéniques qui sortiraient de mon sujet ; mais il était bon de prendre sur le vif un exemple montrant que l'origine de ce qu'on appelle le hile est peut-être fort éloignée de ce que l'on croit d'habitude. Ici donc, la tache hilaire, pour employer les termes en usage, est sombre et profondément enfoncée dans une logette tégumentaire hautement rebordée

---

1. On sait en effet qu'un grand nombre de graines, celles-ci notamment, et les graines d'*Acacia* surtout, conservent leur funicule solidement adhérent à leur hile. Les graines d'*Acacia* ont un hile qui fait jusqu'à quatre et six fois le tour de leur périphérie, et leur confèrent un aspect caractéristique.

d'un gros bourrelet. La couronne funiculaire très épaisse, empêche ici complètement de distinguer le micropyle. Comme dans
l'espèce précédente, la région raphéale est encore marquée
d'une tache noire en étoile filante, mais vu la couleur foncé du
tégument, ce détail est très difficilement perceptible.

On peut résumer ce que je viens de dire dans le tableau
synoptique suivant :

TABLEAU SYNOPTIQUE

$\begin{cases} \text{Tégument brun-jaune ou brun chocolat marbré de} \\ \quad \text{noir} \dots \dots \dots \dots \dots \dots \quad \textit{Decaisneana} \\ \text{Tégument noir} \dots \dots \dots \dots \dots \quad \textit{Pseudo-Acacia} \end{cases}$

Colutea L.

Le genre *Colutea* L. n'est pas très aisé à étudier : les espèces
qu'il renferme, au nombre de dix environ, habitant surtout le
sud de l'Europe et s'étendant jusqu'aux premiers confins de
l'Himalaya occidental, ont des graines très voisines de forme,
de taille et d'aspect. On n'est d'ailleurs pas très d'accord sur la
valeur de ces diverses espèces, qui ne sont pas toutes suffisamment connues pour qu'on puisse avoir des idées précises.

Quoi qu'il en soit, j'avais dans ma collection plusieurs espèces
en nombre suffisant d'exemplaires de provenances diverses,
pour avoir, je pense, quelque certitude sur leur dénomination.
Les quatre espèces étudiées, dont on trouvera ci-contre les figures
et ci-dessous les diagnoses, sont, par ordre alphabétique, les
suivantes (1).

C. *arborescens* L.

C. *cruenta* AIT.

C. *Halepica* LAM.

C. *longialata* KOEHNE

1. Ce sont quatre espèces bien distinctes, ainsi qu'en témoigne l'Index de
Kew et ses suppléments.

C. arborescens L. (fig. 325 et 326). — Cette espèce très répandue dans toute l'Europe comme arbuste d'ornement, mais sur l'indigénat en France de laquelle on a émis les doutes les plus sérieux, possède des graines plates, un peu concaves sur les faces, brun-violet assez foncé, avec région hilo-micropylaire orange ou rouge-brun. La saillie radiculaire est à peu près insensible, tandis que le raphé se distingue par une légère côte saillante, à peu près rectiligne, s'évanouissant rapidement. De face, cette graine, comme les autres, est peu caractéristique. C'est surtout le profil qui renseigne chez les diverses espèces de *Colutea* L. Ici, la radicule, à son extrémité, forme une bosse nette, surplombant le micropyle. Au contraire, la saillie raphéale est à peu près insensible. En somme, le sinus hilo-micropylaire est très largement ouvert.

C. cruenta Aᴛ. (fig. 323 et 324). — Cette graine, la plus épaisse de toutes, est surtout caractérisée par son profil : la région hilo-micropylaire ne forme pas de sinus et le hile ne rompt pas la continuité de courbure de la graine. De face, la tache hilo-micropylaire jaune-orange foncé ne présente elle-même qu'un médiocre intérêt, mais il faut signaler une légère ombre provenant d'une vague saillie radiculaire, et un raphé sensible, avec une bande médiane nette, assez large. La couleur générale de la graine est violet-brun foncé. Elle est, comme les autres, assez mate, comme doucie. Je n'ai pu juger que l'aspect de l'échantillon sec, mais je crois que, même sur le frais, les graines de *Colutea* ont cet aspect et ne sont pas comme chez d'autres genres brillantes, à l'heure de la récolte (*Cytisus*).

C. Halepica Lᴀᴍ. (fig. 327 et 328). - Graine plus grande, plate, bosselée, brun-bistre à plages nuancées, couleur rouille ou ocre. De profil, elle présente un sinus hilo-micropylaire régulier, avec proéminences radiculaire et raphéale sensiblement équivalentes. Ce sinus est d'ailleurs assez évasé. De face, il n'y a pas grand'chose à signaler. Les saillies radiculaire et raphéale, à peu près égales, forment des ombres analogues et apparaissent sous forme d'un léger bourrelet.

C. longialata Koehne (fig. 329 et 330). — Graines encore plus grandes, très plates, violet-brun passant au brun de rouille. Région hilo-micropylaire jaune d'ocre. De profil, le sinus hilo-micropylaire apparaît comme une indentation assez profonde. La saillie radiculaire à peu près égale à la saillie raphéale, a une cour-

FIGURES 323 à 330. — COLUTEA L.

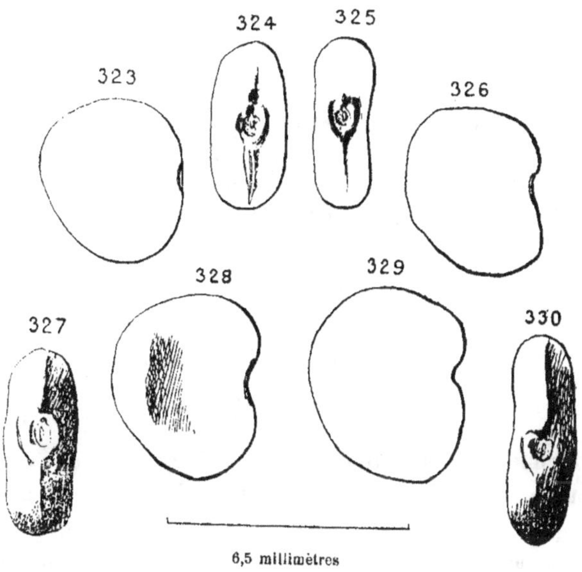

Fig. 323 et 324, *C. cruenta* Air., profil et face. — Fig. 325 et 326, *C. arborescens* L., face et profil. — Fig. 327 et 328, *C. Halepica* Lam., face et profil. — Fig. 329 et 330, *C. longialata* Koehne, profil et face.

bure beaucoup plus forte que cette dernière. Le raphé s'étend ainsi longuement dans le prolongement de la ligne qui joint les sommets des deux émergences radiculaire et raphéale. De face, la saillie radiculaire est plus accusée que celles de raphé. Elles sont d'ailleurs l'une et l'autre indiquées comme de légers bourrelets.

La distinction des quatre espèces précédentes reposera surtout sur la forme de leur profil, ainsi qu'en témoigne le tableau ci-dessous :

TABLEAU SYNOPTIQUE

1 { Sinus hilo-micropylaire nul, et raphé large et net. . *cruenta*
  { Non 2

2 { Sinus hilo-micropylaire très creux . . . . . *longialata*
  { Sinus hilo-micropylaire très évasé 3

3 { Saillies radiculaire et raphéale équivalentes. Sinus symétri-
  {   que . . . . *Halepica*
  { Saillie radiculaire en surplomb. Saillie raphéale à peu près nulle.
  {   Sinus dyssymétrique, ouvert vers le bas . . *arborescens*

Indigofera L.

J'avais une assez nombreuse collection de graines de ce genre, mais sur les dix-huit espèces que je possédais j'ai dû n'en conserver que cinq, car l'étude des autres m'a montré que je ne devais pas accorder une trop grande confiance à leur dénomination, fausse le plus souvent. Les cinq espèces que j'ai gardées sont les suivantes, elles habitent l'Océanie tropicale :

> *I. Anil* L., var. *polyphylla* DC.
> *I. arrecta* HOCHST.
> *I. Guatemalensis* MOQ.
> *I. hirsuta* L.
> *I. tinctoria* L.

Les graines d'*Indigofera* L. sont très petites et polyédriques. De couleur brune souvent foncée, elles offrent l'aspect de petites crottes de chenilles. La taille de la graine étant très réduite augmente encore la difficulté d'observation de la région hilo-micropylaire, extrèmement peu développée. A un très fort grossissement, on distingue cependant parfois le hile, mais rarement le micropyle ; en tout cas, ce n'est qu'après une certaine recherche, car cette région sans saillie, concolore avec le reste de la graine, est très difficilement perceptible. Comme on le voit par les dessins qui accompagnent ce texte, les graines tout en étant de forme assez analogues, d'une espèce à l'autre, présentent cependant des différences qui permettent de les reconnaître aisément.

J. Anil L., var. *polyphylla* DC. (fig. **333** et **334**). — Je n'ai pas pu me procurer le type de cette espèce. Mais il diffère peu de sa variété. De couleur noirâtre, un peu brillant, le tégument paraît à l'œil très finement chagriné. A un fort grossissement, on s'aperçoit qu'il est couvert de petites fossettes qui donnent l'impression de cicatrices laissées par des glandes qui se seraient crevées. Je crois qu'il n'en est rien. Ces taches sont circulaires. La graine dans son ensemble a vaguement la forme d'un prisme orthorhombique. On y distingue aisément deux bases planes, parallèles, et quatre faces latérales, irrégulièrement bosselées il est vrai. Mais il ne faut pas faire état de cette irrégularité, car elle provient vraisemblablement, comme j'ai pu le voir ailleurs, du retrait du contenu. De profil, la région hilo-micropylaire est peu accusée. Son sinus semble formé de deux lignes droites, l'une assez longue, du côté de la radicule, l'autre beaucoup plus courte, du côté du raphé. Les saillies radiculaire et raphéale sont donc faibles. De face, le hile apparaît comme une minuscule tache ronde, auprès de laquelle un petit méplat en forme de raquette indique le début du raphé qui se poursuit sous forme d'une légère côte, vers la région d'épanouissement cotylédonaire. De face, il n'y a pas de saillie radiculaire sensible.

J. arrecta Hochst. (fig. **337** et **338**). — C'est la plus grosse espèce ; elle est relativement peu anguleuse et ses bases sont arrondies. La couleur varie du noirâtre au fauve-roussâtre ou au bistre-verdâtre. Le tégument, légèrement brillant, n'est pas creusé de petites fossettes comme chez les autres espèces. De profil, la région hilo-micropylaire ne forme pas de sinus bien sensible. On ne voit donc presque pas les saillies radiculaire et raphéale. De face, le hile apparaît sous forme d'une très petite tache circulaire. Le raphé et la radicule s'accusent sous l'aspect de deux côtes à peine saillantes.

J. **Guatemalensis** Moq. (fig. 339 et 340). — C'est la plus géométrique de toutes les espèces. Elle donne très nettement l'impression d'un prisme orthorhombique, dont les faces *m* seraient légèrement excavées. Sa couleur est fauve roussâtre, d'aspect cireux. Son tégument est parsemé de minuscules fossettes. De profil, le sinus hilo-micropylaire est très accentué, mais tandis que la saillie radiculaire forme un relief à courbure douce, la saillie raphéale forme un bec saillant, au voisinage immédiat du hile, puis ensuite est rectiligne jusqu'à la base. De face, la région hilo-micropylaire forme un méplat relativement grand, avec, au centre, la cavité circulaire du hile. Les saillies radiculaire et raphéale forment deux côtes légères, qui constituent une des arêtes verticales du prisme.

J. **hirsuta** L. (fig. 335 et 336). — C'est la plus petite espèce. De couleur jaune de cire, d'aspect cireux, elle offre un contour très géométrique et anguleux. Son tégument est parsemé de larges fossettes circulaires. Sinus hilo-micropylaire nul. Le hile est au niveau de la surface de la graine. De face, le hile apparaît mal, comme une petite cavité circulaire, très mal limitée du côté du raphé. Celui-ci s'évase un peu vers le hile, qu'il va rejoindre, puis se rétrécit du côté de la base du prisme.

J. **tinctoria** L. (fig. 331 et 332). — C'est la plus importante des espèces du genre, par les applications auxquelles elle donne lieu. On sait en effet que c'est avec les feuilles de cette espèce que l'on prépare l'*indigo*, matière colorante d'un usage courant dans l'industrie de la teinture. La graine est noirâtre, prismatique, plus haute que large. Les faces latérales sont souvent un peu creusées, ainsi que les bases. Le tégument est parsemé de petites fossettes circulaires. De profil, le sinus hilomicropylaire est absolument nul. La saillie radiculaire est insensible, tandis que le raphé forme au-dessous du hile une bosse

FIGURES 331 à 340. — INDIGOFERA L.

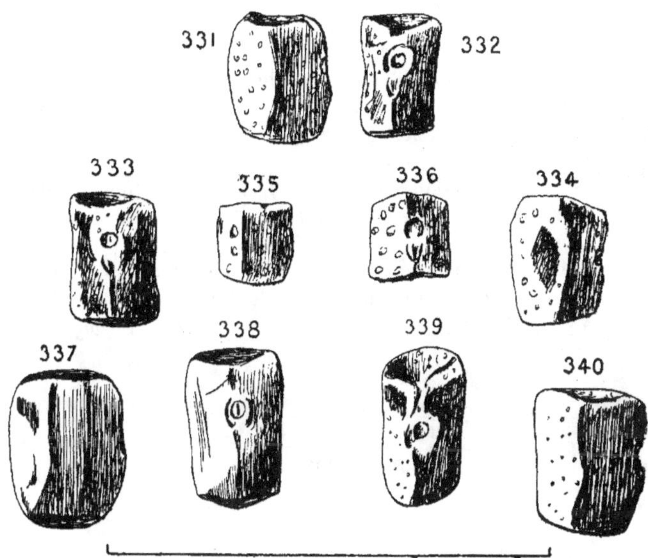

Fig. 331 et 332, *I. tinctoria* L. , profil et face — Fig. 333 et 334, *I. Anil* L., var. *polyphylla* DC., face et profil. — Fig. 335 et 336, *I. hirsuta* L , profil et face.   Fig. 337 et 338, *I. arrecta* Hochst., profil et face. — Fig. 339 et 340, *I. Guatemalensis* Moq., face et profil.

d'une grande netteté. De face, le hile parfaitement circulaire se montre au milieu d'un méplat. Il est bien isolé. Le micropyle est invisible. La saillie radiculaire nulle ; le raphé forme, à quelque distance du hile, une petite surface en raquette qui se continue vers le bas en une légère côte.

On peut résumer en un tableau analytique les caractères différentiels de ces cinq espèces. On mettra ainsi en évidence ce qui écarte ou rapproche ces graines, et par là même ce qui permet de les distinguer.

TABLEAU SYNOPTIQUE

1 { Tégument fovéolé. 2
{ Tégument lisse. . . . . *arrecta*

2 { Graines très petites, jaune de cire, plus larges que hautes, prismatiques . . . . *hirsuta*
{ Non. Graines plus hautes que larges 3

3 { Sinus hilo-micropylaire très net . . . . . *Guatemalensis*
{ Sinus hilo-micropylaire nul ou presque 4

4 { Sinus hilo-micropylaire nul. Bosse raphéale nette . *tinctoria*
{ Sinus hilo-micropylaire peu sensible, mais non nul. Bosse raphéale très peu nette . , . . . *Anil* (var. *polyphylla*)

Astragalus L.

Comme on l'a vu au début de ce chapitre, le genre *Astragalus* L. est le plus riche de tous en espèces différentes. Il y a bien des genres nombreux comme *Rosa* ou *Rubus*, par exemple, qu'on pourrait lui opposer, mais chez ces deux genres en particulier les botanistes pulvérisateurs ont qualifié du nom d'espèces une foule de formes si voisines les unes des autres qu'ils ne laissent pas eux-mêmes d'être fort embarrassés lorsqu'ils ont un individu nouveau à nommer : faut-il lui donner un nouveau nom ? Faut-il — si faire se peut — le rapporter à un nom déjà existant? Le polymorphisme des deux genres cités étant pour ainsi dire infini, il est rare qu'on puisse rapporter

sûrement un individu à un nom existant, ce qui a pour résultat,
le plus souvent, d'amener la création de noms nouveaux toujours de plus en plus nombreux et compliquant de plus en plus

FIGURES 341 à 350. — ASTRAGALUS L.

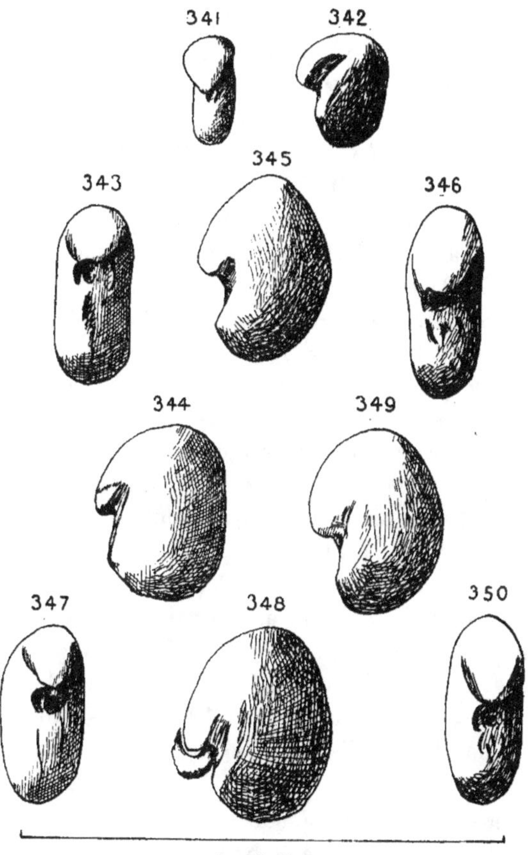

Fig. 341 et 342, *A. Danicus* Retz., face et profil. — Fig. 343 et 344,
A. Tianschanicus Bge , face et profil. — Fig. 345 et 346, *A. glycyphylloides* DC., profil et face. — Fig. 347 et 348, *A. gummifer* Labill., face
et profil. — Fig. 349 et 350, *A. glycyphyllos* L., profil et face.

la question au lieu d'y jeter quelque lumière. Ici, tel n'est pas
le cas, et si l'on peut, dans une certaine mesure, réduire le
nombre des espèces, il faut bien reconnaître qu'on se trouve
en face d'un genre où les espèces, qui y sont rangées, sont
pour la plupart bien définies : et il est très remarquable qu'on
puisse diviser ce grand genre en trois groupes principaux,
cette subdivision étant fondée sur la répartition géographique
du genre. Si on essaie de résumer les travaux touchant le
genre *Astragalus* L., qui n'a été jusqu'ici l'objet d'aucune étude
d'ensemble, mais seulement de monographies isolées, on
peut citer : BUNGE, *Generis Astragali Species Gerontogeae*
(*Mém. de l'Ac. Imp. des Sc. de Saint-Pétersbourg*, série VII,
t. XI, n° 16 et t. XV, n° 1, 1868-1869), qui ne s'occupe que
des espèces de l'Ancien Monde, et qui a servi de base à
l'étude que BOISSIER a faite du même genre dans son *Flora
orientalis* (II, 205-498) ; A. GRAY, *Etude sur les Astragalus de
l'Amérique du Nord* (1) (*Proc. Amér. Acad.*, 1863) ; WATSON,
Etudes Botaniques (1) (*King's Report of the geological explora-
tion... Botany*, Washington, 1871) ; GAY, *Flora Chilena* (II, 106).
Sans entrer dans le détail de la question, ce qui dépasserait
les limites de ce cadre, on pourra alors donner un tableau spécial de la répartition de ce genre intéressant, tant par le nombre de ses espèces propres que par celui des genres voisins
qu'on y a fait entrer, à titre de sections, tel par exemple le
genre *Phaca* L., qui lui est réuni depuis fort longtemps, tel
aussi le genre *Oxytropis* DC., que certains auteurs tendent à
lui incorporer (2). TAUBERT, *in* ENGL. ET PRANTL, *nat. Pflz.*, III,
3, 286, se fondant sur les ouvrages précités, divise les espèces
en trois séries, fondées, comme on l'a dit plus haut, sur les
grandes lignes de leur distribution géographique :

A. — Espèces de l'Ancien Monde . . . . 1.040 espèces env.
B. — Espèces de l'Amérique du Nord . .   130   —
C. — Espèces des Andes sudaméricaines.   25   —

1. Je ne connais pas le titre exact de ce travail.
2. Cf. LOUIS CAPITAINE, *l. c* , p. 120 sq. en note.

Répartition géographique du genre ASTRAGALUS L.

	Europe	Asie	Afrique	Amérique Nord	Amérique Centre	Amérique Sud	Océanie
Totalité du Continent	25	25					
Nord	28	35	116	2			
Est	10	8		2			
Sud	163		10				
Ouest		2	10	61		24	
Nord-Est			14				
Sud-Est	125			13			
Sud-Ouest	99	747		47			
Nord-Ouest		5	29			21	
Centre	53	189		34			
Centre-Nord				1			
Centre-Est		21					
Centre-Sud				5			
Centre-Ouest				35			
Région méditerr. totale	241	241	241				
Région méditerr. orientale	2	2	2				
Région méditerr. occidentale	3		3				
Montagnes Nord							
Montagnes Est							
Montagnes Sud	6						
Montagnes Ouest				31			
Montagnes Centre	37	206					
Montagnes Nord-Est							
Montagnes Sud-Est	10						
Montagnes Sud-Ouest		109					
Montagnes Nord-Ouest							
Déserts							
Asie Mineure		102					

Comme on le voit par les chiffres ci-dessus, ces trois séries sont d'importance très inégale. Pour bien saisir la distribution géographique du genre *Astragalus* L., on pourra se reporter à l'étude spéciale que j'en donne ailleurs (1). Je rappellerai simplement ici le tableau statique auquel je suis arrivé (v. p. **214**).

Ce tableau montre trois pôles de diversité, le premier au voisinage de la région méditerranéenne, le deuxième dans la partie centre-occidentale de l'Amérique du Nord, le troisième dans les Andes boliviano-chiliennes.

A. — L'examen de ce tableau montre une extraordinaire prédominance du genre *Astragalus* L. dans toute l'Asie sud-occidentale : région aralo-caspienne, Afghanistan, Béloutchistan, Perse, Mésopotamie, Arabie, où plus de la moitié des espèces de ce genre se trouvent représentées, tant dans les régions steppiques que sur les montagnes. Il eût été intéressant de pouvoir étudier comparativement les graines de quelques-unes de ces espèces récoltées dans des stations différentes, pour voir si, d'une part, la différence des stations influe sensiblement sur la morphologie des graines d'une même espèce, et si, d'autre part, les graines d'espèces appartenant à des régions différentes offrent des différences sensibles. A priori, ces différences seront peu sensibles, car d'une façon générale, ainsi qu'on le verra plus loin, les graines des diverses espèces que j'ai étudiées présentent beaucoup d'analogies. Les *Astragalus* semblent assez éclectiques quant à leur habitat. En effet, du pôle précité partent deux grosses branches : l'une, par l'Himalaya, le Tibet et l'Altaï, va jusqu'aux sables mouvants du lac Balkasch et du fleuve Soungari, dans la partie Nord-Est de la Mongolie ; l'autre, par la Russie sud-orientale et méridionale, gagne les steppes des Kirghizes et enveloppe toute la région méditerranéenne, jusqu'à l'Europe méridionale, par la Grèce, l'Italie, les îles (Chypre, Crète, Sicile, Sardaigne, Corse, Baléares) et s'étend jusqu'aux Canaries par la Syrie, l'Egypte et le Nord de l'Afrique.

1. *l. c.*, p. 169 sq.

L'Asie Mineure enfin, qui compte encore un grand nombre d'espèces s'avance entre les deux sous-branches qui embrassent la région méditerranéenne.

Dans l'Europe le genre *Astragalus* L. ne dépasse guère le centre. en s'atténuant progressivement depuis le Sud ; dans le centre il habite surtout la région montagneuse. Il y a bien quelques espèces qui habitent toute l'Europe, y compris les parties septentrionales et même la presqu'île scandinave, mais ce nombre d'espèces est insignifiant, en comparaison des agglomérations dont je viens de parler.

Dans l'Asie au contraire, la région steppique de l'Ouest et du Sud-Ouest et la région montagneuse de l'Himalaya, du Tibet, de l'Altaï recèlent un grand nombre d'espèces ; le pôle du Sud-Ouest envoie une forte branche au nord de cette région. D'après le tableau, on peut voir que c'est surtout la région montagneuse que recherchent ces plantes : les hautes régions de la Perse en possèdent une grande quantité.

Dans l'Afrique enfin, on voit la bande de la région méditerranéenne déborder sur le Nord (1) et venir toucher les régions désertiques : il n'y a là aucune particularité, je n'y insisterai pas davantage.

B. — L'Amérique du Nord, pays assez bien connu au point de vue botanique et parcouru en tous sens, depuis fort longtemps, tant au Canada qu'aux Etats-Unis et au Mexique, a fourni à Asa Gray des renseignements précis. Nous voyons que le genre *Astragalus* L. se trouve abondant surtout dans la partie occidentale du continent, depuis la côte (Californie, Orégon, Washington, Alaska) jusqu'aux Montagnes Rocheuses. Il s'atténue progressivement d'une part vers le centre, où l'Etat de Nébraska en compte de nombreuses espèces, et d'autre part vers le Sud-Ouest, où le Nouveau-Mexique, dans les Etats-Unis,

1. On sait en effet que la région méditerranéenne n'occupe en Afrique qu'une faible bande, surtout là où le désert s'approche beaucoup de la côte, comme en Cyrénaïque et en Tripolitaine. Et le Nord de l'Afrique, au point de vue phytogéographique, occupe souvent, surtout en Algérie, une plus vaste étendue que la région méditerranéenne proprement dite, toujours assez voisine de la côte.

et le Mexique proprement dit, en sont encore très peuplés. Tout s'atténue progressivement encore vers le Sud-Est, par le Texas, la Caroline et la Floride, régions trop humides et fertiles pour posséder de nombreux représentants de ce genre, surtout adapté aux régions montagneuses et steppiques. On pourra cependant noter, en passant, ce fait intéressant que les graines des espèces montagneuses, telles, par exemple, que *A. alpinus* L. (= *Phaca alpina* DC.) sont constituées de façon sensiblement analogues à celles des espèces de plaines, telles que *A. glycyphyllos* L., qu'on trouve fréquemment aux environs de Paris. Le tégument a la même apparence, dure et luisante, et, comme on devait s'y attendre, étant donnée la protection dont elles sont l'objet, les graines semblent peu subir l'influence du milieu où se développe la plante qui leur a donné naissance.

C. — L'Amérique du Sud ne fournit pas de renseignements très précis, et on peut seulement constater que la grande agglomération du genre a lieu dans la partie occidentale, Chili, Bolivie et Pérou, où elle peuple les pentes de la Cordillère et les régions désertiques, comme le désert d'Atacama, dans le Nord du Chili. D'ailleurs, cette longue bande de terrain qui constitue le Chili et mesure 4.000 kilomètres de côtes, de Punta-Arenas à la frontière septentrionale, n'est pas également peuplée par le genre *Astragalus* L., qu'on trouve surtout dans la partie Nord du pays, et qui, totalement ou presque totalement, fait défaut au Sud de la capitale (1).

La planche V résume tout ce que je viens de dire, et permet d'apprécier facilement l'allure de la distribution géographique du genre *Astragalus* L.

Maintenant que l'on a quelque idée des habitats divers et des régions du globe où les *Astragalus* se rencontrent de préférence, on pourra passer rapidement en revue les quelques espèces sur lesquelles j'ai fait porter mon attention. Les unes sont françaises, européennes, et les autres proviennent de la région caucasienne, sibérienne, et même de Chine.

1. Voir à ce sujet : K. REICHE, *Pflanzenverbreitung in Chile* (Leipzig, 1907).

FIGURES 351 à 364. — ASTRAGALUS L. (suite)

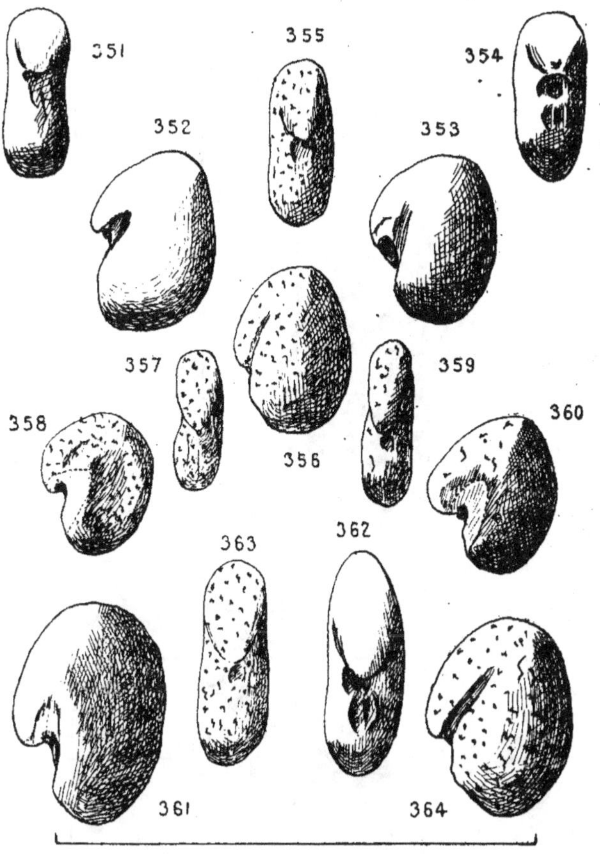

Fig. 351 et 352, *A. falcatus* Lam., face et profil.— Fig. 353 et 354, *A. Cicer* L., profil et face. — Fig. 355 et 356, *A. purpureus* Lk., face et profil. — Fig. 357 et 358, *A. sulfureus* Bge., face et profil. — Fig. 359 et 360, *A. campestris* L., face et profil. — Fig. 361 et 362, *A. Chinensis* L., profil et face. — Fig. 363 et 364, *A. alpinus* L., face et profil. [Les figures 358 et 360 montrent une ligne pointillée qui limite la zone colorée en jaune clair ou brun-rouge, sur la région ombilicale].

LÉGUMINEUSES

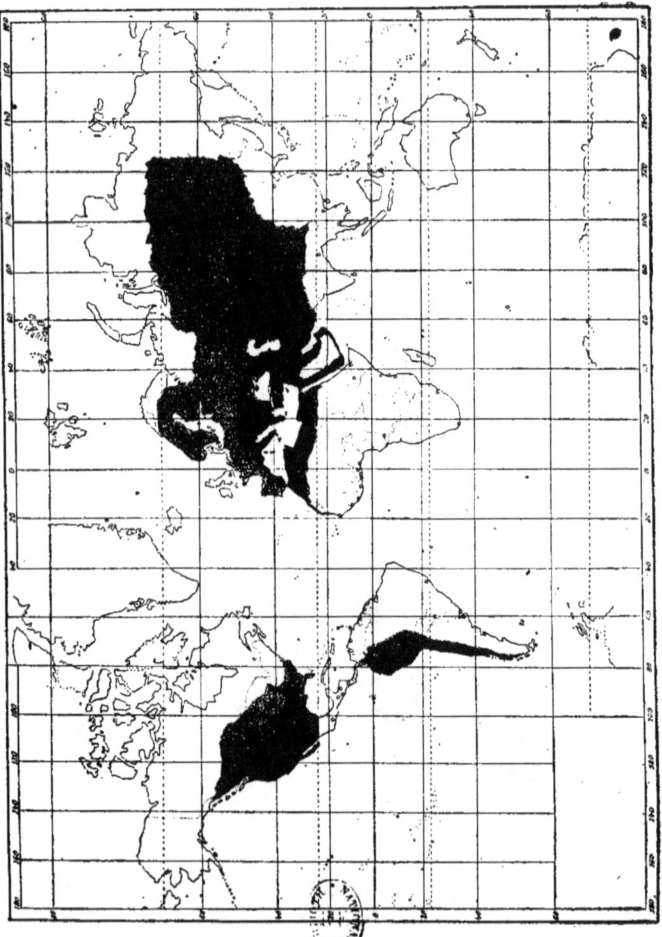

Répartition du genre Astralagus L.

L. Capitaine del.

Les espèces que j'ai étudiées sont par ordre alphabétique les suivantes :

A. *alpinus* L.
A. *campestris* L.
A. *Chinensis* L.
A. *Cicer* L.
A. *Danicus* RETZ.
A. *falcatus* LAM.
A. *glycyphylloides* DC.
A. *glycyphyllos* L.
A. *gummifer* LABILL.
A. *purpureus* LAM.
A. *sulfureus* BGE.
A. *Tianschanicus* BGE.

On pourrait, pour les étudier, les diviser en deux groupes :

α) Espèces françaises : *alpinus, campestris, Cicer, Danicus, glycyphyllos, purpureus ;*

β) Espèces extrafrançaises, extraeuropéennes ou exotiques : *Chinensis* (Chine), *falcatus* (Caucase, Sibérie), *glycyphylloides* (Caucase), *gummifer* (Syrie), *sulfureus* (Afghanistan), *Tianschanicus* (Asie tempérée), mais il semble préférable, vu leurs caractères de ressemblance, de prendre d'abord des bases morphologiques. Je donnerai au surplus deux tableaux synoptiques, l'un basé sur la morphologie et l'autre sur la phytogéographie, puisqu'aussi bien aucune des espèces exotiques ne figure en Europe, et que l'on ne peut pas séparer les recherches séminologiques de la géographie botanique et de la connaissance de la répartition des espèces.

A. alpinus L. (fig. 363 et 364). — Cette espèce est très connue aussi sous le nom de *Phaca alpina* DC. Graines médiocres, 2,2 à 2,5 millimètres de longueur moyenne environ, obovales subréniformes, très plates. Tégument lisse, jaune-verdâtre, plus ou moins soutenu, abondamment moucheté de noir, d'où il résulte qu'à l'œil nu les graines semblent presque noires. Ici, comme chez la plupart des *Astragalus*, la saillie radiculaire ne devient nette que vers son extrémité ; là se voit une sensible dépression qui aboutit à la région ombilicale, au-dessus de laquelle surplombe toujours fortement l'extrémité radiculaire. Vue de face, la graine présente souvent des faces ventrales un peu déprimées, mais je n'ose dire que ce soit un cas normal, et l'on est peut-être là en présence d'individus mal récoltés, et non mûrs. La saillie radiculaire vient mourir en pointe obtuse au-dessus de la région ombilicale, qui forme ici, comme chez la plupart des *Astragalus*, une sorte de cuvette assez large. Le hile est profondément enfoncé dans une dépression tégumentaire ; le micropyle est invisible. La collerette funiculaire jaune parchemin, d'aspect fibreux, est très développée, et située au niveau du rebord tégumentaire en bourrelet qui encadre la dépression hilaire. Région raphéale indiquée par une ligne noire saillante plus ou moins en massue ou en larme.

A. campestris L. (fig. 359 et 360). — Cette espèce est très connue aussi sous le nom de *Oxytropis campestris* DC. Graines assez petites, de 1,7 à 1,9 millimètre de longueur moyenne environ, atteignant rarement 2 millimètres, réniformes, très plates. Tégument lisse, luisant, brun noirâtre à l'œil nu, en réalité brun-jaune ou brun-vert foncé très abondamment moucheté de noir, sauf à la région ombilicale, jaune d'or ou brun-rouge clair. La figure 360 indique par une ligne pointillée la limite des deux zones de couleurs différentes. Saillie radiculaire nette et haute, séparée du reste de la graine par une forte dépression dont on ne peut guère évaluer correctement la forme et l'étendue, car les faces ventrales de la graine sont presque toujours fortement déprimées, et que cette dépression communique directement et régulièrement avec celle qui limite la saillie radiculaire. Surplomb radiculaire très prononcé, formant un bec très saillant au-dessus de la région ombilicale, visible à l'œil nu comme une tache d'un beau brun-rouge clair. De profil, la région hilo-micropylaire se présente comme une encoche nette faite au canif. Au fond s'aperçoit la collerette funiculaire, qui entoure l'orifice d'un petit trou au fond duquel est le hile, invisible, et qui est entourée elle-même d'un rebord tégumentaire en bourrelet. Bosse raphéale nette, très rapprochée de l'entrée de la dépression hilaire, et de couleur brune assez sombre. Cette graine ressemble un peu à celles de l'espèce précédente, mais s'en distingue par sa forme plus trapue, moins allongée, plus nettement réniforme.

A. *Chinensis* L. (fig. **361** et **362**). — Cette espèce, originaire de la Chine, se distingue des deux précédentes, avant tout par son tégument unicolore, dépourvu de mouchetures noires. Graines médiocres, plutôt grandes, mesurant environ **2,5** à **2,8** millimètres de longueur moyenne, obovales, subréniformes. Mais ici la forme en rein est très peu nette. Tégument lisse, mat ou douci, unicolore d'un jaune-cire verdâtre, avec région ombilicale fortement échancrée, de couleur sensiblement plus pâle. La saillie radiculaire est invisible sur le corps de la graine, et ne se distingue que par son surplomb toujours très développé, très net, et en pointe obtuse. Vue de face, la région ombilicale présente, comme chez presque toute les espèces étudiées, une sorte de plate-forme légèrement concave au centre de laquelle se voit la région micropylaire. Le hile — si tant est que l'on conserve ce nom à la petite surface de couleur généralement foncée, lisse, qui est entourée de la couronne funiculaire — n'est pas visible : il est très fortement enfoncé dans une dépression tégumentaire encadrée d'un épais rebord en bourrelet, mais on peut distinguer la couronne funiculaire, très développée, d'aspect grenu. La région raphéale est indiquée par une bosse en forme de larme ou de massue renversée, d'un brun-fauve ou bistre-jaune assez pâle, et d'aspect corné, subtranslucide. Souvent cette bosse est remplacée par une sorte de plate-forme plus ou moins ovale, limitée par deux légères saillies du tégument à droite et à gauche (fig. **362**).

A. *Cicer* L. (fig. **353** et **354**). — Graines médiocres, ne dépassant pas **2** millimètres de longueur moyenne, obovales, réniformes, à région ombilicale assez peu échancrée, ce qui donne à cette partie de la graine, vue de profil, une forme tronquée caractéristique. Tégument lisse, d'aspect graisseux, douci ou mat, jaune cire verdâtre. La saillie radiculaire est invisible sur le corps de la graine et ne se distingue qu'à l'extrémité très obtuse, en surplomb peu accentué, ce qui aide à distinguer cette graine de la précédente, dont elle diffère d'ailleurs par plus d'un caractère. Vue de face, la région ombilicale forme une sorte de méplat un peu concave, limité par une saillie du tégument. Celui-ci, tout autour et au-dessus de la région hilo-micropylaire, forme comme un arc romain largement surbaissé (voir fig. 354). Au milieu du méplat, on voit la cavité hilaire bordée d'une faible couronne funiculaire et entourée d'un rebord tégumentaire en bourrelet. La saillie raphéale se distingue par une bosse en larme, bistre-jaune clair, souvent accompagnée de deux légères saillies tégumentaires latérales. Nombreux sont les caractères qui distinguent cette espèce de la précédente : taille, échancrure ombilicale, angle des axes radiculaire et cotylédonaire beaucoup plus ouvert ici, etc.

A. *Danicus* Retz. (fig. 341 et 342). — Graine très petite, de 1 à 1,2 millimètre de longueur moyenne, obovale, fortement réniforme, et si l'on considère la graine comme reposant sur le plan tangent à la saillie raphéale et au surplomb radiculaire, elle apparaît, au moins à l'œil nu, et quand on ne considère que les grandes lignes, comme ayant la forme en mitre surbaissée dont on a parlé plus haut, à propos du genre *Trifolium*. Tégument lisse, brillant, entièrement noir. Saillie radiculaire assez distincte du corps de la graine, dont elle est séparée par une dépression s'évasant jusqu'à la région ombilicale. Surplomb radiculaire très net, en nez obtus. Vue de face, la saillie radiculaire, trapue et large, semble coiffer, comme d'un capuchon, le reste de la graine (1). Région hilaire sans intérêt : à peine aperçoit-on quelques fibrilles blanchâtres, vaguement disposées en couronne, derniers vestiges du tissu funiculaire. Région raphéale parfois marquée d'une petite plage d'un roux pâle. Sa taille et sa couleur font que cette espèce ne me paraît pas possible à confondre avec aucune de celles que j'ai étudiées.

1. Détail parfois moins visible que sur la figure 341.

***A**. falcatus* Lam. (fig. 351 et 352). — Graines médiocres, mesurant 1,9 à 2,2 millimètres de longueur moyenne. A l'œil nu, elles paraissent carrées ou rectangulaires, et cet aspect, très spécial, empêche toute confusion avec aucune autre espèce. Elles sont assez plates et presque toujours (normalement ?) déprimées sur les faces ventrales. Tégument lisse, brillant, jaune cire verdâtre assez foncé. Saillie radiculaire nette, se distinguant du corps de la graine par une dépression large, mais assez courte en général, s'évasant jusqu'à la région ombilicale souvent très pâle, d'un beau jaune clair. Surplomb radiculaire très prononcé, en crochet. Hile caché sous le surplomb, situé obliquement et très difficile à voir, presque à fleur de tégument. Juste au-dessous, une petite plage bistre-jaunâtre formée d'une légère concavité et terminée par un bourrelet, indique le raphé.

***A**. glycyphylloides* DC. (fig. 345 et 346). — Graines assez grandes, mesurant 2,4 à 2,6 millimètres de longueur moyenne environ, ovales, plates, à échancrure ombilicale nette. Tégument lisse, peu brillant, jaune cire ou jaune-brun un peu verdâtre. Saillie radiculaire ne se distinguant pas du corps de la graine, sauf à l'extrémité où une dépression brusque rejoint l'échancrure ombilicale. Surplomb radiculaire très net. De face, la graine, à surfaces ventrales un peu bombées, présente une région ombilicale d'un jaune verdâtre très pâle, au milieu de laquelle on voit une tache qui paraît noire à l'œil nu : c'est le hile, à moitié caché par le surplomb, et qu'un simple jeu d'ombre fait paraître sombre. En réalité, il est fauve roussâtre, entouré d'une vague collerette funiculaire et peu déprimé. Bosse raphéale en larme, faisant une saillie légère et souvent entourée de deux légères saillies tégumentaires latérales. Sa couleur est bistre-jaune pâle, d'aspect translucide. Cette espèce a beaucoup d'analogie avec *A. glycyphyllos* L., elle est plus allongée, un peu plus grande. Une de ses caractéristiques est d'avoir le profil dorsal très fortement convexe ; elle est plus verte et moins globuleuse, souvent déprimée au bombement cotylédonaire.

A. glycyphyllos L. (fig. 349 et 350). — Cette espèce présente plus d'une analogie avec la précédente et peut être facilement confondue avec elle. Il faut beaucoup d'attention pour y relever des différences qui permettent de la distinguer. Ici, le tégument est nettement d'un jaune plus franc (quoique vaguement verdâtre), la convexité dorsale est moins prononcée, le rayon de courbure à l'apex est beaucoup plus grand, d'où forme beaucoup plus obtuse en haut (comparez les figures **345** et **349**), profil de la saillie radiculaire beaucoup plus bombé, moins rectiligne, contour de l'échancrure ombilicale nettement différent. Ces caractères semblent très nets sur le papier ; ils le sont en réalité, et la comparaison des dessins exécutés à la chambre claire et présentant comme tels le maximum d'exactitude, sont là pour le prouver : il n'en est pas moins vrai qu'à l'œil nu et à la loupe, on serait fort embarrassé, pour trouver des différences, sans les quelques indications qui précèdent. Cela justifie ce que je disais antérieurement, à savoir que pour étudier des graines, il faut avant tout les dessiner de face et de profil. Le dessin fixe des proportions, des formes qui échappent à la seule observation. Graines plus petites que celles de l'espèce précédente, de **2,2** à **2,4** millimètres au plus, de longueur moyenne, largement ovales, subréniformes, bombées. Tégument lisse, brillant, jaune d'ocre un peu verdâtre, sauf à la région ombilicale, jaune pâle ou verdâtre. Saillie radiculaire indistincte du corps de la graine, sauf à l'extrémité où une dépression évasée rejoint l'ombilic. Surplomb radiculaire très saillant, mais ne cachant pas la région hilo-micropylaire. Hile très profondément enfoncé dans une dépression tégumentaire non bordée d'un bourrelet, mais formant comme un entonnoir. Collerette funiculaire verdâtre très peu visible. Région raphéale indistincte.

A. gummifer LABILL. (fig. 347 et 348). — Graines assez grandes, mesurant environ **2,2** à **2,4** millimètres de longueur, ovales suborbiculaires, bombées, sauf à la région ombilicale fortement déprimée, caractérisée par la présence d'un funicule persistant, en croc, très blanc, très visible à l'œil nu. Tégument jaune verdâtre clair, lisse, très mat. Saillie radiculaire se détachant du corps de la graine, le plus souvent par une dépression triangulaire s'élargissant progressivement jusqu'à la région ombilicale. Surplomb radiculaire très prononcé. Funicule filiforme, blanc d'ivoire, un peu ridé sur le sec. La figure 347 représente la graine vue de face, sans le funicule. La région ombilicale forme une plate-forme concave, verte, limitée par un bourrelet tégumentaire en arc de voûte surbaissé, au centre duquel on voit la dépression hilaire limitée par un deuxième bourrelet tégumentaire et une couronne funiculaire blanchâtre, extrêmement nette, d'aspect grenu. Bosse raphéale assez nette, comme une petite langue, bistre-jaunâtre pâle, d'apparence translucide, qui serait appliquée contre le tégument.

A. purpureus Lam. (fig. 355 et 356). — Graines médiocres, mesurant environ 2,1 à 2,3 millimètres de longueur, ovales, très plates. Tégument lisse, d'aspect gras, brun-jaune foncé, si abondamment moucheté de noir que la graine tout entière semble noire. On serait presque tenté de dire que la graine est noire moucheté de brun-jaune, si l'exemple de graines analogues n'apprenait pas que la teinte de fond est la plus claire, et que les taches foncées constituent des mouchetures. Echancrure ombilicale peu développée, généralement d'un brun-gris pâle : c'est au voisinage de la région ombilicale que les mouchetures noires apparaissent nettement sur le fond plus clair du tégument. Saillie radiculaire assez nette de profil, aboutissant à une extrémité obtuse, juste au-dessous de laquelle on voit, de face, une tache hilaire, en creux, indiquée par une large couronne funiculaire jaunâtre, ne laissant en son milieu qu'une étroite ouverture subrectiligne ou en boutonnière. Bosse raphéale participant de la couleur brun-gris de la région ombilicale, peu intéressante.

A. sulfureus Bge. (fig. 357 et 358). — Graines ressemblant un peu à celles de l'espèce précédente, mais s'en distinguant facilement par la taille, l'épaisseur et la forme de l'échancrure

ombilicale. Taille assez petite, ne dépassant pas 1,8 à 1,9 mllli-
mètre de longueur moyenne. Tégument lisse, peu luisant, brun-
jaune fortement moucheté de noir, ce qui fait que la graine
paraît brun-rouge très foncé à l'œil nu ; région ombilicale jaune
d'or ou brun-rouge très vif. J'ai limité par une ligne pointillée
cette zone jaune, sur la figure 358. Contour ovale, suborbiculaire, réniforme, graines très plates, fréquemment (et normalement ?) déprimées sur les faces ventrales. Il en résulte que la
saillie radiculaire est nette, comme un bourrelet. Echancrure
ombilicale nette, comme une encoche, à cause de l'importance
du surplomb radiculaire, souvent busqué avant son extrémité.
Hile caché en partie sous le surplomb, enfoncé, indiqué seulement, comme chez l'espèce précédente, par la couronne funiculaire, épaisse, ne laissant en son milieu qu'une étroite ouverture
en boutonnière. Bosse raphéale sans détails.

A. Tianschanicus Bge. (fig. 343 et 344). — Graines médiocres,
de 1,9 à 2,2 millimètres de longueur moyenne environ, épaisses, de forme trapue, subrectangulaires. Tégument lisse, très
mat, olive-jaunâtre. Saillie radiculaire peu visible, sauf à la
pointe, en surplomb net, qui se distingue du reste du corps
de la graine par une dépression allant rejoindre la région
ombilicale. Vue de face, la saillie radiculaire forme une pointe
très obtuse, au-dessous de laquelle la région ombilicale dessine une plate-forme légèrement concave limitée par un rebord
tégumentaire jaune serin. Le hile, absolument circulaire, est en
partie sous le surplomb radiculaire. Collerette funiculaire à peu
près nulle. Région raphéale indiquée par une tache bistre-
jaune subtranslucide, en lame de sabre, dont la pointe est tournée vers la région d'épanouissement des cotylédons.

Remarque. — Par sa courbure et son aspect, cette espèce ne
me paraît pas susceptible de confusion avec aucune autre. Il est
à noter que le contour de profil est souvent plus ou moins rectiligne à la base. Très souvent aussi, il en est de même du profil
de la saillie radiculaire. Cela confère à la graine une forme plus
ou moins géométrique.

Je résumerai tout ce qui précède dans les tableaux synoptiques suivants :

A. — Tableau synoptique basé sur la morphologie des graines

1 {
Tégument brun-jaune abondamment moucheté de noir ; les graines semblent noires à l'œil nu. 2
Tégument jaunâtre ou verdâtre ou à la fois noir et graines très petites, sans mouchetures 5

2 {
Echancrure ombilicale très faible. . . . . . . *purpureus*
Ecrancrure ombilicale très prononcée 3

3 {
Graines grosses, épaisses (2,2 à 2,5 mm.). Région ombilicale concolore. . . . . *alpinus*
Graines petites très plates (1,7 à 1,9 mm.). Région ombilicale orangée (marquée d'une ligne sur les figures 358 et 360). 4

4 {
Graines réniformes, presque en mitre (1). Surplomb radiculaire très élevé. Rayon de courbure de l'apex petit . *campestris*
Graines suborbiculaires. Surplomb radiculaire bas, mais busqué avant l'extrémité. Apex à contour arrondi, obtus, rayon de courbure grand . . . . *sulfureus*

5 {
Graine très petite, noire . . . . *Danicus*
Graine jaunâtre ou verdâtre 6

6 {
Graines d'aspect géométrique, rectangulaires, carrées, prismatiques, surtout à l'œil nu 7
Graines obovales, plus ou moins réniformes 8

7 {
Graines plates légèrement déprimées, rectangulaires ou carrées, jaunes . . . . *falcatus*
Graines épaisses, bombées, subprismatiques, de couleur générale verte . . . . *Tianschanicus*

8 {
Graines médiocres (2 mm. au plus) . . . . . . *Cicer*
Graines moyennes ou grandes (2,2 à 2,8 mm.) 9

1. V. note 2 page 103.

9 { Graines grandes (2,5 à 2,8 mm.) presque en crochet.   *Chinensis*
  { Graines non en crochet, de taille nettement plus petite .   10

10 { Funicule persistant en petit crochet blanc . . .   *gummifer*
   { Funicule caduque   11

11 { Tégument jaunâtre, profil radiculaire bombé ; apex nettement
   {   obtus. . . . .   *glycyphyllos*
   { Tégument verdâtre, profil radiculaire subrectiligne ; apex nette-
   {   ment défini. . . . .   *glycyphylloides*

B. — Tableau synoptique basé sur la phytogéographie

1 { *Astragalus* français ou européens.   2
  { *Astragalus* extra-européens.   7

2 { Tégument moucheté de noir   3
  { Tégument unicolore sans mouchetures   5

3 { Echancrure ombilicale très faible. Çà et là, Sud-Est de la France,
  {   Midi ; Espagne, Italie . . . .   *purpureus*
  { Echancrure ombilicale très prononcée. Régions très monta-
  {   gneuses   4

4 { Graines grosses épaisses (2,2 à 2,5 mm.). Région ombilicale
  {   concolore. . . . .   *alpinus*
  { Graines petites, très plates (1,7 à 1,9 mm.). Région ombilicale
  {   orangée (marquée en pointillé sur la figure 360).   *campestris*

5 { Tégument noir. Pelouses des hautes montagnes . .   *Danicus*
  { Tégument jaune cire. Lieux herbeux ombragés des plaines.   6

6 { Graines de 2 mm. au plus . . . .   *Cicer*
  { Graines de 2,3 à 2,5 mm., au moins. . . .   *glycyphyllos*

7 { Graine très grande (2,5 à 2,8 mm.). Chine . . .   *Chinensis*
  { Graine moyenne ou médiocre. Asie sud-occidentale . . .   8

8 { Tégument moucheté de noir. Afghanistan . . .   *sulfureus*
  { Tégument unicolore   9

9 { Graines d'aspect géométrique, rectangulaires, carrées, prismati-
  {   ques, *surtout à l'œil nu*.   10
  { Graines obovales plus ou moins réniformes   11

10 {
Graines plates, plus ou moins déprimées, rectangulaires ou carrées, jaunes . . . . *falcatus*
Graines épaisses, bombées, subprismatiques, assez nettement vertes . . . . *Tianschanicus*

11 {
Funicule persistant en petit crochet blanc. Syrie . *gummifer*
Funicule caduque. Caucase . . . . . . *glycyphylloides*

Remarques :

1° La plupart de ces espèces ont des aires assez bien séparées : c'est ainsi que l'*A. campestris* L. très voisine d'*A. sulfureus* Bge. a une aire très distincte. Il ne dépasse guère le Monténégro, ainsi qu'en témoigne l'ouvrage de M. Rouy (*Fl. Fr.*, V, 189) où on lit : « AIRE GÉOGR. — *Scandinavie, Ecosse, Suisse, Italie, Autriche-Hongrie, Dalmatie, Bosnie, Herzégovine, Monténégro* ». L'*A. sulfureus* Bge. au contraire est localisé en Afghanistan (Cf. *Ind. Kew.*, I, **238**) ;

2° La partie du tableau synoptique relative aux espèces françaises montre que les espèces de montagnes et de plaines sont nettement séparées les unes des autres par leurs graines, et qu'elles se groupent clairement selon leurs affinités morphologiques ;

3° J'estime que des mesures précises peuvent fournir d'intéressants et curieux résultats, car l'angle des axes de la radicule et des cotylédons paraît pour chaque espèce varier dans de très faibles limites, alors que d'une espèce à l'autre il est nettement différent.

Caragana LAM.

Les espèces que je possède dans ma collection sont assez nombreuses, malheureusement plus de la moitié des échantillons étant sujets à caution, je dois m'abstenir d'en faire mention. Ceux que j'ai étudiés sont les suivants :

C. Altagana Poir.
C. arborescens Lam.
C.   »   var. *Redowskii* DC.
C. aurantiaca Koehne
C. frutescens Medic.
C. microphylla Lam.

Avant d'entrer dans l'étude détaillée de chaque espèce, je dois indiquer quelques caractères du genre, qui faciliteront l'intelligence de ce qui suivra. Les graines ont à peu près toutes la même taille : elles sont petites, globuleuses ou ovoïdes, ou presque sphériques (*C. aurantiaca*). Le hile forme une petite tache circulaire blanchâtre, qui vue au binoculaire montre les vestiges du funicule, sous forme de petites fibres donnant l'aspect de brins de ficelle qui seraient collés au hile. Exactement contre le hile on voit le micropyle, sous forme d'un tout petit trou rond, semblant fait par une aiguille, et protégé du côté opposé par un léger bourrelet tégumentaire. Généralement la région micropylaire est dans le même plan que le hile ou à peu près, de telle sorte que, vue de profil, la graine ne présente aucune saillie ni creux, dans cette région. Chez une des espèces que j'ai étudiées, et aussi chez quelques-unes de celles que j'ai laissées de côté, la région hilo-micropylaire fait une saillie formant une petite indentation qui regarde le hile. Cette saillie est causée, d'une part, par une émergence légère de la radicule sous le tégument, et d'autre part, par le bourrelet tégumentaire qui borde le micropyle et qui est ici plus saillant que chez les autres espèces.

Beaucoup d'espèces ont le tégument marbré de noir. Les marbrures ont une orientation quelconque, sauf au raphé. Celui-ci est indiqué non par une saillie, mais par une ligne sombre, presque noire ; à cet endroit et dans son voisinage, les marbrures lui sont à peu près parallèles, jusqu'à la région (très probablement la chalaze) où se perd la ligne sombre raphéale. Là les marbrures s'orientent en rayonnant de façon à former une petite rosace ou un soleil, assez caractéristique et facilitant la distinction de quelques espèces, notamment du *C. arborescens* Lam., type et variété.

Cela posé, les renseignements qui suivent, relatifs à chaque espèce, et les dessins qui les accompagnent permettront de se faire de chacune d'elles une idée assez nette.

Je rappellerai ici que l'étude des graines exige que l'on étudie non pas une seule graine de chaque type, mais bien un

FIGURES 365 à 368. -- CARAGANA Lam.

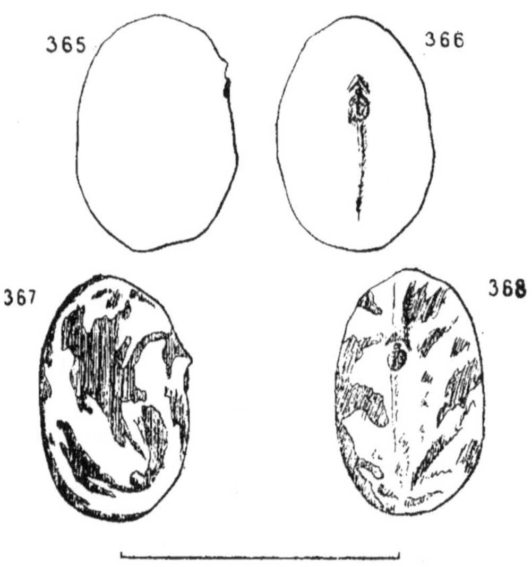

Fig. 365 et 366. — *C. frutescens* Medic., profil et face. — Fig. 367 et 368, *C. arborescens* Lam. (type), profil et face.

lot de graines : de cette façon on peut faire aisément, par un travail inconscient de l'esprit, la moyenne des caractères que l'on a sous les yeux. Cette précaution est fort utile car, d'une part, les graines à tégument normalement marbré présentent quelques rares individus à tégument uni, et vice versa, des espèces à tégument uni présentent quelques individus à tégument marbré. Il n'y a toutefois pas là, matière à erreur bien grave,

je ferai seulement remarquer que, dans le cas actuel, les marbrures qu'on rencontre chez les graines à tégument normalement uni sont toujours en camaïeu et très peu apparentes,
tandis que les graines à tégument normalement marbré ont,
lorsqu'elles sont unies, la teinte de fond du cas normal, teinte
toujours très différente de celles des graines à tégument normalement uni.

Cela posé, les dix espèces ou variétés étudiées sont assez
faciles à distinguer.

*C. **Altagana*** Poir. (fig. 373 et 374). — Graines ovales, à
extrémités un peu carrées et légère indentation hilo-micropylaire;
fond bistre-olivâtre et marbrures brun-rouge très foncé presque
noir. Ressemble beaucoup, à première vue, au *C. arborescens* Lam. ou à sa variété *Redowskii* DC., mais s'en distingue
aisément par sa taille plus grande (v. figures 367, 368, 375 et
376), par l'indentation hilo-micropylaire plus nette et plus
prononcée, et surtout parce qu'elle est plus plate, quand on
la regarde de profil. L'épanouissement chalazien des marbrures, là où se perd la ligne raphéale, est au contraire très
analogue dans les trois espèces citées. Nous verrons dans les
tableaux analytiques I et II qu'on peut cependant les distinguer
aisément par ce fait que le *C. Altagana* Poir., en raison de sa
forme, ne roule pas très facilement sur le papier, tandis que le
C. arborescens Lam. et sa var. *Redowskii* DC. roulent avec une
extrême facilité (puisqu'elles sont plus globuleuses). Ces deux
dernières enfin peuvent, malgré leur ressemblance, se distinguer
par l'absence chez la première, la présence chez la seconde
d'une ligne raphéale sombre, très nette.

C. arborescens Lam. (fig. 367 et 368). — Graine légèrement
plus petite que la précédente, ovoïde, très globuleuse, roulant
avec une très grande facilité. Fond bistre-olivâtre, marbrures
brun-rouge foncé tirant sur le noir. A ce propos il faut remarquer qu'ici les marbrures sont étalées sous forme de larges
taches, tandis que chez *C. Altagana* Poir. elles forment un mouchetis très léger. L'indentation hilo-micropylaire est sensible

quoique très légère, ainsi que le montre la vue de profil que je donne de la graine. Comme je l'ai dit plus haut, la ligne raphéale sombre, qui est extrêmement nette chez la var. *Redowskii* DC., est ici assez souvent sinon toujours absente. C'est d'ailleurs un caractère léger sur lequel je ne crois pas qu'il faille trop se fonder.

C. *arborescens* Lam., var. ***Redowskii*** DC. (fig. 375 et 376). — Souvent dénommée *C. Redowskii* DC., cette espèce a des graines ovoïdes, globuleuses, ressemblant beaucoup à celles du type. La taille en est généralement un peu plus grande (1). La différence réside surtout dans l'indentation hilo-micropylaire nulle ou presque, dans l'indication, par une ombre légère, d'une petite saillie du tégument au niveau de la radicule, dans une ligne raphéale très apparente aboutissant à un épanouissement chalazien très net des marbrures ; celles-ci, plus nombreuses et plus petites que dans le type, se détachent sur un fond de couleur olivâtre, d'aspect sale.

C. *aurantiaca* Koehne (fig. 369 et 370). — Très caractéristique, la plus petite de toutes, mesurant à peine **3** millimètres dans sa plus grande longueur, cette graine est de couleur vieux parchemin, presque sphérique, avec une saillie hilo-micropylaire très remarquable et une ligne raphéale très tranchée, de couleur sombre. Le hile et le micropyle (très petit) sont encadrés par un rebord tégumentaire, plus ou moins en forme de raquette, qui va rejoindre la ligne raphéale.

C. *frutescens* Medic. (fig. 365 et 366). — Graine ovoïde, à tégument rouge brique foncé, uni. Saillie hilo-micropylaire à peu près nulle. Hile très nettement circulaire et paraissant un peu fibreux. Ligne raphéale assez nette.

---

1. Quand il n'y a pas une grande différence de taille, je ne crois pas qu'il faille en tenir compte autrement que comme indication légère, car les conditions biologiques extérieures sont susceptibles, dans une certaine mesure, de faire varier les dimensions des graines.

C. microphylla Lam. (fig. 371 et 372). — Ressemble, à première vue, beaucoup au précédent, mais s'en distingue, en réalité, par de nombreux caractères. Tout d'abord la graine est ovale à extrémités un peu carrées, mais comme elle est assez

FIGURES 369 à 376. — CARAGANA Lam.

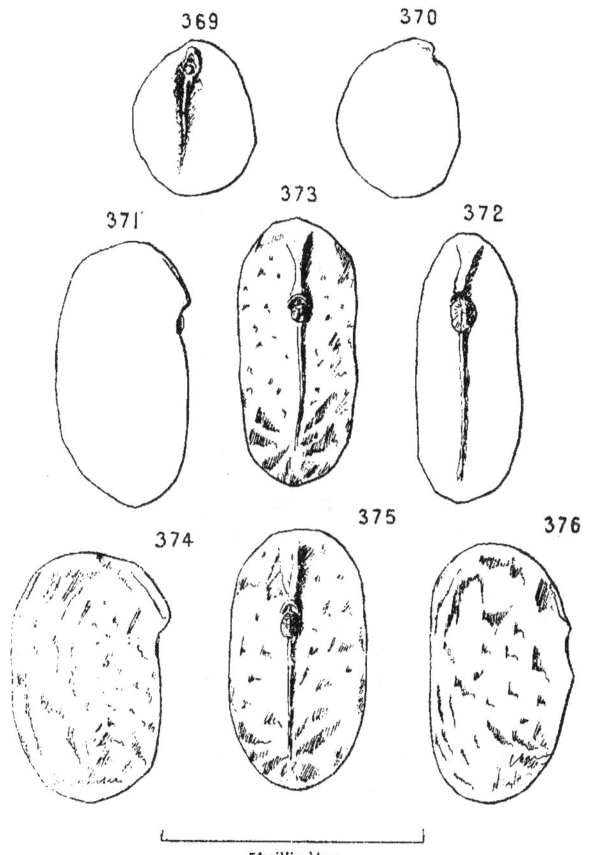

Fig. 369 et 370, *C. aurantiaca* Koehne, face et profil. — Fig. 371 et 372, *C. microphylla* Lam., profil et face. — Fig. 373 et 374, *C. Altagana* Poir., face et profil. — Fig. 375 et 376, *C. arborescens* Lam., var. *Redowskii* DC., face et profil.

plate, elle ne roule pas facilement sur le papier. Puis l'indentation hilo-micropylaire est excessivement nette, et correspond à une saillie du tégument très sensible au niveau de la radicule. Enfin la couleur est différente, dans la gamme des violets pourpres très foncés.

Les quelques considérations qui précèdent permettent de dresser deux tableaux analytiques pour distinguer ces six espèces :

TABLEAU I

1 { Graines roulant très aisément sur le papier (ovoïdes, globuleuses). 2
Graines ne roulant pas très aisément, plus ou moins plates.   5

2 { Graines à tégument normalement uni 3
Graines à tégument normalement marbré (teinte de fond ± olivâtre) 4

3 { Graines petites (3 mm.) couleur parchemin, presque sphériques . . . . *aurantiaca*
Graines plus grandes (4,5 ou 5 mm.) rouge brique foncé, ovoïdes un peu allongé . . . . *frutescens*

4 { Graines ovoïdes, à indentation hilo-micropylaire légère mais nette ; marbrures en larges taches . . *arborescens* (type)
Graines ovoïdes (parfois un peu aplaties), indentation hilo-micropylaire nulle ou presque, marbrures ou mouchetures légères . . . . \

5 { Graines à tégument normalement marbré et indentation hilo-micropylaire nulle ou presque . . . . } var. *Redowskii*
Graines à tégument normalement marbré ; indentation hilo-micropylaire très nette. . . . . *Altagana*
Graines à tégument normalement uni, violet pourpre plus ou moins foncé . . . . *microphylla*

Tableau II

1
- Graines à tégument normalement marbré (teinte de fond ± olivâtre) 2
- Graines a tégument normalement uni 3

2
- Saillie radiculaire très nette ; marbrures en mouchetures fines. . . . . *Altagana*
- Saillie radiculaire faible mais nette ; marbrures en taches larges . . . . *arborescens* (type)
- Saillie radiculaire nulle ou presque ; marbrures en mouchetures fines . . . . *arborescens,* var. *Redowskii*

3
- Graines couleur de parchemin, globuleuses, presque sphériques . . . . *aurantiaca*
- Graines rouge brique foncé, ovoïdes ; saillie radiculaire faible . . . . *frutescens*
- Graines violet-pourpre foncé, ovales, plates ; saillie radiculaire très nette . . . . *microphylla*

LÉGUMINEUSES

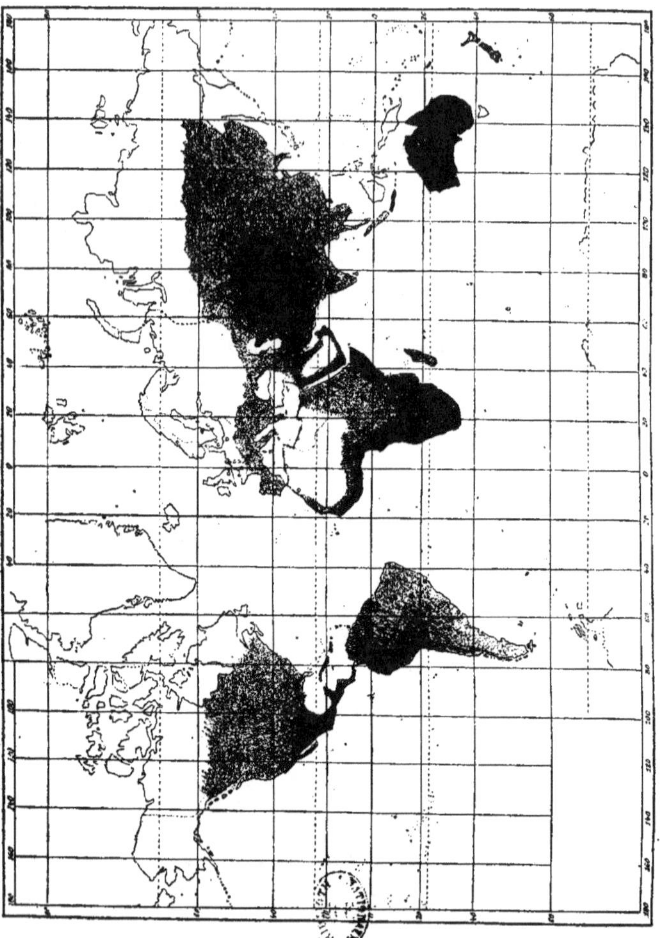

Répartition des Galégées

TRIBU VI. — **Hédysarées**.

Cette tribu, dans laquelle on range 52 genres renfermant en
tout environ 730 espèces, possède un très grand nombre de
plantes exotiques, et habite surtout, comme on le verra dans
un instant, les régions tropicales de l'Ancien et du Nouveau
Continent.

Les seuls genres que j'ai pu étudier sont les suivants :

> *Desmodium* Desv.
> *Scorpiurus* L.
> *Coronilla* L.
> *Ornithopus* L. (incl. *Arthrolobium* Desv.).
> *Onobrychis* L.

Pour les genres *Coronilla* L. et *Ornithopus* L. je n'ai pas
voulu donner un dessin de toutes les espèces étudiées : je
n'étais pas assez sûr de leur dénomination. Je me suis donc
contenté de représenter celles pour lesquelles j'avais une certitude aussi grande que possible.

Il n'est pas inutile, avant d'aborder l'étude de chacun de ces
genres, de reproduire ici le tableau statisque indiquant la
répartition géographique de la tribu tout entière, tableau que
j'ai publié ailleurs (1).

On déduit de l'examen de ce tableau que la tribu des Hédysarées a son pôle dans la partie méridionale de l'Asie, depuis
la presqu'île de Malacca jusqu'à l'Ouest de l'Inde. Il est fort
intéressant de remarquer combien grande est la dispersion de
cette tribu, qu'on retrouve ensuite dans la région orientale de

1. Cf. Louis Capitaine, *loc. cit.*, p. 207.

Distribution géographique des HÉDYSARÉES

	Europe	Asie	Afrique	Amérique			Océanie
				Nord	Centre	Sud	
Totalité du Continent				6	25	22	6
Nord		1	1			27	
Est		10	54	1	9		
Sud	5	76	7	6		5	
Ouest		8	46			4	
Nord-Est			1			45	
Sud-Est	6	4		1			
Sud-Ouest	1	30		1			
Nord Ouest	1	1	33			1	7
Centre	3		29	2		27	8
Centre-Nord		2				1	12
Centre-Est							2
Centre-Sud				1			
Centre-Ouest							
Région méditerr. totale	29	29	29				
Région méditerr. orientale	1	1	1				
Région méditerr. occidentale							
Montagnes Nord							
Montagnes Est	1						
Montagnes Sud							
Montagnes Ouest					5	4	
Montagnes Centre	1	1					
Montagnes Nord-Est							
Montagnes Sud-Est	4						
Montagnes Sud-Ouest	1	1		5			
Montagnes Nord-Ouest						5	
Déserts							
Asie Mineure		6					

l'Afrique. Les Seychelles, Nossi-Bé, Madagascar, la côte Est de l'Afrique, le Kilimandjaro sont très riches en Hédysarées. Il y a dans cette relation entre le Sud de l'Asie et l'Est de l'Afrique un fait à rapprocher de celui des Palmiers, surtout des Métroxylées, qui ont — croit-on — émigré de Madagascar jusque vers l'Inde, sans doute parce que les courants marins transportant leurs énormes fruits flottants, avaient permis à ceux-ci de traverser l'immense étendue de l'océan Indien. Ici, c'est le contraire qui semble se produire, puisque toute la partie Sud de l'Asie est plus riche en Hédysarées que l'Est de l'Afrique.

De là, la tribu envoie une forte branche, dans le Nord-Est, par l'Abyssinie et la vallée du Nil jusqu'à l'Egypte. Elle retrouve au canal de Suez une branche asiatique sud-occidentale qui recouvre la Perse, la Mésopotamie, la Syrie, la Palestine et l'Arabie, et de là ces deux petites branches enserrent le littoral méditerranéen, la première s'étendant sur l'Algérie et allant jusqu'aux îles Canaries, la seconde recouvrant l'Asie Mineure, la mer Noire, le pays de Marmara, et gagnant ainsi le Sud et le centre de l'Europe, poussant même une pointe jusqu'en Ecosse.

Les Hédysarées traversent le centre de l'Afrique, où les conditions biologiques ne paraissent pas beaucoup leur convenir, car on en cite fort peu dans ces régions (peut-être aussi, faute de documents) pour venir s'étaler sur la côte occidentale, depuis le Cameroun jusqu'au Cap Vert. Elles s'étalent au Sud jusqu'au Cap de Bonne-Espérance.

Traversant ensuite l'Atlantique dans sa plus petite largeur, elles viennent recouvrir le Brésil et presque toute l'Amérique du Sud, depuis l'Uruguay, l'Argentine et le Paraguay, jusqu'à l'Equateur et la Colombie. Elles semblent rechercher dans une certaine mesure les Andes chiliennes et les suivre, en remontant vers le Nord, à travers toute l'Amérique centrale jusqu'au Mexique, pour s'étaler et se perdre aux grands lacs du centre de l'Amérique du Nord. Les Antilles en recèlent aussi quelques espèces (Saint-Vincent, Guadeloupe, Cuba, etc.).

L'Archipel Malais et l'Australie nous offrent quelques représentants de la tribu, et ainsi se trouve fermée la grande bande qui fait le tour du globe, entre les tropiques. On peut en effet retenir de tout ceci, que la tribu des Hédysarées est surtout intertropicale, ne sortant guère de ces limites que dans l'Afrique nord-occidentale et la région méditerranéenne, jusqu'à la Perse, d'une part, et d'autre part, dans l'Argentine et les Etats-Unis, qui d'ailleurs n'en possèdent pas beaucoup d'espèces.

La planche VII résume les conclusions que je viens de formuler et permet d'apprécier facilement l'allure de la distribution géographique de la tribu.

Desmodium Desv.

Le genre *Desmodium* Desv. comprend environ 150 espèces habitant les tropiques ; elles sont assez difficiles à séparer et pour cela on a coutume de créer une douzaine de sections très artificielles et présentant un grand nombre de passages de l'une à l'autre.

J'ai pu examiner treize espèces, prises absolument au hasard, et présentant entre elles des différences morphologiques très sensibles ; ce sont, par ordre alphabétique, les suivantes :

D. Americanum DC.

D. Canadense DC.

D. elegans Bth.

D. gyrans DC.

D. gyroides DC.

D. laevigatum DC.

D. latifolium DC., var. *Pelvairii* Hassk.

D. polycarpum DC.

D. Scalpe DC.

D. tiliaefolium G. Don

D. tortuosum DC.

D. uncinatum DC.

D. viridiflorum Beck.

LÉGUMINEUSES

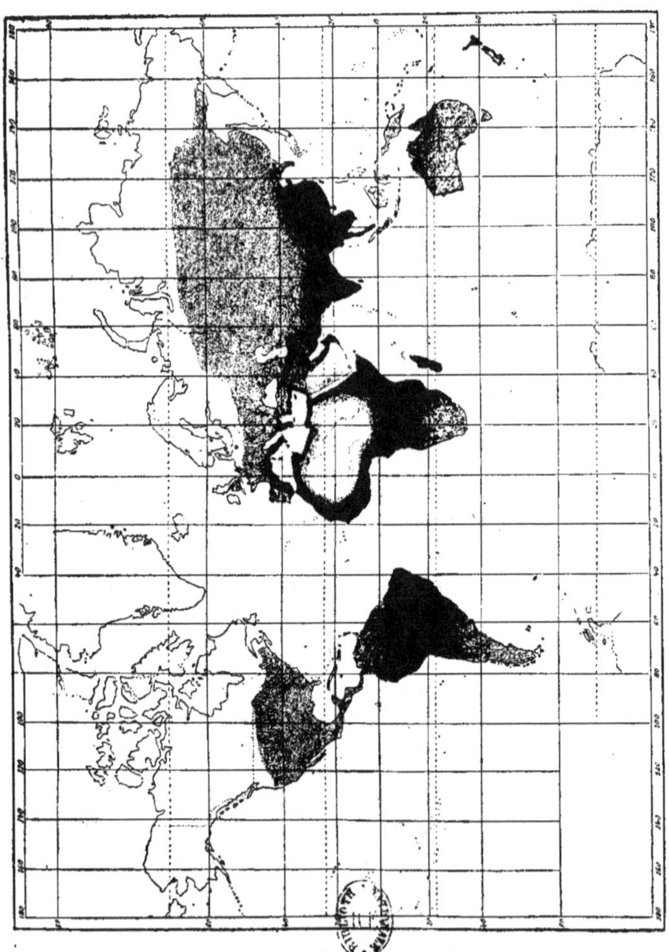

Ce genre appartient à la tribu des Hédysarées, où l'étude morphologique des graines est le plus souvent d'une extrême difficulté. Ici, au contraire, comme on en peut juger par les dessins qui accompagnent le texte, la distinction spécifique est chose aisée. La couleur, l'aspect, la forme, la taille sont variables d'une espèce à l'autre, et comme il n'y a pas grand'chose à signaler comme généralités, j'étudierai immédiatement chaque espèce en particulier, en résumant dans un tableau synoptique les caractères qui permettent de les distinguer les unes des autres.

D. Americanum DC. (fig. 401 et 402). — Le fruit de cette espèce est caractéristique : chaque article, plus ou moins exactement en forme de D, est muni d'un rebord épais qui est comme pincé en bourrelet. Au milieu de sa surface, chaque valve (si l'on peut appeler ainsi les faces latérales de ce fruit, divisé en articles indéhiscents) est relevée, bombée et même cristée. A l'intérieur, on trouve une graine en forme de D, également, reproduisant assez bien la forme de l'akène, entourée tout autour, sauf à la région hilo-micropylaire, d'un bourrelet pincé. La graine vue de profil ne présente aucune particularité, elle est brun-violet très foncé, presque noir, lisse mais non brillante (ou à peine). De face, la région hilo-micropylaire, qui s'accusait de profil par une légère indentation, avec saillie radiculaire surplombante, présente un hile oblong, assez petit, un micropyle à peu près invisible, même avec une forte loupe. Le tout est logé au milieu d'une dépression qui, vue de face, est assez vaste. Le raphé et la radicule sont révélés par deux saillies en bourrelets, qui continuent le bourrelet dorsal tout autour de la graine. Au demeurant, espèce assez petite, dont la longueur ne dépasse guère 2,5 millimètres.

D. Canadense DC. (fig. 387 et 388).— Fruit assez plat, à rebord anguleux, peu saillant. Surface des valves nettement réticulée. Graines fauves, un peu olivâtres, surtout sur les individus récoltés trop tôt, atteignant 4 millimètres, lisses, non nettement brillantes, ayant à peine l'aspect poli ou mieux douci, plates, en

Capitaine   16

forme d'oreille. Région hilaire formant un méplat net entre les saillies de la radicule et du raphé. Micropyle très petit, sous la saillie radiculaire. Hile entouré d'un rebord annulaire en bourrelet très net, couleur de rouille.

D. elegans Bth. (fig. 389 et 390). — Fruit plat, abondamment velu-soyeux ; surface des valves chagrinée. Graines petites (moins de 2,5 millimètres), lisses, noirâtres, non brillantes, d'aspect douci, de contour à peu près ovale, à région hilo-micropylaire peu déprimée, en général. Hile entouré d'un bourrelet tégumentaire net ; début du raphé nettement oblong allongé, atténué en pointe vers la chalaze, s'épanouissant en raquette du côté du hile, pourvu, en son milieu, d'un sillon longitudinal très net, en creux. Micropyle assez net. Vue de face, la graine est bombée au centre, puis s'amincit régulièrement tout autour.

D. gyrans DC. (fig. 403 et 404). — C'est la plus remarquable de toutes les espèces. Graines lisses, luisantes, presque noires, présentant à la région hilo-micropylaire un rebord tégumentaire assez net, contre lequel est appliquée une sorte d'arille, de consistance et de couleur cornée, formant une forte crête au-dessus de la graine. Cet arille, de forme très spéciale, comme le montre la figure, est clos du côté du raphé, ouvert du côté du micropyle, comme un U, plus ou moins fermé. Il offre l'aspect d'un pied de mollusque gastéropode, d'un escargot, par exemple. Cet arille, enlevé, laisse voir un hile oblong, contre lequel on aperçoit un tout petit micropyle. Cette graine mesure environ 3,5 millimètres de longueur, elle est ovale ; la région hilaire, formant une assez vaste dépression, est assez régulièrement plate.

D. gyroides DC. (fig. 391 et 392). — Comme son nom l'indique, cette espèce doit présenter quelque analogie avec la précédente. Cependant, au seul point de vue séminologique, la différence est considérable. Ici, il n'y a pas d'arille. La graine, plus ou moins en forme d'oreille, est déprimée à la région

FIGURES 377 à 392. — DESMODIUM Desv.

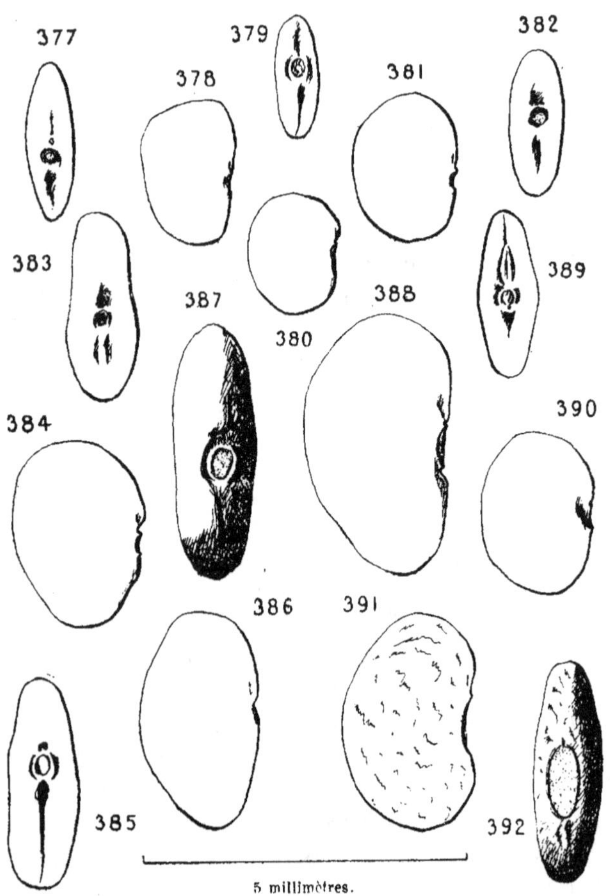

5 millimètres.

Fig 377 et 378, *D. Scalpe* DC., face et profil. — Fig. 379 et 380, *D. polycarpum* DC., face et profil. — Fig. 381 et 382, *D. latifolium* DC., var. *Pelvairii* Hassk., profil et face. — Fig. 383 et 384, *D. tortuosum* DC., face et profil. — Fig. 385 et 386, *D. uncinatum* DC., face et profil. — Fig 387 et 388, *D. Canadense* DC., face et profil. — Fig 389 et 390, *D. elegans* Bth., face et profil. — Fig. 391 et 392, *D. gyroides* DC., profil et face.

hilaire, qui est très nettement accusée par une surface elliptique, vaste, rebordée en bourrelet, par le tégument. De face,
elle paraît assez nettement plane, avec un raphé peu saillant,
mais un micropyle très visible. Cette espèce est de couleur
gris-beige indécis, à mouchetures noires, lisses, très peu brillantes.

D. laevigatum DC. (fig. 399 et 400). — Graines grandes
(5 millimètres de longueur), fauves ou brun-rouge, très lisses,
à plages un peu ombrées, plus foncées, comme brûlées, en
forme de haricot allongé, très plates pour leur longueur, très
peu déprimées à la région hilaire. De face, le hile se montre
oblong, entouré d'un premier rebord tégumentaire en bourrelet, très net, et d'une deuxième émergence très estompée, qui
englobe le micropyle très visible. Le raphé, un peu en forme
de raquette très allongée, est atténué en pointe fine du côté de
la chalaze, évasé du côté du hile, et présente en son milieu
un très net sillon longitudinal, comme un trait fait au canif.

D. latifolium DC., var. **Pelvairii** Hassk. (fig. 381 et 382). —
Graines petites, de 2 millimètres de longueur environ, fauve plus
ou moins foncé, ou jaunâtres, ou rougeâtres, lisses, non brillantes, ovales, plates. De profil, l'indentation hilo-micropylaire est
peu nette, se révélant comme une petite encoche, mais de face
le hile apparaît comme une petite tache arrondie, presque circulaire, claire, entourée d'un bourrelet tégumentaire petit, mais
net. Saillies radiculaire et raphéale presque nulles. Je n'ai pas
eu entre les mains le type de cette espèce, j'ai donc établi cette
diagnose d'après la variété. Je ne crois pas qu'ici la considération d'une variété, aux lieu et place du type, soit de nature à
créer une erreur grave, et l'on pourra compléter cette étude et
le tableau qui la suit, dès qu'on aura à sa disposition le type de
l'espèce.

D. polycarpum DC. (fig. 379 et 380). — Fruit d'un violet
sombre, à surface lisse, rebordé tout autour par une sorte de
bourrelet, petit, mais saillant et anguleux. Graines jaunâtres,

petites, atteignant au plus 1,5 millimètre de longueur, ovales, mais fortement déprimées dans la région hilo-micropylaire, ce qui leur communique une forme plus ou moins en oreille, lisses, brillantes, plates. De face, le hile se présente comme une minuscule tache circulaire, au fond d'une dépression dominée par un bourrelet tégumentaire, entouré lui-même de part et d'autre d'une émergence du tégument en saillie estompée. La radicule et le raphé forment deux saillies assez sensibles, vu la petitesse de la graine.

D. Scalpe DC. (fig. 377 et 378). — Articles du fruit violet-brun, à peu près rectangulaires, à faces latérales légèrement convexes, à surface des valves un peu réticulées, rugueuses, contenant une graine jaune-verdâtre, lisse, luisante, comme huilée, très petite, ne dépassant pas 2 millimètres de longueur, offrant un contour très remarquable : l'axe hypocotylé, à peu près à l'endroit où s'insèrent les cotylédons, subit un brusque changement de courbure d'où résulte, chez la graine, une sorte de bosse, presque immédiatement suivie d'une partie rectiligne. La dépression hilaire est sensiblement nulle, et la radicule est à peu près dans le prolongement du raphé, rectiligne. Les faces de la graine sont nettement convexes ; quand on regarde le hile de face, il apparaît comme une tache circulaire, entourée d'un bourrelet tégumentaire, au-dessous duquel se voit le micropyle, très net. Les saillies radiculaire et raphéale sont très peu sensibles.

D. tiliaefolium G. Don (fig. 395 et 396). — Graines assez nettement ovales, allongées, dépassant 3 millimètres de longueur, non déprimées à la région hilaire, noirâtres ou brun foncé. De face, le hile, avec son bourrelet tégumentaire, et le micropyle au-dessus, sont entourés à leur tour par une émergence du tégument assez nettement estompée et qui se raccorde d'une part avec le raphé, de l'autre avec la saillie radiculaire. Le raphé forme ici un bourrelet assez nettement pincé. L'ensemble de la graine est assez régulier, plat, avec un léger bombement des faces, en leur milieu.

D. *tortuosum* DC. (fig. 383 et 384, 393 et 394). — Graines ovales-orbiculaires, fauve plus ou moins roux, contenues dans un fruit à surface réticulée et velue, luisantes, d'aspect gras ou corné, très plates, présentant sur le profil une saillie radiculaire en surplomb, assez nette. Ensuite, la dépression hilaire forme un creux assez marqué, mais la saillie raphéale, d'abord très

FIGURES 393 et 394. — DESMODIUM Dgsv. (*suite*)

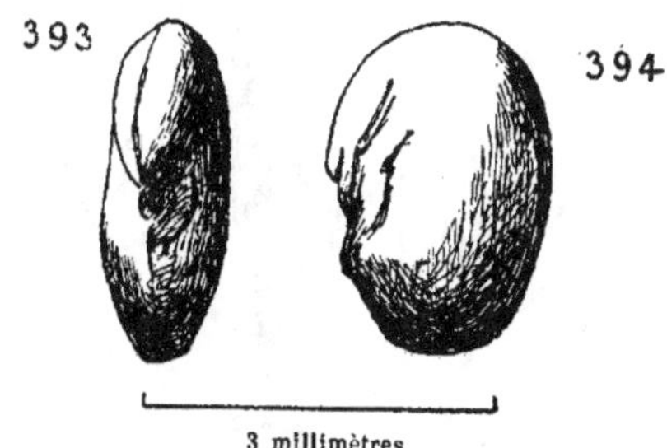

Fig. 393, *D. tortuosum* DC., vue de face. — Fig. 394, même espèce vue de profil. (Ces deux dessins ont été exécutés à une échelle un peu différente des figures 383 et 384, et sur un lot de graines différent, reçu bien long-temps après que les premiers dessins étaient faits. On verra l'extrême similitude des deux profils, figures 384 et 394).

nette, vers le hile, s'atténue brusquement un peu en dessous, si bien qu'il en résulte une nouvelle ondulation en creux, avant d'arriver à la chalaze. De face, le hile offre la forme d'une tache circulaire, entourée par le bourrelet tégumentaire et limitée en haut et en bas par les saillies radiculaire et raphéale. Ainsi considérée, la graine présente une épaisseur plus grande au-dessous de la ligne horizontale passant par le hile, qu'ail-leurs, plus haut par exemple ; on en conclut que l'épaisseur des cotylédons est plus forte à leur extrémité, c'est-à-dire du côté de la chalaze, que vers l'axe hypocotylé où ils se réunissent.

D. *uncinatum* DC. (fig. 385 et 386). — Graines ovales très allongées ($3 \times 1,5$ millimètres), jaune de miel, lisses, peu brillantes, d'aspect corné, à éclat gras. Dépression hilaire peu sensible, donnant l'impression, sur le profil, d'une encoche faite au canif. De face, le hile circulaire est entouré d'un bourrelet

FIGURES 395 à 404. — DESMODIUM Desv. *(suite)*

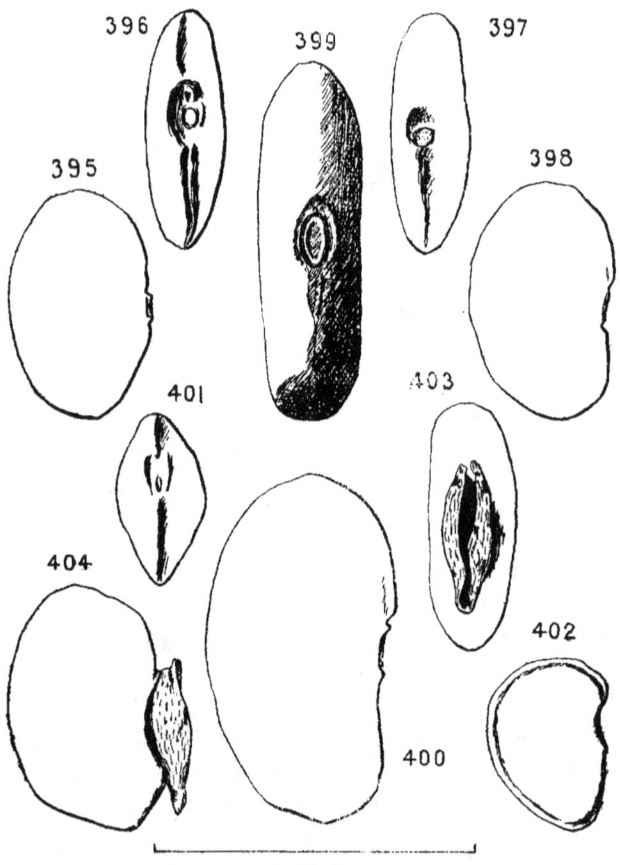

Fig. 395 et 396, *D. tiliaefolium* G. Don, profil et face. — Fig. 397 et 398, *D. viridiflorum* Beck., face et profil. — Fig. 399 et 400, *D. laevigatum* DC., face et profil. — Fig. 401 et 402, *D. Americanum* DC., face et profil. — Fig. 403 et 404, *D. gyrans* DC., face et profil.

tégumentaire très mince, et de part et d'autre, d'émergences onduleuses assez estompées. Le micropyle est protégé par une sorte de niche formée par le surplomb de la radicule et la saillie du tégument. Le raphé est très net, en massue allongée, noir.

D. viridiflorum Beck. (fig. 397 et 398). — Graines assez grandes, atteignant et même pouvant dépasser 3,5 millimètres, ovales, à région hilaire produisant une dépression largement excavée, qui donne à la graine vue de profil la forme plus ou moins nette d'une oreille, plate, d'un jaune olivâtre pâle, un peu mate, d'apparence de cire. Hile à peu près circulaire, entouré d'un bourrelet tégumentaire net. Ondulations du tégument, à droite et à gauche, assez peu sensibles. Radicule si peu saillante qu'elle n'est guère perceptible. Raphé plus net, présentant à son début une tache noire ou très foncée, au milieu de l'estompement général.

On voit par les descriptions qui précèdent, combien toutes ces espèces sont différentes les unes des autres. Leur classement en un tableau synoptique, sera donc chose aisée. Le simple examen des figures est suffisant, car les dessins, reproduction fidèle de la réalité, sont assez éloquents par eux-mêmes.

TABLEAU SYNOPTIQUE

1   Arille très développé, en pied de colimaçon. . . .   *gyrans*
    Non 2

2   Graine très fortement bombée, à rebord pincé en bourrelet . . . . *Americanum*
    Graine ± aplatie 3

3   Graine à contour convexe à la région hilaire 4
    Graine à contour concave à la région hilaire 5

4   Graine ovale, à région hilaire plus ou moins nettement en relief . . . . *tiliaefolium*
    Graine ovale allongée, à hile en encoche, en coup de canif . . . . *uncinatum*

5 { Cotylédons épais au bout, gonflant la graine à cet endroit
     (de face) . . . . *tortuosum*
    Non ; contour régulier (de face) 6

6 { Axe hypocotylé à courbure discontinue, formant une bosse très
     nette (de profil) . . . . *Scalpe*
    Non ; contour régulier, continu (de profil) 7

7 { Amérique septentrionale 8
   Asie tropicale 9

8 { Graine brun-rouge, à région hilaire rectiligne . . *canadense*
   Graine jaune-verdâtre, à région hilaire concave. *viridiflorum*

9 { Graine de 5 mm., brun-rouge, plate, en forme de hari-
    cot. . . . . *laevigatum*
   Graine n'atteignant pas 3 mm. 5. 10

10 { Graine gris sale, mouchetée de noir, en oreille très nette ; grand
    hile . . . . *gyroides*
   Non 11

11 { Faces de la graine bombées au milieu . . . . . *elegans*
    Faces régulièrement convexes 12

12 { Saillie radiculaire en surplomb . . . . . . *polycarpum*
    Saillie radiculaire nulle . . . . . *latifolium* var. *Pelvairii*

Scorpiurus L.

Le petit genre *Scorpiurus* L. ne compte que cinq ou six
espèces environ, habitant la région méditerranéenne et les îles
Canaries. J'ai pu étudier deux espèces françaises et une de leur
variété :

    S. *subvillosus* L.
    S. *subvillosus* L., s.-var. *eriocarpus* Rouy
              (= S. *sulcatus* Siebth. et Sm.).
    S. *vermiculatus* L.

Parmi tous les exemples que j'ai cités, celui-ci est l'un des plus frappants : tandis que les deux *S. subvillosus* L. ont des graines arquées, en forme de navette, atténuées aux deux bouts, et présentant la région ombilicale du côté convexe, les graines du *S. vermiculatus* L. sont globuleuses subsphériques,

FIGURES 405 à 410. — SCORPIURUS L.

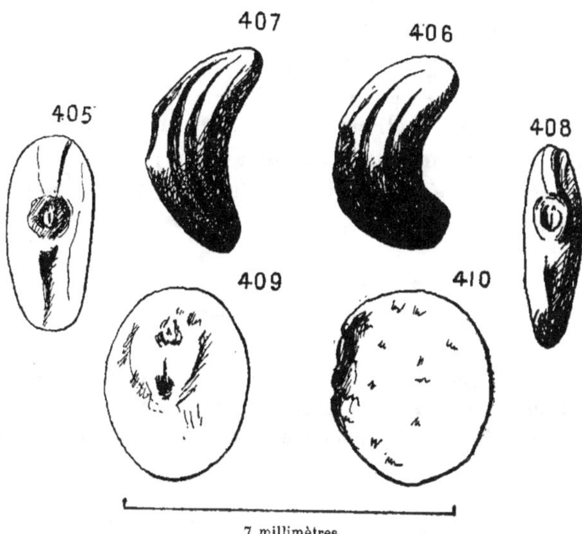

Fig. 405 et 406, *S. sulcatus* Siebth. et Sm., face et profil (= *S. subvillosus* L., s.-var. *eriocarpus* Rouy). — Fig. 407 et 408, *S. subvillosus* L. (type), profil et face. — Fig. 409 et 410, *S. vermiculatus* L., face et profil.

beaucoup plus grosses. Les deux graines ont si peu de rapport entre elles, au point de vue morphologique, que l'on est surpris de les voir appartenir à deux espèces figurant dans le même genre. Tandis que les graines du *S. subvillosus* L. type sont de couleur sombre (brun-rouge, brun-jaune, ou brun-vert), celles de la variété *eriocarpus* Rouy sont d'un jaune d'ocre franc. Enfin la forme, comme on vient de le voir, distingue ces deux

graines du *S. vermiculatus* L. Souvent, ainsi que je l'ai représenté sur mes dessins (fig. 406 et 407) les navettes du *S. subvillosus* L. présentent des stries en fuseaux parallèles à leur
axe. Il est probable qu'on a affaire, là, à un phénomène de rétraction, comme j'en ai vu déjà fréquemment, et ce qui me pousse
à admettre cette manière de voir, c'est que plusieurs de mes
sachets de *S. vermiculatus* L. contenaient des graines plus ou
moins ridées ou creusées de fossettes, alors que normalement
elles sont parfaitement globuleuses. C'est un cas analogue à
celui du *L. vulgare* GRIS. dont plusieurs auteurs, se fondant sur
l'examen d'échantillons défectueux, ont indiqué les graines
(accidentellement ridées, alors que normalement elles sont lisses)
comme « alvéolées ». Il est bon de noter en terminant que le
tégument des graines que j'ai étudiées était finement chagriné.

Donc, en résumé, on pourra établir le petit tableau synoptique suivant :

TABLEAU SYNOPTIQUE

1
- Graines en navettes arquées. . . . *subvillosus* (voir → 2)
- Graines globuleuses subsphériques ; tégument jaune parchemin,
  rouge-brun à la région ombilicale, souvent moucheté de pourpre . . . . *vermiculatus*

2
- Graines brunes . . . . *subvillosus*, type
- Graines jaunes . . . *subvillosus*, var. *eriocarpus* = *sulcatus*

Coronilla L.

Les espèces de ce genre, qu'il m'a été donné d'examiner, ne
constituaient pas des matériaux assez abondants, ni surtout
assez sûrs pour que j'aie cru devoir les dessiner, ni en donner des
diagnoses individuelles. Qu'il suffise de savoir que les espèces
que j'ai eues entre les mains ont des graines très semblables

entre elles, cylindro-arquées, de couleur jaune d'or plus ou moins vif, ou rouge brique violacé. Quelques représentants, peu nombreux, ont des graines d'un vert plus ou moins bistre, mais c'est la minorité. Une source d'erreurs, dans ce genre, est le polymorphisme des graines, pour une espèce déterminée : cela tient à la forme du fruit, qui est allongé, moniliforme et atténué aux deux extrémités. Chacun des articles, en lesquels il est divisé, contient une seule graine, et à maturité les articles se séparent les uns des autres sans s'ouvrir. En général, chaque graine est arrondie aux deux bouts, mais souvent, par suite d'une malformation, l'une des extrémités, ou même les deux sont transformées en méplats. La graine semble alors comme coupée en carré aux deux bouts. Il y a donc, ici plus encore qu'ailleurs, à tenir compte, dans l'opinion que l'on se fait des caractéristiques de chaque espèce, de l'examen approfondi d'un lot de graines aussi abondant que possible. Cette forme dont je viens de parler est purement due au dynamo-métamorphisme — pour employer un terme de la langue des géologues et des minéralogistes — c'est-à-dire qu'elle est causée par une pression plus ou moins forte contre les extrémités de la graine, et dirigée dans le sens de l'axe de celle-ci Il y a là, quoiqu'à un moindre degré, une transformation mécanique analogue, dans son processus, quoique différente dans son résultat, à celle qui produit la glumelle bicarénée des Graminées.

Indépendamment de cette transformation, il y a lieu de considérer la forme des articles extrêmes, très différente de celle des articles moyens : ils sont toujours beaucoup plus étirés et plus minces qu'eux Il en résulte que les graines qui s'y développent sont de forme souvent un peu altérée par rapport à la forme moyenne des graines du lot.

Résumant tout ce qui précède, on dira que pour pouvoir établir des conclusions sur les graines de *Coronilla*, et le rôle qu'elles peuvent jouer dans la systématique, il faudrait :

1° Avoir un lot de graines abondant, dans lequel on ne tiendrait compte que des spécimens de forme *moyenne*, qui sont, à coup sûr, les plus abondants ; on laisserait de côté, ceux qui, par leur aspect extérieur, trancheraient trop complètement sur l'ensemble de leurs voisins, par leurs caractères morphologiques externes ;

2° Avoir des graines très sûrement nommées ; il serait bon alors de n'opérer que sur des échantillons dont on aurait vérifié, par la culture, l'exactitude des dénominations, et il faudrait en outre, je crois, que tous les échantillons fussent traités, pendant leur croissance, de la même façon, pour éliminer les causes d'erreurs et les variations de taille ou d'aspect pouvant résulter d'une négligence quelconque, relativement à ce sujet ;

3° Avoir à sa disposition le plus possible d'espèces différentes, afin de ne prendre une décision, pour la diagnose de chacune d'elles, qu'après avoir examiné toutes les autres, de façon à éviter, dans la mesure du possible, les erreurs ou les obscurités résultant de la comparaison, mal établie, de caractères trop peu dissemblables.

Mais si plusieurs espèces semblent avoir, l'une à l'égard de l'autre, de grands points d'analogie, il y a fort heureusement bon nombre d'autres échantillons qui sont reconnaissables, même sans aucun terme de comparaison, avec la plus grande aisance. Les uns, par exemple, sont cylindriques-filiformes, tandis que les autres sont cylindriques renflés, presque ovoïdes. Les uns sont toujours jaunes, les autres toujours pourpre-violacé. Enfin quelques-uns présentent un micropyle toujours visible quoique minuscule, tandis que les autres n'ont, à la région hilaire, qu'une dépression plus ou moins marquée, au milieu de laquelle s'observe le hile, plus ou moins recouvert des vestiges du funicule, qui font presque — dans certains cas — l'illusion d'un minuscule arille.

Les quelques considérations qui précèdent, sans rien préjuger au sujet de chaque espèce en particulier, permettent de se faire une idée, dans quel sens on devrait orienter le classement primordial des divers échantillons étudiés. On aura ainsi, dès lors, la faculté de créer une série de cases où l'on rangera, par une première approximation, les différents spécimens. On les reprendra ensuite individuellement, et dans chaque groupe ainsi établi on pourra, plus aisément, établir des sous-groupes, de moins en moins nombreux jusqu'au moment où l'on aura séparé toutes les espèces.

Bien entendu, les bases que j'ai proposées pour faire des groupes de premier ordre, telles que : *graines filiformes, graines ovoïdes, micropyle visible*, etc., n'ont rien d'absolu ni de définitif. Il est fort possible, en effet, qu'un examen approfondi d'échantillons nombreux conduise à admettre, au début, d'autres caractères pour distinguer les groupes de premier ordre.

Quoi qu'il en soit, je crois que la difficulté que l'on rencontre, pour ranger ces graines, tient, en grande partie, à ce qu'elles appartiennent à la tribu des Hédysarées. La plupart des genres que l'on y range, en effet, possèdent des fruits divisés en articles indéhiscents. Ce mode de végétation et de reproduction, est éminemment favorable au polymorphisme de leur contenu, et il ne sera pas étonnant de rencontrer des difficultés analogues, chaque fois qu'on aura affaire à un genre rangé dans cette tribu.

Ornithopus L. (incl. *Arthrolobium* Desv.).

Le petit genre *Ornithopus* L. ne compte guère qu'une dizaine d'espèces, au plus, si l'on fait abstraction des nombreux synonymes dont un bon nombre se rapporte à des espèces de *Coronilla* déjà décrites (1). Les matériaux dont je disposais ne m'ont pas tous semblé assez sûrs pour pouvoir fonder sur eux quelque étude sérieuse. Ceux que j'avais à ma disposition étaient :

> *O. compressus* L.
> *O. durus* Cav.
> *O. ebracteatus* Brot.
> *O. repandus* Poir.
> *O. sativus* Brot.
> *O. scorpioides* L.

1. Cf. à ce sujet, *Index Kew.*, article *Ornithopus* L. (II, 371).

D'habitude, lorsque j'ai plusieurs échantillons du même nom, contenant des individus identiques, de provenances diverses, je puis arriver à une quasi-certitude. Ici cela n'a pas été possible pour les six espèces précitées, dont je n'ai pu retenir que :

O. compressus L.

O. ebracteatus Brot.

O. sativus Brot.

FIGURES 411 à 416. — ORNITHOPUS L.

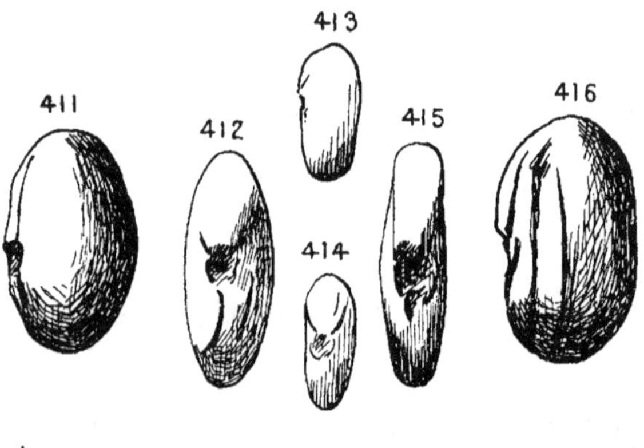

7 millimètres

Fig. 411 et 412, *O. sativus* Brot., profil et face. — Fig. 413 et 414, *O. ebracteatus* Brot., profil et face. — Fig. 415 et 416. *O. compressus* L., face et profil. [Les graines d'*O. ebracteatus* Brot.. dont l'une est représentée ici, m'ont été obligeamment communiquées par M. G. Daveau, de Montpellier, qui a récolté la plante dans les terrains siliceux du Portugal, aux environs de Coïmbre, *loco classico*].

Tandis que le premier et le dernier ont des graines assez grandes, relativement ovales, aplaties, *O. ebracteatus* Brot. possède des graines extrêmement petites, subcylindriques, jaune cire pâle, droites ou légèrement arquées. Dans ce cas, la région ombilicale est toujours située du côté convexe, ce qui est assez rare chez les Légumineuses. Toutefois on se rappellera que pareil fait existe chez les *Scorpiurus* (*S. subvillosus* L.) (1). Les deux autres espèces se distinguent non moins aisément l'une de l'autre : *O. compressus* L. a des graines assez grandes (2,6 à 2,7 millimètres de longueur moyenne) régulièrement ovales, très plates, à tégument jaune-orangé mat. *O. sativus* Brot., au contraire, a des graines un peu plus petites, ovales, ovoïdes, bombées sur les faces ventrales, à tégument brun-rouge, luisant.

On pourra donc établir le tableau synoptique ci-dessous :

TABLEAU SYNOPTIQUE

1 { Graines subcylindriques, très petites, jaune cire .   *ebracteatus*
  { Graines ovales, plates ou bombées de 2 mm. ou plus . . **2**

2 { Graines très plates, mates, jaune-orangé . . . *compressus*
  { Graines bombées, luisantes, brun-rouge . . . . *sativus*

Onobrychis L.

Le genre *Onobrychis* L. comprend environ 80 espèces répandues en Europe, Afrique septentrionale et Asie occidentale. L'un des bons caractères employés pour distinguer les espèces repose sur l'examen du fruit. On va voir que l'étude morphologique de la graine peut aussi fournir d'utiles indications.

Les quatre espèces que j'ai pu étudier sont, par ordre alphabétique, les suivantes :

O. Caput-Galli Lam.

O. Cretica Desv.

O. saxatilis Lam.

O. viciaefolia Scop.

1. Cf. les figures 406 et 407, *Scorpiurus sulcatus* Siebth. et Sm. et *S. subvillosus* L., page 250.

O. Caput-Galli Lam. (fig. 417 et 418). — Graines grosses, de
4,5 millimètres de longueur environ, ovales, suborbiculaires
(profil) et nettement biconvexes (face). Tégument lisse, brillant,
brun-jaune. Saillie radiculaire souvent aplatie, plane sur le
dessus, sauf à l'extrémité en surplomb, qui est aiguë et même
tranchante (figure 418). La forme de la graine me paraît absolument constante, il faut donc ne retenir que les caractères
moyens, et qui se retrouvent dans chaque individu. Le hile est
profondément enfoncé dans une dépression tégumentaire large,
limité à droite et à gauche par deux rebords en bourrelets,
presque parallèles. La région raphéale est indiquée par une
saillie nette, analogue à la partie tranchante de la saillie radiculaire.

O. Cretica Desv. (fig. 423 et 424). — Graines assez grandes,
de **4** millimètres de longueur environ, au minimum, ovales
allongées, biconvexes. Rebord dorsal très net, anguleux au
toucher. Tégument lisse, un peu brillant, jaune parchemin
foncé, parfois moucheté de rouge. Saillie radiculaire presque
invisible, marquée seulement, sur le corps de la graine, par une
ligne pâle, jaunâtre. Echancrure ombilicale faible, limitée par
un léger surplomb radiculaire et une bosse raphéale presque
aussi développée que lui. Vue de face, la région hilaire apparaît
comme une cavité située au milieu de la plate-forme légèrement concave formée par l'ombilic et limitée de chaque côté
par un bourrelet tégumentaire trapu. Le hile est une tache
sombre, profondément enfoncée, peu visible. Mais la couronne
funiculaire est saillante et nette ; elle porte même parfois, du
côté de la radicule un vestige du funicule, sous forme d'une
petite languette relevée. Cela lui donne l'apparence de la moitié
d'une mitre, qui serait vue par le côté concave. Cette espèce
ressemble un peu à *O. Caput-Galli* Lk., mais s'en distingue
par le contour apparent de son profil.

O. saxatilis Lam. (fig. 421 et 422). — Graines petites, brun-
gris jaunâtre, obovoïdes, ne dépassant pas **3** millimètres de
longueur moyenne. Tégument lisse, un peu brillant. Région

ombilicale très peu accentuée, comme la saillie radiculaire qui se distingue à l'extrémité, par son léger surplomb. Hile cir-

FIGURES 417 à 426. — ONOBRYCHIS L.

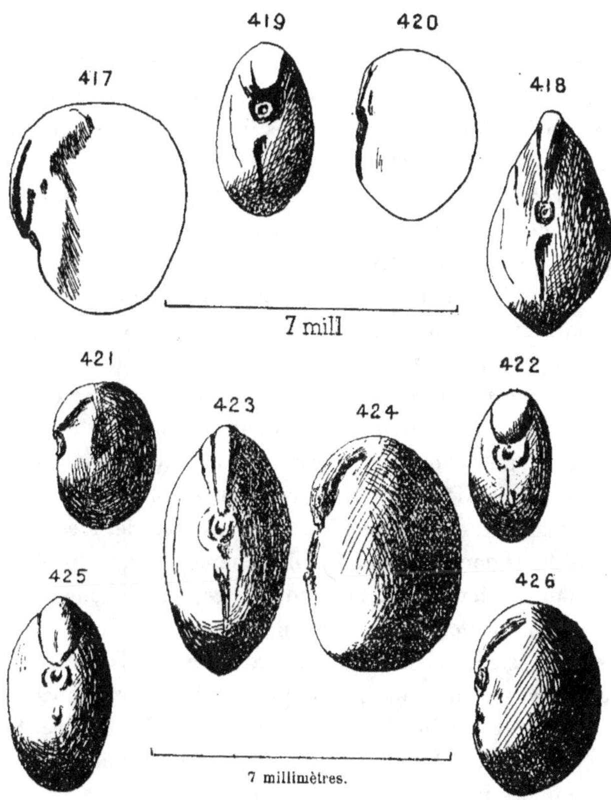

Fig. 417 et 418, *O. Caput-Galli* Lk., profil et face. — Fig. 419 et 420, *O. viciaefolia* Scop., face et profil. — Fig. 421 et 422, *O. saxatilis* Lam., profil et face. — Fig. 423 et 424, *O. Cretica* Desv., face et profil. — Fig. 425 et 426, *O. viciaefolia* Scop., face et profil. [Les figures 417, 418, 419 et 420, ont été exécutées à une échelle très légèrement différente des autres. — Les figures 419 et 420 d'une part, 425 et 426 d'autre part, ont été exécutées sur des individus différents, de provenances différentes. Remarquer leur étroite ressemblance].

culaire à collerette blanchâtre, légère, un peu enfoncé dans le
tégument, rebordé autour de lui. Région raphéale indiquée par
une petite plage brun-jaune pâle, semi-translucide, en forme
de larme. Cette espèce ne peut guère se confondre avec aucune
autre, pas même la suivante, qui lui ressemble un peu, en raison de sa taille.

O. viciaefolia Scop. (fig. 419 et 420 ; 425 et 426). — Je
donne de cette espèce quatre figures. Les deux premières ont
été exécutées il y a longtemps, les deux autres tout dernière-
ment, sous le nom de *O. sativa* Lam. Et on sait qu'on se trouve
là en présence de deux synonymes. On pourra remarquer la
très grande ressemblance de ces deux séries de dessins, qui ne
diffèrent que par de très faibles détails plutôt imputables à
l'exéution qu'à la nature. Graines moyennes ou grosses, de 3,8
à 4,2 millimètres de longueur environ, ovoïdes ou subglobuleuses, ayant toujours le contour de profil ovale allongé et
celui de face nettement bombé sur les faces ventrales. Cette
espèce se distingue aisément des deux premières étudiées par
l'absence d'un rebord dorsal caréné. Tégument lisse, brillant,
brun-jaune. Saillie radiculaire très peu visible en général, ne
se traduisant à l'extrémité, que par un très petit relief, qui
domine la région hilaire. Ombilic à peine indiqué (profil). De
face, sous le léger surplomb radiculaire, on voit une sorte de
cuvette ombilicale brun-rouge foncé. Au centre de celle-ci une
forte dépression, marquée d'un rebord tégumentaire net, marque
l'entrée de la région hilo-micropylaire. Hile très sombre, indiqué par une très belle et abondante couronne funiculaire. Bosse
raphéale nette, soit comme une petite boule (figure 425), soit
comme une saillie plus allongée (figure 419).

En résumé on peut former le tableau synoptique ci-après :

TABLEAU SYNOPTIQUE

1 {
Graines grosses ovales orbiculaires, nettement biconvexes; rebord dorsal caréné **2**
Graines moyennes ou petites. Rebord dorsal nul **3**

2 {
Graines orbiculaires brun-jaune . . . . *Caput-Galli*
Graines ovales allongées, couleur parchemin, parfois mouchetées de rouge. . . . . *Cretica*

3 {
Graines petites (moins de 3 mm.) . . . . . . *saxatilis*
Graines moyennes mesurant plus de 3,5 mm., et atteignant généralement 4 mm de longueur . . . . *viciaefolia*

TRIBU VII. — Viciées

La petite tribu des Viciées, qui ne comprend que six genres,
et environ 250 espèces, est l'une des plus importantes par les
genres qui y figurent. En effet, les lentilles, les pois chiches,
les vesces, les pois et les gesses, contituent nos meilleurs légu-
mes et nos meilleurs fourrages.

Les quatre genres (ou sous-genres) que j'ai pu étudier sont :

> *Vicia* L.
> *Ervum* Tourn. (1).
> *Pisum* L.
> *Lathyrus* L.

Tous ces genres ont de nombreuses espèces représentées en
France. Cela ne fait qu'accroître leur intérêt. Mais avant d'aborder leur étude en particulier, il me paraît opportun de donner
ci-après le tableau statistique que j'ai obtenu en étudiant la
répartition géographique générale de la tribu.

On déduit de l'examen de ce tableau que la tribu des Viciées
a son pôle de diversité dans la région méditerranéenne tout
entière. De là, la tribu se diffuse dans l'Asie sud-occidentale,
envoyant une branche jusque dans la Perse et l'Afghanistan.

Là, elle s'évanouit brusquement, pour n'avoir plus que de
rares représentants en Sibérie, dans l'Asie centrale et le Sud,
jusqu'à la Chine. De la branche nord du fer à cheval que forme

1. Le genre *Ervum* a perdu depuis longtemps son autonomie. pour la plupart des botanistes, et on le considère le plus souvent comme sous-genre ou
section du genre *Vicia* L.

Répartition géographique des VICIÉES

	Europe	Asie	Afrique	Amérique			Océanie
				Nord	Centre	Sud	
Totalité du continent	17						
Nord	2	3				2	
Est	2		2	3			
Sud	1	2	1	4		1	
Ouest	3	7	2	3		1	
Nord-Est	1		3				
Sud-Est	6						
Sud-Ouest		23					
Nord-Ouest						1	
Centre	4	2		3			1
Centre-Nord							
Centre-Est							
Centre-Sud	2						
Centre-Ouest							
Région méditerr. totale	28	28	28				
Région méditerr. orientale	3	3	3				
Région méditerr. occidentale	4		4				
Montagnes Nord							
Montagnes Est	3						
Montagnes Sud	4						
Montagnes Ouest	3						
Montagnes Centre	7						
Montagnes Nord-Est							
Montagnes Sud-Est	3						
Montagnes Sud Ouest	3	1					
Montagnes Nord-Ouest							
Déserts							
Asie Mineure		6					

LÉGUMINEUSES

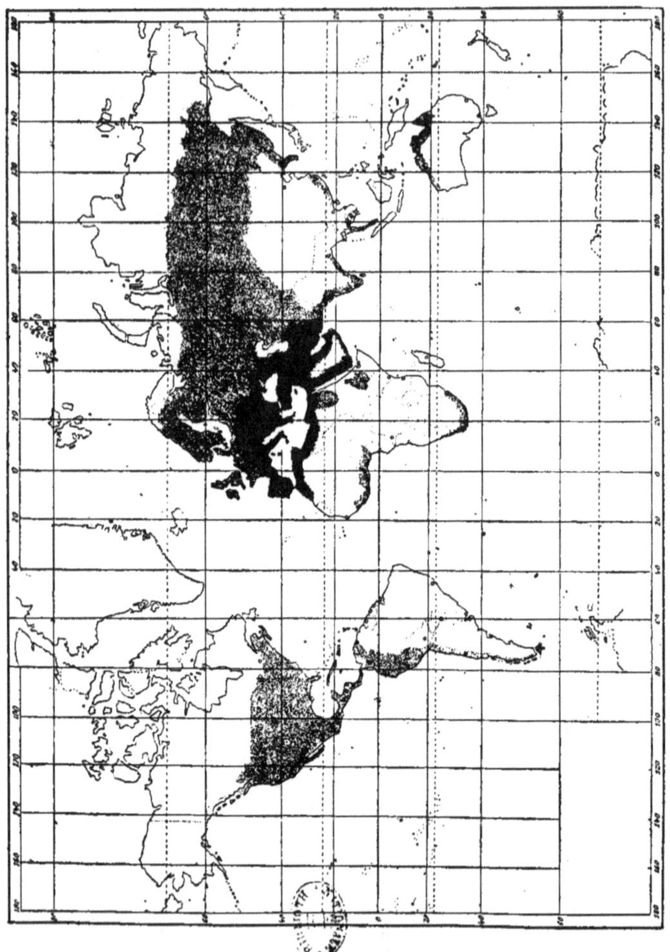

Répartition des Viciées

le pôle autour de la région méditerranéenne, c'est-à-dire de l'Europe méridionale, part une vague qui recouvre toute l'Europe, sauf les régions arctiques, d'une façon à peu près uniforme, avec une certaine prédominance, toutefois, dans les Alpes centrales et jusqu'aux Carpathes. En Afrique, au contraire, on est en face d'une solution de continuité ; le Sahara offre un obstacle infranchissable, et les espèces que l'on rencontre au-delà sont en nombre tout à fait négligeable. Enfin, à part l'Amérique du Nord tropicale, les autres régions du Globe n'ont plus d'intérêt, puisqu'en Océanie, par exemple, seul le genre *Abrus* L. semble avoir quelques représentants épars.

La planche VIII résume les conclusions que je viens de formuler et permet d'apprécier aisément l'allure de la distribution géographique de la tribu.

Vicia L.

Ce genre comprend environ cent vingt espèces, habitant les régions tempérées de l'hémisphère Nord surtout, et aussi un peu, l'Amérique du Sud tempérée. Sa distribution est assez vaste, mais on peut dire, d'une manière générale, que ce sont de préférence des plantes de plaines.

Les dix espèces que j'ai pu étudier, dont un grand nombre sont indigènes en France, sont, par ordre alphabétique, les suivantes :

V. atropurpurea Desf.

V. Faba L. (deux types).

V. hybrida L.

V. microphylla Urv.

V. Narbonensis L.

V. onobrychioides L.

V. peregrina L.

V. sativa L.

V. Sepium L.

V. villosa ROTH.

Je donnerai pour chaque espèce une courte diagnose, et de l'ensemble je déduirai, comme j'ai fait pour les autres genres étudiés, un tableau synoptique.

V. atropurpurea DESF. (fig. 447 et 448). — Graines assez grosses, de 4 à 5 millimètres de diamètre environ, subsphériques. Tégument velouté, très doux au toucher, d'un beau noir. Une partie du funicule reste adhérente à la graine, sous forme d'un croissant funiculaire, du milieu duquel se détache le funicule proprement dit. Une partie de celui-ci reste attachée au croissant funiculaire, l'autre partie au placenta. On ne peut détacher ce croissant funiculaire qu'avec beaucoup de difficultés. Quand on y parvient, c'est en le déchirant, car il ne se sépare pas de la graine suivant une ligne nette. En tout cas, on ne peut pas dire ce que l'on appellera ici le « hile » ; si l'on s'en tient à la définition classique, on sera certainement embarrassé. Mais quoi qu'il en soit, il est bon de noter que ce croissant funiculaire n'adhère pas à la graine par toute sa surface de contact, *mais seulement par sa périphérie*, et si l'on pratique une déchirure, à sa base, tout contre la *tache hiloïde*, ainsi que j'appelle plus loin cette longue plage qui se trouve au-dessous de l'extrémité du funicule, on remarque un vide parfaitement net, ne paraissant nullement produit par une détérioration récente des tissus médullaires du funicule, mais semblant provenir d'une régression originelle des cellules internes, amenant, dès le début de la formation de la graine, la constitution de cette tache, tantôt circulaire et parfois minuscule, tantôt allongée et parfois de grandes dimensions, en tous cas toujours unie ou tout au plus finement granulée, à laquelle on donne communément le nom de hile. Il arrive parfois que la membrane funiculaire, qui s'applique sur la graine à la façon d'un tire-pavé se trouve ouverte par déchirure, sous le crochet formé par la courbure du filet funiculaire proprement dit. C'est le cas par exemple de l'individu représenté de face sur la figure 447, et où l'on voit nettement l'excavation figurée en noir. Cette espèce, par son aspect, ne me semble susceptible de confusion avec aucune autre.

FIGURES 427 à 429. — VICIA L.

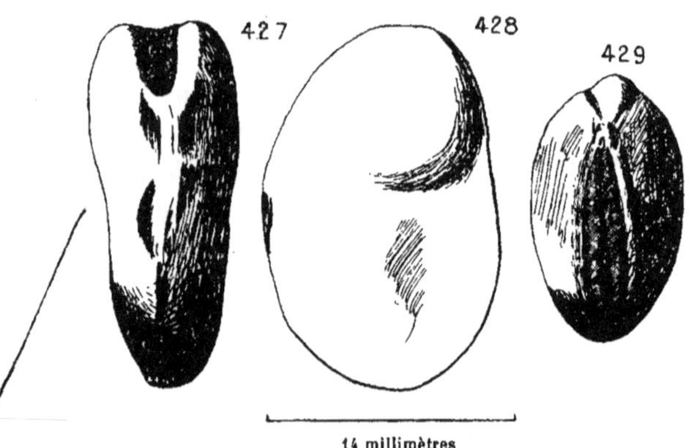

Fig. 427, *V. Faba* L., vue de dos. — Fig. 428, même espèce, vue de côté. — Fig. 429, même espèce, vue par sa base hilo-micropylaire. [L'échantillon représenté ici appartient au type de *Fève comestible* qu'on trouve dans le commerce].

V. Faba L. (fig. 427, 428, 429; 430, 431 et 432). — La forme de cette espèce est très malaisée à se représenter, mais j'admettrai — ce qui est probablement exact — que personne n'ignore la forme et l'aspect d'une fève, et je passerai rapidement. J'insisterai seulement sur ce fait qu'on peut rencontrer deux types bien distincts. Je désignerai le premier sous le nom de « type comestible »; c'est celui qu'on rencontre dans le commerce. Les graines sont très grosses, et atteignent jusqu'à deux centimètres de longueur, sur les beaux individus. Le tégument, toujours épais et très dur, est de couleur havane très clair ou café au lait, ou presque blanc. Le deuxième type

que je nommerai « type des jardins botaniques », est de taille
beaucoup plus petite, de forme plus globuleuse. Les individus
les plus beaux dépassent rarement **12** ou **13** millimètres de
longueur. Le tégument est ici beaucoup plus foncé, couleur
chamois ou fauve assez soutenu, finement grenu, très brillant.
Nous avons jugé intéressant de mettre sous les yeux du lecteur
les dessins représentant ces deux types, mais pour qu'on puisse
se faire une idée de cette graine, il faut la représenter, non

FIGURES 430 à 432. — VICIA L. (suite)

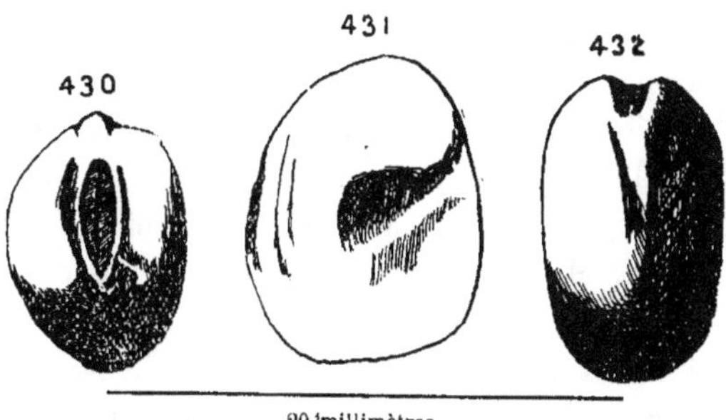

Fig. 430, *V. Faba* L., vue par sa base hilo-micropylaire. — Fig. 431, même
espèce, vue de côté. — Fig. 432, même espèce, vue de dos [L'échantillon
représenté ici est le type de *Fève* qu'on rencontre dans les jardins botaniques. La couleur et la taille surtout sont nettement différentes de celles
des *Fèves* qu'on rencontre dans le commerce, en général, et qu'on a représentées, figures **427**, **428** et **429**].

plus sous deux, mais sous trois aspects différents : de côté,
de dos, et vue d'en haut, par sa face hilo-micropylaire. Ici,
en effet, la région hilo-micropylaire est située dans une sorte
de col, limité à droite et à gauche par deux hauts reliefs, et
le tout a quelque analogie avec une certaine partie du corps
humain. Le micropyle étant presque invisible, sur la graine
sèche, il est difficile, étant donnée sa forme, de savoir de
quel côté est le raphé : il est d'ailleurs fort peu distinct,
et se présente sous forme d'une vague saillie. Enfin il ne faut

pas oublier que chez la fève on rencontre une particularité, sinon rare, du moins ici fort apparente, en raison de la grande taille de la graine : le tégument forme, au niveau de la radicule, une poche interne, qui emboîte la radicule à la manière d'un bonnet de coton. Il en résulte qu'une coupe transversale de la graine peut donner des figures très difficiles à expliquer, pour celui qui n'est pas prévenu. Au contraire, la coupe en long est fort instructive à ce sujet.

V. hybrida L. (fig. 441 et 442). — Graines assez grosses, mesurant environ 4 millimètres de diamètre, ovoïdes, subsphériques. Tégument d'aspect velouté, mais n'ayant pas le toucher aussi onctueux et moelleux que celui de *V. atropurpurea* Desf. Tégument généralement gris-fer un peu jaunâtre, abondamment marbré de noir, plus rarement couleur chocolat, lisse. Tache hiloïde très allongée, étroite, noire, semblant saupoudrée de grosse farine blanchâtre, et traversée en son milieu d'un étroit sillon rectiligne. Micropyle visible, entouré d'un rebord tégumentaire, mais toujours très petit.

V. microphylla Urv. (fig. 435 et 436). — Graines subsphériques, assez petites, ne dépassant pas 3,5 millimètres de diamètre au maximum. Tégument brun-violet souvent marbré de noir, pruineux, à pruine bleu-gris, très finement granuleux. Tache hiloïde ovale, brun-rouge très foncé, formée de deux bourrelets un peu convexes, qui paraissent comme enchâssés d'un côté dans un fin rebord tégumentaire, de l'autre, dans un large sillon médian. Rebord et sillon sont d'une couleur orangé vif très remarquable. La largeur de la bande médiane est, comme le montre la figure 435, très importante, en comparaison du reste de la tache hiloïde.

V. Narbonensis L. (fig. 449 et 450). — Graines sphériques, très grosses, atteignant 8 millimètres de diamètre. Tégument lisse, douci, gris-fer très foncé, parfois presque noir. Au premier abord, ces graines ressemblent beaucoup à celles de quelques Nymphéacées, et notamment à celles de certains *Nelumbo*.

FIGURES 433 à 442. — VICIA L. (suite)

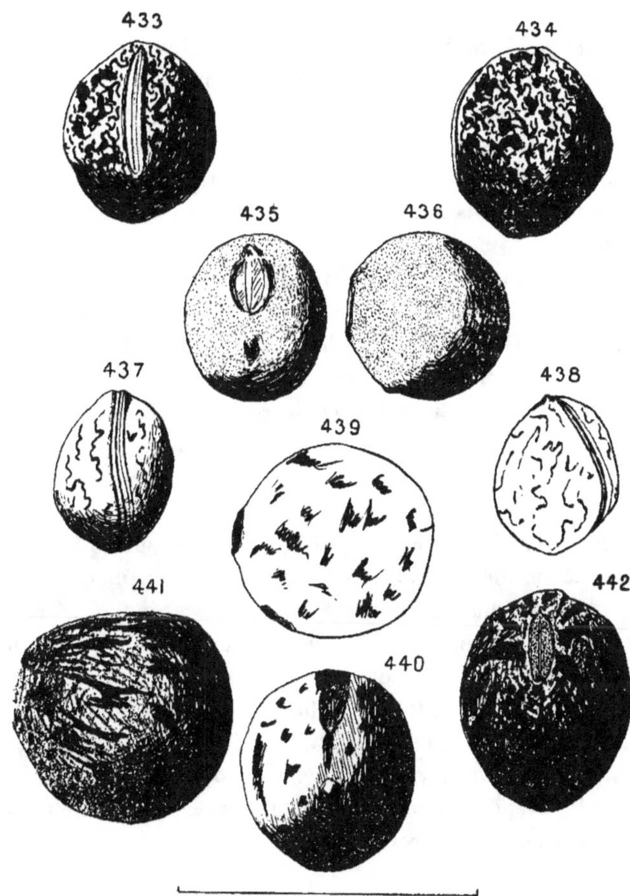

Fig. 433 et 434, *V. onobrychioides* L., face et profil. — Fig. 435 et 436, *V. microphylla* Urv., face et profil. — Fig. 437 et 438, *V. Sepium* L., face et vue de trois quarts. — Fig. 439 et 440. *V. peregrina* L., profil et face. — Fig. 441 et 442. *V. hybrida* L., profil et face.

Tache hiloïde largement ovale, à fleur du tégument, mais limitée toutefois par un fin rebord, d'un beau noir, et parcourue dans sa longueur par une étroite bande médiane et rectiligne d'un blanc éclatant.

V. onobrychioides L. (fig. 433 et 434). — Graines médiocres de 3 à 3,5 millimètres de longueur moyenne environ. Forme variable. Les graines sont souvent déformées, en effet, par diverses causes mécaniques (compression réciproque, etc.), elles ressemblent alors à un cylindre de révolution coupé par deux bases obliques. Mais leur forme normale est subsphérique. Parfois elles sont ovoïdes, mais alors les deux pôles sont toujours très obtus. Tégument velouté, doux au toucher, brun-gris, avec de nombreuses mouchetures et vermiculures noires. Tache hiloïde allongée, étroite, concolore, et très difficile à apercevoir : elle ne se distingue à l'œil nu par aucun caractère net, et sa surface est en continuité, avec le reste du tégument. A la loupe, on distingue un vague bourrelet tégumentaire jaunâtre, peu distinct.

V. peregrina L. (fig. 439 et 440). — Graines subsphériques, de 4 à 4,5 millimètres de diamètre environ. Tégument brun clair, lisse, très mat, presque velouté, marbré de noir. Tache hiloïde ovale, petite, noire, légèrement déprimée et semblant enchâssée dans un fin rebord tégumentaire. En son milieu se voit une bande étroite, très blanche, formant un sillon en coup de canif, légèrement plus large du côté du raphé. Celui-ci n'est indiqué que par une toute petite bosse, que l'on voit sur la figure 440, et qui se relie à la tache hiloïde par une bande noire légèrement en relief, étroite.

V. sativa L. (fig. 445 et 446). — Graines sphériques, assez petites, de 3 à 3,5 millimètres de diamètre. Tégument mat, d'aspect velouté, brun, marbré de noir. Tache hiloïde en forme de pain fendu, formée, comme chez *V. microphylla* Urv., de deux fuseaux noirs, légèrement en relief, semblant enchâssés d'une part dans un fin rebord tégumentaire, de l'autre dans une lame

médiane, assez large, formant sillon blanc. Le tout a une forme
ovale allongée assez nette.

FIGURES 443 a 450. — VICIA L. (suite)

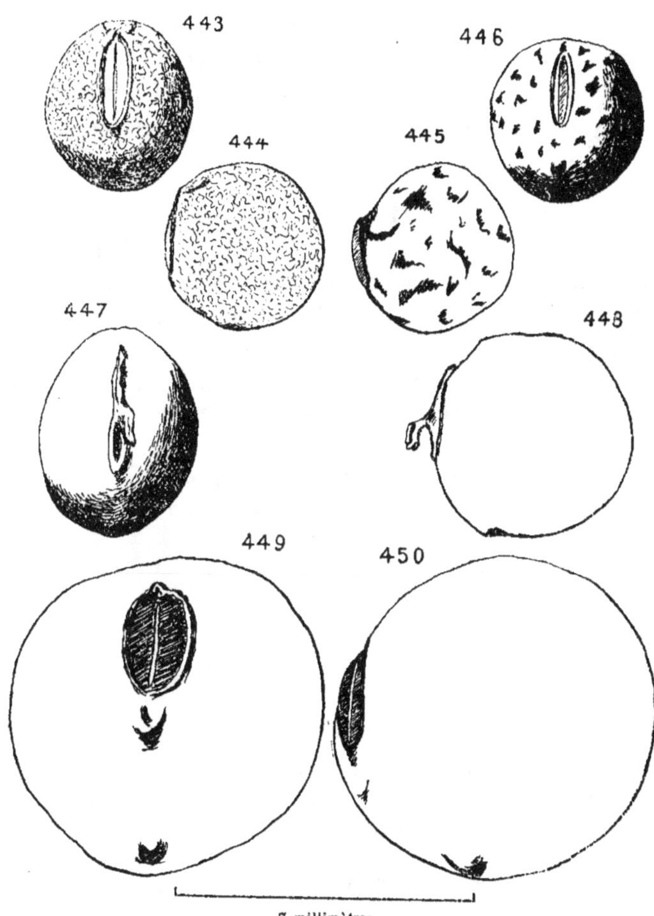

Fig. 443 et 444, *V. villosa* Roth., face et profil. — Fig. 445 et 446, *V. sa_
tiva* L., profil et face. — Fig. 447 et 448, V. *atropurpurea* Desf., face et
profil. — Fig. 449 et 450, *V. Narbonensis* L., face et profil.

V. Sepium L. (fig. **437** et **438**). — Graines ovoïdes, petites, mesurant environ **2,5** à **3** millimètres, dans leur plus grande longueur, mais presque sphériques. Tégument lisse, mat, bistre-verdâtre, avec des marbrures et vermiculures noires. Tache hiloïde ayant la forme d'une étroite bande, très allongée, occupant au moins les 3/5 de la périphérie de la graine, couleur havane claire, parcourue, au milieu, dans sa longueur, par un sillon brun-rouge pâle ou orangé, et enchâssée dans deux saillies tégumentaires bistre-jaune, en bourrelet large. La longueur de la tache hiloïde empêche de confondre cette espèce avec aucune autre.

V. villosa Roth. (fig. **443** et **444**). — Graines sphériques, de **3** millimètres de diamètre environ. Tégument velouté, brun-noir, à fines vermiculures noires. La graine paraît donc entièrement noire, mais sa taille et l'absence de croissant funiculaire persistant aident à la distinguer du *V. atropurpurea* Desf. Hile ovale, allongé, grisâtre, avec une fine ligne jaunâtre claire au milieu. Rebord tégumentaire très faible.

Maintenant que j'ai mis, pour chaque espèce, ses principaux caractères en évidence, il sera aisé d'établir un tableau synoptique résumant tout ce que j'ai dit :

TABLEAU SYNOPTIQUE

1 { Graines subsphériques 2
  { Non . . . . *Faba*

2 { Graines sphériques, très grosses, atteignant 8 mm., gris-noir . . . . *Narbonensis*
  { Graines n'ayant pas ce caractère. 3

3 { Graines paraissant noires ou très foncées à l'œil nu . . 4
  { Non 5

4 { Croissant funiculaire persistant ; graines assez grosses (4 à 5 mm. de diamètre) . . . . *atropurpurea*
  { Croissant funiculaire caduque ; graines médiocres. . *villosa*

$5 \begin{cases} \end{cases}$ Tache hiloïde en *pain fendu* (1) 6
  Tache hiloïde n'ayant pas ce caractère 7

$6 \begin{cases} \end{cases}$ Tégument pruineux à pruine bleu-gris . . . ***microphylla***
  Tégument non pruineux . . . . ***saliva***

$7 \begin{cases} \end{cases}$ Tache hiloïde occupant au moins les 3/5 de la périphérie de la graine . . . . ***Sepium***
  Tache hiloïde ovale, plus ou moins allongée 8

$8 \begin{cases} \end{cases}$ Tache hiloïde très allongée. Graines de 3.5 mm. au plus en géné-ral . . . . ***onobrychioides***
  Tache hiloïde relativement courte ou allongée et très étroite. Graines de 4 à 4.5 mm., environ 9

$9 \begin{cases} \end{cases}$ Tache hiloïde allongée et très étroite, noire. Marbrures allongées, divergeant dans la région ombilicale. Tégument gris-fer jau-nâtre, rarement chocolat. . . . . ***hybrida***
  Tache hiloïde très courte. Marbrures éparses ; tégument brun-clair ou havane . . . . ***peregrina***

Ervum Tourn.

Le genre *Ervum* Tourn. est presque toujours considéré comme un sous-genre des *Vicia* mais cela importe peu ; on ne devra tenir compte de ce détail que dans l'étude d'ensemble des genres, et au cas où on voudrait grouper chaque étude parti-culière en chapitres d'un ordre plus élevé. C'est alors seule-ment qu'on aurait à faire intervenir la notion d'affinités, et à discuter l'opinion des systématiciens, en examinant si les consi-dérations de morphologie séminologique justifient ou infirment les classifications admises jusqu'ici.

J'avais dans ma collection plusieurs échantillons, rangés sous le nom d'*Ervum*, mais que j'ai dû faire passer dans les *Vicia*

1. Voir aux diagnoses l'explication de ce terme.

proprement dits, en consultant la synonymie. Il m'est resté, après épuration de mon stock, huit espèces, appartenant bien au genre (ou sous-genre) *Ervum* Tourn. Ce sont, par ordre alphabétique :

> *E. Abyssinicum* Alef.
> *E. Boissierianum* Hort.
> *E. Ervilia* L.
> *E. Lens* L.
> *E. Lens* L. var. *minor* DC.
> *E. Tenorii* Steud.
> *E. tetraspermum* L.
> *E. tetraspermum* M. Bieb.

Ce serait une erreur de croire que les graines des espèces de ce genre, à l'exemple de celles de *E. Lens* L., sont lenticulaires. Elles sont, en général, subglobuleuses ou globuleuses, mais présentent, par retrait du contenu vraisemblablement, des rides tégumentaires qui modifient un peu la régularité de la surface, en créant des méplats, et parfois des concavités assez sensibles. Il est bon de tenir compte de ces déformations artificielles, car elles représentent presque le cas normal. Une autre caractéristique des graines de ce genre (caractéristique qui d'ailleurs le rapproche de certains *Vicia*), est l'aspect poudré ou pruineux violet-jaunâtre pâle, qui en fait de fort jolies graines. Cela posé, je pourrai étudier chaque espèce en particulier.

E. Abyssinicum Alef. (fig. 465 et 466). — Graines à peu près tétraédriques, mates, jaune parchemin clair à mouchetures noires, petites et nombreuses. Hile jaune plus ou moins foncé, ayant l'aspect d'une gerçure qui aurait occasionné dans le tégument trop tendu une crevasse très nette, en boutonnière, entouré à droite et à gauche d'un bourrelet tégumentaire estompé, jaune très pâle. Le hile porte au milieu une dépression longitudinale allongée, qui dépasse souvent son contour du côté du micropyle. Il est parfois un peu cristé par les vestiges funiculaires.

Le micropyle est très peu visible. Il est dissimulé dans une plage
du tégument, d'un jaune orangé, et d'aspect un peu spongieux.
Les saillies radiculaire et raphéale sont très peu sensibles. Il
ne faut pas trop faire état, je crois, des mouchetures noires, dont
il a été question plus haut, car elles peuvent être, sur les différentes graines d'un même pied, plus ou moins abondantes, et parfois
manquer totalement. Dans ce dernier cas, la couleur générale
de la graine est beaucoup plus foncée, d'un violet pourpre assez
net. Mais ce cas me semble un peu spécial, et dans un lot de
graines, c'est toujours la minorité qui est de cette dernière
couleur et dépourvue de mouchetures. Et il ne faut pas oublier
que c'est toujours sur l'aspect de la majorité que j'ai fondé mes
diagnoses.

E. Boissierianum HORT. (fig. 453 et 454). — Espèce extrêmement petite, globuleuse, presque sphérique, à peu près de la
grosseur d'un grain de millet, généralement verdâtre pâle ou
vert-jaunâtre, ou fauve, avec ou sans mouchetures noires (ces
dernières sont cependant très fréquentes). Les graines sont
logées, par deux, dans une petite gousse n'atteignant que
6-7 millimètres de longueur, et fortement renflée au niveau des
graines, comme chez tous les *Ervum*. La taille et la forme de
cette espèce me semblent la mettre à l'écart de toutes les autres,
ce qui facilitera la classification.

E. Ervilia L. (fig. 457 et 458). — C'est l'*Ervilia sativa* LINK
de beaucoup de botanistes, mais pour ne pas trop compliquer la
question, comme le genre *Ervilia* LINK ne me semble pas justifié ni digne d'être maintenu, et que je ne possédais dans ma
collection que cette seule espèce, je l'ai réunie, à juste titre
probablement, au genre *Ervum* TOURN. Graines tétraédriques,
mates, d'aspect pruineux, mais elles ne sont pas pruineuses,
puisque ce velouté ne disparait pas au toucher. Couleur parchemin, nettement violacé et souvent rouge brique. Régions
hilo-micropylaire et raphéale d'un brun-violet très foncé, qui
tranche nettement sur la couleur de fond du tégument. Le
hile est logé sur un petit méplat spécial, tout contre lequel

FIGURES 451 à 466. — *ERVUM* Tourn.

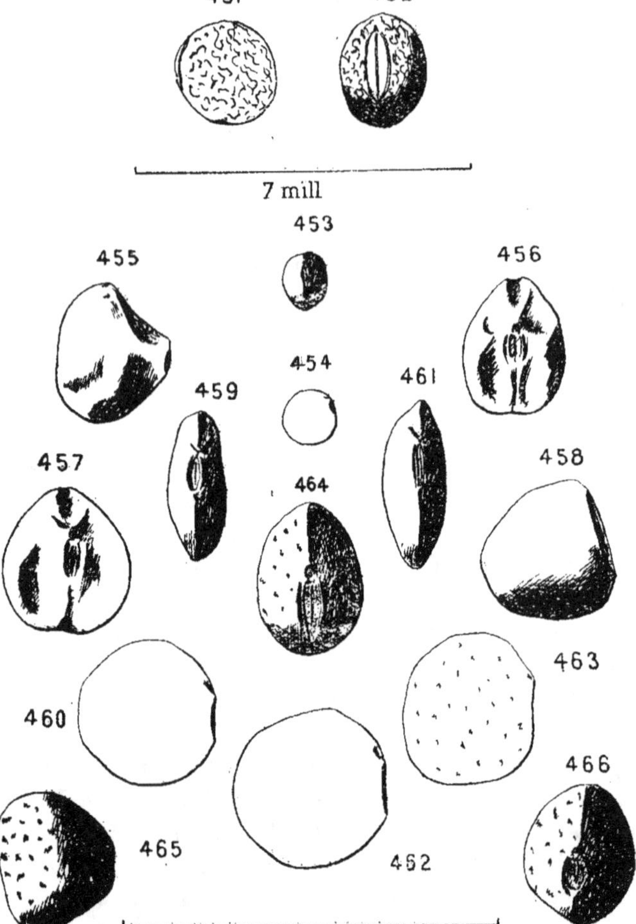

Fig. 451 et 452, *E. tetraspermum* L., profil et face. — Fig 453 et 454, *E. Bois-sierianum* Hort., face et profil. — Fig. 455 et 456, *E. Tenorii* Steud., profil et face. — Fig. 457 et 458, *E. Ervilia* L., face et profil. — Fig. 459 et 460, *E. Lens* L., var. *minor* DC., face et profil. — Fig. 461 et 462, *E. Lens* L. (type), face et profil. — Fig. 463 et 464, *E. tetraspermum* M. Bieb., profil et face. — Fig. 465 et 466, *E. Abyssinicum* Alef., profil et face.

aboutit une légère dépression radiculaire, souvent de couleur plus foncée que le reste du tégument. La région raphéale est nettement convexe, sauf à l'épanouissement chalazien, où il y a de nouveau une légère concavité.

E. Lens L. (fig. 461 et 462). — La lentille comestible est trop connue pour que j'aie besoin d'insister sur sa description. De forme essentiellement lenticulaire, c'est-à-dire circulaire, quand on la regarde de profil, et de forme très nettement biconvexe, quand on l'examine de face, elle est lisse, assez mate ou d'aspect douci, et de couleur variable, tantôt brun-olivâtre assez sombre, tantôt violet-pourpre assez foncé. Cette variation de couleur comme l'inconstance de la taille sont inhérentes à la culture. Les graines spontanées sont généralement assez petites, parfois verdâtres ou vert-jaunâtre, à mouchetures noires. Mais il ne faut pas trop faire état de cette variation. La saillie radiculaire, très nette, est caractéristique de l'espèce, par sa forme et son aspect : elle forme une pointe trièdre regardant le micropyle. Le hile, de forme très allongée, étroit, est parcouru par une fente longitudinale, en son milieu, et rebordé, à droite et à gauche, par de légers bourrelets tégumentaires.

J'ai, à titre d'exemple, donné la figure d'une variété *minor* DC. (fig. 459 et 460) de cette espèce. Ce sont des graines lenticulaires, violet-pourpre ou brun-violacé, lisses, assez renflées (très convexes) qui ne peuvent guère être séparées, pratiquement, du type, quoiqu'elles ne soient pas semblables aux lentilles qu'on a l'habitude de rencontrer. J'en parle ici succinctement, afin de faire voir, une fois de plus, que l'introduction de la morphologie séminologique dans la systématique ne peut plus être, en général, d'aucun secours, quand on a dépassé ce que l'on appelle habituellement les limites de l'espèce linnéenne. Dans quelques cas particuliers, quand on se place à des points de vue tout à fait spéciaux, on peut distinguer des variétés très proches, des formes même : c'est le cas quand la culture a eu pour but unique de produire des plantes dont les graines ont des propriétés déterminées. Ainsi le haricot commun (*Phaseolus vulgaris* L.) a fourni d'innombrables variétés ou formes que l'on doit distinguer à la graine (haricot blanc, soisson, flageolet, haricot rouge, haricot noir, etc.), mais cette considération sort de mon sujet. Elle reste dans le domaine de l'agriculture, on doit l'y laisser, et je m'abstiendrai ici d'examiner ces cas spéciaux, qui ne feraient qu'introduire dans mon travail obscurité et indécision.

E. Tenorii Steud. (fig. 455 et 456). — Graines tétraédriques, très mates, d'aspect pruineux, couleur parchemin violacé. Région hilo-micropylaire sur un petit méplat contigu à la dépression radiculaire et à la saillie raphéale nettement convexe, jusqu'à l'épanouissement chalazien, à peine concave. Hile oblong-allongé, fendu en long, au milieu, entouré à droite et à gauche par deux rebords tégumentaires. Raphé d'un brun-violet très sombre, tranchant nettement sur le fond de la graine. Il est parfois, mais plus rarement, d'une belle couleur orange. Cette espèce ressemble à *E. Ervilia* L., mais elle est plus petite, et de profil, elle est beaucoup plus anguleuse. De face elle est moins globuleuse, et l'épanouissement chalazien y est beaucoup moins concave. Sa couleur est beaucoup plus claire que celle d'*E. Ervilia* L. Il ne me paraît pas qu'on puisse les confondre, quand on y regarde d'un peu près.

E. tetraspermum M. Bieb. (fig. 463 et 464) (1). — Graines d'un brun-violet foncé moucheté de noir, lenticulaires mais très convexes, veloutées. Hile allongé, jaune pâle, fendu en long au milieu. Micropyle petit, en trou d'épingle, visible seulement avec une bonne loupe. La région hilo-micropylaire est entourée d'un rebord tégumentaire estompé. La saillie radiculaire n'est pas ici en pointe trièdre, comme chez *E. Lens* L., mais forme une simple côte, qui n'est d'ailleurs pas toujours très saillante.

1. *E. tetraspermum* L. (= *Vicia gemella* Crantz) diffère par des graines presque deux fois plus petites, subsphériques, à tégument marbré, brun. (V. figures 451 et 452).

Le tableau récapitulatif de ces diverses espèces sera aisé à établir, car les variations qu'on a relevées de l'une à l'autre, permettent de les distinguer facilement.

TABLEAU SYNOPTIQUE

1   { Graines presque sphériques, de la grosseur d'un grain de millet **5**
    { Graines lenticulaires plates . . . . . *Lens* (type et var.)
    { Graines plus ou moins globuleuses **2**

2   { Graines nettement biconvexes, veloutées, brun-violâtre assez soutenu . . . . *tetraspermum* M.B.
    { Graines tétraédriques **3**

3   { Saillie radiculaire en côte ; mouchetures noires.   *Abyssinicum*
    { Dépression radiculaire nettement concave ; mouchetures nulles **4**

4   { Hile porté par un méplat un peu en forme de bec. Graine anguleuse . . . . *Tenorii*
    { Hile porté par un méplat peu saillant. Graine peu anguleuse mais raphé concave vers l'épanouissement chalazien. . *Ervilia*

5   { Tégument lisse. . . . . *tetraspermum* L.
    { Tégument marbré . . . . *Boissierianum*

On voit par cette courte étude sur le genre *Ervum* Tourn. qu'il est à peu près impossible de séparer pratiquement le genre *Ervilia* Link, dont les graines, dans l'espèce *sativa* Link, ressemblent extrêmement aux graines d'*E. Tenorii* Steud. On trouve là une intéressante justification de la réunion, opérée par les botanistes systématiciens, des deux genres en un seul.

Pisum L.

Le petit genre *Pisum* L. ne compte guère que cinq ou six espèces, croissant pour la plupart dans la région méditerranéenne et l'Asie Mineure. Il n'y a dans les environs de Paris et le Nord de la France que le *P. arvense* L. qui soit spontané. Le *P. sativum* L. abondamment cultivé s'échappe des cultures et peut devenir subspontané. Enfin le *P. Jomardi* Schrank que j'ai étudié également, est originaire de l'Egypte.

Les trois espèces que j'ai pu étudier sont, par ordre alphabétique, les suivantes :

P. arvense L.
P. Jomardi Schrank
P. sativum L.

Un mot sur chacune d'elles conduira à l'établissement d'un petit tableau synoptique. ·

P. arvense L. (fig. 467 et 468). — Graines subsphériques, de 4 à 6 millimètres de diamètre. Tégument lisse, mat, brun-violet ou brun-jaune foncé, presque toujours marbré de noir. Hile très petit, ovale allongé, noir, avec des vestiges du funicule sur son pourtour, sous forme d'une poudre blanchâtre assez grenue. Il faut noter que la graine normale, recueillie dans des conditions normales est absolument dépourvue de rides, creux, dépressions ou fossettes : le tégument est partout régulièrement convexe (1).

1. On cultive souvent le *P. arvense* L., qui a donné, comme le *P. sativum* L., naissance à une foule de formes culturales. Sa patrie d'origine, comme celle du *P. sativum* L., paraît inconnue. C'est très probablement l'Asie sud-occidentale.

P. Jomardi Schrank (fig. 469 et 470). — Cette espèce, originaire d'Egypte, est assez grosse. Les graines mesurent de **6** à
8 millimètres dans leur plus grande longueur. Elles sont le
plus souvent comprimées (déformation due à une cause méca-

FIGURES 467 à 472. — PISUM L.

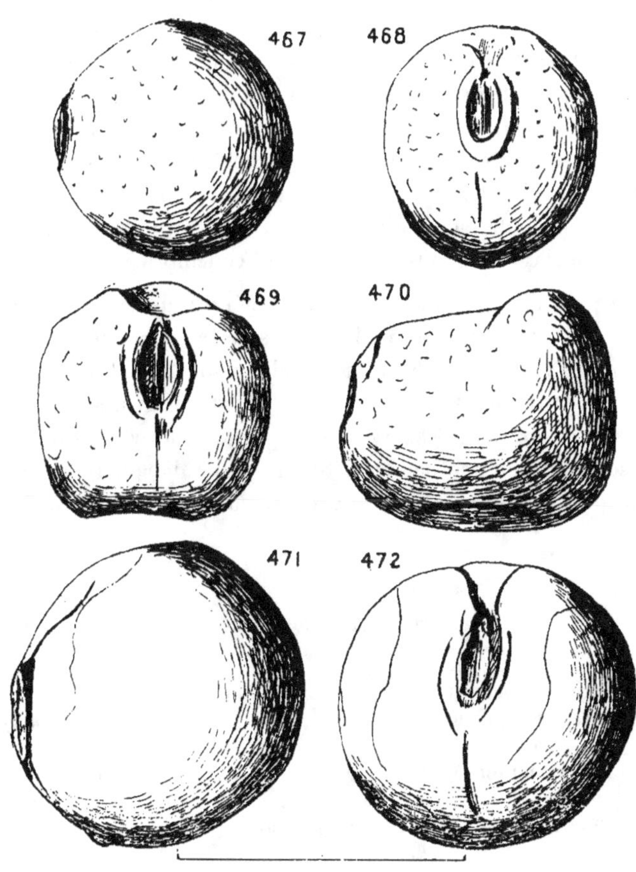

Fig. 467 et 468, *P. arvense* L., profil et face. — Fig. 469 et 470, *P. Jomardi*
Schrank, face et profil. — Fig. 471 et 472, *P. sativum* L., profil et face.

nique ?), mais il n'est pas évident que ce soit là leur forme normale. Tégument lisse, mat ou douci, bistre-jaune à mouchetures noires, parfois aussi brun-rouge clair.

P. sativum L. (fig. 471 et 472). — Cette espèce ayant donné naissance à une foule de formes culturales, on ne peut pas très nettement se faire une idée générale et moyenne sur l'aspect et les caractères de ses graines. On pourra cependant retenir qu'elles sont à peu près sphériques, d'une taille moyenne de 6 à 8 millimètres (il y en a de beaucoup plus petites, et d'autres plus grosses, mais ce sont des espèces qui ne se consomment que fraîches et dont on ne conserve les graines que pour le semis ; ce sont là des types horticoles qui ne doivent pas retenir l'attention, car ils sortent de mon cadre). Tégument de couleur pâle, rosâtre-jaunâtre, avec plages verdâtres, lisse, mat. Tache hilaire ovale, petite, concolore.

On peut dire, comme caractères généraux de la graine, que les *Pisum* ont une forme le plus souvent subsphérique, un tégument lisse, mat, doux au toucher, souvent moucheté de noir. La tache hiloïde, ovale, est le plus souvent assez courte. Chez le *P. Jomardi* SCHRANK, elle est largement ovale, sillonnée en son milieu d'une bande rectiligne jaune d'or, mais de couleur générale rousse. Elle est encadrée d'un large rebord tégumentaire.

TABLEAU SYNOPTIQUE

1 { Graines sphériques 2
{ Graines anguleuses . . . . *Jomardi*

2 { Tégument foncé, brun-rouge ou brun-jaune, marbré de
{   noir . . . . *arvense*
{ Tégument très pâle, sans mouchetures . . . . . *sativum*

ALEFELD pense avec raison, selon moi (Cf. ROUY, *Fl. Fr.*, V, **283**, en *Observation*), que ces deux espèces doivent se rattacher au *P. elatius* STEV.

Lathyrus L. (*sensu latiore*).

Le genre *Lathyrus* L., surtout quand on y range les espèces quelquefois groupées sous le nom d'*Orobus* L., et qu'on l'envisage dans son sens le plus large, est incontestablement l'un des plus remarquables des Légumineuses, par la diversité très grande qu'offre la morphologie de ses graines. On n'aura pour s'en convaincre qu'à jeter les yeux sur les dessins qui accompagnent ce texte et qui ont tous été exécutés à la même échelle. On voit ainsi quelles différences considérables existent dans l'aspect, la taille, la forme des graines des diverses espèces.

J'avais à ma disposition un assez grand nombre d'échantillons et plusieurs de la même espèce, le plus souvent. Cela m'a permis d'avoir un précieux contrôle pour l'exactitude des déterminations. J'ai pu étudier trente-huit espèces ou variétés, dont les noms suivent :

L. Abyssinicus BRAUN
L. angulatus WILLD.
L. Aphaca L.
L. articulatus L.
L. asphodeloides G. G.
L. Cicera L.
L. Clymenum L.
L. ensifolius AUCT.
L. filiformis J. GAY
L. Gorgoni PARL.
L. grandiflorus LANG
L. Hallersteinii BAUMG.
L. heterophyllus L.
L. hirsutus L.
L. incurvus ROTH.
L. incurvus WILLD.
L. latifolius L. (type).

L. latifolius L., var. *Monspeliensis* Delile.
L. luteus Peterm.
L. maritimus Big.

FIGURES 473 à 480. — LATHYRUS L.

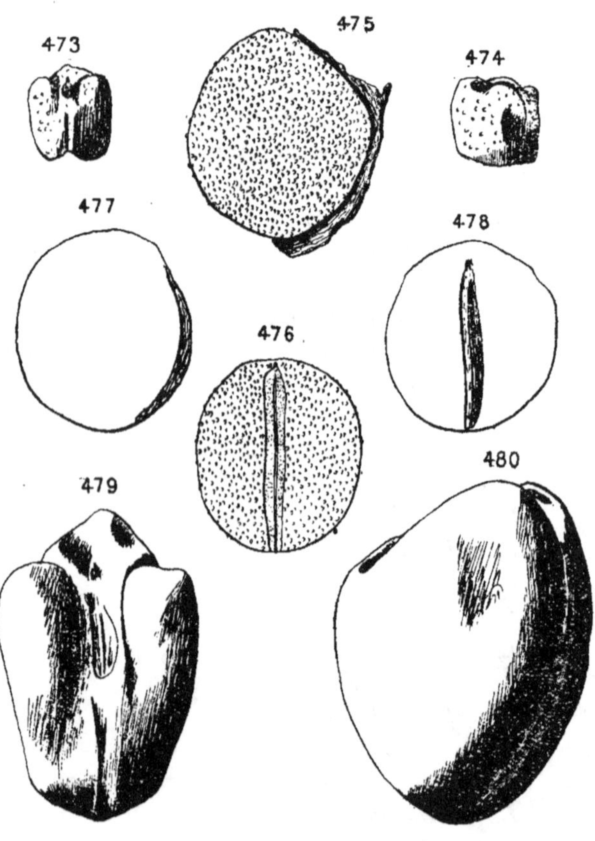

6,5 millimètres.

Fig. 473 et 474, *L. angulatus* Willd., face et profil. — Fig. 475 et 476, *L. Pyrenaicus* Jord., profil et face. — Fig. 477 et 478, *L. maritimus* Big., profil et face.— Fig. 479 et 480, *L. sativus* L., fª. *flore albo*, face et profil.

L. montanus Bernh.
L. niger Bernh.
L. Nissolia L.
L. Ochrus DC.
L. odoratus L.
L. pratensis L.
L. Pyrenaicus Jord.
L. rotundifolius Willd.
L. sativus L., type.
L. sativus L., fª. *flore albo.*
L. silvestris L.
L. sphaericus Retz. (type)
L. sphaericus Retz., var. *Neapolitanus* Ten.
L. splendens Kellog.
L. Tingitanus L.
L. tuberosus L.
L. venosus Mhlbrg.
L. vernus Bernh.

Il ne convient pas de laisser ces espèces par ordre alphabétique, pour les étudier, aussi je suivrai pour leur examen,
l'ordre adopté par Rouy dans sa *Flore de France*, puisqu'aussi
bien la plupart de ces espèces sont représentées en France. Cet
ordre est le suivant :

Section I. — *Aphaca* G. G.

      Aphaca L.

Section II. — *Nissolia* G. G.

      Nissolia L.

Section III. — *Clymenum* DC.

      Clymenum L.
        articulatus L.
     Ochrus DC.

FIGURES 481 à 492. — LATHYRUS L. (suite)

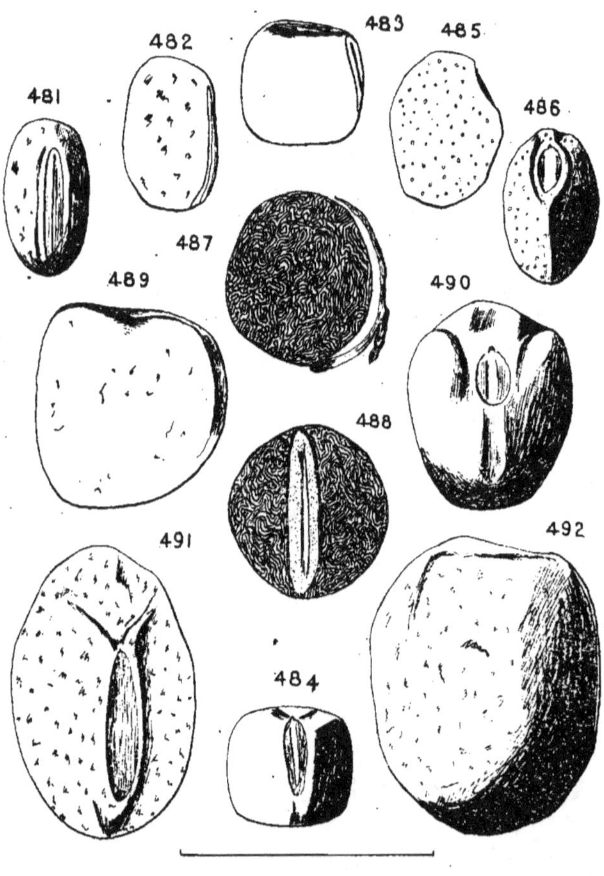

Fig. 481 et 482, *L. niger* Bernu , face et profil. — Fig. 483 et 484, *L. sphaericus* Retz., var. *Neapolitanus* Ten., profil et face — Fig. 485 et 486, *L filiformis* J. Gay, profil et face. — Fig. 487 et 488, *L. silvestris* L., profil et face. — Fig. 489 et 490, *L. Cicera* L., profil et face. — Fig 491 et 492, *L. Clymenum* L., face et profil.

Section IV. — *Cicerula* Moench
          hirsutus L.
                odoratus L. (1)
          Cicera L.
          sativus L.
                f[a]. *flore albo*
          Gorgoni Parl.

Section V. — *Eulathyrus* G. G.
          silvestris L.
                grandiflorus Lang
                Pyrenaicus Jord.
          latifolius L.
                ensifolius auct.
                Monspeliensis Delile
          heterophyllus L.
          tuberosus L.

Section VI. — *Orobus* G. G.
  § I.   *pratensis* L.
                maritimus Big.
                luteus Peterm.
                niger Bernh.
                asphodeloides G. G.
                filiformis J. Gay

  § III.   *sphaericus* Retz. (type).
                sphaericus Retz (var. *Neapolitanus*
                Ten.).
          angulatus Willd.

Comme on le voit, il reste quelques espèces, extra-françaises,
je les examinerai ensuite, par ordre alphabétique ; ce sont :

1. Le *L. odoratus* L., vulgairement nommé *Pois de Senteur*, est fréquemment cultivé comme plante ornementale. On le range habituellement
à côté du *L. hirsutus* L. C'est là que je l'ai placé, quoi qu'il ne figure pas
dans la *Flore de France* de Rouy, n'étant pas spontané en France.

Abyssinicus Braun
Hallersteinii Baumg.
incurvus Roth.
incurvus Willd.
rotundifolius Willd.
splendens Kellog.
Tingitanus L.
venosus Mhlbrg.

Il n'est pas très aisé de donner une énumération des caractères généraux de la graine des *Lathyrus*, car les unes sont globuleuses, presque sphériques, les autres sont orbiculaires aplaties, d'autres encore sont presque cubiques ou en forme de fève, etc. Mais il est très intéressant d'insister sur la tache de forme généralement très allongée qui entoure la graine à son équateur sur une partie plus ou moins étendue de sa circonférence, et que l'on a coutume d'appeler le hile. Si l'on se reporte à la définition du hile (*hilum*, petite cicatrice), ce serait la trace laissée sur la graine par l'attache du funicule. Or, chez les Légumineuses, ou au moins la plus grande partie d'entre elles, cette tache est de forme très allongée, parfois, comme ici, linéaire, et l'on ne conçoit pas très bien, à priori, quel peut être le mode d'attache du funicule, le plus souvent filiforme, par une surface d'un tel contour. Les graines de *Lathyrus* offrent un précieux exemple du mode de sectionnement du funicule, au niveau de la graine, et permet de montrer que ce qu'on appelle communément le hile, devrait voir sa définition un peu modifiée, pour s'appliquer plus exactement à la réalité. La plupart des graines de *Lathyrus* que j'avais à ma disposition étaient en effet munies, sur l'emplacement de ce qu'on appelle habituellement le hile, d'une sorte de membrane légère, un peu frippée, de couleur parchemin jaunâtre, s'appliquant exactement sur tout le contour de la tache hilaire, mais s'en détachant assez aisément sous un effort léger (coup d'ongle, canif, épingle, etc.). Cette espèce de membrane, en forme de crête, porte sur le milieu de sa convexité une petite éminence, plus ou moins nette (particulièrement évidente dans la figure de face, que je

donne du *L. grandiflorus* Lang). Cette éminence constitue, à
proprement parler, le hile, par définition, puisque c'est
la cicatrice laissée par la section du funicule lors de sa

FIGURES 493 à 500. — LATHYRUS L. *(suite)*

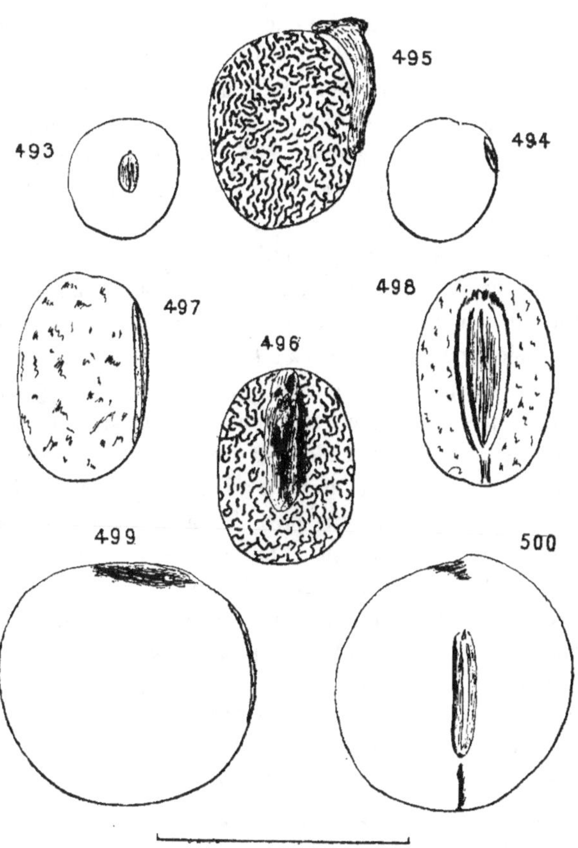

Fig. 493 et 494. *L. sphaericus* Retz. (type), face et profil. — Fig. 495 et 496,
L. heterophyllus L., profil et face. — Fig. 497 et 498, *L. luteus* Peterm.,
profil et face. — Fig. 499 et 500, *L. Ochrus* DC., profil et face.

séparation d'avec la graine. En réalité, il est évident que la portion restante, qui est nettement de même nature que le funicule, et qui enserre une partie plus ou moins considérable de la circonférence de la graine comme un croissant, doit être considérée comme appartenant encore au funicule, mais comme elle est susceptible de rester indéfiniement adhérente à la graine (en raison de sa grande zone d'attache) et que d'autre part on ne peut guère la considérer comme une prolifération des tissus amenant une formation arillaire plus ou moins nette, on est bien forcé de reconnaître qu'on se trouve ici en présence d'un cas très particulier et intéressant, montrant le sectionnement du funicule en deux temps, correspondant à la forme spéciale de celui-ci. Le funicule peut être considéré dès lors comme formé de deux parties bien distinctes : *a*) l'une filiforme, qui se détache très aisément de la graine, ou dont la graine se détache, si l'on préfère, très aisément, à sa maturité ; *b*) l'autre en forme de croissant, étroitement appliquée contre la graine le long d'une ligne, grossièrement en forme d'ellipse très allongée, entourant une aire d'aspect nettement différent du reste de la graine. Il ne faudrait pas croire que l'adhérence est parfaite, par toute la surface de cette aire : il n'en est rien, mais la réunion de cette lame funiculaire, à la graine, n'a lieu que par les bords de la tache, à la manière d'un tire-pavé. Enfin, il est bon de noter que souvent, pendant la dessiccation, cette deuxième partie du funicule se détache petit à petit de la graine, en commençant par la région micropylaire (toujours étroitement contiguë au hile chez les *Lathyrus*). Mais l'adhérence persiste indéfiniment du côté opposé. C'est-à-dire que vers le raphé ladite membrane funiculaire continue d'adhérer à la tache hilaire (toujours au sens habituel de ce mot par une minuscule surface, exactement dans l'axe et à l'extrémité de ladite tache. *Il faudrait donc regarder comme le hile proprement dit la cicatrice laissée par cette membrane lorsqu'elle se détache définitivement de la graine.* On se rend assez bien compte du mode de détachement de cette membrane, dans la figure 487, représentant le profil du *L. silvestris* L.

Remarquons en passant qu'il arrive très souvent que les

graines de *Lathyrus* et d'autres Légumineuses soient dépourvues
de cette membrane, cela tient uniquement à une cause physique,
telle que frottement sur un corps étranger, ou frottement des

FIGURES 501 à 510. — LATHYRUS L. (suite)

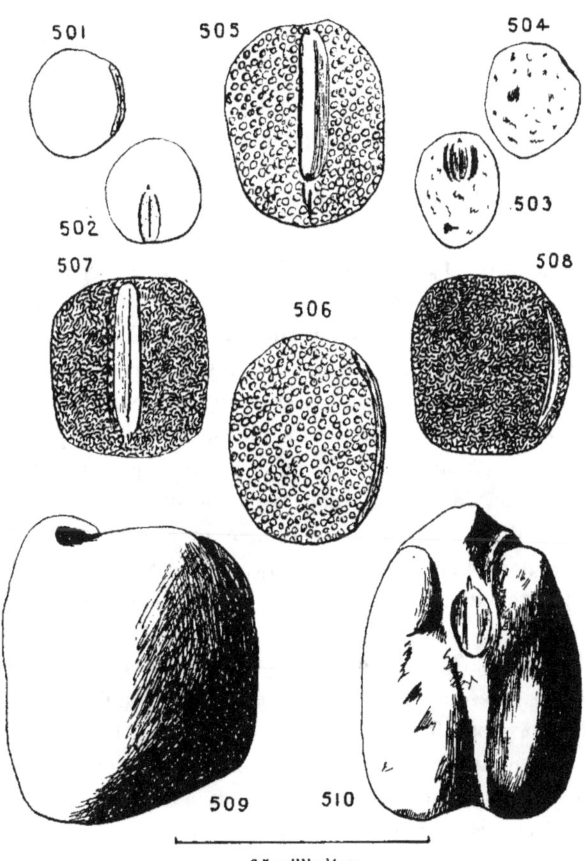

6,5 millimètres

Fig. 501 et 502, *L. montanus* BERNH., profil et face. — Fig. 503 et 504,
L. pratensis L., face et profil. — Fig. 505 et 506, *L. latifolius* L. (type),
face et profil. — Fig. 507 et 508, *L. latifolius* L., var. *Monspeliensis*
DEL., face et profil. — Fig. 509 et 510, *L. sativus* L. (type), profil et face.

graines les unes contre les autres. On comprend en effet que lorsque la membrane n'adhère plus à la graine que par sa pointe extrême, le moindre attouchement l'en peut détacher avec la plus grande aisance.

Enfin il sera bon de retenir que, conformément à ce qu'on vient de dire, le hile proprement dit sera séparé du micropylaire par la tache qui correspond à la zone d'adhérence du croissant funiculaire à la graine, et pour laquelle je propose le nom de *tache hiloïde*.

Cela posé, je décrirai rapidement chacune des trente-huit espèces ou variétés étudiées, après quoi il sera facile de dresser un tableau analytique qui présentera, sous une forme synoptique, le résumé de mes conclusions.

L. *Aphaca* L. (fig. 531 et 532). — Graines orbiculaires, presque lenticulaires, mais assez épaisses, à faces très bombées, lisses, presque pruineuses, au moins d'aspect. Couleur variant du jaune parchemin au gris ardoise assez foncé. Hile ovale, grenu ou chagriné. Micropyle très petit. Fente hilaire rectiligne très nette. Raphé peu sensible se traduisant par une légère côte. De profil le hile apparaît comme une plage déprimée, rectiligne, dont la longueur est à peu près égale au huitième ou au dixième de la circonférence de la graine. Il ne me paraît pas qu'on puisse qualifier ces graines d'ovoïdes, car elles sont au plus comme des ellipsoïdes de révolution un peu aplatis.

L. *Nissolia* L. (fig. 529 et 530). — Graines lisses à l'œil nu, globuleuses, presque sphériques, brunes, de 2,5 millimètres de longueur environ. Région hilo-micropylaire et limites de la saillie radiculaire nettement jaune-orange et tranchant par conséquent très brusquement sur le fond de la graine. Examiné avec une très forte loupe, le tégument se montre recouvert, sur toute sa surface, de très fins tubercules, nombreux et serrés, qui donnent à la graine un aspect obscurément échinulé. Le hile, ovale, est nettement entouré d'un rebord tégumentaire. Il touche, en haut, au micropyle, tout petit, mais on ne distingue aucune saillie raphéale. Le hile est traversé dans sa longueur, en son milieu, par une forte ligne en creux qui a l'aspect d'un coup de canif. A ce propos, notons ici en passant que le micropyle, chez les *Lathyrus*, n'a pas l'apparence d'un trou d'épingle, mais d'une dépression triangulaire qui serait produite par la pointe d'un canif.

L. *Clymenum* L. (lig. 491 et 492). — Graines assez grandes, grossièrement ovales, plus ou moins rectilignes dans la région radiculaire, où l'on distingue nettement une saillie, non globuleuses, mais un peu aplaties, quoique les deux faces soient nettement convexes. Couleur brun chocolat clair, paraissant saupoudré de blanc bleuâtre. Néanmoins les graines ne sont pas pruineuses, c'est-à-dire que cette apparence poudrée ne disparaît pas, sous le contact du doigt. Le tégument est lisse, mais très mat, légèrement moucheté de noir. Le début du raphé est marqué par une légère proéminence assez sombre, brun-violet, munie en son milieu d'une petite dépression, que l'on peut prendre, à première vue, pour le micropyle. Ce dernier est fort peu visible en général ; il vient interrompre le bourrelet tégumentaire qui entoure le hile. La saillie radiculaire est marquée par un méplat, interrompant assez nettement la courbure des faces de la graine. La couleur en est un peu plus claire, plus jaunâtre. Il est bon de noter que parfois le tégument est moucheté de noir de façon que les mouchetures soient disposées pour simuler des bandes marbrées. La graine, alors, ressemble un peu à celles du *L. incurvus* WILLD. ou *L. Tingitanus* L., mais alors la distinction est aisée, car dans ces deux espèces le méplat radiculaire est à peu près nul.

L. *articulatus* L. (fig. 547 et 548). — Cette espèce est considérée par M. Rouy comme une forme de la précédente. La graine est souvent assez analogue, mais dans un lot on trouve une forte proportion de graines plus petites (voir figure) plus nettemettment tronquées, dans la région radiculaire, de couleur généralement rouge-brique ou rouge-brun, non saupoudrées de blanc-bleuâtre, mais presque toujours marbrées. Le hile rectiligne, mince, très allongé, apparaît comme une tache blanchâtre ; le début du raphé est marqué par un petit mamelon brun-violet presque noir. Le mycropyle est imperceptible. La région radiculaire ne forme aucun méplat sensible. De profil, à la région micropylaire, la graine forme presque un angle droit, mais de face, elle est très nettement ovale et assez épaisse.

L. *Ochrus* DC. (fig. 499 et 500). — Graines sphériques de la grosseur d'un pois, jaune parchemin assez foncé, avec reflets rosés ou rougeâtres. Hile mince, allongé, rectiligne, portant, comme toujours, un sillon longitudinal. Micropyle très peu apparent. Saillie radiculaire nulle. Raphé visible sous forme d'une ligne brun-violet sombre, effacée, aboutissant à une petite tache concolore, peu étendue, dans la région chalazienne.

L. *hirsutus* L. (fig. 545 et 546). — Graines sphériques, assez petites, d'un violet-brun ayant parfois des reflets gris. Tégument couvert, sur toute sa surface, de petites verrues en pain de sucre, nombreuses et assez serrées. Hile largement ovale, entouré d'un rebord tégumentaire, portant en son milieu une fente longitudinale. Micropyle bien visible (à la loupe), formant le début d'un méplat radiculaire assez net. Saillie raphéale invisible. La région hilo-micropylaire se distingue assez nettement par sa couleur bien plus claire que le reste du tégument, et généralement jaunâtre, mais parfois elle est concolore avec le tégument et dans ce dernier cas, la fente longitudinale qui traverse le hile, dans sa longueur, toujours en forme de tibia, est d'un jaune pâle des plus apparents.

L. *odoratus* L. (fig. 521 et 522). — Graines sphériques, à peu près de la grosseur d'un pois de petite taille, violet-brun assez foncé. Surface du tégument très finement vermiculée et creusée de très cours sillons sinueux. Hile ovale, assez large, chagriné, gris-souris, avec une fente longitudinale, large, d'un blanc-crème, extrêmement nette. Micropyle peu visible. Saillies radiculaire et raphéale imperceptibles. Dans les *Lathyrus*, la longueur du hile, par rapport à celle de la circonférence de la graine, offre un grand intérêt pour la classification. Je renverrai pour ce détail à l'examen des nombreux dessins qui illustrent le texte et où on a reproduit, aussi fidèlement que possible, cette proportion.

FIGURES 511 à 520. — LATHYRUS L. [*suite*]

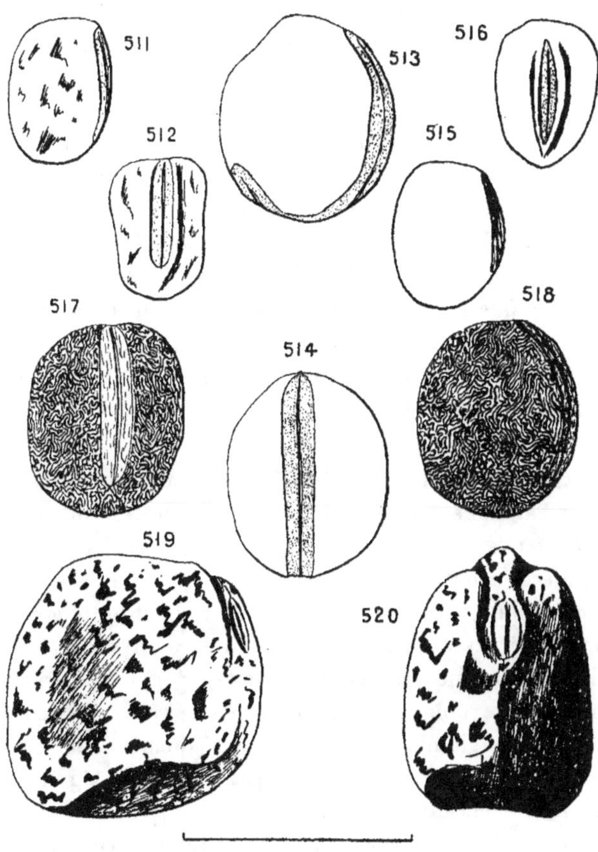

Fig. 511 et 512, *L. vernus* Bernh.. profil et face. — Fig. 513 et 514, *L. venosus* Mhlbrg., profil et face. — Fig. 515 et 516, *L. incurvus* Roth., profil et face. — Fig. 517 et 518, *L. ensifolius* auct., face et profil. — Fig. 519 et 520, *L. Abyssinicus* Braun, profil et face.

L. Cicera L. (fig. **489** et **490**). — Graines ressemblant un peu, comme forme et aspect général, à celles du *L. sativus* L., c'est-à-dire ressemblant, en petit, à une fève (*Faba vulgaris* L.). Je les qualifierai, pour cela de « faboïdes ». Elles sont en effet, à peu près prismatiques, très anguleuses, à carène dorsale (opposée à la région hilo-micropylaire) très aiguë, presque tranchante. La graine mesure environ **6** millimètres de longueur, elle est de couleur claire, le plus souvent mouchetée de verdâtre, sur un fond parcheminé à reflets rosâtres ou rougeâtres. Hile ovale, assez large, avec fente longitudinale bien marquée. Le hile est de couleur générale rouge-brun ou brun-gris et la fente plus pâle, crème ou jaunâtre. Micropyle peu visible. Saillies radiculaire et raphéale nulles. Mais le tégument forme, à droite et à gauche de la région hilo-mycropylaire, deux éminences arrondies qui poursuivent leur relief d'une part vers la région radiculaire, d'autre part de chaque côté du raphé, de telle sorte que la graine, très aiguë à la carène dorsale, est au contraire largement sillonnée, sur toute l'autre partie depuis l'axe hypocotylé, jusqu'à la chalaze, avec maximum de dépression à la région hilo-micropylaire.

L. sativus L. (fig. **509** et **510**). — Graines *faboïdes*, très grosses, atteignant une dizaine de millimètres, blanc-crème uni, ou fauves à mouchetures brunes. Surface tégumentaire irrégulière (probablement par retrait du contenu). Carène dorsale très aiguë, très tranchante. Sillon radiculo-raphéal largement évasé, avec vaste dépression à l'axe hypocotylé où la graine est comme creusée en cuvette (et généralement plus sombre). Hile oblong. plus foncé que le reste du tégument, avec ligne longitudinale blanchâtre ou jaunâtre. Micropyle en coup de canif. Le hile est entouré par un rebord tégumentaire assez net et encadré, à droite et à gauche, par deux lignes sombres ou noires, formées de mouchetures, formant plus ou moins nettement un Y. Ces lignes n'étant visibles que sur les graines de couleur claire, je me suis abstenu de les figurer sur mon dessin. Le raphé a la forme d'une ligne brun-violet sombre, très longue, qui part du hile pour aller rejoindre la carène dorsale. Il faut noter que ces graines, par retrait du contenu, ont une forme un peu variable. Il sera donc bon d'examiner un lot aussi nombreux que possible pour se faire une idée nette.

La forme à fleurs blanches (*flore albo*) (fig. 479 et 480) a des graines assez analogues, toutes claires, jaune parchemin. Elles sont un peu plus petites et paraissent, par conséquent, plus larges, dans la région micropylo-hilaire. Le hile forme ici une dépression ovale très nette, légèrement plus pâle que le reste de la graine. Dans son ensemble la graine de la forme à fleurs blanches offre un contour plus anguleux que celle du type, mais il ne me paraît pas que l'on puisse aisément les distinguer au moins quand on n'a pas vu les deux échantillons, une fois, l'un à côté de l'autre. On pourra retenir, à titre de renseignement, qu'ici la dépression radiculaire est généralement un peu moins creuse, et que le micropyle est souvent beaucoup moins net.

L. *Gorgoni* Parl. (fig. 535 et 536). — Graines subsphériques, violet-brun, à tégument vermiculé, creusé de sillons sinueux interrompus de bourrelets arrondis. Tache hiloïde gris rosé, très longue, occupant à peu près la moitié de la circonférence de la graine. Micropyle très petit. Saillies radiculaire et raphéale nulles, sauf le début du raphé qui est marqué par un petit mamelon un peu plus sombre que le reste du tégument, dans la gamme des violets.

L. *silvestris* L. (fig. 487 et 488). — Graines globuleuses, subsphériques, violet-brun assez foncé, à surface ridée de tubercules vermiculés. Tache hiloïde brunâtre, linéaire, oblongue, avec une fente longitudinale nette. Croissant funiculaire jaune cire, à marge membraneuse blanchâtre, comme les bords de la tache hiloïde, emboîtant, à peu près, la moitié de la circonférence de la graine. Parfois, la surface de la graine n'est que finement chagrinée. Sa couleur est donc violet-pourpre foncé avec une tache hiloïde parcheminée. Le tout présentant de vagues reflets bleutés, comme si toute la graine était pruineuse. Ce cas est rare, je ne le signale qu'en passant.

L. grandiflorus Lang (fig. 537 et 538). — M. Rouy, dans sa
Flore de France, range cette espèce et la suivante dans le *L. silvestris* L., celle-ci comme variété, la suivante comme forme.
L'espèce dont il est ici question est assez distincte du *silvestris*
par la taille, nettement plus grande, et la couleur brun-jaunâtre,
avec plage ocrée à la région radiculaire. La surface du tégument
est très finement chagrinée-tuberculeuse, mais il faut une très
forte loupe pour s'apercevoir que ce sont des vermiculures
séparées par des sillons sinueux. La saillie radiculaire est peu
sensible. Elle est accusée par une différence dans la courbure
de la graine — on retrouve ici un méplat, comme on en a déjà
vu ailleurs — mais surtout par la tache ocrée qui lui correspond. La tache hiloïde brun ocré, assez large, est parcourue
dans sa longueur, par une large bande médiane, gris perle.
Elle fait à peu près la moitié du tour de la graine.

L. Pyrenaicus Jord. (fig. 475 et 476). — Les graines de cette
espèce sont bien distinctes de celles du *L. grandiflorus* Long.,
et du *L. silvestris* L. Subsphériques, elles sont d'une couleur
violet-brun foncé assez semblable, leur forme et leur taille sont
analogues, mais toute la surface du tégument est recouverte de
petits tubercules en dômes arrondis, régulièrement disposés les
uns à côté des autres, et hérissant la graine de miliers de fines
bossettes. La tache hiloïde, étroite, linéaire, est gris perle, avec
bande médiane brune. Elle fait à peu près la moitié du tour de
la graine. Le micropyle est bien visible. Le croissant funiculaire est jaune paille avec une crête fripée-frisottée jaune d'or.
A l'œil nu, la graine paraît à peine finement granuleuse.

L. latifolius L., type (fig. 505 et 506). — Graines brun-rouge,
globuleuses ou ovales, à tégument creusé de larges et profondes
fossettes plus ou moins circulaires. Tache hiloïde plus jaunâtre,
avec bande rosée, allongée, assez large, mesurant à peu près le
tiers de la circonférence de la graine. Micropyle imperceptible ;
saillie radiculaire nulle. Origine du raphé indiquée par un léger
mamelon, au milieu duquel se trouve une dépression. Croissant
funiculaire jaune paille, fripé, cristé sur le dos.

L. ensifolius AUCT. (fig. 517 et 518). — Graines globuleuses, ovoïdes, à surface du tégument vermiculo-sinuée, creusée de sillons profonds. A l'œil nu la graine paraît grossièrement chagrinée. Couleur rouge brique tirant sur le bistre-jaune. Tache hiloïde ovale allongée, brun-rouge ou violet-pourpre très foncé, avec bande médiane assez large, brun-rose assez clair. Micropyle presque invisible. Début du raphé indiqué par une tache en relief, violet sombre. Croissant funiculaire jaune d'or. Attache du funicule proprement dit située près du micropyle, tandis que dans l'espèce précédente, elle était située près du raphé.

L. Monspeliensis DEL. (= *L. latifolius* L., var. *Monspeliensis* DEL.) (fig. 507 et 508). — Graines brun-jaunâtre ou brun-violâtre, ovales globuleuses, chagrinées. A la loupe on voit de gros tubercules sinueux, séparés par des sillons profonds. Tache hiloïde allongé, mesurant à peu près le quart de la circonférence de la graine, brun ocré avec bande jaunâtre. Micropyle perceptible, ainsi que la zone radiculaire indiquée à l'extérieur par une tache plus claire, en triangle, dont le sommet part du micropyle. Raphé imperceptible, même à son début ; on ne voit qu'une légère tache, à peine plus sombre que le reste, de couleur violet-pourpre.

L. heterophyllus L. (fig. 495 et 496). — Graines globuleuses ovoïdes, bistre-gris, à faces assez planes. Tégument chagriné à l'œil nu, révélant à la loupe des tubercules sinueux séparés par de profonds sillons. Tache hiloïde violâtre sombre, avec bande médiane, beaucoup plus pâle, jaunâtre. Début du raphé indiqué par une tache oblongue, un peu plus claire. Saillie radiculaire assez nette, non à cause de son relief insignifiant, mais grâce à sa couleur plus jaunâtre que le reste de la graine. Croissant funiculaire jaune parchemin, égalant environ le quart de la circonférence de la graine, ou plus court, avec attache du funicule du côté du micropyle.

L. tuberosus L. (fig. 533 et 534). — Graines violet-pourpre assez foncé, globuleuses ou subsphériques, à tégument parais-

sant à l'œil nu presque lisse, mais offrant, quand on le regarde
à la loupe, de très fines saillies tuberculeuses assez espacées.
Tache hiloïde linéaire, égalant environ le tiers ou la moitié de
la circonférence de la graine, jaunâtre sale, à bords légèrement

FIGURES 521 à 528. — LATHYRUS L. *(suite)*

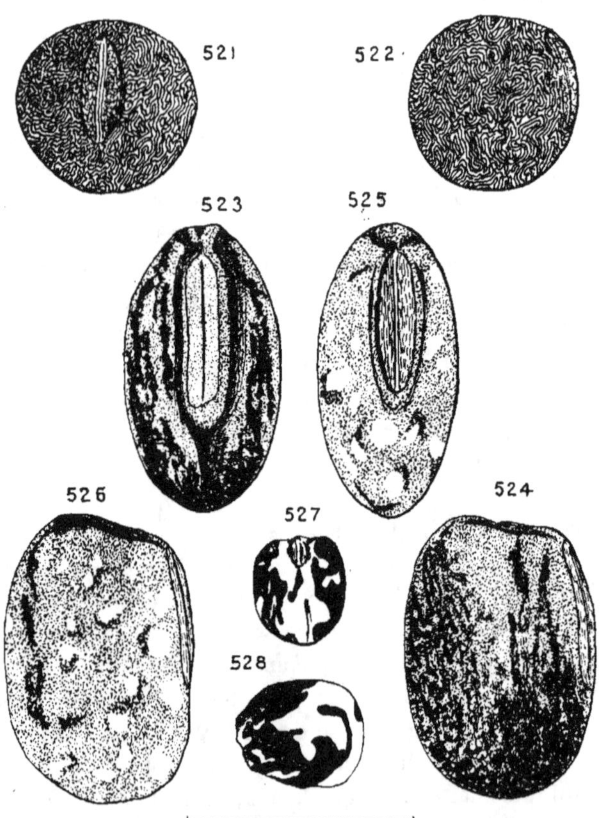

6,5 millimètres.

Fig. 521 et 522, *L. odoratus* L., face et profil. — Fig. 523 et 524, *L. Tingitanus* L., face et profil. — Fig. 525 et 526, *L. incurvus* WILLD., face et profil. — Fig. 527 et 528, *L. Hallersteinii* BMG., face et profil.

saillants, membraneux. Début du raphé indiqué par une
dépression allongée, sombre, se perdant insensiblement dans
la tonalité générale du tégument. Micropyle peu visible, mais
saillie radiculaire très nette, composée de deux légères protubérances aplaties, tournées vers la tache hiloïde, comme les
deux pans d'un habit.

L. pratensis L. (fig. 503 et 504). — Graines petites, globuleuses, bistre-jaune, ne dépassant guère 3 millimètres de longueur, mouchetées de noir, lisses, brillantes (ce qui est peu
fréquent chez les *Lathyrus*). Dépression hilo-micropylaire très
nette, formant sur le profil un méplat assez accentué, et de face
paraissant bordée à droite et à gauche de deux rebords tégumentaires assez saillants. Micropyle visible. Hile fendu en long
en son milieu. Cette espèce, à saillies radiculaire et raphéale à
peu près nulles, à tégument lisse et brillant, est très nettement
caractérisée, car elle tranche, et par son aspect, et par sa taille,
sur le facies général de la plupart des autres. Aussi on pourra
sans difficulté la reconnaître et la séparer de ses voisines.

L. maritimus Big. (fig. 477 et 478). — Graines sphériques,
très nettement bistres, à tégument lisse, sub-brillant, paraissant douci. Tache hiloïde concolore, allongée, égalant environ le
quart de la circonférence de la graine, entourée, à droite et à
gauche, de deux lignes parallèles, à peu près égales à elle
comme largeur, et tranchant sur le fond de la graine par une
couleur jaune orangé assez sensible. Raphé indiqué par une
ligne sombre, presque noire, assez étroite et légèrement en
creux, par rapport à la surface générale du tégument. Saillie
radiculaire nulle.

L. luteus Peterm. (fig. 497 et 498). — Graines ovoïdes, allongées, lisses, presque mates, brun-rougeâtre ou jaunâtre, avec
d'abondantes et grosses mouchetures noires. Tache hiloïde très
large, ayant à peu près le cinquième de la circonférence de la
graine, brun foncé, fendue au milieu, encadrée par un rebord
tégumentaire peu saillant, mais d'un jaune ocré très caracté-

ristique. Micropyle assez apparent, sombre ; près de lui aboutit une plage plus claire, jaunâtre, dépourvue de mouchetures, c'est la région radiculaire.

L. *niger* Bernh. (fig. 481 et 482). — Graines ovoïdes, allongées, lisses, bistres, parfois presque cylindriques, rarement munies de quelques mouchetures noires. Sensiblement plus petites que les précédentes, elles ont un peu le même aspect.

FIGURES 529 à 532. — *LATHYRUS* L. (*suite*)

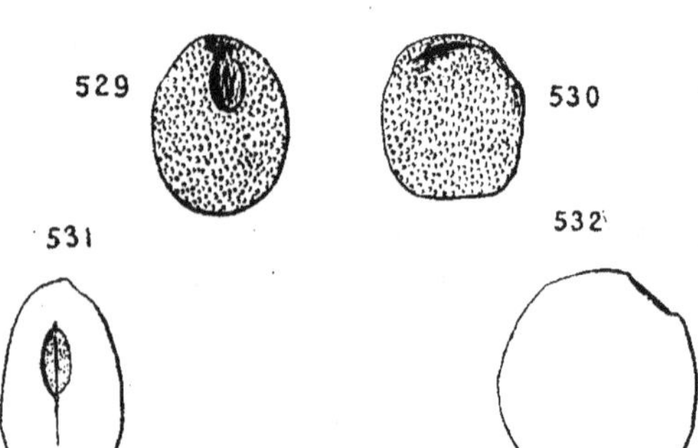

6,5 millimètres

Fig. 529 et 530, *L. Nissolia* L., face et profil. — Fig. 531 et 532, *L. Aphaca* L., face et profil.

La tache hiloïde égale environ le tiers de la circonférence de la graine ; elle est d'un brun rosé assez pâle et entourée de chaque côté d'un rebord tégumentaire peu saillant mais d'une couleur jaune d'ocre très nette. Micropyle imperceptible. Saillie radiculaire à peu près nulle, indiquée seulement par une coloration plus claire du tégument. Croissant funiculaire brun ocré, avec l'attache du funicule proprement dit à peu près au milieu.

L. vernus Bernh. (fig. 511 et 512). — Graines ovoïdes globuleuses, lisses, mates, parfois presque cylindriques à extrémités convexes. Couleur brun-jaunâtre, à mouchetures brun-rouge foncé, abondantes. Parfois mais rarement, ces mouchetures se juxtaposent étroitement. La surface du tégument est alors en partie d'une couleur uniforme violet-pourpre foncé. C'est l'exception. Zone radiculaire indiquée par une plage jaunâtre, plus pâle, sans mouchetures, avec un très faible relief sur les bords, dans le voisinage du micropyle. Ce dernier très peu sensible. Tache hiloïde jaune ocreux, avec rebord tégumentaire concolore, un peu plus foncé dans le fond du sillon qui sépare le rebord tégumentaire proprement dit de la tache hiloïde. Celle-ci grenue, avec une faible fente médiane, visible seulement à la loupe. Cette espèce ressemble un peu au *L. niger* Bernh., mais elle s'en distingue parce qu'elle est nettement mate, tandis que celle-ci est légèrement doucie, presque un peu brillante. La couleur de la tache hiloïde est aussi très différente, jaune ocré chez le *vernus*, brun-gris chez le *niger*.

L. asphodeloides GG. (fig. 539 et 540). — Graines ovoïdes, globuleuses, violet-pourpre foncé ; surface du tégument finement vermiculée-sinueuse, à tubercules séparés par de profonds sillons. Tache hiloïde blanchâtre, occupant à peu près la moitié de la circonférence de la graine, linéaire, étroite, avec bandes latérales fines, membraneuses, et fente centrale très réduite. Micropyle bien visible. Saillie radiculaire très faible, mais terminée, au-dessus du micropyle, par un petit mamelon hémisphérique, assez net. Début du raphé indiqué par une plage allongée, sombre, violette, presque noire, déprimée en son milieu, s'effilant en pointe vers la chalaze, pour se perdre dans la teinte générale du tégument.

L. filiformis J. Gay (fig. 485 et 486). — Graines ovoïdes, petites (3 millimètres et demi environ), lisses à l'œil nu, presque mates (très peu brillantes et comme doucies), violet-brun foncé. Tégument montrant à la loupe une série de minuscules reliefs, qu'on peut à peine nommer des tubercules et qui don-

nent à la graine un aspect finement chagriné. Dépression hilo-
micropylaire très nette sur le profil, où elle forme une sorte
d'indentation à large concavité. De face, on distingue nettement
une saillie radiculaire aboutissant à un minuscule mamelon ; là
se trouve le micropyle, puis vient le hile, ovale et court, parcouru, en son milieu, par une large bande, d'aspect nettement
différent ; le tout est de couleur parchemin foncé. La tache
hilo-micropylaire est encadrée, à droite et à gauche, par deux
rebords tégumentaires, concolores avec le reste du tégument.
Le raphé est indiqué ici par une sorte de côte, produisant une
solution de continuité dans la courbure de la graine.

L. sphaericus Retz., type (fig. 493 et 494). — Graines petites
(deux millimètres et demi environ), sphériques, violet-brunâtre
pâle, pruineuses, c'est-à-dire recouvertes d'une couche de poudre fugace, très caduque sous le doigt, unies. Région hilo-
micropylaire ne formant pas de dépression, mais à peine un léger
méplat. Micropyle bien visible. Hile ovale, court, fendu en
long, au milieu. Quelques auteurs indiquent que les graines de
cette espèce sont grosses. Il s'agirait d'abord de savoir quel
terme de comparaison ils emploient pour apprécier la taille de
leur échantillon, et ensuite quels échantillons ont servi. J'ai
plusieurs exemplaires de cette espèce de provenances très
diverses, ils sont tous parfaitement semblables entre eux. C'est
pourquoi j'ai dit « graines petites », par rapport aux autres graines de *Lathyrus*, bien entendu. On pourra se convaincre de la
réalité de cette assertion par le seul examen des dessins.

La variété *Neapolitanus* Ten. (fig. 483 et 484) de cette espèce
offre au contraire des graines plus grosses et sensiblement différentes. Ces graines sont presque cylindriques, à bases planes, elles ont aussi vaguement une forme en barillet. Leur
couleur est brun ocré, mat, lisse. La tache hiloïde occupe à peu
près les deux tiers de la hauteur du cylindre. Elle est brun-gris
avec bande médiane blanche. Le micropyle est bien visible,
ainsi que la zone radiculaire, en triangle, qui occupe complètement une des bases du cylindre et aboutit en triangle au micropyle. Le début du raphé est indiqué par une petite bosse vio-

làtre, foncée, fortement déprimée en son milieu et parfois formant presque un canalicule.

L. *angulatus* WILLD. (fig. 473 et 474). — Graines très petites
(deux millimètres à peine), polyédriques, ayant deux bases concaves, l'une radiculaire, l'autre chalazienne et étant à peu près
rectangulaires, ou en cœur, sur la coupe transversale. En effet,
à la carène dorsale assez aiguë est opposée une large dépression
portant, à droite et à gauche de la région hilo-micropylaire,
deux proéminences. Le hile, très petit, presque circulaire, touche au micropyle, puis la dépression raphéale va rejoindre la
base inférieure (1), tandis qu'à l'emplacement de la radicule et
de l'axe hypocotylé correspond la deuxième base supérieure,
le plus souvent excavée en cuvette. Il ne faut pas s'illusionner
sur les concavités que présente cette graine : il y a notamment,
des concavités sur les faces latérales adjacentes à la carène
dorsale. J'ai eu déjà l'occasion de dire que ces concavités sont
dues, le plus souvent à des retraits du contenu, retraits nor-
maux parfois (car des graines ayant une parfaite faculté germi-
native peuvent en être munies), mais provenant le plus souvent
des conditions défectueuses où a eu lieu la récolte.

L. *Abyssinicus* BRAUN (fig. 519 et 520). — Cette graine ressemble beaucoup, comme forme et comme taille, à celles du
L. sativus L. On peut néanmoins l'en distinguer par ce fait que
la surface du tégument, vert d'eau pâle ou violâtre clair, est
toujours très abondamment mouchetée de taches noires. Le hile,
jaune-verdâtre sale, à bande médiane blanc crème, est entouré
de deux rebords tégumentaires blancs, à droite et à gauche ; ils
se rejoignent au micropyle, qui est très visible (comme un trou
d'épingle). Le raphé est indiqué par une ligne noire très nette,
qui se poursuit au delà de la chalaze jusqu'à la carène dorsale.

L. *Hallersteinii* BMG. (fig. 527 et 528). — Cette espèce, ou
bien est mal nommée, ou bien fait exception dans le genre. En

1. Dans tous mes dessins, j'ai représenté le micropyle *au-dessus* du hile,
conformément à la position que j'avais donnée à toutes les graines, pour
les dessiner, *radicule en l'air*.

effet, toutes les espèces que j'ai rencontrées jusqu'ici sont mates, chagrinées, ou très faiblement brillantes et unies. Ici, on a des graines très brillantes, comme vernies, ovoïdes, jaune cire assez pâle, avec à peu près la moitié de la suface

FIGURES 533 à 540. — LATHYRUS L. *(suite)*

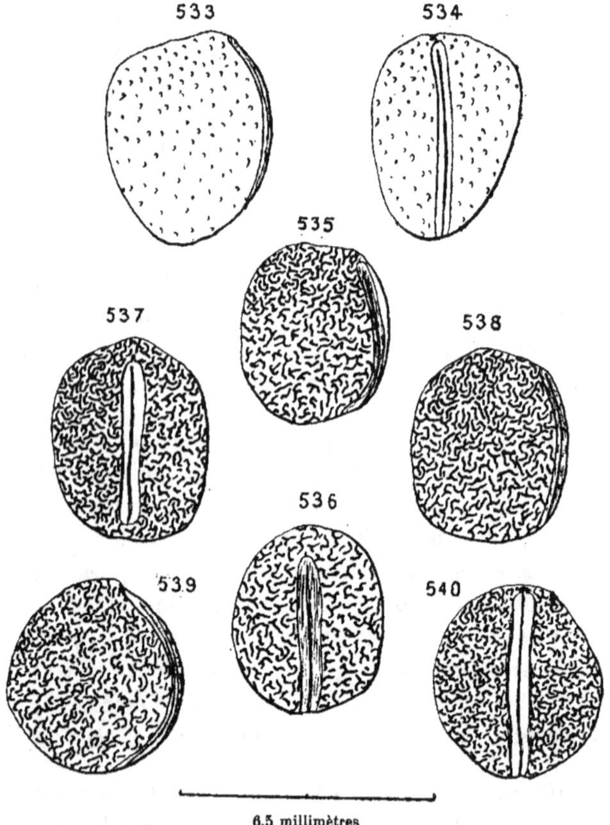

6,5 millimètres

Fig. 533 à 534, *L. tuberosus* L., profil et face. — Fig. 535 et 536, *L. Gorgoni* Parl., profil et face. — Fig. 537 et 538, *L. grandiflorus* Lang, face et profil. — Fig. 539 et 540, *L. asphodeloides* GG., profil et face.

Capitaine 20

noire. La ligne qui sépare le noir du jaune est très capricieuse-
ment sinueuse, comme en témoignent les dessins. En outre, et
c'est ce qui est le plus remarquable, la région hilo-micropylaire, qui se trouve chez tous les autres *Lathyrus* à graine
allongée, sur le côté le plus long, se trouve ici à l'angle de la
portion qui a la plus petite dimension. Elle y fait un petit
méplat, très sensible de profil, où on voit une légère indentation.
De face, elle paraît encadrée par deux petites protubérances
tégumentaires. Le raphé forme une petite ligne, peu nette, qui
va rejoindre le dos, étroit et presque en carène, de la graine.
La saillie radiculaire n'est sensible que dans le voisinage immédiat du micropyle.

L. incurvus Roth. (fig. 515 et 516). — Graines ovoïdes, brun-
rouge, unies, lisses, mates, parfois mais rarement un peu anguleuses (?). Cette forme me semble due uniquement à une
action mécanique, et je ne crois pas qu'il y faille attacher trop
d'importance. Hile blanchâtre, court, en amande, fendu au
milieu, encadré à droite et à gauche de rebords tégumentaires
concolores avec le reste du tégument. Micropyle presque invisible. Saillies radiculaire et raphéale nulles.

L. incurvus Willd. (fig. 525 et 526). — Graines grandes,
atteignant 6,5 à 7 millimètres de longueur, presque rectangulaires de profil. Faces bombées. Tégument absolument mate,
jaune parchemin foncé, saupoudré (en apparence, mais la
graine n'est pas pruineuse) de bistre et de noir. Cela donne à la
graine une couleur spéciale et un aspect marbré caractéristique.
De profil, un des angles est presque droit. C'est là que se trouve
le micropyle, assez net. Sur le petit côté, on voit la saillie
radiculaire, très nette, surtout à l'extrémité : elle vient en effet
former un bourrelet qui s'arrête dans une dépression en
cuvette. Les bords de cette saillie radiculaire sont marqués par
des points noirs formant comme une ombre. Sur le grand côté,
la tache hiloïde occupe à peu près les deux tiers de la longueur. De face, elle est ovale-allongée, avec fente médiane
nette. Elle est jaune crème plus ou moins foncé, encadrée

d'un rebord tégumentaire en bourrelet, concolore avec elle. Le raphé est indiqué, à son début, par un petit mamelon allongé, qui s'évanouit assez rapidement du côté de la chalaze. En général, les deux lignes noires ombrées, qui dessinent la limite de la saillie radiculaire, se poursuivent sur les faces latérales de la graine, près de la côte opposée au raphé, et se perdent là, après un trajet assez long, au voisinage de l'angle opposé au micropyle.

L. rotundifolius Willd. (fig. 543 et 544). — Graines globuleuses, presque sphériques, violet-pourpre foncé, à surface grossièrement chagrinée par un réseau de vermiculures sinueuses, séparées par des sillons profonds. Hile blanc-bleuâtre, étroit, linéaire, occupant à peu près le tiers de la longueur de la circonférence de la graine, portant une fente étroite au milieu, dans toute sa longueur. Croissant funiculaire jaune paille. Attache du funicule proprement dit, au voisinage du micropyle. Saillies radiculaire et raphéale à peu près nulles.

L. splendens Retz. (fig. 541 et 542). — Graines subcylindriques, à bases presque planes, ou en barillets, ou presque ovoïdes (c'est la minorité). Couleur brun-rouge. Surface du tégument ridée par un réseau sinueux de vermiculures, séparées par de profonds sillons. Tache hiloïde occupant à peu près la hauteur du cylindre, ovale allongée, brun-grisâtre terne. Croissant funiculaire jaune parchemin, fripé, avec attache du funicule très voisine du micropyle. Saillie radiculaire peu sensible, mais se révélant, au voisinage de son extrémité, par un minuscule mamelon très sombre. La saillie raphéale n'est guère sensible sur les graines normales.

L. Tingitanus L. (fig. 523 et 524). — Graines grandes, de 6,5 à 7 millimètres de longueur, de contour à peu près ovale (de profil et de face), sauf à la région radiculaire qui forme un méplat rectiligne. Couleur brun-rouge ou brun-jaune, aspect velouté. Surface du tégument saupoudrée de brun foncé et de noir, mais graines non pruineuses. Saillie radiculaire nettement

limitée par deux lignes de points noirs se perdant très rapidement dans la teinte de fond du dos de la graine, qui est nettement plus foncée que le reste du tégument. Le micropyle forme
à peu près le sommet d'un angle droit dont l'une des branches
constitue le méplat radiculaire, tandis que l'autre représente la
région hilaire; celle-ci, d'ailleurs, est un peu convexe. La graine
est fortement mouchetée de noir sur toute son extrémité opposée au méplat radiculaire. De face, le hile est à peu près rectangulaire (avec petits côtés un peu arrondis). Il est chagriné,
café au lait clair, sillonné en long d'une ligne médiane très
nette et encadré par le rebord tégumentaire. Cette graine ressemble beaucoup au *L. incurvus* WILLD., mais s'en distingue par
sa couleur plus rouge, plus foncée, par le dos et le sommet
opposé au méplat radiculaire, abondamment mouchetés de noir,
par la forme plus rectiligne du hile.

L. venosus MHLBRG. (fig. 513 et 514). — Graines noires ou
presque, subsphériques, lisses, mates, de 5 millimètres de longueur environ. Tache hiloïde très longue, mesurant à peu près
les deux tiers de la circonférence de la graine, bleu de lin,
d'aspect poudreux, étroite, rectiligne et sillonnée longitudinalement d'une fente médiane très nette. Croissant funiculaire blanc
crème, mince, membraneux, comme une pelure d'oignon. Attache du funicule proprement dite à peu près au milieu, ou un
peu vers le raphé. Micropyle peu sensible. Saillies radiculaire
et raphéale nulles ou presque.

Maintenant que j'ai passé en revue les espèces qui figuraient
dans ma collection, je pourrai, en m'aidant des diagnoses et
des dessins, dresser un tableau analytique des espèces étudiées,
et l'on verra que la morphologie de la graine permet de classer
assez aisément les diverses espèces.

On peut en effet, tout d'abord, séparer les graines à tégument lisse, et celles à tégument verruqueux ou vermiculé. Puis
dans chacune de ces catégories, on peut examiner la forme et
la position respective des divers ornements ou organes. Pour
les graines à tégument lisse, on pourra d'abord se fonder sur

la forme générale et la taille. On séparera ainsi par exemple *L. incurvus* Roth., et *L. incurvus* Willd. ou *L. venosus* Mhlbrg. et *L. sphaericus* Retz., etc. Pour les graines à tégument non lisse, les unes auront des vermiculures, d'autres des tubercules ou fossettes. La partie la plus délicate du tableau portera sur la

FIGURES 541 à 548. — LATHYRUS L. *(suite)*

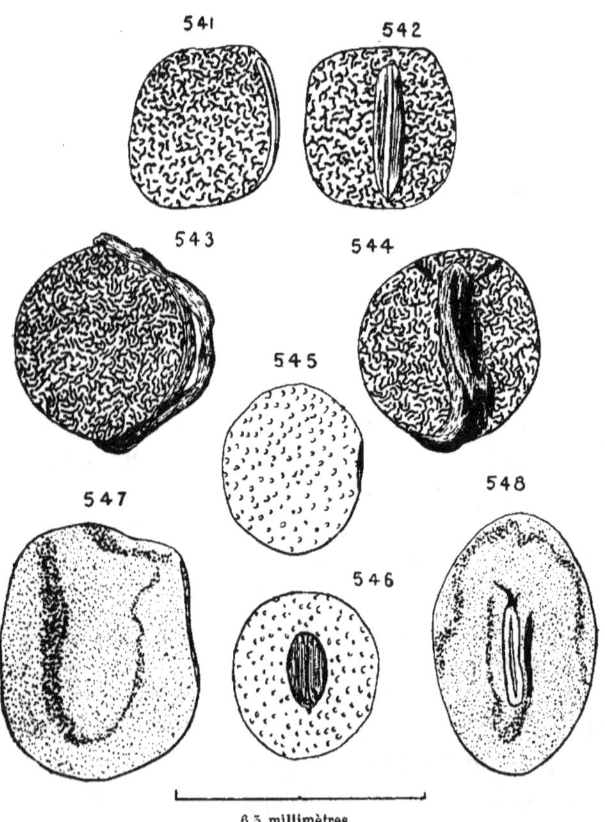

Fig. 541 et 542, *L. splendens* Retz., profil et face. — Fig. 543 et 544, *L. rotundifolius* Willd., profil et face. — Fig. 545 et 546, *L. hirsutus* L., profil et face. — Fig. 547 et 548, *L. articulatus* L., profil et face.

séparation des graines à tégument vermiculé. On se fondera
alors sur la forme respective de la tache hiloïde, etc.

TABLEAU SYNOPTIQUE

1 { Tégument lisse. 2
  { Tégument non lisse 22

2 { Graines sphériques ou presque. 3
  { Graines non sphériques 7

3 { Graines pruineuses (2,5 mm.) . . . . . *sphaericus* (type)
  { Graines non pruineuses 4

4 { Graines de 3 mm. au plus . . . . *montanus*
  { Graines de 5 mm. au moins 5

5 { Tache hiloïde égalant au moins la moitié de la circonférence de
  {   la graine, qui est noire . . . . *venosus*
  { Tache hiloïde ne dépassant pas le tiers de la circonférence de la
  {   graine, qui n'est pas noire 6

6 { Graines grosses (6,5 mm.), bistre-violacé. Tache hiloïde jaune
  {   d'ocre, en relief . . . . *Ochrus*
  { Graines moyennes (5 mm.) bistres ou bistre-verdâtre. Tache
  {   hiloïde bistre-verdâtre, en creux . . . . . *maritimus*

7 { Graines faboïdes 8
  { Graines non faboïdes 11

8 { Tache hiloïde plus pâle que le reste de la graine et tégument uni
  {   de couleur parchemin . . . . *sativus* (*fl. albo*)
  { Tache hiloïde plus foncée que le reste de la graine et tégument
  {   uni ou moucheté 9

9 { Graines de 6 mm. environ, à hile souvent rouge-brun. *Cicera*
  { Graine de 10 mm. environ, à hile bistre-verdâtre. . . . 10

10 { Grain vert d'eau ou violet pâle, moucheté de noir. *Abyssinicus*
   { Graines unies, couleur parchemin, rarement brun-rouge clair
   {   (ocre rouge), à mouchetures noires. . . . *sativus* (type)

11 { Graines lenticulaires . . . . *Aphaca*
Graines en barillet . . *sphaericus* (var. *Neapolitanus* Ten.)
Graines de formes différentes 12

12 { Graines de 4 mm. ou moins 13
Graines de 6 mm. ou plus 19

13 { Graines brillantes, comme vernies, jaune-verdâtre, abondamment marbrées de noir. . . . . *Hallersteinii*
Graines peu brillantes ou mates 14

14 { Graines mouchetées, jaunâtres 15
Graines rouge-brun unies 17

15 { Tache hiloïde très vaste, rouge-brun, à rebord ocré . *lutens*
Tache hiloïde médiocre 16

16 { Tache hiloïde ovale, courte. Graines globuleuses . *pratensis*
Tache hiloïde allongée. Graines allongées. 18

17 { Graines anguleuses . . . . *incurvus* Roth.
Graines ovoïdes . . . . }
} *niger*
18 { Graines ovoïdes allongées. Tache hiloïde atteignant }
le tiers de la circonférence de la graine, ou plus . .)
Graines subanguleuses ou globuleuses. Tache hiloïde ne dépassant guère le quart de la circonférence de la graine. *vernus*

19 { Tache hiloïde très courte, mince, crème jaunâtre. *articulatus*
Tache hiloïde longue et large 20

20 { Tache concolore avec le tégument. Attache du funicule proprement dit, voisine du micropyle. . . . . . *Clymenum*
Tache rosâtre, large, très visible. Attache du funicule proprement dit voisine du raphé 21

21 { Saillie radiculaire se prolongeant sur le dos, par deux lignes
noires qui forment une marbrure nette. Tache hiloïde
ovale . . . . *incurvus* Willd.
Saillie radiculaire se prolongeant sur le dos par deux lignes noires qui se perdent dans l'abondante moucheture noire. Tache
hiloïde rectangulaire. . . . . *Tingitanus*

22 {
Tégument réticulo-vermiculé. 27
Tégument échinulé 24
Tégument creusé de fossettes. 23

23 {
Fossettes très larges. Graines sphériques . *latifolius* (type)
Fossettes presque imperceptibles. Tégument finement chagriné. Graines ovoïdes allongées. . . . . *filiformis*
Graines très petites, polyédriques. . . *angulatus* WILLD.

24 {
Graines de 2 mm. ou moins. . . . . *Nissolia*
Graines de 4 mm. ou plus. 25

25 {
Graines grossièrement tuberculeuses, paraissant très rudes à l'œil nu . . . . *hirsutus*
Graines très finement échinulées, paraissant à peine chagrinées à l'œil nu 26

26 {
Tache hiloïde égalant la moitié de la circonférence de la graine. . . . . *Pyrenaicus*
Tache hiloïde égalant le tiers de la circonférence de la graine . . . . *tuberosus*

27 {
Tache hiloïde égalant le tiers de la circonférence de la graine 28
Tache hiloïde égalant la moitié de la circonférence de la graine 35

28 {
Graine brun-rouge clair, à bande médiane de la tache hiloïde jaune d'ocre. . . . . *Monspeliensis*
Graines violet-pourpre, ou bistres, à bande médiane de la tache hiloïde blanchâtre 29

29 {
Graines bistre-verdâtre. . . . . *heterophyllus*
Graines à tégument violet-pourpre, violet-gris, violet-brun ou brun-gris. 30

30 {
Graines très finement chagrinées, paraissant presque lisses, à l'œil nu. Tache ovoïde grise, ovale, à bande médiane jaune. . . . . *odoratus*
Graines grossièrement chagrinées 31

31 {
Attache du funicule proprement dit près du micropyle. . 32
Attache du funicule proprement dit près du raphé. *splendens*

32 { Graines rouge brique foncé   33
    { Graines violet sombre, noirâtres   34

33 { Tache hiloïde bistre très sombre, à bande médiane mince,
       blanchâtre . . . .   *ensifolius*
    { Tache hiloïde plus ou moins blanche, à bande médiane conco-
       lore . . . .   *rotundifolius*

34 { Croissant funiculaire jaune parchemin . . . . .   *Gorgoni*
    { Croissant funiculaire jaune paille, plus foncé au
       milieu . . . .   }   *silvestris*

35 { Graines grossièrement vermiculées . . . . . .
    { Graines à vermiculures très fines, paraissant lisses à l'œil
       nu   36

36 { Graines bistre-verdâtre. Bande médiane de la tache hiloïde,
       blanchâtre . . . .   *grandiflorus*
    { Graines violet-pourpre. Bande médiane ocrée .   *asphodeloides*

TRIBU VIII. — Phaséolées

La tribu des Phaséolées est, me semble-t-il, de toutes celles
des Légumineuses, la mieux caractérisée, la plus homogène.
On peut dire, en effet, que presque toutes les plantes qu'on y
range sont des herbes volubiles ou prostrées (parfois de grande
taille et suffrutescentes à la base), dont les feuilles sont pennées
trifoliolées, dont l'androcée est nettement diadelphe. On remarquera que ce caractère est si constant dans cette tribu, ainsi que
la disposition des folioles, que l'on ne peut fonder sur eux
aucune analyse de genres. Bien entendu, il y a des exceptions,
mais elles sont rares.

Si le port de la plante présente dans cette tribu une constance fort remarquable ainsi que la constitution de sa fleur, il
en est de même de la graine, qui offre toujours plus ou moins la
forme d'un haricot. On peut donc, sans hésitation en général,
rapporter une graine de Légumineuses à la tribu des Phaséolées
quand elle présente cette forme, car c'est la seule tribu où les
graines présentent ce caractère (1). Souvent aussi, les téguments
sont parés de riches couleurs et les graines atteignent une très
forte taille : on peut donc dire que c'est dans cette tribu que se
rangent les plus beaux représentants séminologiques de tout le
groupe.

Cette tribu est l'une des plus importantes des Légumineuses :
elle compte 60 genres environ et plus de 820 espèces. La plu-

1. On a vu plus haut qu'une espèce de *Desmodium* (*D. gyroides*, DC.)
présente une forme plus ou moins analogue à celle d'un haricot. Cette forme
se retrouve aussi chez quelques autres graines, n'appartenant pas à la tribu
des Phaséolées, mais c'est exceptionnel.

Répartition géographique des PHASÉOLÉES

	Europe	Asie	Afrique	Amérique			Océanie
				Nord	Centre	Sud	
Totalité du Continent				6	32	13	19
Nord						41	1
Est		9	70	2	7		1
Sud	3	115	33	37		1	
Ouest			65		1		
Nord-Est			2		1	45	1
Sud-Est		33					
Sud-Ouest		1	2	4			
Nord-Ouest						3	15
Centre			59	1		50	32
Centre-Nord							4
Centre-Est						1	1
Centre-Sud						2	
Centre-Ouest							
Région méditerr. totale							
Région méditerr. orientale							
Région méditerr. occidentale							
Montagnes Nord							
Montagnes Est			3				
Montagnes Sud							
Montagnes Ouest							
Montagnes Centre		11					
Montagnes Nord-Est							
Montagnes Sud-Est							
Montagnes Sud-Ouest							
Montagnes Nord-Ouest							
Déserts							
Asie-Mineure							

part des représentants de cette tribu sont exotiques et habitent les régions tropicales ; on se rendra compte de la répartition des Phaséolées en jetant un coup d'œil sur le tableau statistique reproduit ci-dessus.

L'examen de ce tableau montre que la tribu des Phaséolées est étroitement groupée et non disséminée comme quelques autres, ainsi qu'en témoigne la répartition des chiffres dans les différentes cases. On constate ensuite que la tribu a son pôle de diversité dans la partie méridionale de l'Asie, et surtout dans l'Inde péninsulaire et les premiers contreforts de l'Himalaya (Népal).

Mais cette grande agglomération est très limitée : elle s'étend un peu sur les Philippines, la Chine et le Japon, mais ne touche ni à la région sud-occidentale, si riche en Légumineuses d'autres tribus, ni à la Sibérie où on en rencontre aussi de nombreux représentants. Cette particularité est fort remarquable.

Je ne parlerai pas de l'Europe, où l'on ne rencontre guère que le genre *Phaseolus* L. Encore est-il fort difficile de savoir dans quelles régions et dans quelles limites ce genre est bien spontané, en raison de la culture qu'on lui fait subir partout à cause de sa très grande utilité dans l'alimentation de l'homme.

En Afrique, c'est la région tropicale qui compte le plus de Phaséolées, surtout dans l'Est, y compris Madagascar. Mais on en rencontre assez abondamment aussi sur la côte orientale du continent, depuis le Natal jusqu'à l'Abyssinie, et sur la côte occidentale, depuis l'Angola jusqu'au Congo et à la Guinée. La région du Cap possède aussi quelques Phaséolées tandis que le Sahara semble mettre une infranchissable barrière à leur propagation vers le Nord. L'Algérie et la région méditerranéenne en sont dépourvues.

L'Amérique est plus intéressante à étudier dans le cas présent, car ici encore, toute la région tropicale en possède de nombreux représentants, depuis le sud des Etats-Unis et le Mexique, jusqu'à l'Uruguay et l'Argentine, mais on remarquera que dans l'Amérique centrale, ce sont surtout les Antilles qui paraissent favorisées au détriment du continent : on y en rencontre beaucoup. De même, dans l'Amérique du Sud, elles peuplent surtout le Nord, le Nord-Est, les campos brésiliens, le Paraguay, et semblent arrêtées par la Cordillère des Andes. On n'en trouve presque pas dans les hautes régions montagneuses du Nord-Est et les auteurs n'en font pas mention au Chili.

L'Océanie tout entière en possède un assez grand nombre, mais la région privilégiée est le nord de l'Australie, la Nouvelle Guinée, Bornéo et les îles de l'Archipel Malais proprement dit : Java et Sumatra (surtout Java). Ces îles opèrent donc la réunion au pôle de l'Asie méridionale.

En résumé, la tribu des Phaséolées est surtout composée de plantes tropicales, et les cercles du Cancer et du Capricorne semblent arrêter assez exactement toutes les espèces, dont un petit nombre seulement les dépasse vers le Sud, particulièrement dans la région du Cap, l'Argentine et l'Australie. Vers le Nord, la limite est plus absolue, surtout du côté du Japon, et encore la limite de cette tribu vers le Nord, est-elle atteinte en Asie, à peu près à la latitude de Naples.

La planche IX résume d'une manière simple les résultats que je viens d'énoncer.

Je dois à l'obligeance d'un certain nombre de voyageurs et de botanistes bienveillants la petite collection de Phaséolées que j'ai pu étudier : on verra que toutes les espèces présentent une ressemblance frappante dans leurs caractères généraux. Les genres que j'ai pu étudier sont les suivants :

Erythrina L.
Canavalia ADANS.
Phaseolus L.
Kerstongiella (AUCT. ?)
Mucuna L.
Vigna SAVI
Dolichos L.
Kennedya VENT.
Pachyrrhizus RICH.
Soja SAVI

Comme on le verra à l'étude particulière du genre *Phaseo-*

lus L. j'ai pris quelques exemples pour faire voir que si la morphologie séminologique peut rendre de grands services dans la plupart des cas, elle perd à peu près complètement son intérêt pour distinguer des espèces appartenant à un genre comme celui-ci : en effet, on pourra remarquer aisément que les graines de diverses sortes de haricots (*P. vulgaris* L.) présentent entre elles bien souvent des différences au moins aussi considérables que d'autres espèces bien définies. Il ne m'appartient pas de rechercher ici l'affinité des différentes espèces ni leurs limites, mais j'ai trouvé juste de présenter la question de l'étude des graines sous un jour nouveau, pour ne pas rester toujours dans la même idée, et pour répondre d'avance à l'objection que ne manqueraient pas de soulever les lecteurs à ce sujet, en arguant de cet exemple pour infirmer d'un mot toute la théorie que je m'efforce de défendre et qui mérite de l'être.

Erythrina L.

Le genre *Erythrina* L. comprend une trentaine d'espèces tropicales, possédant toutes des graines grosses et très belles, dont la plupart ressemblent à des haricots de grande taille. Elles sont, en général, magnifiquement colorées.

Les trois espèces que j'ai pu me procurer sont les suivantes :

> *E. Crista-Galli* L.
> *E. Indica* Lk.
> *E. lithosperma* Sw.

Les dessins que j'en donne renseignent suffisamment pour que je puisse, dans mes descriptions, être aussi bref que possible.

E. Crista-Galli L. (fig. 553 et 554). — Graines rouge-sang, globuleuses, ou parfois un peu allongées en fuseau, fortement bombées alors par le milieu. Hile oblong, gris cendré assez

LÉGUMINEUSES

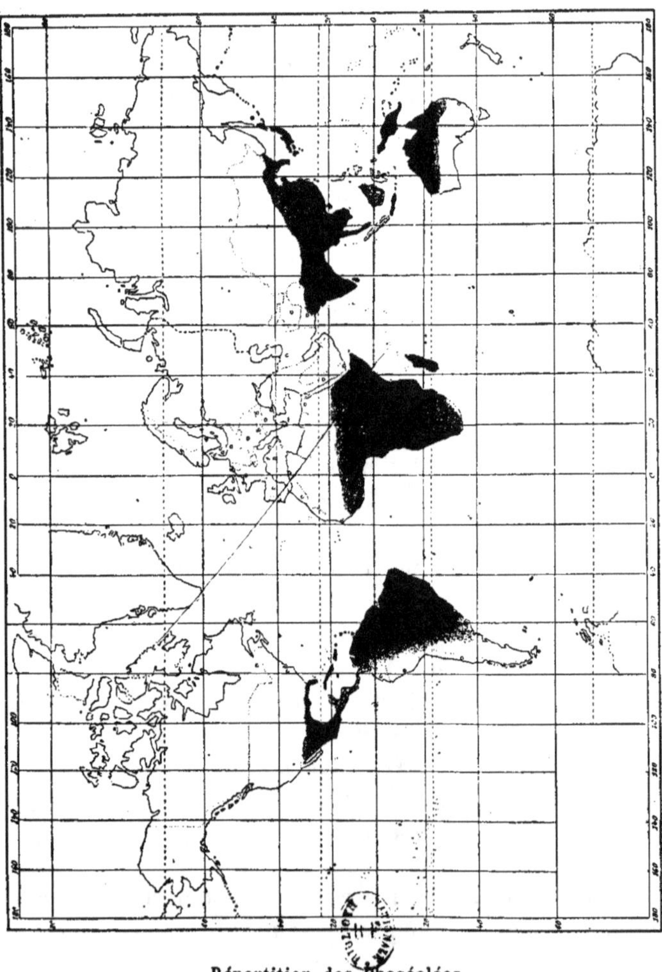

Répartition des Phaséolées

FIGURES 571 à 574. — *PHASEOLUS* L. (suite)

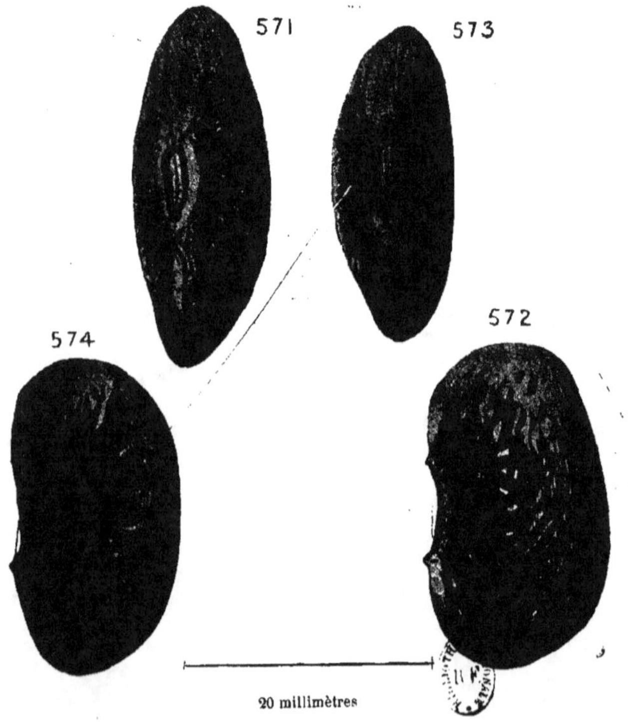

Fig. 571 et 572, *P. multiflorus* WILLD., face et profil. — Fig. 573 et 574,
P. *coccineus* L., face et profil.

foncé, ayant l'aspect d'une mince pelure, fendue en long, collée
sur un coussin à peu près de même forme, trois fois plus large,
noir mat, qui semble enfoncé dans le tégument. Celui-ci en
effet le reborde nettement et forme contraste parce qu'il est très
brillant. Le micropyle, très visible, donne l'impression d'un
trou d'aiguille, il est très net, entouré par un léger rebord tégumentaire estompé.

E. Indica Lᴋ. (fig. 551 et 552). — Graine ressemblant à un
très gros haricot brun chocolat clair, bien franc, lisse, brillant,
avec une très forte dépression hilo-micropylaire, formant un
méplat de 6×9 millimètres, sur la graine qui mesure environ
18 millimètres de longueur. Le hile est ici d'un brun sale. Il
porte au milieu une fente extrêmement nette, qui a l'air tracée
au canif; il est bordé, tout autour, d'une légère membrane jaunâtre. L'ensemble a un contour un peu spatulé, avec la partie
large du côté du micropyle. Celui-ci a l'aspect d'un minuscule
trou d'épingle, il est entouré par le rebord tégumentaire. Il
faut noter en passant, que le hile est généralement plan, mais
qu'il présente souvent, à son extrémité raphéale, une très forte
dépression, petite, qui a l'air d'un trou, et que l'on peut prendre, à première vue, pour le micropyle. Il n'en est rien, car le
micropyle n'est jamais dans la surface hilaire ; l'erreur serait
cependant d'autant plus aisée à commettre que, à côté de cette
excavation, le tégument présente une saillie très nette : le
raphé, que l'on pourrait prendre, par un examen un peu trop
hâtif, pour la saillie radiculaire.

E. lithosperma Sw. (fig. 549 et 550). — Le qualificatif
lithosperma me semble un peu exagéré. Car cette graine
ressemble simplement à un très gros haricot violet-pourpre
très foncé. Elle est à peu près de même taille que la précédente, à tégument lisse, brillant, portant sur le dos une forte
côte, comme les deux parties d'un moulage qui serait mal
fini. Le hile présente ici un aspect très régulier. Il s'offre
sous la forme d'une tache très ovale, roux-noirâtre, fendue dans
la longueur et très nettement arrêtée par le rebord tégumen-

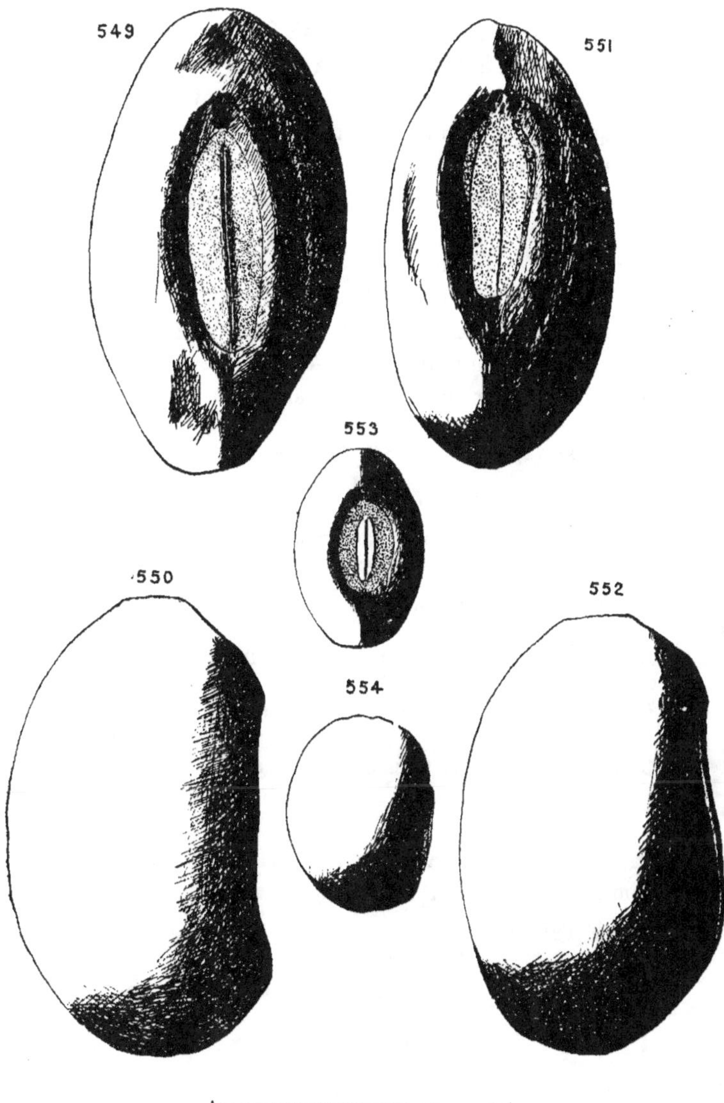

Fig. 549 et 550, *E. lithosperma* Sw., face et profil. — Fig. 551 et 552,
E. Indica Lk., face et profil. — Fig. 553 et 554, *E. Crista-Galli* L., face
et profil.

taire, qui le limite et le surplombe. Mais le rebord tégumentaire
s'éloigne un peu du hile, dans la région micropylaire de
manière à faire le tour du micropyle, qui se révèle ici comme
un assez grand trou pratiqué dans le tégument, de couleur
jaune-orange en cet endroit. C'est donc toute la région hilo-
micropylaire qui est logée dans la dépression du tégument. Il
faut noter que très souvent cette graine est tronquée, et comme
coupée en carré, à chaque extrémité. Elle offre alors, un peu,
l'aspect d'un barillet. Cette modification morphologique a une
cause purement mécanique, dans la pression exercée par la
gousse sur la graine, durant son développement. Je ne la signale
qu'en passant, et à simple titre documentaire.

On peut distinguer ces trois espèces de la manière suivante :

TABLEAU SYNOPTIQUE

1 — Graines subglobuleuses, rouge sang, de 7-8 mm. de longueur . . . . *Crista-Galli*
Graines en haricot, de 18 mm. de longueur environ. . . 2

2 — Graines violet-pourpre foncé. Grand micropyle. Hile assez régulièrement ovale . . . . *lithosperma*
Graines brun chocolat clair. Petit micropyle. Hile spatulé . . . . *Indica*

Je rappellerai en passant que l'*E. Crista-Galli* L. est une
plante ornementale, dont les indigènes utilisent souvent les
graines à la parure.

Canavalia ADANS.

Le petit genre *Canavalia* ADANS. comprend une douzaine
d'espèces habitant les régions chaudes des deux hémisphères,
et particulièrement le Brésil. Je n'ai pu étudier qu'une seule
espèce :

C. ensiformis DC.

Les graines, qui atteignent **22** à **24** millimètres de longueur
environ, sont ovales (voyez figures 555 et 556), fortement bombées, brillantes, d'un beau blanc pur, sauf à la région ombilicale. Celle-ci, ainsi que le représente la figure 555, est marquée d'une plage colorée en rouge-brun (et figurée par des
hachures). Cette plage est à peu près limitée au rebord tégumentaire qui entoure la tache hiloïde et englobe le micropyle,
visible comme un minuscule entonnoir. Une partie du funicule

FIGURES 555 et 556. — CANAVALIA Adans.

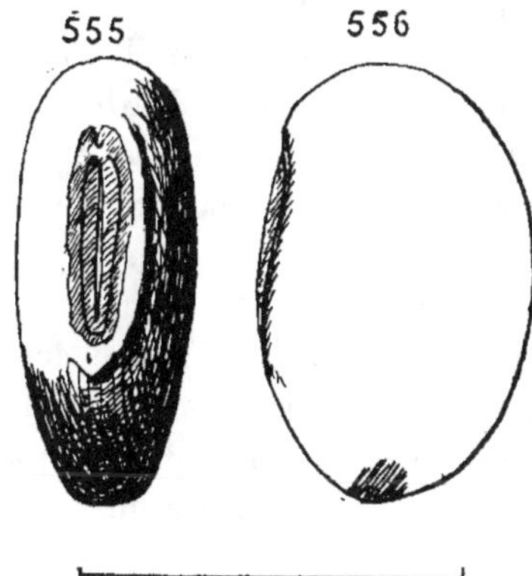

Fig. 555, *C. ensiformis* DC., vue de face. — Fig. 556, même espèce,
vue de profil.

reste adhérente au bord de la tache hiloïde, sous forme d'une
petite crête plus ou moins déchirée, et il est fort remarquable
que c'est toujours du même côté, c'est-à-dire au bord supérieur
gauche, si l'on regarde la graine dans la position de la fig. 555.
Cette petite membrane, d'aspect papyracé, de couleur parchemin clair, translucide, forme une crête de **2** millimètres de haut
sur **3** millimètres de longueur environ, en général. La tache
hiloïde, ovale très allongée, est d'un gris-noirâtre sur les bords ;

sa couleur passe au rouge-brun parfois insensiblement, le plus souvent brusquement, au centre, où l'on voit un étroit et clair sillon longitudinal.

Cette espèce croît dans l'Uruguay et le Brésil méridional.

Phaseolus L.

Le genre *Phaseolus* L. comprend en tout environ 150 espèces habitant surtout les régions chaudes des deux hémisphères. On l'indique aussi dans l'Europe méridionale, mais il me paraît difficile de se prononcer à cet égard. Les cultures variées et nombreuses dont le *P. vulgaris* L. est l'objet, ont amené la création d'un nombre de formes considérables. Je pourrai citer par exemple : le *Haricot blanc*, le *Soisson*, le *Flageolet*, le *Chevrier*, etc., qui tous portent les noms que leur donnent les commerçants, et qui présentent entre eux des différences morphologiques aussi et plus considérables que ne peuvent le faire souvent deux espèces bien distinctes. J'ai donné ici, comme exemple, quelques croquis de diverses formes du *P. vulgaris* L., on verra qu'elles sont très dissemblables. Ceci semble infirmer la théorie, et on pourrait en conclure que l'étude morphologique des graines ne conduit à aucun résultat sérieux et que les graines ne possèdent aucune valeur systématique. Il n'en est rien et la première réponse, qui vient à l'esprit, est de dire que précisément les formes horticoles du haricot dont je parlerai tout à l'heure ont dans leurs graines une telle valeur systématique, qu'on ne les distingue que par là, et que c'est uniquement des graines qu'on parle dans le commerce de ces végétaux. Mais en outre, les recherches que j'ai faites me permettent d'affirmer, qu'à part certains genres comme celui-ci, qui sont pour ainsi dire un peu aberrants, on trouve chez les autres un résultat absolument inverse. C'est-à-dire que les graines des diverses espèces bien distinctes (le mot « espèce » étant pris au sens de Linné) présentent entre elles des différences très sen-

FIGURES 557 à 564. — PHASEOLUS L.

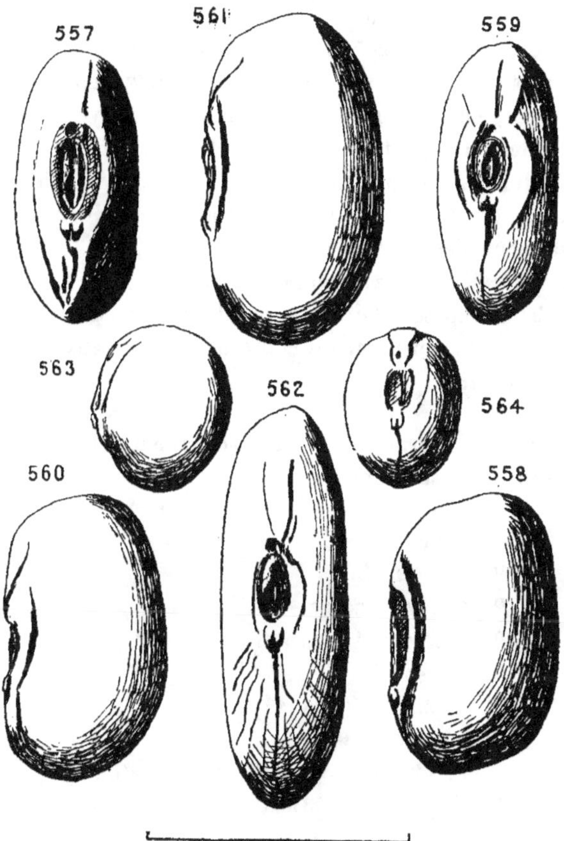

Fig. 557 et 558, *P. Wightianus* R. GRAH., face et profil. — Fig. 559 et 560, *P. derasus* SCHRANK, face et profil. — Fig. 561, *P. Caffer* HAB., profil. [Voir fig. 567 la vue de face de cette espèce]. — Fig. 562, *P. vulgaris* L. fᵃ. β (= *Chevrier vert*), face. [Voir fig. 568 la vue de profil de cette espèce]. — Fig. 563 et 564, *P. Mungo* L., profil et face.

sibles. Les caractères qui permettent de les séparer sont parfois peu visibles : il faut pour trouver des différences vraiment dignes de ce nom, faire usage de la loupe ou du binoculaire, mais elles n'en sont pas moins très réelles. Il est à peu près certain, par contre, que n'importe quelle forme culturale du *P. vulgaris* L. abandonnée à elle-même, ou bien périrait si les conditions biologiques du milieu n'étaient pas à sa convenance, ou bien retournerait, en un temps indéterminé, à un type ancestral qu'on ne connaît peut-être plus, tant est lointaine l'époque où la culture l'a transformée. Et cette forme ancestrale est peut-être une espèce très connue mais avec laquelle on ne voit d'abord aucun lien.

Il ne faudrait donc pas trop faire état de ce qui va suivre, et j'insiste beaucoup pour faire comprendre qu'ici j'ai voulu donner un exemple sensiblement contraire à tous ceux qui illustrent ce travail.

Les espèces ou formes que j'ai pu examiner sont, par ordre alphabétique, les suivantes :

> *P. Caffer* Hab.
> *P. coccineus* L.
> *P. derasus* Schrank
> *P. multiflorus* Willd.
> *P. Mungo* L.
> *P. vulgaris* L. (type) (1).
>   »   fᵃ α.
>   »   fᵃ β [= *Chevrier vert*].
> *P. Wightianus* R. Grah.

Je passerai rapidement en revue chacune de ces espèces ou formes, et je résumerai leurs différences dans un tableau récapitulatif.

P. Caffer Hab. (fig. 561 et 567). — Graines de la forme et

---

1. J'appelle *type* le petit haricot blanc ordinaire, si tant est qu'on puisse dire : *P. vulgaris* L., *type*.

de la taille d'un haricot ordinaire, à tégument entièrement d'un
beau noir brillant, lisse. Tache hiloïde ovale-allongée, très
blanche, comme le micropyle, visible à l'œil nu sous la forme
d'un minuscule entonnoir blanchâtre, au milieu de l'épaisseur
du rebord tégumentaire. Celui-ci montre d'abord une première
saillie très fine, presque tranchante ; puis le rebord proprement
dit, en pente douce, large et trapu, dessine à la région ombilicale une sorte de plate-forme assez nette, limitée par un changement de courbure du tégument à cet endroit. Cette espèce
ressemble beaucoup au *P. derasus* SCHRANK. On l'en peut cependant distinguer par une taille nettement plus petite, ainsi que
l'indique la figure 559. En outre chez cette dernière espèce, la
région ombilicale forme une plate-forme beaucoup plus évasée,
plus large, ainsi qu'on s'en rendra compte en comparant les
figures 559 et 567.

P. coccineus L. (fig. 573 et 574, pl. IX *bis*). — Cette espèce a
des graines énormes, atteignant **25** millimètres de longueur,
ressemblant vaguement à un très gros haricot, mais s'en distinguant par la présence d'un rebord dorsal très fortement caréné,
qui est sensible au toucher comme une crête très nette. Tégument lisse, dur, très brillant, de couleur lie de vin ou lilas comme
teinte de fond, avec une tache noire qui débute aux abords de la
région ombilicale et s'étale en éventail sur les deux faces ventrales, pour mourir avant la carène dorsale, en un enchevêtre-
ment de marbrures noires finement fimbriées. La tache noire
épargne la saillie radiculaire et la région ombilicale, comme
l'indique la figure 573. La teinte de la région ombilicale, tout
entière occupée par le rebord tégumentaire, est d'une couleur
beaucoup plus foncée que le reste du tégument, lie de vin foncé
ou brun-rouge. Tache hiloïde ovale allongée, blanche, cernée
par le rebord tégumentaire. Il est à remarquer que le micropyle
est nettement séparé de la tache hiloïde par le rebord tégumentaire. La distance qui les sépare est d'au moins 0,5 millimètre.
Cette espèce ressemble étrangement à la graine du *P. multiflo-*
rus WILLD. (fig. 571 et 572). Ici, la tache noire est peut-être plus
compacte aux environs de la région ombilicale, et la carène

dorsale plus obtuse, mais ces deux caractères me semblent bien faibles. Je crois, jusqu'à plus ample informé, que par une erreur comme il s'en présente quelquefois, j'ai deux fois la même espèce sous deux noms différents (?).

**P. *derasus* ** Schrank (fig. 559 et 560). — Graine ovale, allongée, subréniforme, de la taille d'un très petit haricot ordinaire, mais souvent tronquée aux deux extrémités, ce qui confère au profil un contour plus ou moins en parallélogramme. Tégument lisse, brillant, entièrement noir. Région ombilicale très évasée, formant comme une petite cuvette au centre de laquelle se voit la tache hiloïde, blanchâtre, ovale, de petite taille et assez large. A première vue, cette espèce ressemble beaucoup au *P. Caffer* Hab. On l'en peut distinguer par l'évasement de la région ombilicale plus prononcé, par une tache hiloïde beaucoup plus courte, de forme plus largement ovale, par une taille enfin nettement plus petite.

**P. *multiflorus* ** Willd. (fig. 571 et 572, pl. IX *bis*). — Graines très grosses, ressemblant beaucoup au *P. coccineus* L. Tégument brillant, blanc uni (unicolore), ou café au lait, ou lie de vin, ou rouge-violacé, muni sur les faces ventrales d'une forte tache noire épargnant la région radiculaire et plus rarement la région raphéale, mourant avant la crête dorsale en une frange fimbriée très curieuse. La tache hiloïde, blanche, est nettement séparée du micropyle par le rebord tégumentaire de couleur carmin généralement foncé. Il semble si difficile de séparer les graines de cette espèce de celles du *P. coccineus* L. que je ne serais pas surpris d'une erreur de noms (1). Cependant, il ne faut pas oublier qu'ici, dans le genre *Phaseolus* L., on est en face d'une surprenante contradiction : les graines de la même espèce, appartenant à des formes culturales différentes (cas du *P. vulgaris* L.) présentent entre elles des différences considéra-

1. Toutefois la comparaison attentive de plusieurs lots semble amener à conclure que l'espèce dont il est ici question doit avoir, en général, des graines beaucoup plus petites que **P.** *coccineus* L., et de la taille d'un gros haricot seulement.

bles, alors que des graines d'espèces nettement différentes (*P. Caffer* Hab., et *P. derasus* Schrank, par exemple) sont

FIGURES 565 à 570. — PHASEOLUS L. (suite)

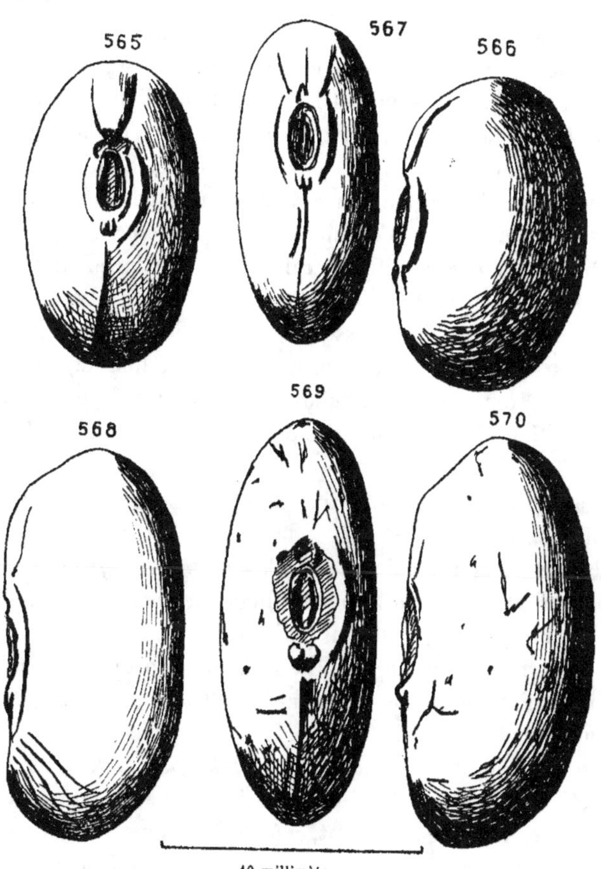

Fig. 565 et 566, *P. vulgaris* L. (type), face et profil. — Fig. 567, *P. Caffer* Hab., face. [Voir fig. 561 la vue de profil de la même espèce]. — Fig. 568, *P. vulgaris* L., fa. β (= *Chevrier vert*) profil. [Voir fig. 562 la vue de face de la même espèce]. — Fig. 569 et 570, *P. vulgaris* L., fa α, face et profil.

extrêmement semblables. D'une façon générale, tous les haricots noirs, à quelque espèce qu'ils appartiennent sont très analogues, et cependant il y a plusieurs espèces, très distinctes qui ont des graines noires.

P. *Mungo* L. (fig. 563 et 564). — Espèce très remarquable, dans le genre *Phaseolus* L. et un peu aberrante : les graines, petites, ne dépassent guère 6 millimètres de long, elles sont presque sphériques. Tégument lisse, brillant, d'un beau blanc d'ivoire légèrement rosé, d'apparence translucide. Tache hiloïde, petite, concolore ou plus pâle, ovale-allongée. Saillie radiculaire sensible, formant à son extrémité une petite bosse au-dessus du micropyle. Ce dernier est très nettement séparé de la tache hiloïde par la saillie du rebord tégumentaire. La saillie raphéale forme ici (1) une double bossette offrant l'aspect de deux testicules. Ces deux bossettes sont à peu près symétriques du micropyle par rapport au centre de la tache hiloïde, c'est-à-dire situées tout contre le rebord tégumentaire qui entoure celle-ci. Elles sont d'ailleurs une dépendance de ce rebord.

P. *vulgaris* L. — J'ai examiné de cette espèce trois formes très différentes :

a) la première, que j'ai appelée *P. vulgaris* L., *type* (fig. 565 et 566), n'est autre que le haricot blanc ordinaire, plus court, plus bombé, plus arqué et plus petit que le flageolet ou le Soissons. Souvent le profil de la saillie radiculaire est plus ou moins rectiligne. Parfois même, la graine paraît tronquée à ses deux extrémités ;

b) la seconde, que j'ai nommée *P. vulgaris* L., f[a]. α, est très allongée, elle dépasse 15 millimètres de longueur ; elle est très peu arquée. Tégument brillant, café au lait, à marbrures rouge sang. Rebord tégumentaire plat, brun-rouge : bossette raphéale de même couleur. Micropyle très visible (chose assez rare chez le *P. vulgaris* L.) faisant comme un trou d'aiguille dans la plage brun-rouge du rebord tégumentaire ;

1. Cas d'ailleurs général dans le genre *Phaseolus* L.

c) la troisième, que j'ai nommée *P. vulgaris* L., f*ᵃ*. β, ou *Chevrier vert*. A peu près de même longueur que la précédente, ou un peu plus courte. Tégument lisse, brillant, vert pâle, avec quelques lignes concolores, plus foncées, convergeant à la bossette raphéale. Tache hiloïde blanche, sans rebord tégumentaire bien sensible, en tous cas concolore avec le reste. On voit par ces trois exemples que les formes étudiées sont beaucoup plus distantes entre elles que les graines de *P. Caffer* Hab. et de *P. derasus* Schrank, ou que celles de *P. coccineus* L. et de *P. multiflorus* Willd. par exemple.

P. Wightianus R. Grah. (fig 557 et 558). — Graines médiocres, ne dépassant pas 1 centimètre de longueur environ, tronquées à leur deux extrémités. Tégument lisse, brillant, couleur terre de Sienne claire, sauf à la région ombilicale où le rebord tégumentaire, assez plat, forme à la tache hiloïde un encadrement ovale brun-rouge très foncé. Bossette raphéale participant de la même couleur. Tache hiloïde ovale-allongée, blanchâtre. Micropyle très visible, dans le rebord tégumentaire.

Avant d'établir le tableau récapitulatif des *Phaseolus* étudiés, je rappellerai les caractères généraux qu'on retrouve chez tous les *Phaseolus* :

1° Tache hiloïde blanche ou blanchâtre, généralement non plane, mais formant deux versants, peu inclinés l'un sur l'autre, à partir de la bande médiane ;

2° Vestiges funiculaires adhérant au bord supérieur gauche de la collerette sous forme d'une minuscule crête, comme chez *Canavalia* Adans., mais toujours beaucoup plus réduits ;

3° Micropyle situé dans le rebord tégumentaire et nettement séparé de la tache hiloïde ;

4° Tégument lisse, brillant ;

5° Bossette raphéale orchidimorphe, concolore avec le rebord tégumentaire.

Remarque. — J'ai dit plus haut, et à plusieurs reprises, notamment en étudiant la tribu des Trifoliées, que la définition du hile ne me semblait pas en conformité parfaite avec la réalité. On pourra remarquer une fois de plus ici que cette assertion est justifiée. L'examen des figures 549 à 554, p. 320, relatives aux graines d'*Erythrina* étudiées, montre entre autres exemples une tache hiloïde très grande, et la taille même des graines permet d'étudier facilement ses caractères. Les figures 549, 551, 553, qui sont des vues de face de trois espèces distinctes, prouvent que dans ces trois cas, pris au hasard, ce qu'on appelle habituellement le « hile » est ici une large surface plus ou moins plane, d'aspect grenu, qui paraît fendue au milieu, dans presque toute sa longueur. Si, à la rigueur, les lèvres de cette fente ont une apparence de cicatrice, la surface proprement dite du « hile » ne saurait être considérée comme telle. Mais on est fort embarrassé pour conclure à la nature cicatricielle de cette tache quand on a acquis la certitude que le funicule n'adhère à la graine, à la fin au moins, que par une fine couronne entourant exactement la tache hiloïde, contre le rebord tégumentaire. Il me paraît donc hors de doute qu'ici, comme ailleurs, avant la séparation de la graine et du funicule, les tissus centraux de celui-ci subissent une régression assez prononcée, amenant la création d'une sorte de « chambre hilaire », limitée, du côté de la graine, par cette surface plus ou moins chagrinée, plus ou moins ovale que l'on appelle habituellement le hile. Il en résulte que d'assez bonne heure, le funicule n'adhère plus à la graine, qu'à la manière d'un tire-pavé, et que l'on ne peut, en aucune façon, considérer la surface de la tache hiloïde comme de nature cicatricielle. Il n'y a pas plus cicatrice ici, que dans l'intérieur d'une tige dont les tissus médullaires se seraient résorbés en laissant une lacune centrale.

Si donc on continue à admettre que le hile est la cicatrice laissée sur la graine par la chute du funicule, il faudra en conclure, comme je l'ai dit plus haut pour les Trifoliées, et comme cela paraît général, au moins pour toutes les Légumineuses, que le hile est annulaire et réduit à la surface linéaire et très faible d'une mince couronne entourant la tache hiloïde.

TABLEAU SYNOPTIQUE

1 { Graines petites subsphériques . . . .   *Mungo*
    { Graines non sphériques, mais allongées en forme de haricot.   **2**

2 { Tégument noir. **3**
    { Tégument non noir **4**

3 { Région ombilicale évasée. . . . .   *derasus*
    { Région ombilicale restreinte. . . . .   *Caffer*

4 { Graines très grosses. Fond du tégument de couleur vive en géné-
      ral et tache noire en éventail sur les faces ventrales, ou tégu-
      ment tout blanc . . . . { *coccineus*
                                        { *multiflorus*
    { Graines de la taille d'un haricot environ. **5**

5 { Tégument blanc . . . .   *vulgaris* (type)
    { Tégument chamois ou havane clair ou terre de Sienne . .   **6**
    { Tégument vert. . . . . *vulgaris* (Chevrier vert)

6 { Marbrures rouge sang ou rouge-carmin ; graines allongées, ova-
      les aux deux bouts. . . . . *vulgaris* (f[a] α)
    { Tégument unicolore ; graines courtes, tronquées aux extré-
      mités. . . . . *Wightianus*

Kerstongiella (AUCT. ?)

J'ai deux échantillons d'Océanie, sous ce nom générique que je n'ai trouvé nulle part. Je crois volontiers que c'est un petit sous-genre ou une section très peu connue. En tout cas, les graines qui portent ce nom, très jolies et en parfait état, doivent être rapportées sans aucune hésitation à la tribu des Phaséolées, et dans l'extrême voisinage du genre *Phaseolus* L. Les deux échantillons appartiennent à la même espèce :

K. geocarpa, var. I
K. geocarpa, var. II

La variété I (fig. 575 et 576) est café au lait clair, un peu
brillante, lisse, unie, avec une très belle tache brun-rouge très
foncé s'étalant autour de la région hilo-micropylaire, sur toute

FIGURES 575 à 578. — KERSTONGIELLA (AUCT. ?)

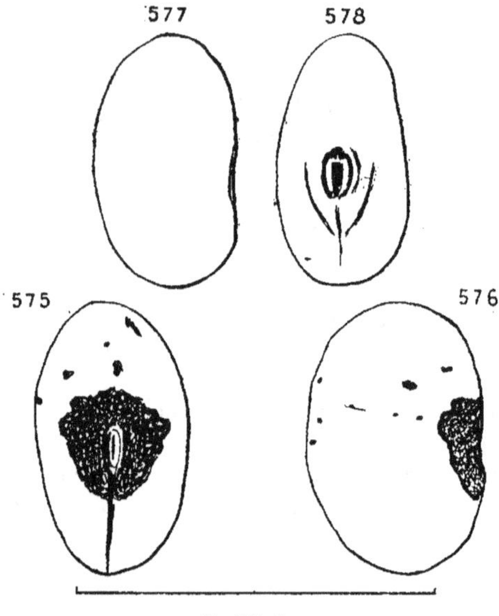

Fig. 575 et 576, *K. geocarpa* (AUCT. ?), var. I, face et profil. — Fig. 577
et 578, *K. geocarpa* (AUCT. ?), var. II, profil et face.

la partie ventrale de la graine. Le hile, ovale-allongé, est blanc
crème, avec une ligne médiane en creux, très nette, rectiligne.
Le raphé forme une petite côte assez sensible. La saillie radiculaire est peu importante. Çà et là, sur le tégument, on aperçoit de petites taches noirâtres, peu nombreuses, de même
nature que celle qui entoure la région hilo-micropylaire. C'est

là une modification pigmentaire des tissus du tégument, mais pour ce qui est de la tache voisine de l'ombilic, je ne veux pas y voir de formation caronculaire, arillaire, ou autres.

La variété II (fig. 577 et 578), légèrement plus petite, est couleur saumon foncé, unie, lisse, brillante. La région hilo-micropylaire est assez remarquable. Le hile est en forme de fer à cheval allongé, dont les deux branches seraient tournées vers le raphé et le sommet de la courbure vers le micropyle. Entre les branches du fer à cheval, (qu'on peut jusqu'à un certain point regarder comme un embryon de formation arillaire, ou mieux comme le hile proprement dit, si l'on admet que le hile est la cicatrice laissée par la chute du funicule) on trouve une surface en contre-bas, fendue dans son milieu, en long. Tandis que le fer à cheval est blanc d'ivoire, la dépression centrale est un peu jaune-bistré. La région hilo-micropylaire est entourée d'un premier rebord tégumentaire assez gros qui est à son tour séparé du reste de la surface de la graine par un sillon très net en forme d'Y, dont la queue serait constituée par le raphé, formant une petite côte peu saillante, mais bien visible.

On peut mettre en évidence les caractères différentiels des deux variétés de la façon suivante :

> Graines café au lait clair, à tache ventrale brun
>   foncé . . . .   Variété 1
> Graines saumon foncé, sans tache ventrale . . .   Variété 2

Remarque. — On m'a communiqué ces graines sous le nom précité, comme appartenant à la famille des Rubiacées (?). Je n'ai reproduit cette indication, au catalogue de ma collection, que sous une prudente réserve. Le nom est peut-être juste, peut-être erroné. Quoi qu'il en soit, c'est à coup sûr une Papilionacée-Phaséolée. Son nom spécifique de *geocarpa* tendrait à faire croire que le fruit mûrit (ou se forme) dans le sol. Cette particularité rapprocherait cette espèce du *Voandzeia subterranea* Thouars. Ce genre est très voisin des *Phaseolus* : on ne l'en distingue que par sa carène, non enroulée en colimaçon, et sa gousse mûrissant dans le sol. On a là un exemple intéressant de ce que peut donner l'étude séminologique, quand on a des doutes sur le nom de la plante.

Mucuna ADANS.

Le genre *Mucuna* ADANS. comprend environ 30 espèces, habitant les régions chaudes des deux hémisphères. Ce sont de fort belles plantes dont les fruits très gros, en général, portent des

FIGURES 579 et 580. — MUCUNA ADANS.

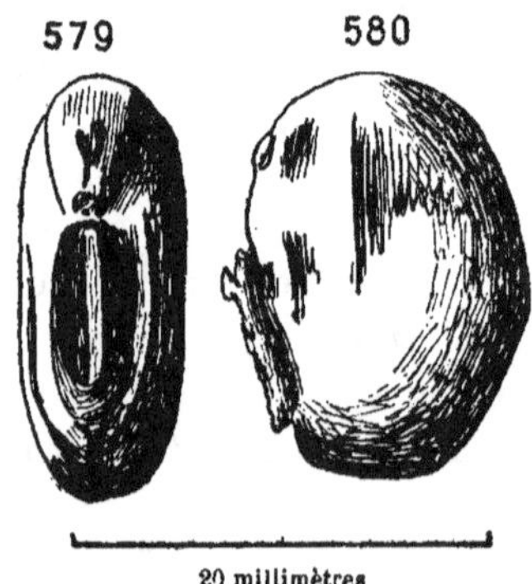

Fig. 579, *M. pruriens* DC.. vue de face. — Fig. 580, même espèce vue de profil.

côtes saillantes, qui forment à la surface de la gousse un réseau très remarquable. Plusieurs espèces et deux au moins ont les gousses hérissées de poils urticants, dont la piqûre provoque une cuisson douloureuse et peut n'être pas sans danger, ce sont : *M. urens* MEDIC. et *M. pruriens* DC., etc. Ces deux espèces en particulier habitent les Antilles et l'Amérique australe. Les graines que j'ai pu étudier de la seconde de ces espèces m'ont été fournies par un aimable botaniste de la Trinidad, qui les a récoltées sur place.

Les graines de *M. pruriens* DC. (fig. 579 et 580) sont très grosses, plates, largement ovales, atteignant 2 centimètres de longueur, sur 14 à 15 millimètres de largeur. Tégument blanc d'ivoire, lisse, brillant, portant de larges zébrures brun foncé, donnant à la graine l'apparence d'avoir été marquée au fer chaud. Les deux extrémités, surtout celle qui est du côté de l'épanouissement cotylédonaire, sont souvent un peu tronquées. Tache hiloïde ovale-allongée, gris-fer foncé, encadrée d'un haut bourrelet appartenant non pas au tégument (le bourrelet tégumentaire est faible et caché en fait ici par la couronne qui est au-dessus de lui), mais au funicule, dont l'extrémité a abondamment proliféré. Ce fait justifie surabondamment ce que je disais plus haut au sujet de la forme du funicule au contact de la graine. Ce gros bourrelet qui ne mesure pas moins d'un millimètre d'épaisseur et de hauteur, fait l'effet d'une grosse corde qui serait posée sur la graine, autour de la tache hiloïde, en masquant complètement le micropyle. A bien considérer, on aperçoit, généralement sur la partie supérieure gauche, un vestige de membrane funiculaire, qui ne laisse aucun doute sur l'origine funiculaire de ce bourrelet. C'est donc l'extrémité de la membrane funiculaire, à l'endroit de son contact avec la graine à la façon d'un tire-pavé, qui a proliféré, épaissi ses tissus, et formé cet élégant bourrelet, qu'on rencontre dans un grand nombre de Phaséolées tropicales. Donc, *par définition, le hile n'est autre chose que la surface supérieure de ce bourrelet, surface qui est bien la cicatrice laissée sur la graine par la chute du funicule.* Ce fait est particulièrement intéressant à noter.

Vigna Savi

Le genre *Vigna* Savi comprend une trentaine d'espèces tropicales, mais il est bon de noter que c'est un genre très voisin

FIGURES 581 à 586. — *VIGNA* Savi

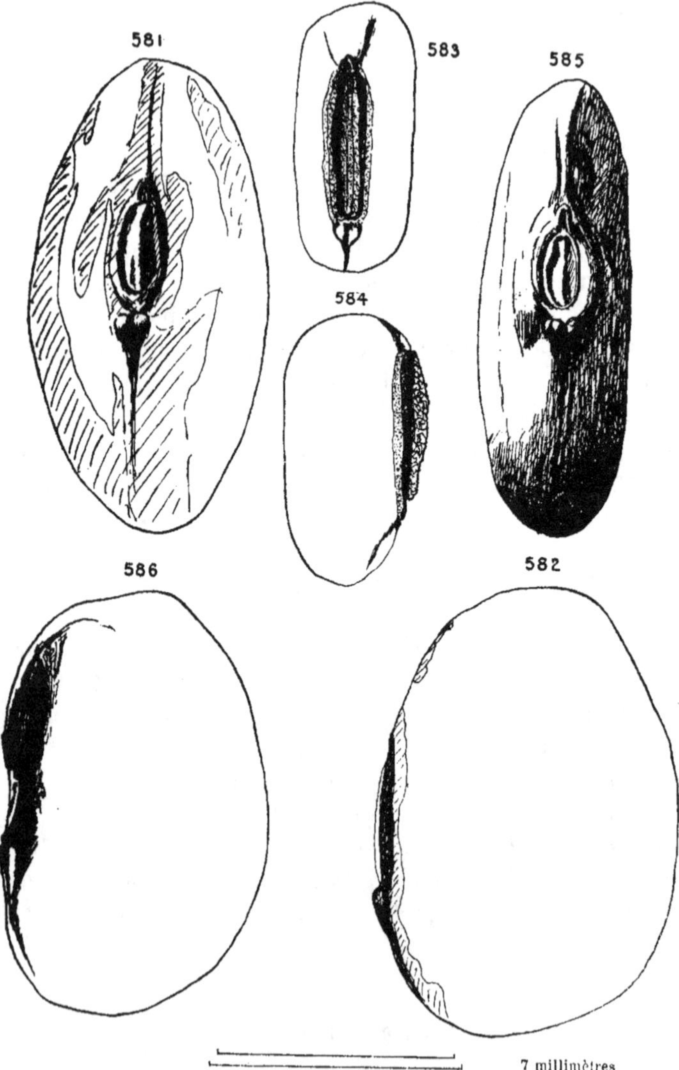

Fig. 581 et 582, *V. Catjang* Walp., face et profil. — Fig. 583 et 584, *V. dolichoides* Bak., face et profil. — Fig. 585 et 586, *V. glabra* Savi, face et profil. — [L'échelle du haut se rapporte à *V. glabra* Savi, celle du milieu à *V. dolichoides* Bak., celle du bas à *V. Catjang* Walp.]

Capitaine

22

du genre *Dolichos* L., et que ce dernier lui-même a des limites
fort peu nettes. Je n'entrerai pas ici dans le détail de la question, mais je renverrai pour cela à l'*Index Kewensis*, où l'on
pourra juger de la synonymie.

Les seules espèces de *Vigna* que j'avais à étudier sont les
suivantes :

V. Catjang WALP.

V. dolichoides BAK.

V. glabra SAVI

Elles présentent de l'une à l'autre de grandes différences qui
rendent leur distinction aisée.

V. Catjang WALP. (fig. 581 et 582). — Graines ovales, bombées, de 12 à 14 millimètres de longueur moyenne. Tégument
lisse, brillant, gris souris, parfois zébré de brun, sauf à la
région ombilicale brun foncé ou noirâtre. Micropyle très visible, blanchâtre. Bossette raphéale orchidimorphe.

V. dolichoides BAK. (fig. 583 et 584). — Graines petites, cylindroïdes, mesurant environ 7 millimètres de longueur moyenne,
à extrémités tronquées. Tégument de couleur brique foncée,
lisse, peu brillant. Région ombilicale munie d'un fort rebord
blanc, qui forme deux lèvres vulvaires longues, très saillantes,
et qui est constitué par la prolifération excessive de la couronne
funiculaire. La tache hiloïde grisâtre est peu visible, étant
donné la très petite ouverture que laissent entre elles les deux
moitiés de la couronne funiculaire.

V. glabra SAVI (fig. 585 et 586). — Graines grandes, mesurant environ 13 à 15 millimètres de longueur moyenne, plates.
Tégument lisse noir. Région ombilicale formant une petite
cuvette légèrement concave. Rebord tégumentaire presque plat.
Tache hiloïde largement ovale, petite, blanchâtre. Micropyle
visible dans le rebord tégumentaire.

Le tableau synoptique de ces trois espèces est aisé à cons-
tituer.

TABLEAU SYNOPTIQUE

1 { Graines cylindroïdes brun-rouge . . . .   *dolichoïdes*
  { Graines ovales   2

2 { Tégument gris, parfois zébré de brun . . . . . .   *Catjang*
  { Tégument noir. . . . .   *glabra*

Dolichos L.

Le genre *Dolichos* L. était assez bien représenté dans ma collection, mais quelques échantillons m'ayant paru mal nommés,
j'ai dû les laisser de côté, de telle sorte que sur 14 échantillons
que je croyais pouvoir étudier, je n'en ai gardé que trois, qui
sont :

> *D. biflorus* L.
> *D. cultratus* Forsk.
> *D. leucomelas* Kunze

Ils sont tous trois tellement différents que toute description
me semble superflue. Qu'on se reporte aux dessins pour s'en
convaincre. J'ajouterai cependant ici que la plupart des *Dolichos* sont du type *biflorus*, c'est-à-dire : graines en parralléli-
pipède rectangle, à arêtes arrondies, de 5 millimètres environ,
et de couleur de cire blonde, assez foncée. Les deux autres
espèces étudiées ici sont extrêmement remarquables par la morphologie de leur graine.

D. biflorus L. (fig. 289 et 290). — Graines de 5 millimètres
de longueur environ, tronquées carrément, à chaque extrémité,
couleur cire plus ou moins foncée, ou jaune de miel, ou bistre-
noirâtre. Hile blanc, formant un relief, comme si la région
hilaire avait proliféré en un tissu un peu spongieux (arillule).
Le hile ovale est logé dans une excavation du tégument qui le

reborde à droite et à gauche ; le micropyle est contigu et offre l'aspect d'un petit trou (visible à la loupe), entouré de toutes parts par le rebord tégumentaire. La saillie radiculaire et le raphé sont imperceptibles.

D. *cultratus* Forsk. (fig. 591 et 592). — Magnifiques graines, globuleuses, osseuses, couleur chocolat clair, lisses, mates, pourvues d'une énorme strophiole blanche, qui donne l'impression d'un tégument crevé, d'où sortirait par prolifération le contenu de la graine. C'est bien une strophiole par définition, puisque c'est une prolifération aliforme du raphé. Ce n'est pas le hile comme on pourrait le croire, c'est-à-dire la cicatrice de l'attache du funicule à la graine, c'est bien une expansion raphéale. Et cela est d'autant plus certain que sur certaines graines le funicule, filiforme, a laissé de suffisants vestiges pour montrer son mode d'attache. Le hile est ici réduit à une minuscule plage, de forme indécise, tout à fait à l'extrémité de la strophiole ; le micropyle lui est contigu : il est logé sur une plage sombre, presque noire, du tégument, et est souvent fort peu visible, à la manière d'un trou d'épingle. Quant à la strophiole, proprement dite, c'est une ligne blanche, fortement en relief, dont le milieu est assez spongieux et les bords plus lisses.

D. *leucomelas* Kunze (fig. 587 et 588). — Cette espèce, bien nommée, présente des graines pies. Subglobuleuses, atteignant environ 6 millimètres de longueur, elles sont lisses, peu brillantes, et les deux tiers de la surface sont d'un beau noir, tandis que le reste est d'un beau blanc crème. On peut admettre que ces deux plages, de teintes si dissemblables, appartiennent à des formations anatomiques différentes : il est fort possible, en effet, que toute la plage noire qui englobe la région hilo-micropylaire se soit développée après coup, recouvrant le reste de la graine, à la manière d'un manteau. On pourrait alors la considérer comme un arille ou un arillode. Le hile et le micropyle, qui sont blancs, tranchent sur ce fond d'un beau noir. Le hile a l'aspect d'une tache à laquelle reste attachée une

légère membrane. Il y a peut-être là une arillule, comme j'ai
appelé la prolifération des tissus de la région hilaire. Sa forme

FIGURES 587 à 592. — DOLICHOS L.

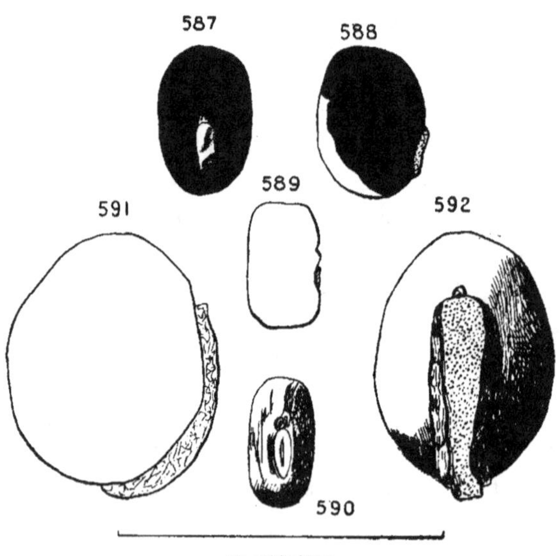

Fig. 587 et 588, *D. leucomelas* Kunze, face et profil. — Fig. 589 et 590,
D. biflorus L., profil et face. — Fig. 591 et 592, *D. cultratus* Forsk., profil et face.

est peu régulière, vaguement ovale du côté du micropyle, plus
nettement tronquée en carré à l'autre bout. Quant au micropyle, c'est un imperceptible petit trou. voisin du hile.

On peut donner de ces trois espèces le tableau récapitulatif
suivant :

TABLEAU SYNOPTIQUE

Graines chocolat clair, à grande strophiole blanche.   *cultratus*
Graines pies, moitié blanches, moitié noires . .   *leucomelas*
Graines petites, cireuses ou bistres, **tronquées carrément** à cha-
que bout, n'ayant pas les caractères précédents .   *biflorus*

Kennedya VENT.

Je n'ai qu'une seule espèce, la plus connue et la plus commune :

K. rubicunda VENT.

mais la graine est si remarquable que je désire la décrire,

FIGURES 593 et 594. — KENNEDYA VENT.

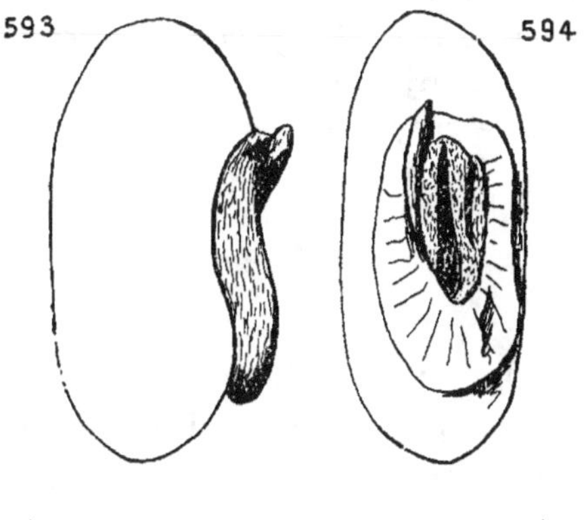

Fig. 593, *K. rubicunda* VENT., vue de profil. — Fig. 594, même espèce
vue de face.

car elle peut se reconnaître aisément entre un grand nombre
d'autres espèces de Légumineuses.

Les graines affectent très nettement la forme d'un ellipsoïde
de révolution. Elles sont un peu brillantes, brun olive ou bistre-
jaunâtre, avec un magnifique arille couleur d'ivoire, d'apparence cireuse, qui forme, tout autour de la région hilaire, une
collerette en entonnoir ou en fer à cheval fermé. Cet arille
porte des stries perpendiculaires à sa grande longueur, et son
bord interne est prolongé vers le hile par une petite membrane blanche, plus claire, plus mate. Le hile est un peu plus
clair, mais concolore avec le reste de la graine.

Cette espèce est assez caractéristique pour pouvoir se reconnaître, dans n'importe quelle circonstance, avec la plus grande
facilité.

Pachyrrhizus Rich.

Le petit genre *Pachyrrhizus* Rich. ne compte guère qu'une
dizaine d'espèces de l'Amérique et de l'Asie. C'est en Amérique
tropicale qu'on en rencontre le plus d'espèces variées, c'est
donc le pôle de diversité du genre.

La seule espèce que j'ai pu étudier est :

P. tuberosus Spr.

Les graines (fig. 595 et 596) ont une forme très remarquable,
étant donné que ce genre fait partie de la tribu des Phaséolées.
Elles sont orbiculaires, presque carrées et très plates. Le rebord
dorsal forme une carène nette. Le tégument lisse et peu brillant est d'un bistre-olivâtre très caractéristique. La région
ombilicale, légèrement échancrée, forme comme une petite
cuvette un peu concave, au centre de laquelle se voit la région

hilo-micropylaire. Tache hiloïde gris-jaunâtre, grenue, entourée d'une collerette funiculaire blanchâtre, très nette. Le plus sou-

FIGURES 595 et 596. — *PACHYRRHIZUS* Rich.

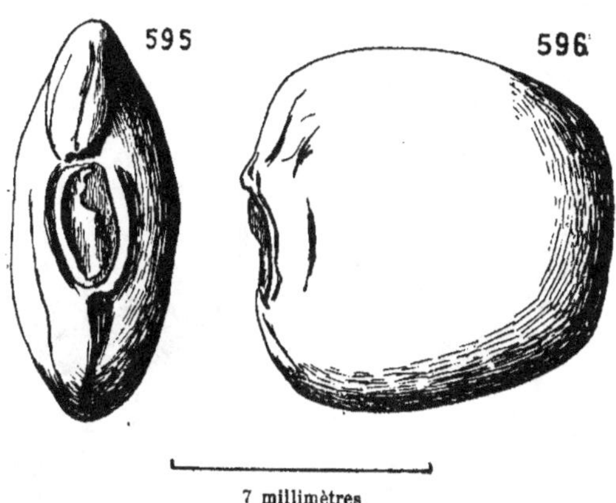

Fig. 595, *P. tuberosus* Spr., vue de face. — Fig. 596, même espèce vue de profil.

vent une partie du tissu funiculaire reste adhérente à cette collerette sous forme d'une mince languette papyracée. Micropyle visible, très voisin de la tache hiloïde.

Soja Savi

Le petit genre *Soja* Savi est le plus souvent considéré comme sous-genre ou section du genre *Glycine* L., mais comme je n'avais pas de *Glycine* à ma disposition, j'ai cru bon de laisser au genre *Soja* Savi son autonomie. On n'y range guère que quatre ou cinq espèces d'Extrême-Orient et d'Afrique tropicale. Les deux que j'ai pu étudier sont :

FIGURES 597 à 600. — SOJA Savi

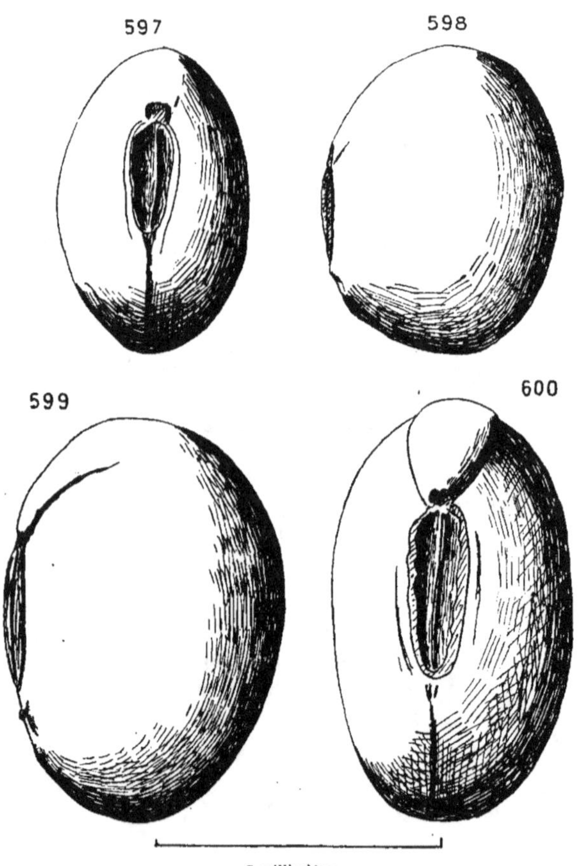

Fig. 597 et 598, *S. hispida* Mnch , face et profil. — Fig. 599 et 600,
S. Japonica Savi, profil et face.

S. hispida Mnch.
S. Japonica Savi

S. *hispida* Mnch. (fig. 597 et 598). — Graines ovoïdes, médiocres, de 7 millimètres de longueur en moyenne, très bombées.
Tégument lisse, peu brillant, gris fer très foncé, presque noir.
Région hilo-micropylaire à fleur de tégument, concolore. Tache
hiloïde largement ovale, cernée par une couronne funiculaire
blanchâtre, papyracée, très fine, tranchante, mais extrêmement
nette et traversée au milieu par un sillon étroit, rectiligne, longitudinal, de couleur vieil ivoire.

S. *Japonica* Savi (fig. 599 et 600). — Graines ovoïdes beaucoup plus grosses, mesurant environ 9 à 10 millimètres de longueur moyenne, moins bombées. Tégument lisse, peu brillant,
d'une belle couleur brun-violacé. Région hilo-micropylaire à
fleur de tégument, gris fer, comme dans l'espèce précédente.
Tache hiloïde largement ovale, cernée par une couronne funiculaire blanchâtre, papyracée, très fine, et tranchante ; cette
tache est extrêmement nette et traversée en son milieu par un
sillon étroit, rectiligne, longitudinal, de couleur vieil ivoire.

On peut résumer ces caractères de la façon suivante :

TABLEAU SYNOPTIQUE

Tégument gris-noir	*hispida*
Tégument brun-violet.	*Japonica*

TRIBU IX. — Dalbergiées.

Je n'ai pu me procurer aucun représentant de cette tribu, exclusivement confinée entre les tropiques, et surtout dans le Nord-Est de l'Amérique du Sud, mais je tiens à reproduire ici la carte que j'ai établie ailleurs et qui résulte des recherches que j'ai faites sur la répartition géographique de cette tribu.

Les quelques graines que j'ai eu l'occasion d'examiner, quoique superficiellement, m'ont montré une forme du type *Astragalus* pour les unes, c'est-à-dire avec forte saillie radiculaire formant un angle ouvert avec l'axe des cotylédons ; les autres avaient plutôt le type *Sophora*, c'est-à-dire graine obovale, avec région ombilicale nettement au-dessus du plan équatorial.

L'examen de la planche X apprend que la tribu des Dalbergiées a son pôle de diversité dans l'Amérique du Sud, on pourrait presque dire : à l'exclusion de toutes les autres régions du globe. C'est en effet le centre et le Nord-Est du Brésil qui en possèdent le plus grand nombre. On en trouve encore une assez grande quantité en Guyane et au Vénézuéla, tandis qu'elles ne sont presque plus représentées dans la région montagneuse du Nord-Ouest et au delà du Paraguay vers le Sud.

Elles remontent vers le Nord jusqu'au Mexique par les Antilles surtout et aussi par l'Amérique centrale continentale.

Le Sud de l'Asie et en particulier les Indes orientales forment un deuxième pôle, isolé du premier, et qui s'étend, par la presqu'île de Malacca et le Sud de la Chine, jusqu'à Sumatra, Java, et au Nord de l'Australie d'une part, jusqu'aux Philippines et au Japon d'autre part.

On en trouve également une troisième petite colonie moins importante dans l'Afrique tropicale, et particulièrement dans la partie occidentale.

Le reste est sans importance.

LÉGUMINEUSES

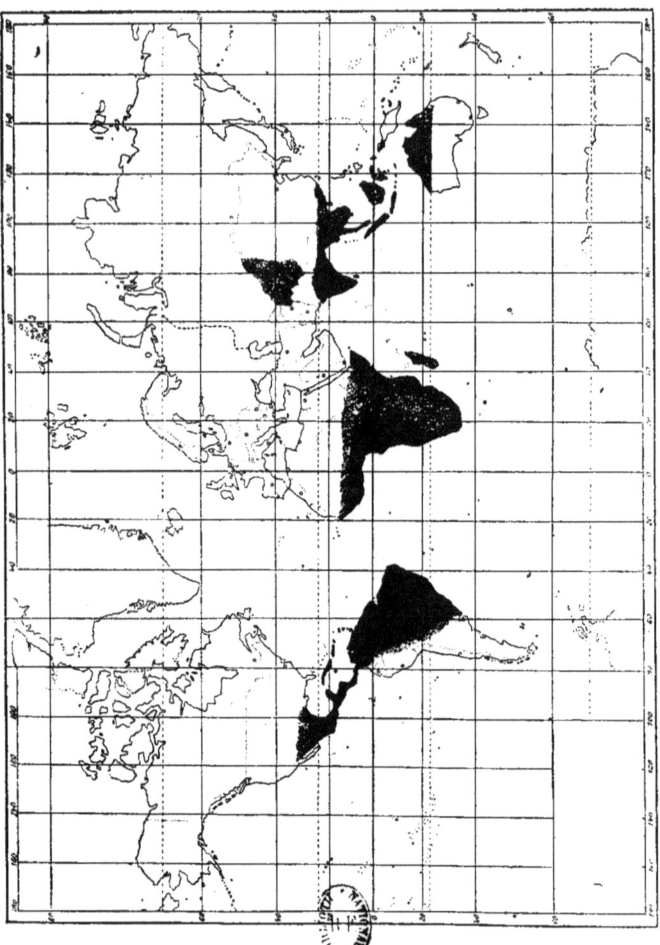

Répartition des Dalbergiées

L. Capitaine del.

TRIBU X. — Sophorées.

La tribu des Sophorées comprend environ 45 genres, mais
ne compte que quelque 145 espèces. Il faut remarquer cette
grande disproportion entre le nombre des genres et celui des
espèces ; cette apparente anomalie provient de ce que la plupart des genres sont monotypes ou ne renferment qu'un très
petit nombre d'espèces. Etroitement confinée entre les tropiques cette tribu n'offre à considérer que des plantes difficiles à
se procurer. A fortiori ne peut-on presque jamais se procurer
de bonnes graines ; le seul genre que j'ai pu étudier à ce point
de vue est

Sophora L.

C'est le plus nombreux de la tribu, il ne compte cependant que
25 espèces environ. Il eût été fort intéressant de connaître des
graines des petits genres comme *Barklya* F. v. Müll. de Queensland, *Pseudocadia* Harms de Madagascar, *Podopetalum* F. v. Müll.
de Nouvelle-Zélande, etc., mais j'ai dû y renoncer. J'ai bien reçu
de quelques jardins botaniques des graines dont les noms se
rapportaient à des genres de Sophorées, mais un examen rapide
montrait immédiatement l'inexatitude des désignations, et j'ai
dû les rejeter.

Avant d'aborder l'étude des *Sophora* que j'ai pu examiner, il
me semble bon d'indiquer rapidement l'allure de la répartition
géographique de cette tribu entre les tropiques, et pour ce faire,
je reproduis ci-après le tableau statistique auquel j'ai été conduit par ailleurs.

L'examen de ce tableau montre que la tribu des Sophorées a
un premier pôle de diversité dans l'Afrique tropicale occiden-

Répartition géographique des SOPHORÉES

	Europe	Asie	Afrique	Amérique			Océanie
				Nord	Centre	Sud	
Totalité du Continent					2		
Nord		1			4	18	
Est		1	11	1	1		
Sud		11	7	3		1	4
Ouest			18			2	
Nord-Est						12	
Sud-Est		7			1		
Sud-Ouest		5		1			
Nord-Ouest						9	
Centre		1	2			13	
Centre-Nord						8	
Centre-Est						5	2
Centre-Sud						6	
Centre-Ouest							
Région méditerr. totale							
Région méditerr. orientale							
Région méditerr. occidentale							
Montagnes Nord							
Montagnes Est			3				
Montagnes Sud							
Montagnes Ouest							
Montagnes Centre		2					
Montagnes Nord-Est							
Montagnes Sud-Est							
Montagnes Sud-Ouest							
Montagnes Nord-Ouest							
Déserts		5					
Asie Mineure							

LÉGUMINEUSES

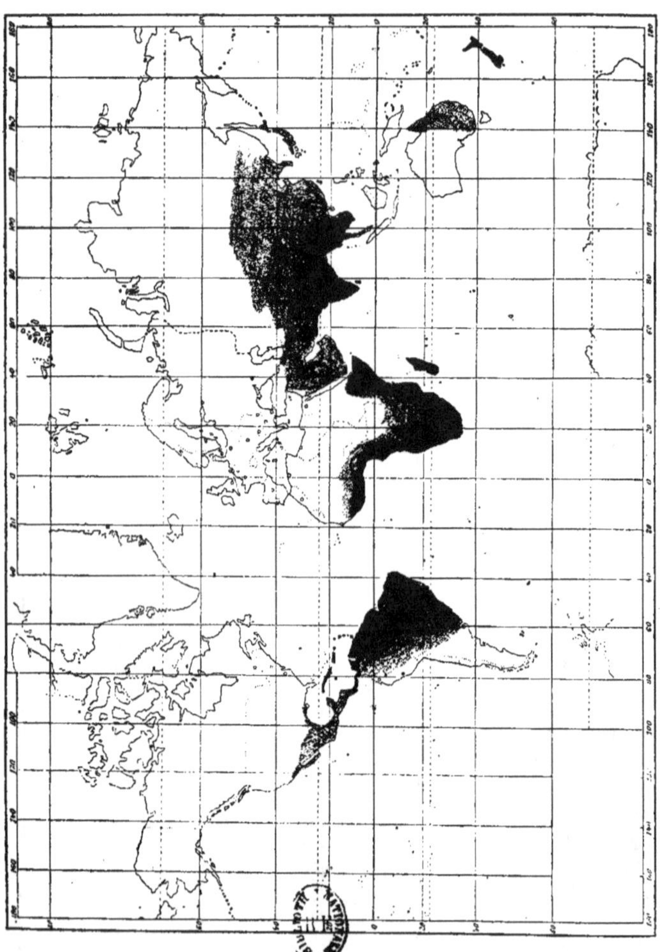

Répartition des Sophorées

L. Capitaine del.

tale, et un second pôle dans le Nord de l'Amérique du Sud. Le premier descend vers le Sud jusqu'à la région du Cap, le second s'étale abondamment sur tout le Brésil, et de là s'atténue progressivement vers l'Argentine dans le Sud, le Chili dans l'Ouest, le Pérou et l'Equateur dans le Nord-Ouest, pour se renforcer davantage sur le Vénézuéla et les Guyanes. Une branche recouvre les îles de l'Amérique centrale jusqu'à Cuba, une autre remonte par la terre ferme jusqu'au Mexique, pour s'évanouir d'une part dans le Texas, d'autre part dans la Californie.

L'Asie tropicale en possède un assez grand nombre dans l'Inde et la région sud-orientale (Birmanie, Malacca, Hong-Kong, Chine et Japon). Cette agglomération remonte jusqu'au Tibet, à l'Himalaya et à l'Altaï, pour aller mourir en Sibérie, tandis que s'étalant sur les déserts de l'Asie sud-occidentale, elle franchit l'Arabie pour venir jusqu'en Abyssinie et descendre par la côte des Somalis et Zanzibar jusqu'au Natal, où elle rejoint la branche sud du pôle Ouest-Africain. Madagascar et les îles voisines (Maurice, Réunion) en possèdent encore un grand nombre.

La branche sud-orientale asiatique se retrouve en Océanie, dans l'Australie et surtout la Nouvelle-Zélande.

La planche XI résume ces quelques renseignements et permet d'apprécier sans difficultés la répartition géographique générale de la tribu.

Sophora L.

Le genre *Sophora* L., le plus nombreux de la tribu, ne compte guère que 25 espèces environ habitant les régions chaudes des deux hémisphères. Je n'ai pu étudier que deux espèces :

S. alopecuroides L.
S. flavescens AIT.

Ces deux espèces sont asiatiques : la première se rencontre dans l'Asie-Mineure et la région himalayenne, la seconde dans l'Asie centrale. Leurs graines qui paraissent assez analogues à première vue présentent entre elles de grandes différences.

S. *alopecuroides* L. (fig. 601 et 602). — Graines ovoïdes, épaisses, très convexes, mesurant environ 4 millimètres de longueur moyenne. Tégument lisse, douci, presque mat, parfois

FIGURES 601 à 604. — SOPHORA L.

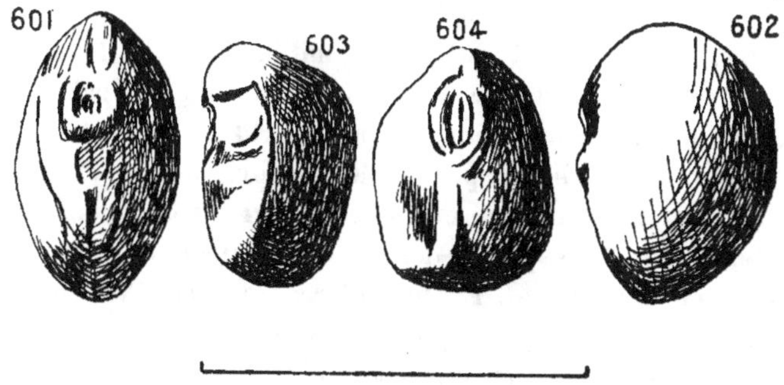

Fig. 601 et 602, *S. alopecuroides* L., face et profil. — Fig. 603 et 604, *S. flavescens* Ait., profil et face.

un peu brillant quand les graines sont fraîches, de couleur jaune d'ocre assez foncé, avec une ombre brun foncé sur les régions radiculaire et raphéale ; cette partie de la graine, très aiguë, est presque carénée. Vue de face, à la loupe, la graine présente une région ombilicale très nette, qui est située nettement au-dessus du plan équatorial. Tache hiloïde brun-noir, foncée, fendue en son milieu par un étroit et profond sillon longitudinal, semblant fait avec la pointe d'un canif ; tout autour, on voit mal une fine collerette funiculaire, et le tout est entouré d'un rebord tégumentaire, très saillant et très épais, de couleur brune. Cette couleur s'étend, ainsi qu'on peut s'en rendre compte à la loupe, non pas sur le dos de la saillie radiculaire, comme on le croit tout d'abord à l'œil nu, mais sur les faces latérales de celle-ci, en sorte qu'elle marque, par la différence de couleur, la séparation entre la saillie, d'ailleurs peu apparente, de la radicule, et le reste du corps de la graine, souvent un peu pointu à l'apex et au pôle opposé. La région raphéale, ainsi qu'il est dit plus haut, participe de la même teinte qui s'étend sur une plage en forme de raquette, souvent divisée en son milieu, dans sa partie large, par une fine ligne plus claire et qui atteint presque le pôle cotylédonaire.

S. flavescens Aᴛ. (fig. 603 et 604). — Graines un peu plus petites, ne dépassant guère 3,5 millimètres de longueur moyenne environ, mais de forme bien différente, rappelant un peu un prisme orthorhombique limité par deux bases obliques. c'est-à-dire en réalité un prisme clinorhombique. Vue en coupe transversale, la graine présente dans sa région dorsale une crête nette, et deux faces (parties des faces ventrales) assez inclinées l'une sur l'autre, planes. Tégument lisse, un peu brillant, bistre-olivâtre. La saillie radiculaire forme, avant son extrémité (la radicule étant recourbée en crochet), un relief, comme un front avançant. Région ombilicale peu déprimée, nettement située au-dessus du plan équatorial. Vue de face, la région hilo-micropylaire, enfoncée dans une dépression du tégument, montre une tache hilaire ovale-allongée, de couleur sombre, entourée d'un rebord tégumentaire épais, très saillant, plus foncé que le reste du tégument. Région raphéale indiquée par une fine ligne concolore avec ce rebord, allant s'épanouir vers la base cotylédonaire.

Remarque. — L'examen des figures 601 à 604 montre que les graines étudiées sont caractérisées par une forme assez remarquable de la saillie radiculaire. A ce propos, je ferai remarquer qu'en général on trouve, d'une tribu à l'autre, des différences assez sensibles dans cette partie de la graine. Une mesure précise de l'angle des axes de la saillie radiculaire et de la graine considérée dans son ensemble, pourrait même, je pense, être un bon auxiliaire dans l'étude morphologique. J'ai fait pressentir ailleurs, à propos de l'étude des Galégées et particulièrement des graines d'*Astragalus*, que cette mesure pourrait fournir de bonnes indications. On retrouve ici un exemple intéressant d'un fait analogue, qui vient confirmer ce que j'avançais plus haut.

Le tableau synoptique sera donc aisé à établir.

TABLEAU SYNOPTIQUE

{ Graines ovoïdes, souvent pointues aux deux extrémités, jaune
    d'ocre. . . . . *alopecuroides*
{ Graines prismatiques tronquées, bistre-olivâtre . *flavescens*

LÉGUMINEUSES

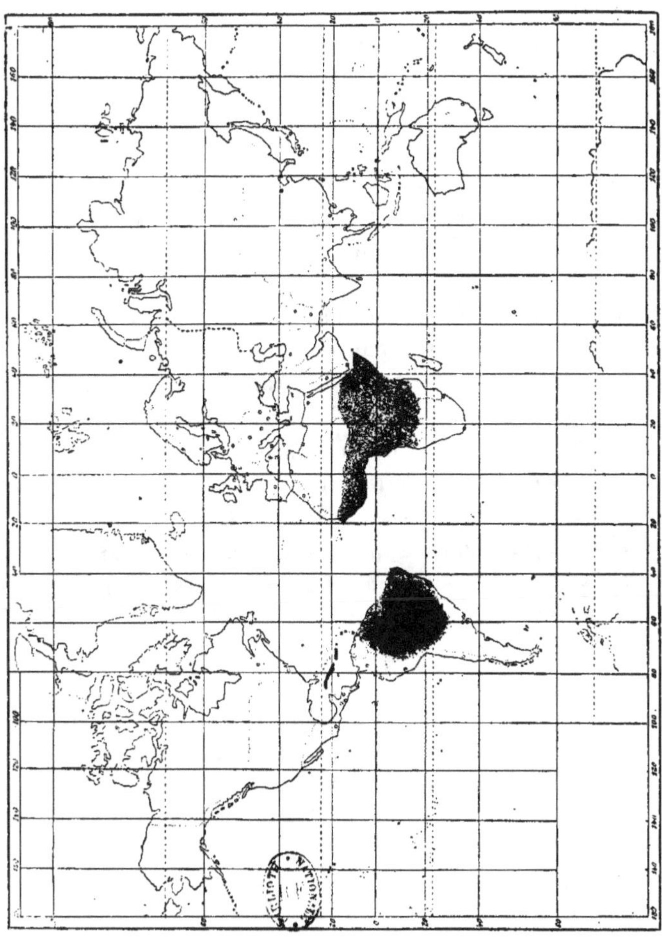

Répartition des Swartziées

L. Capitaine del.

TRIBU XI. — Swartziées.

Je n'ai pu me procurer aucun représentant de cette petite tribu, et je me contente de mettre sous les yeux du lecteur la carte de distribution géographique que j'ai obtenue par ailleurs.

L'examen de la planche XII montre que la tribu des Swartziées a son pôle dans l'Amérique du Sud, dont elle occupe surtout le centre, en s'étalant vers le Nord dans le bassin inférieur des Amazones, et vers le Nord-Est dans la Guyane et le Brésil nord-oriental. De là, elle remonte un peu vers le Nord dans les Antilles et l'Amérique centrale continentale (isthme de Panama). On en retrouve quelques exemplaires dans l'Afrique occidentale, nous voyons donc là une fois de plus une étroite relation entre la région ouest-africaine et la région nord-orientale de l'Amérique du Sud.

[illegible]

FAMILLE II

CÉSALPINIACÉES

TRIBU II. — Sclérolobiées

Cette petite tribu ne compte que dix genres et environ vingt-cinq espèces. Je n'ai pu étudier aucun des genres qu'on y range, au point de vue séminologique. Il me suffira de dire que la tribu toute entière est essentiellement confinée dans l'Amérique tropicale, et qu'elle a son pôle dans le Brésil. Pour plus de détails, on se reportera à mon mémoire souvent cité sur l'étude des genres de Légumineuses, pages **339** et suivantes.

TRIBU XIII. — Eucésalpiniées.

La tribu des Eucésalpiniées comprend environ **20** genres et
une centaine d'espèces répandues, comme toutes les Césalpiniacées dans les régions chaudes des deux hémisphères. Les
seuls genres que j'ai pu étudier sont :

Gleditschia L.
Caesalpinia L.
Poinciana L.

Mais auparavant je reproduirai ci-après le tableau statistique
que j'ai obtenu, et qui indique l'allure de la distribution géographique de cette tribu.

Ce tableau montre que la tribu des Eucésalpiniées a son
pôle de diversité dans le Sud de l'Amérique du Nord, vers
le Nord du Mexique. La tribu ne remonte pas davantage vers
le Nord, mais s'étend vers le Sud, par l'Amérique centrale
et les Antilles, sur la région septentrionale de l'Amérique du
Sud. Le Vénézuéla et le Brésil en comptent en effet un assez
grand nombre de représentants, et il faut signaler que quelques
espèces descendent beaucoup vers le Sud, par le Chili et le
versant argentin de la Cordillère des Andes. Cette remarque
a son importance, car on a été habitué à voir, au cours de
l'étude que j'ai faite de la famille des Papilionacées, au début
de ce travail, que les genres ou les tribus intertropicales ne
sortaient presque jamais de ces limites.

On rencontre un second pôle, sensiblement équivalent au

Répartition géographique des EUCÉSALPINIÉES

	Europe	Asie	Afrique	Amérique			Océanie
				Nord	Centre	Sud	
Totalité du Continent					5		2
Nord						7	
Est			9	1	2	1	
Sud		16	3	17			
Ouest			7			6	
Nord-Est					2	8	
Sud-Est		12					
Sud-Ouest		1		5	1		
Nord-Ouest							8
Centre			4			8	
Centre-Nord							2
Centre-Est		2				1	3
Centre-Sud		1				3	
Centre-Ouest							
Région méditerr. totale							
Région méditerr. orientale							
Région méditerr. occidentale							
Montagnes Nord							
Montagnes Est							
Montagnes Sud							
Montagnes Ouest							
Montagnes Centre							
Montagnes Nord-Est							
Montagnes Sud-Est							
Montagnes Sud-Ouest						1	
Montagnes Nord-Ouest							
Déserts							
Asie Mineure							

premier, dans l'Asie tropicale, depuis la côte du Béloutchistan jusqu'au Sud-Est du continent. La Chine en effet en possède un certain nombre. De là, par les Philippines et la presqu'île de Malacca, les Eucésalpiniées passent en Océanie. On en rencontre de nombreux représentants à Sumatra, à Java, dans le Nord, le Nord-Est et l'Est de l'Australie.

Du côté occidental, le pôle indien envoie une branche dans l'Afrique. Depuis l'Abyssinie jusqu'à Madagascar, on en peut récolter de nombreux échantillons, et par le Sud, la tribu gagne la région tropicale occidentale, et se relie ainsi au Brésil.

L'existence de ces deux pôles est difficile à expliquer, étant donné leur éloignement considérable. Et si l'on veut subordonner l'un des deux à l'autre, il faut admettre ou bien que les Eucésalpiniées ont émigré du Sud de l'Asie, ou bien qu'elles sont parties du Mexique. Dans la première hypothèse, une branche aurait couvert l'archipel malais pendant que l'autre branche par l'Afrique orientale gagnait le Sud, le centre-Sud et enfin l'Ouest pour passer de là dans le Brésil, le Vénézuéla et le Mexique. Dans la seconde hypothèse l'inverse se serait produit, à moins qu'on ne puisse envisager la transgression de la tribu, à travers le Pacifique, pour aborder alors l'Océanie par ses îles extrême-orientales. Je n'ai pas de données suffisantes pour choisir entre ces deux alternatives, et il faut attendre d'avoir réuni un grand nombre d'échantillons et des données phytogéographiques très précises, pour pouvoir tenter de se prononcer pour l'une ou l'autre.

La planche XIII résume les conclusions que je viens de formuler et permet d'apprécier d'un seul coup d'œil la distribution géographique de la tribu.

Gleditschia L.

Ce genre est surtout connu par le *G. triacanthos* L., très répandu comme arbre d'ornement. J'ai pu me procurer quatre autres espèces, mais on constatera qu'elles sont assez voisines de forme. Il sera donc bon d'entrer dans quelques détails, au sujet de chaque espèce, pour permettre de pouvoir les distinguer avec quelque certitude. Les cinq espèces étudiées sont, par ordre alphabétique, les suivantes :

> *G. Caspica* DESF.
> *G. ferox* DESF.
> *G. macracantha* DESF.
> *G. Sinensis* LAM.
> *G. triacanthos* L.

Graines en général ovales, plus ou moins aplaties, lisses, peu brillantes, mais plutôt doucies, ayant parfois le tégument craquelé. Ce caractère ne me semble ici sujet à aucune remarque, car dans la même espèce on trouve des graines à tégument craquelé et d'autres qui n'ont rien. Il ne faut donc pas faire état de ce fait. La taille des graines oscille entre 10 et 13 millimètres à peu près comme longueur ; ceci est dit une fois pour toutes.

G. Caspica DESF. (fig. 605 et 606). — Graines assez petites, lisses, ovales, doucies, plates, pierreuses, d'un violet-pourpre foncé assez vif. On a représenté une graine dépourvue des vestiges funiculaires qui restent le plus souvent adhérents au hile. Il résulte de là qu'on voit bien ce hile et aussi le micropyle, qui lui est contigu, mais on ne les aurait pas vu sans cela, car les vestiges du funicule auraient tout dissimulé. La région hilo-micropylaire forme une très petite indentation, qui est nette du côté de la radicule, et s'évanouit insensiblement sur le raphé. Raphé rectiligne. Graines régulières, non contournées.

FIGURES 605 à 614. — GLEDITSCHIA L.

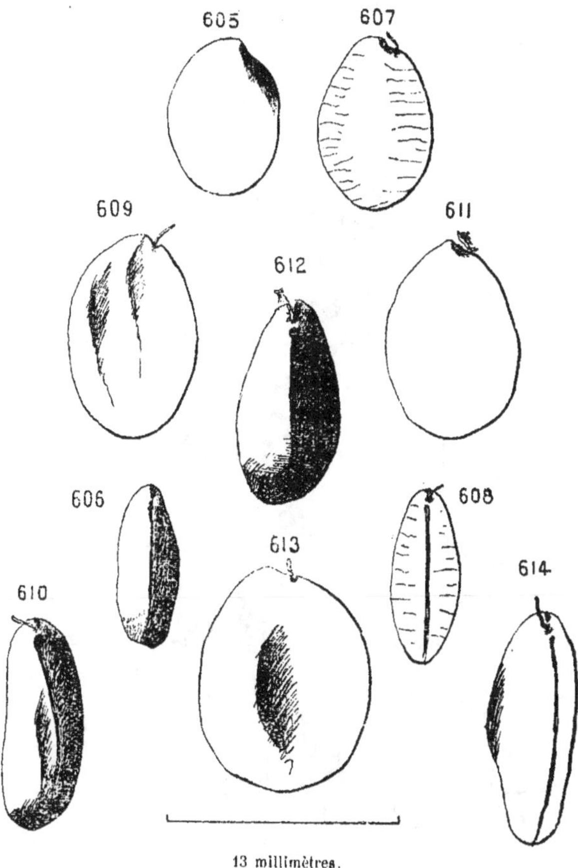

Fig. 605 et 606, *G. Caspica* Desf., profil et face. — Fig. 607 et 608, *G. tria-*
canthos L., profil et face. — Fig. 609 et 610, *G. Sinensis* Lam., profil et
face. — Fig. 611 et 612, *G. macracantha* Desf., profil et face. — Fig. 613
et 614, *G. ferox* Desf., profil et face.

LÉGUMINEUSES

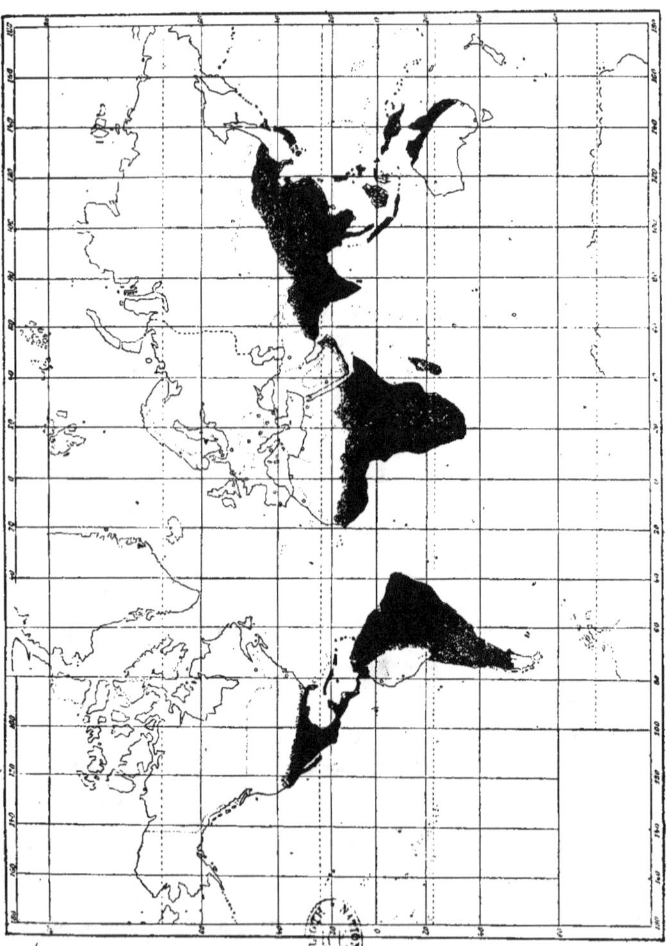

Répartition des Eucésalpiniées

G. *ferox* Desf. (fig. 613 et 614). — Graines grosses, ovales, suborbiculaires, épaisses, rouge brique foncé, à raphé droit, présentant souvent, par retrait des tissus intérieurs, des plis ou des bosses à leur surface. Indentation hilo-micropylaire peu marquée. Cette espèce, par sa taille, sa couleur et son aspect, se distingue aisément des autres.

G. *macracantha* Desf. (fig. 611 et 612). — Graines ovales, lisses, assez grandes, d'un brun-jaunâtre franc, assez foncé ; de face, le contour est un peu en forme de poire ; de profil, l'indentation hilo-micropylaire est peu sensible. Mais la caractéristique de cette espèce réside dans ce fait que le funicule est barbelé comme frangé, alors que tous les autres sont lisses. Ce détail est visible même à l'œil nu, les petites franges ayant une assez grande longueur.

G. *Sinensis* Lam. (fig. 609 et 610). — Graines ovales, assez épaisses, brun-jaunâtre foncé, à surface irrégulière et bosselée, par retrait du contenu. Indentation hilo-micropylaire très nette. Raphé généralement irrégulier. un peu tordu. La surface irrégulière de cette graine, son indentation assez profonde, son aspect, sa couleur la différencient, je crois, aisément des voisines.

G. *triacanthos* L. (fig. 607 et 608). — Graines ovales, à faces convexes, très régulières, pierreuses, d'un brun-olivâtre assez constant. Le plus souvent, le tégument est craquelé, mais il ne faut pas prêter à ce fait une importance qu'il ne saurait avoir. Raphé droit très foncé. Indentation hilo-micropylaire très nette, à cause du surplomb de la saillie radiculaire.

On peut résumer ce qui précède dans le tableau synoptique suivant :

TABLEAU SYNOPTIQUE

1 { Funicule barbelé. . . . .   *macracantha*
  { Funicule lisse   2

2 { Indentation hilo-micropylaire très nette   3
  { Indentation hilo-micropylaire très vague   4

3 { Graines très régulières, brun-olivâtre, à raphé assez nettement
  {   droit . . . .   *triacanthos*
  { Graines bosselées, peu régulières, brun-jaunâtre. Raphé, le
  {   plus souvent tordu . . . .   *Sinensis*
  { Graines beaucoup plus petites, régulières, d'un violet-pourpre
  {   assez net . . . .
  {   } *Caspica*
4 { Graines petites, violet-pourpre, lisses . . . . .)
  { Graines très grosses, brun-jaunâtre, à surface irrégulièrement
  {   bosselée . . . .   *ferox*

Remarque. — Pour les expressions « petit », « gros », etc.,
on se reportera aux dessins qui accompagnent le texte (fig. 605
à 614) et à ce que j'ai dit de la taille en général, page 361.

Je rappellerai que l'albumen corné qui existe chez les graines
de *Gleditschia* L. devient mucilagineux au contact de l'eau.
Il se gonfle alors à tel point qu'il fait éclater le tégument en
tous sens. Il est bien entendu que toutes les espèces étudiées
l'ont été sur des individus secs ; la stratification n'a d'intérêt
que pour la dissection des échantillons : impossible, sans cela,
pour la plupart des espèces, et notamment ici où la graine possède la consistance de la pierre, d'entailler le tégument avec
un instrument tranchant, dont le fil s'ébrèche sans résultat.

Caesalpinia L.

Je disposais pour l'étude de ce genre des espèces suivantes :

C. coriaria WILLD.
C. ferruginea DCNE.
C. pulcherrima SW. (avec deux formes).
C. Sappan L.
C. sepiaria ROXB.

Elles présentent de l'une à l'autre de si grandes différences que leur distinction est aisée. On peut en effet dresser a priori le tableau synoptique ci-dessous :

TABLEAU SYNOPTIQUE

1   Graines nettement ovoïdes, de 10-12 millimètres de longueur environ . . . . *sepiaria*
   Graines ± aplaties. **2**

2   Graines grandes, mesurant environ 15 × 8 mm., fauve très clair . . . . *Sappan*
   Graines très étroites, mesurant environ 12 × 3 mm., de couleur parchemin clair. . . . . *ferruginea*
   Graines n'ayant pas ces caractères **3**

3   Graines grandes, en forme de coin à base large, de 10 mm. de longueur environ, brun-rouge, bistre-jaune ou plus ou moins olivâtres . . . . *pulcherrima*
   Graines assez petites, ressemblant un peu, en un peu plus gros, à la graine de lin, comme aspect et couleur . . *coriaria*

Les dessins qui accompagnent ce texte permettent de compléter le précédent tableau, en se faisant une idée de la forme des graines. On voit que, à ce point de vue, le genre dont il est ici question est fort hétérogène, et à ne considérer que les trois premières espèces du tableau synoptique, *C. sepiaria* Roxb., *C. ferruginea* Dcne. et *C. Sappan* L., on se trouve en face de trois spécimens fort dissemblables. Ce fait est très rare, et dans chaque genre étudié jusqu'ici, tant chez les Légumineuses que dans les autres familles, j'ai pu remarquer une grande similitude de forme des espèces, au point de vue silhouette, tout au moins. Ici, au contraire, on trouve dans un même genre des différences plus fortes, d'espèce à espèce, que celles qui parfois séparent des genres entre eux.

Ce fait cependant cessera de paraitre paradoxal quand on songera que le genre *Caesalpinia* L. est assez peu homogène pour que de nombreux auteurs en aient retiré divers groupes d'espèces un peu aberrantes, dont ils ont fait des genres autonomes. D'autre part, on trouve des graines assez analogues dans des sections bien distinctes. C'est ainsi par exemple que le *Caesalpinia Bonducella* Roxb. de la section *Guilandina* Benth. ressemble beaucoup par ses graines au *C. pulcherrima* Sw. de la section *Caesalpinaria* Benth. et cependant ces espèces appartiennent à deux sections bien différentes puisque dans la première on range des arbres ou arbustes épineux, tandis que dans la seconde, on ne range que des plantes inermes. Il se peut d'ailleurs — puisque toute classification est provisoire et sujette à de profonds remaniements — que ces deux espèces fort éloignées en ce moment soient rapprochées plus tard. Il suffirait pour cela de fonder la classification sur d'autres bases, sans s'occuper d'abord de la présence ou de l'absence d'organes épineux.

La description particulière de chaque espèce étudiée me permettra d'entrer dans des détails plus étendus, relativement à la morphologie de chacune d'elles. On pourra ainsi se faire des idées assez exactes, surtout lorsqu'on se reportera aux figures.

Un caractère général des différentes espèces, qui offre une constance assez remarquable, est la présence à la surface de la graine, de craquelures du tégument. Les graines, lorsqu'elles sont sèches, possèdent comme la plupart des Césalpiniacées une consistance osseuse : elles sont extrêmement dures. Les craquelures qu'on observe sont le plus souvent parallèles entre elles et grossièrement perpendiculaires au grand axe de la graine. Parmi les échantillons étudiés, il n'y a guère que le *C. ferruginea* Dcne. qui ne présente pas ces craquelures, au moins d'une façon très nette. Chez tous les autres, elles sont si nettes que la figure que donne Taubert du *C. Bonducella* Roxb. dans Engler et Prantl, *Nat. Pflz.* et dont j'aurais voulu donner une reproduction, indique ces stries d'une façon extrêmement apparente.

Le micropyle, le plus souvent, est caché par une éminence formant à sa place un minuscule mamelon. C'est un embryon de caroncule, mais si petit qu'on n'en peut faire mention. Ce caractère, toutefois, de présenter un micropyle caché sous une petite saillie, m'a semblé utile à signaler, en raison de sa constance. Cette tout petite saillie est située au milieu d'une petite dépression tégumentaire, et de chaque côté le tégument forme deux minuscules bourrelets qui l'entourent. Il y a là, il ne faut pas l'oublier, analogie morphologique avec les *Bauhinia* L., mais au point de vue de la constitution interne, c'est tout différent, car la petite saillie des *Bauhinia* correspond à un raphé, tandis qu'ici, elle correspond à la radicule. C'est donc exactement l'inverse.

Les quelques renseignements suivants complètent la diagnose de chaque espèce.

C. coriaria Willd. (fig. 619 et 620). — Les craquelures transversales sont peu nettes, cependant même à l'œil nu, et fort aisément à la loupe, on distingue à la surface de petites craquelures en tous sens. Le contour est ovale, mais assez carré aux extrémités, et la couleur d'un jaune-brun brûlé assez remarquable. Cette espèce présente avec les « graines de lin » une certaine analogie, mais ici les graines sont sensiblement plus grosses et aussi plus obtuses du côté du hile.

C. ferruginea Dcne. (fig. 615 et 616). — La forme seule et la couleur de cette espèce sont très caractéristiques. Lisse, jaune parchemin, dépourvue de craquelures nettement visibles, elle se reconnaît surtout à son étroitesse, à son allongement considérable. La région hilaire ne se trouve pas à l'une des extrémités, mais plutôt près de celle-ci, sur le côté, où elle forme une

FIGURES 615 à 624. — CAESALPINIA L.

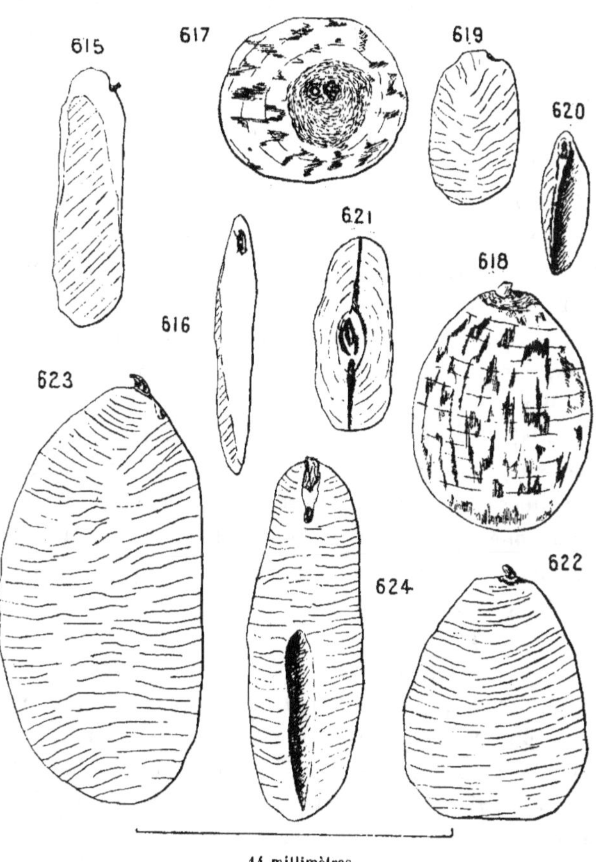

Fig. 615 et 616, *C. ferruginea* Dcne., profil et face. — Fig. 617 et 618, *C. sepiaria* Roxb., vue d'en haut et de profil. — Fig. 619 et 620, *C. coriaria* Willd., profil et face. — Fig. 621 et 622, *C. pulcherrima* Sw , vue d'en haut et de profil. — Fig. 623 et 624, *C. Sappan* L., profil et face.

légère indentation. Ici donc, comme chez beaucoup d'autres Césalpiniacées, le raphé forme casque et continue le contour de la graine. A l'autre extrémité, la graine est très légèrement élargie, et présente vaguement de ce chef un contour claviforme.

C. pulcherrima Sw. (fig. 621 et 622). — C'est une des plus belles espèces du genre. Les fleurs sont, dans le type, jaune-pourpre, mais on rencontre assez souvent deux formes, qui se reconnaissent surtout à la couleur de leurs fleurs. J'ai dans ma collection le type et les deux formes, en provenance de Buitenzorg, et l'on sait que cette espèce est très répandue dans l'Archipel malais. Comme je l'ai dit plus haut, la graine présente de grandes analogies avec celles du *C. Bonducella* Roxb., non figurée ici, quoique les plantes soient morphologiquement bien différentes. Chez le *C. pulcherrima* Sw. les craquelures sont excessivement nettes et très rapprochées, mais ici comme ailleurs, il ne me paraît pas possible de distinguer les trois échantillons par leurs graines. Cela d'ailleurs corrobore bien les résultats obtenus jusqu'ici. Ces trois formes très voisines ne présentent qu'une différence de couleur bien faible dans leurs graines, à coup sûr insuffisante pour justifier une distinction quelconque. En effet, le type possède des graines brun-rouge bien franc, la forme *floribus aurantiacis* des graines un peu bistre-jaunâtre, avec une pointe de vert, et la forme *floribus luteis* des graines olive-jaunâtre. A part cette légère différence de teinte, les caractères spécifiques sont tous les mêmes. La graine offre la forme d'un triangle isocèle à pointes très obtuses, ou d'un coin à base large. Elle est aplatie, mais non mince, et, comme dans toutes les espèces de ce genre, le hile et le micropyle sont extrêmement rapprochés. Le débris du funicule, qui persiste au hile, présente à la loupe l'aspect d'un petit morceau de bois qui serait cassé près de la graine, après avoir été enfoncé dedans. Il semble donc très fortement lignifié. La base tronquée de la graine, à l'opposé de la pointe obtuse qui supporte le hile et le micropyle, semble caractéristique de cette espèce.

Capitaine   24

C. Sappan L. (fig. 623 et 624). — Les graines sont très grandes, de la taille d'un haricot de nos pays, ayant à peu près la même silhouette, moins réniforme, avec cette différence qu'elle est plate, et surtout que la région hilo-micropylaire est extrême (ovule anatrope) et non latérale comme dans les Papilionacées, qui ont l'ovule campylotrope de façon plus ou moins évidente. Les craquelures sont un peu obliques à l'allongement de la graine, surtout près du micropyle, et les vestiges du funicule forment, à la région hilaire, une petite pointe blanche assez résistante. Il n'y a pas lieu d'y faire grande attention, je crois, car les vestiges du funicule sont fréquents, surtout chez les Légumineuses. Toutefois, comme celui-ci par sa couleur tranche sur le fond de la graine qui est chamois clair, j'ai jugé utile de le signaler. Vue par la tranche, la graine offre, du même côté que le micropyle, une légère dépression, figurée par une ombre, sur mon dessin.

C. sepiaria Roxb. (fig. 617 et 618). — C'est la plus remarquable et la moins typique du genre. Graine ovoïde, globuleuse, parfois presque sphérique, de couleur bistre assez foncé, avec de nombreuses marbrures noires. La région hilo-micropylaire, qui est un peu atténuée, est couronnée par les vestiges du funicule, qui forme comme un petit cordon brun-rouge, très résistant, ligneux, persistant sur la graine. Le hile est un peu déprimé, ainsi que le micropyle, et la dépression hilo-micropylaire est entourée par un léger bourrelet tégumentaire. Les craquelures sont très nettes et forment à l'ellipsoïde de petits cercles perpendiculaires à son grand axe.

Poinciana L.

Le petit genre *Poinciana* L. ne compte guère que trois ou quatre espèces, habitant les tropiques de l'Afrique, de l'Amérique et de l'Asie. La seule espèce dont j'ai pu étudier les graines

P. regia Boj.

est l'une des plus répandues. Elle croît notamment aux Antilles,
et les graines que j'ai étudiées proviennent de la Guadeloupe.
L'arbre qui la fournit y porte le nom de *Flamboyant*, à cause de
ses très belles et grandes fleurs rouges. La gousse, en lame de
sabre, qui peut atteindre 50 ou 60 centimètres de long, est très

FIGURES 625 et 626. — POINCIANA L.

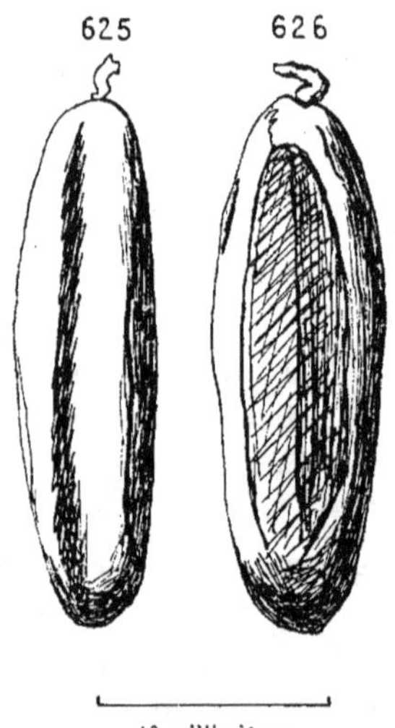

Fig. 625, *P. regia* Boj., vue de face. — Fig. 626, même espèce
vue de profil.

dure, coriace, d'un brun-roux assez foncé. Les graines, enchâs-
sées transversalement, sont séparées par du tissu cellulaire.
Elles mesurent environ **2** centimètres de longueur en moyenne
et rappellent par leur couleur et leur forme les noyaux de dattes.

Elles sont d'un bistre-jaune et possèdent sur chaque face ventrale (fait très souvent observé chez les graines de Césalpiniacées) une plage ovale allongée, de couleur sensiblement plus
foncée, qu'on a représentée en hachures sur les figures 625
et 626. En outre, en son milieu, cette plage porte une ligne
saillante qui la divise dans sa longueur en deux parties égales,
planes ou presque, légèrement inclinées l'une sur l'autre, à la
façon d'un toit. La région ombilicale est faiblement échancrée,
elle est située à l'une des extrémités. La région hilo-micropylaire, un peu déprimée, est munie d'un restant du funicule, filiforme, qui forme, au-dessus de la graine, comme une petite
corne. Le dos de la graine est également marqué d'une ligne
sombre (indiquée par des hachures sur la figure 625).

TRIBU XIV. — Cassiées.

Cette tribu est importante par le nombre de ses espèces : si elle ne compte qu'une quinzaine de genres, elle renferme par contre environ 420 espèces, toutes intertropicales, ainsi qu'en témoigne le tableau statistique ci-après. Je n'ai pu étudier que le seul genre :

Cassia L.

dont presque toutes les espèces habitent les régions chaudes des deux hémisphères.

L'examen du tableau précité montre que la tribu des Cassiées a son pôle de diversité au Brésil, tant au centre que dans toute la région nord-orientale. S'étendant très peu vers le Sud, si ce n'est dans les Andes du Chili, la tribu s'avance au contraire sur tout le Nord-Ouest : la Bolivie, le Pérou, l'Equateur, la Colombie, lui offrent un passage tout naturel pour l'Amérique centrale continentale et le Mexique. Par la Guyane et le Vénézuéla, les Cassiées gagnent les petites Antilles et vont jusqu'à la Jamaïque et Cuba. Mais elles s'étendent bien plus vers le Sud-Ouest de l'Amérique du Nord, jusqu'à la Californie, que vers le Sud-Est, où la Floride et les régions avoisinantes n'en possèdent que peu de représentants.

Les Cassiées traversent alors l'Atlantique, et on les retrouve dans l'Afrique tropicale occidentale. Elles recouvrent toute l'Afrique chaude, gagnent le Sud de l'Asie, et de là la Malaisie, l'Australie et la Nouvelle-Calédonie, en suivant un processus déjà mis en lumière à propos des Eucésalpiniées. Il ne faut pas prendre cette description de la répartition géographique, trop au pied de la lettre, et lorsque je dis que les Cassiées

Répartition géographique des CASSIÉES

	Europe	Asie	Afrique	Amérique			Océanie
				Nord	Centre	Sud	
Totalité du Continent					16		3
Nord					4	17	
Est			23		8		1
Sud		17	3	26		2	
Ouest			21		6		
Nord-Est					1	75	1
Sud-Est		9	1	2			
Sud-Ouest				7	6		
Nord-Ouest						15	3
Centre			16			75	9
Centre-Nord					3	11	4
Centre-Est						37	6
Centre-Sud				2		5	
Centre-Ouest						1	
Région méditerr. totale	1	1	1				
Région méditerr. orientale (1)	1	1	1				
Région méditerr. occidentale							
Montagnes Nord							
Montagnes Est							
Montagnes Sud							
Montagnes Ouest					15	15	
Montagnes Centre							
Montagnes Nord-Est							
Montagnes Sud-Est							
Montagnes Sud-Ouest					15		
Montagnes Nord-Ouest							
Déserts						15	
Asie Mineure							

1. J'ai indiqué le *Ceratonia Siliqua* L. comme figurant à la fois dans la

LÉGUMINEUSES

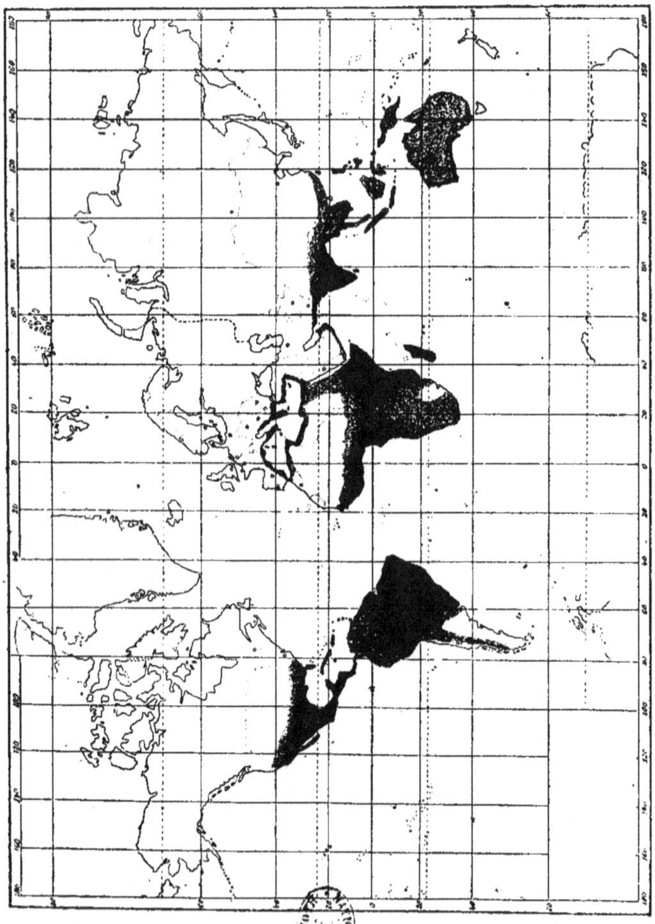

Répartition des Cassiées

franchissent l'Atlantique pour aller du Brésil à l'Afrique occidentale, cela signifie seulement que, en suivant ce chemin sur la carte, on constate une régulière décroissance. Et comme il n'est pas évident que le pôle de diversité soit centre de dispersion, il pourrait résulter de fâcheuses erreurs, si l'on entendait que les Cassiées ont émigré du Brésil, pour se répandre sur toutes les autres régions énumérées.

Néanmoins je suis assez porté à croire que dans une certaine mesure, et pour certaines tribus, le pôle de diversité est synonyme de centre de dispersion, ici notamment.

La planche XIV résume les conclusions que je viens d'établir et permet d'apprécier facilement la distribution géographique de la tribu.

Cassia L.

Cet important genre qui compte environ 380 espèces, était assez richement représenté dans ma collection, mais plusieurs espèces, sujettes à caution, ont dû être laissées de côté. Il en résulte que les seules espèces étudiées sont, par ordre alphabétique, les suivantes :

> *C. bacillaris* L.
> *C. bicapsularis* L.
> *C. corymbosa* Lam.
> *C. Fistula* L.
> *C. florida* Vahl.
> *C. glauca* Lam.
> *C. hirsuta* L.
> *C. Javanica* L.

région méditerranéenne totale et dans la région méditerranéenne orientale, pour attirer l'attention sur ce fait qu'il est beaucoup plus abondant dans le Levant. M. G. Rouy (*Fl. de Fr.*, V, 317), le donne comme subspontané seulement dans la région méditerranéenne occidentale.

C. laevigata WILLD.

C. mimosoides L., type.

C. mimosoides L., fᵃ. *fol. angustissimis.*

C. montana HEYNE

C. nictitans L.

C. obtusifolia L.

C. occidentalis L.

C. pilifera VOG.

C. Sophora L., type.

C.   —   fᵃ. *albescens* (AUCT. ?)

C.   —   fᵃ. *purpurea* (AUCT. ?)

C. Timorensis DC.

Ce genre est intéressant à plus d'un titre, notamment les fruits et les graines y sont sujets à de grandes différences de taille et de forme. Si par exemple on considère le *C. Fistula* L. et le *C. mimosoides* L., le premier a une gousse cylindrique pouvant atteindre 50 ou 60 centimètres de longueur sur 3 centimètres de diamètre, tandis que le second a une gousse n'atteignant que 3 à 4 centimètres de longueur, sur 3 à 5 millimètres de largeur. En outre, celle-ci est déhiscente, la première ne l'est pas.

L'examen des dessins ci-joints pourra au surplus renseigner sur la différence de taille que peuvent présenter les graines d'une espèce à l'autre.

Dans ce vaste genre, on peut, au point de vue séminologique, comme au point de vue morphologique ordinaire, créer des subdivisions, suivant la présence ou l'absence, à la surface du tégument, d'ornements caractéristiques. C'est ainsi que certaines espèces, comme *C. Javanica* L., *C. Fistula* L., *C. laevigata* WILLD., sont dépourvues, sur leurs faces, de la ligne que j'ai désignée ailleurs sous le nom de « ligne λ » (1), limitant une petite surface ovale, souvent déprimée. Quelques espèces ont des craquelures; cela ne me parait pas caractéristique, et provient vraisemblablement de la consistance souvent pierreuse ou osseuse du

1. Voir le paragraphe relatif au genre *Albizzia* DURAZ.

tégument quand il est sec. Quelques espèces, comme le *C. mimosoides* L. par exemple, possèdent à la surface du tégument de
très petites marques circulaires, creuses, concolores, offrant
l'aspect de petites cicatrices, d'autres comme le *C. corymbosa* Lam.
ont de minuscules ornements en relief. Ce sont autant de caractères qui permettent de distinguer les espèces. La couleur
enfin, dans certains cas où elle est bien tranchée, permet aussi
de faire de rapides éliminations dans la liste des espèces entre
lesquelles on pourrait hésiter.

Avant d'aborder l'étude de chaque espèce en particulier, il
me reste à indiquer un trait caractéristique du genre : le micropyle est invisible, par suite de la légère prolifération du bourrelet hilaire, autour du hile. Mais il est très remarquable que
malgré cela on croit voir deux cicatrices. La première idée qui
vient à l'esprit est de considérer l'une comme le micropyle, la
deuxième comme le hile. Il n'en est rien. Si l'on examine de
près la graine, et qu'on la dissèque, on remarque que sur la
tache qu'on prenait pour le micropyle subsiste le plus souvent
un vestige du funicule. Quand à l'autre toujours dépourvue
d'aucun vestige d'aucune sorte, on ne peut la considérer comme
le micropyle, car elle est tournée du côté du raphé, tandis que
la radicule en est séparée par l'emplacement du hile (v. fig. 639).
Rappelons à ce propos que chez beaucoup de Légumineuses et
surtout de Papilionacées, le hile est entouré d'un rebord tégumentaire affectant souvent la forme d'une raquette dont le
manche constitue le raphé (1). On a ici un cas analogue, et
le hile proprement dit est séparé du début du raphé par une
dépression légère. Le début du raphé est indiqué par une
émergence en général de couleur foncée, légèrement claviforme
du côté du hile et présentant souvent une petite ligne longitudinale. Elle s'atténue ensuite dans le raphé proprement dit qui
disparait lui-même petit à petit. Le tout — hile et épanouissement claviforme du raphé — est entouré d'un rebord tégumentaire plus ou moins saillant du côté du micropyle, entourant
l'extrémité du raphé et descendant plus ou moins loin, paralèl-

____

1. Ce caractère est très visible chez le genre *Phaseolus* L.

lement à lui, sur le tégument de la graine. Ce rebord tégumentaire affecte donc à peu près, et de façon plus ou moins nette, la forme d'un fer à cheval allongé.

J'ai donné une figure spéciale, schématique, pour faciliter l'intelligence du texte et pour montrer cette intéressante disposition du hile et de l'extrémité claviforme du raphé.

Cela posé, je passerai rapidement en revue les différentes espèces, dont je donnerai à la fin un tableau synoptique.

C. bacillaris L. (fig. 635 et 636). — Graines ovales, un peu aplaties, lisses, d'un brun-rouge tirant sur le bistre, munies de très fines craquelures. Ligne λ limitant obscurément une très grande surface. Longueur **7** à **8** millimètres ; épaisseur **2** à **2,5** millimètres. Région hilaire très peu accentuée sur le contour de profil, ne formant par conséquent aucune indentation bien sensible ; graine seulement un peu atténuée dans cette région. Vue de face, la région hilo-micropylaire présente un épanouissement *cl* assez net (voir figure 639 le schéma spécial) et le raphé, sous forme d'une ligne sombre, presque noire, descend jusqu'à l'autre extrémité de la graine.

C. bicapsularis L. (fig. 662 et 663). — Graines ovales, petites, ne dépassant guère 5 à 6 millimètres de longueur, lisses, atténuées du côté du hile en une petite pointe très nette, quoique peu développée (beaucoup d'espèces du genre *Cassia* sont ainsi atténuées en une pointe du côté du hile parce que l'emplacement de cette cicatrice est accompagné d'une indentation légère, et parce qu'à l'opposé le tégument suit le contour de l'embryon, lequel est brusquement élargi au passage de la radicule aux cotylédons). Cette forme est particulièrement nette, dans le *Cassia Timorensis* DC. que j'étudierai plus loin. Sur les faces latérales de cette graine plate, la ligne λ limite deux surfaces ovales très nettement déprimées. La région hilo-micropylaire, vue de face, ne présente aucun caractère remarquable. La saillie raphéale est seulement très peu saillante.

FIGURES 627 à 638. — CASSIA L.

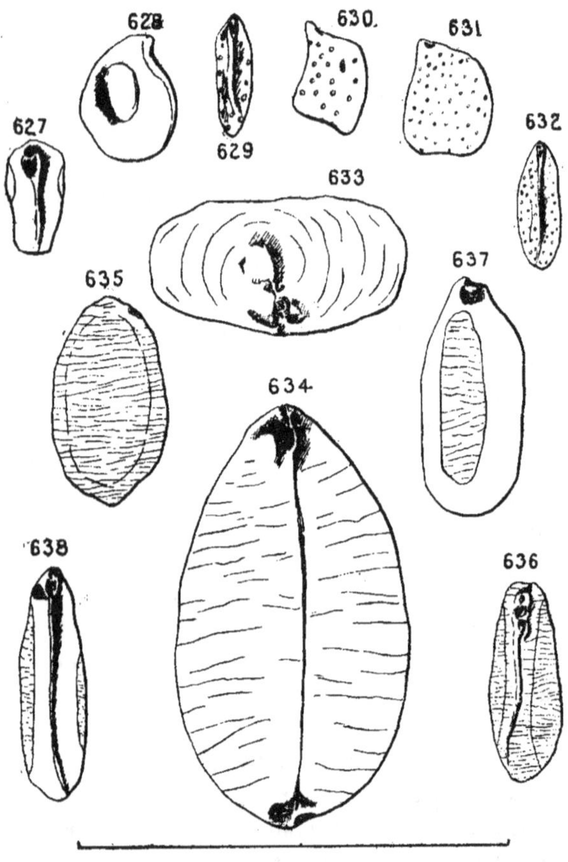

Fig. 627 et 628, *C. Sophora* L., fᵃ. *albescens* (AUCT. ?), face et profil. — Fig. 629 et 630, *C. mimosoides* L. (type), face et profil. — Fig. 631 et 632, *C. nictitans* L., profil et face. — Fig. 633 et 634, *C. Fistula* L., vue d'en haut et de face. — Fig. 635 et 636, *C. bacillaris* L , profil et face. — Fig. 637 et 638, *C. glauca* LAM., profil et face.

C. corymbosa Lam. (fig. 654 et 655). — Légèrement plus grande que la précédente, cette graine, de couleur bistre foncé, est caractérisée par ce fait qu'elle porte, à sa surface, de très petits ornements, en relief, très nombreux. Sur le contour de profil, l'indentation raphéale est peu nette, mais s'observe cependant assez aisément. Le raphé descend assez loin, comme le représente la figure ; la ligne λ fait défaut, et l'ensemble de la surface du tégument est régulier. Il n'y a pas ici, comme chez le *C. bicapsularis* L. et surtout comme chez le *C. Timorensis* DC., de petite queue, produite par l'étirement de la graine, du côté de la radicule; le contour est à peu près régulièrement ovale.

C. Fistula L. (fig. 633 et 634). — Graine très grosse, atteignant 12-15 millimètres de longueur sur 4-5 millimètres d'épaisseur, très belle, de couleur bistre-roux très franc. Tégument de consistance osseuse (ébréchant le canif, quand on cherche à l'entamer sur le sec), finement craquelé. Le raphé — fait extrêmement remarquable chez les *Cassia* — se traduit par une belle ligne sombre, qui a l'air brûlée et qui possède une légère dépression en son milieu ; cette ligne se trouve sur la face plane de la graine et non sur la partie bombée, ainsi qu'en témoignent les figures. Du côté opposé au hile, le raphé s'épanouit (chalaze ?) en une tache sombre, d'aspect un peu analogue, a priori, à celui de la région hilaire. Ces magnifiques graines, qui semblent vernies et poncées, sont logées dans une pulpe lâche, à l'intérieur de la gousse, longuement cylindrique, comme je l'ai dit plus haut. Il faut, pour les obtenir, briser la gousse, ce qui n'est pas toujours chose aisée, car elle offre une consistance ligneuse, souvent très dure, qui rend l'opération difficile.

C. florida Vahl. (fig. 648 et 649). — Non moins caractéristique que les précédentes, cette espèce possède des graines extrêmement plates, brun-rouge foncé. La ligne λ limite une aire allongée, de couleur qui tranche nettement sur le fond. Le hile forme une indentation assez nette, et dans cette région, le tégument est un peu rétréci. La graine semble donc un peu pointue de ce côté, tandis que, à l'autre extrémité, elle est comme tronquée légèrement. Sur le dessin représentant la vue de face, on remarquera la minceur de la graine, qui tout entière est gondolée et présente, dans l'exemple choisi, une face bombée et l'autre creusée.

C. glauca LAM. (fig. 637 et 638). — C'est une graine bicolore, comme la précédente ; la teinte générale du fond est brun-rouge foncé, et la surface limitée par la ligne λ est de couleur rousse. Allongée dans le sens de la longueur, cette graine présente une région hilaire terminale, ce qui est assez rare, et non subterminale, ce qui veut dire que le hile forme une indentation placée de telle sorte, à une des extrémités de la graine, que celle-ci semble tronquée à cet endroit. En outre, cette région est assez intéressante à considérer, car le bourrelet tégumentaire offre ici, plus qu'ailleurs, une forme telle qu'on prendrait volontiers pour le micropyle ce qui n'est que le hile ; on consultera avec fruit les dessins qui illustrent le texte et qui suppléent à cette description. On y remarquera notamment que la région centrale, rousse, limitée par la ligne λ, est, seule, pourvue de craquelures, tout le reste du tégument étant uni et lisse. Ce détail caractéristique permet de reconnaître aisément la graine.

C. hirsuta L. (fig. 640 et 641). — Une des plus petites espèces étudiées, cette graine est ovale, vue de profil, avec les faces latérales légèrement excavées, ou au moins très planes. Elles sont rectangulaires, en coupe transversale, comme le montre le dessin, pris d'en haut, du côté du hile. Ici, comme dans le *C. Fistula* L., le raphé traverse une des faces latérales. La forme générale de la graine fait une transition entre les espèces ovales, telles que toutes celles qui précèdent et les espèces polyédriques, comme le *C. obtusifolia* L. La couleur de ces graines est d'un bistre plus ou moins cendré, non homogène, c'est-à-dire que, par places, la couleur est plus foncée et plus claire à d'autres endroits (ce fait est visible seulement avec une très forte loupe). La surface du tégument présente, à un fort grossissement, un léger chagrinement, mais ce détail ne me paraît pas très caractéristique.

C. Javanica L. (fig. 650 et 651). — Grosses et globuleuses (9 millimètres environ), ces graines sont très belles. Leur couleur est brun-roux un peu jaunâtre. Elles sont analogues, comme aspect et couleur, aux graines du *C. Fistula* L., dont elles se distinguent aisément par la forme. Les craquelures du tégument osseux sont moins nombreuses. Le raphé ici encore est disposé sur la face large. Dans la région hilaire, le tégument porte deux légers mamelons qui encadrent la dépression hilo-micropylaire et se rejoignent, en arrière, du côté opposé au raphé, en sorte qu'on a sous les yeux l'apparence extrêmement vague d'un fer à cheval très estompé, s'élargissant fortement à chaque pointe en un bombement assez prononcé ; cet aspect est surtout net quand on regarde la graine par-dessus. Le dessin que j'en donne, et qui est une vue d'en haut (fig. 650), rend imparfaitement compte de ce fait ; ce caractère se présente généralement avec plus de netteté que ne l'indique la figure.

C. laevigata WILLD. (fig. 646 et 647). — Graines bistre-olivâtres, très brillantes, sans ligne λ. Région hilaire subterminale favorisant l'étirement de la graine en une pointe radiculaire très nette. Le contour général de la graine, vue de profil, est assez régulièrement ovale, quand on ne tient pas compte de la petite pointe. Vue par son petit côté, quand on a le raphé en face de soi, la graine présente de chaque côté, un peu au-dessous du hile, deux épaulements formés par des saillies du tégument et qui sont caractéristiques. Elles correspondent vraisemblablement à un renflement des cotylédons, au niveau de leur insertion.

C. mimosoides L., type (fig. 629 et 630). — Graines très caractéristiques : elles sont à peu près losangiques, presque carrées, avec un étirement très net à l'un des angles, au-dessous duquel se montre le hile. Le tégument, de couleur foncée, brun presque noir, est très finement chagriné et creusé par places d'alvéoles circulaires, peu profondes et peu nombreuses, visibles seulement à la loupe. La forme bizarre de ces graines s'explique aisément par la forme des gousses : celles-ci, de consistance légèrement parcheminée, s'ouvrent en deux valves élastiques qui montrent que toute la longueur de la gousse est divisée en

FIGURE 639. — CASSIA L. (suite)

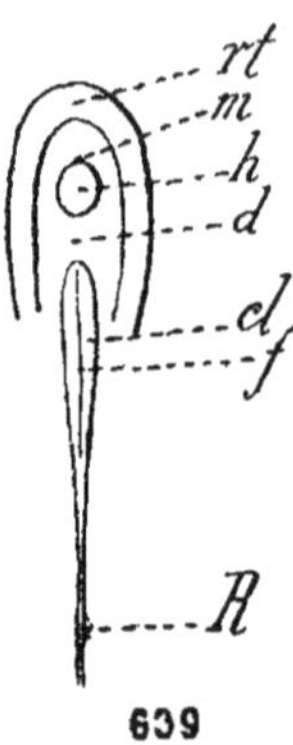

639

Schéma de la région hilo-micropylaire : *rt*, rebord tégumentaire ; *m*, emplacement du micropyle presque toujours invisible ; *h*, hile ; *d*, dépression séparant le hile proprement dit de l'épaississement claviforme *cl* du raphé ; *f*, fente ou strie longitudinale souvent très peu visible, dans l'épanouissement claviforme du raphé ; *R*, raphé proprement dit.

petites chambres à peu près carrées par de fausses cloisons, nées aux dépens de l'endocarpe, et situées à peu près transversalement à l'allongement du fruit. Le funicule est ascendant, étroitement appliqué contre les parois de la gousse. La graine, par son raphé, touche ce funicule et épouse exactement la forme de la logette qui la contient, sans laisser de jeu. On retrouvera plus loin un cas analogue avec le *C. obtusifolia* L.

C. mimosoides L., fª. *fol. angustissimis* (fig. 642 et 643). — C'est la plus petite des espèces étudiées : elle ne dépasse guère 3 millimètres de longueur. Vue de face, elle offre un contour un peu rectangulaire, présentant, dans un des angles, une petite pointe, en dessous de laquelle, sur le grand côté, prend naissance le hile. Vue par le raphé, elle présente un contour un peu ovale allongé. Sa couleur est d'un brun assez franc, brillant. Le tégument paraît lisse à l'œil nu, mais au microscope il se montre constellé d'une infinité de petites excavations, légèrement concaves, très rondes, et disposées sans ordre. On dirait autant de minuscules cicatrices. Comme on le voit, cette forme est très voisine du type ; elle s'en distingue cependant par le nombre et la petitesse de ses alvéoles tégumentaires et par son contour plus allongé. Toutefois, vues par le côté du raphé, elles présentent toutes deux une grande analogie, il n'y a guère alors que la taille qui diffère et qui est un peu supérieure dans le type.

C. montana Heyne (fig. 644 et 645). — Cette graine très plate, de contour généralement ovale allongé, se distingue aisément du *C. florida* Vahl., encore plus plate, en ce que la pointe radiculaire du tégument est très développée, portant sur son bord, rectiligne et parallèle au grand axe de la graine, la région hilo-micropylaire. A l'autre extrémité, la graine est tronquée assez carrément. Enfin, tandis que le *C. florida* Vahl. et le *C. Timorensis* DC. ne portent pas de craquelures, on en trouve ici de très nettes. Ligne λ très nette, limitant deux surfaces bombées, dont le relief est assez visible, quand on regarde la graine par le petit côté, le raphé en avant. Celui-ci est épais, très lourd pour la minceur de la graine.

C nictitans L. (fig. 631 et 632). — Cette espèce ressemble beaucoup au *C. mimosoides* L., type, mais s'en distingue aisément : 1° par son contour à angles beaucoup plus arrondis, surtout à l'endroit où meurt le raphé ; 2° par sa pointe radiculaire beaucoup moins développée, formant au hile une indentation à peine perceptible ; 3° par son raphé beaucoup plus grêle ;

4° enfin par ses ponctuations beaucoup plus nombreuses et plus petites. Quoique l'ensemble de ces caractères soit suffisant pour éviter toute erreur entre les deux espèces, on peut y ajouter la forme de la gousse. Celle-ci est allongée, mince chez le *C. mimosoides* L., tandis qu'elle est beaucoup plus trapue chez le *C. nictitans* L. En outre, dans la première de ces deux espèces, le vestige du style forme un bec très net, recourbé en crochet, à angle droit, sur l'axe de la gousse, tandis qu'ici l'extrémité de la gousse est à peine mucronée par les vestiges du style. Enfin, tandis que les premières graines sont de couleur très foncée, presque noires, et mates, elles sont ici nettement brillantes, très foncées également, mais avec des reflets violacés.

C. obtusifolia L. (fig. 656 et 657). — Graines polyédriques très remarquables, donnant l'aspect d'un prisme clinorhombique allongé en pointe nette du côté de la radicule, tandis que la partie opposée est arrondie, obtuse. La région raphéale forme une côte nette sur l'une des arêtes du prisme. Pour expliquer la forme de ces graines, je n'aurai pas besoin de répéter ce que j'ai dit plus haut. On se reportera seulement à ce que j'ai dit à propos du *C. mimosoides* L., type, puisqu'aussi bien c'est un cas analogue. Les graines sont d'un brun-olivâtre très net, à tégument lisse et brillant. Parfois elles ont une couleur plus foncée, qui provient évidemment d'une altération du tégument par les agents atmosphériques (humidité notamment, en atmosphère confinée).

C. occidentalis L. (fig. 660 et 661). — Cette espèce offre un grand intérêt par ses applications pratiques, dont je dirai un mot plus bas. Les graines que j'ai examinées provenaient de divers établissements scientifiques, mais celles que j'ai étudiées spécialement m'étaient envoyées, en assez grande quantité, de l'Afrique occidentale française par un officier de l'infanterie coloniale (1). Les graines ont le contour ovale, avec

1. Je suis heureux de témoigner ici mon affectueuse reconnaissance à mon cousin, le capitaine Henri Braive, à cette époque à l'Etat-Major de l'A. O. F.

une ligne λ très nette, limitant une aire elliptique chagrinée, tandis que le reste du tégument est couvert de craquelures. Il n'y a pas, à proprement parler, de pointe radiculaire, mais le hile est logé dans une anfractuosité du tégument : il en résulte, sur le contour de la graine, une indentation d'un seul côté, qui crée une dyssymétrie caractéristique. Quant aux surfaces chagrinées, limitées par les lignes λ, elles sont à peu près planes, mais présenteraient plutôt, dans leur ensemble, une légère concavité, comme on peut s'en rendre compte en regardant la graine de face, le raphé en avant. Enfin, la graine, quand elle est fraîche, présente sur toute sa surface, sauf dans les régions limitées par les lignes λ, une sorte de pellicule caduque, comme une pelure d'oignon, qui lui donne un aspect caractéristique. Cette pellicule, provenant sans doute de l'endocarpe de la gousse, est si mince que les jeux de lumière auxquels elle donne lieu la font paraitre argentée par endroits. Tous les échantillons ne présentent pas ce caractère, sans doute parce que la pellicule est tombée depuis la récolte et la mise en sachet des graines. Ce qui confirme cette hypothèse, c'est que l'on trouve au fond des sachets des vestiges de ces pelures, qui s'envolent au moindre souffle. La couleur des graines est bistre un peu olivâtre, légèrement cendré. Le tégument est faiblement brillant, il semble foncé. La région limitée par la ligne λ est d'un gris cendré légèrement verdâtre, qui tranche très nettement, et comme aspect et comme couleur, sur le fond général de la graine.

Au point de vue des usages domestiques, cette graine présente un très gros intérêt ; c'est un succédané du café. Voici ce que dit à ce sujet M. E. Heckel *in* Duss, *Fl. phanér. des Ant. fr.*, p. 235, en note : « MM. Heckel et Schlagdenhauffen ont publié dans les *Archives de Médecine navale* (1886) sur cette espèce tropicale ubiquiste, un mémoire détaillé, démontrant ses propriétés fébrifuges. L'emploi de cette plante réussit mieux que la quinine dans certains cas spéciaux de fièvre rebelle. La graine,

qui m'a envoyé ou rapporté de ses tournées d'inspection dans l'Afrique occidentale un grand nombre d'échantillons utiles et intéressants.

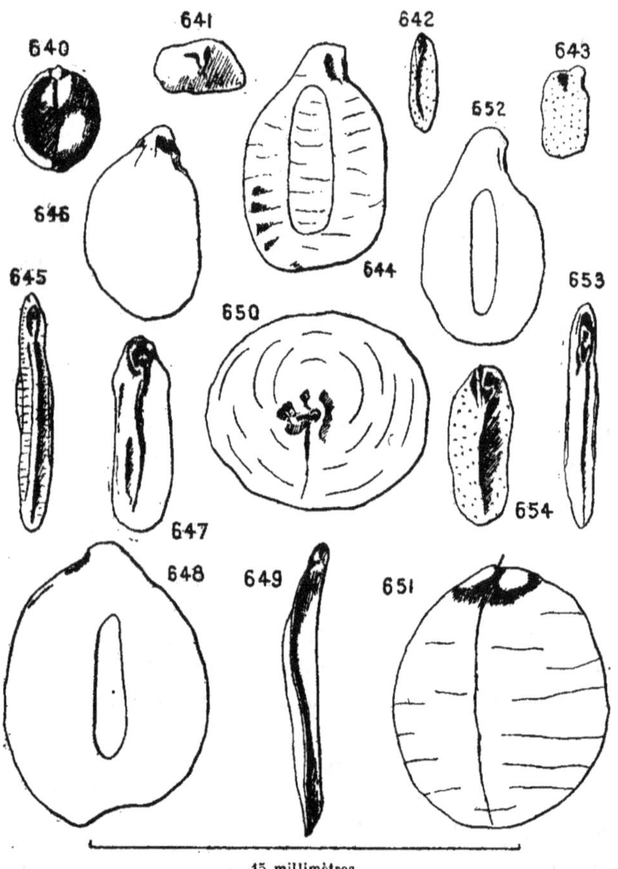

Fig. 640 et 641, *C. hirsuta* L., profil et vue d'en haut. — Fig. 642 et 643, *C. mimosoides* L., fa. *fol. angustiss.*, face et profil. — Fig. 644 et 645, *C. montana* Heyne, profil et face. — Fig. 646 et 647, *C. laevigata* Willd., profil et face. — Fig. 648 et 649, *C. florida* Vahl., profil et face. — Fig. 650 et 651, *C. Javanica* L., vue d'en haut et de face. — Fig. 652 et 653, *C. Timorensis* DC., profil et face. — Fig. 654, *C corymbosa* Lam., vue de face. [Voir figure 655 la représentation de profil de cette espèce].

sous le nom de *café nègre, cafia*, s'est introduite largement dans la consommation européenne, où elle est très demandée pour être mêlée ou substituée au vrai café ; à cet égard, elle pourrait faire l'objet d'une culture très rémunératrice dans nos Antilles françaises. Elle est couramment employée par les peuplades des côtes occidentales d'Afrique, à titre de fébrifuge, sous les noms de *m'bentamiré* ou *fedegosa* ». C'est sous le premier de ces noms que je l'ai reçue d'Afrique.

C. pilifera Vog. (fig. 658 et 659). — Jolie petite espèce, olivâtre, à tégument brillant, tout craquelé, présentant à la région hilaire un léger amincissement en pointe mousse. Hile subterminal. Raphé formant une petite côte assez nette. Epaisseur de la graine assez considérable pour sa largeur. Elle est donc un peu globuleuse. Elle ne présente pas trace de ligne λ. Cette espèce ne peut, je crois, être confondue avec aucune autre de celles que j'ai étudiées.

C. Sophora L., type (fig. 666 et 667). — A titre d'exemple, j'ai étudié ici le type et deux formes, *albescens* et *purpurea*, pour faire voir que si ces spécimens ne sont pas absolument identiques au type, ils en sont en tout cas si voisins qu'on pourra, au point de vue séminologique, les ranger toujours dans l'espèce type. La ressemblance de ces trois échantillons est à coup sûr beaucoup plus tangible que celle du *C. mimosoides* L. type avec sa forme *foliis angustissimis*, et quoique les échantillons étudiés me semblent présenter de bonnes garanties, je ne serais pas surpris qu'il y eût dans ce dernier cas une erreur de nom. Je dirai presque que j'en suis heureux, car en confirmation de ce que j'ai toujours avancé jusqu'ici, les différences morphologiques du type à cette simple forme ne me paraissent pas en rapport avec la différence d'aspect des deux plantes, qui ne diffèrent que par les feuilles. Pour en revenir au *C. Sophora* L., on verra que les graines ressemblent, à première vue, à celles du *C. occidentalis* L., mais un examen plus approfondi montre des différences notables, sur lesquelles on ne peut pas se tromper : si la couleur pour le type surtout est assez analogue, l'aspect général est très différent. En effet, tandis que le *C. occidentalis* L. a la surface générale du tégument (sauf les régions chagrinées limitées par les lignes λ) un peu brillante, ici le tégument est partout mat, dépoli, comme recouvert de cendre, donc d'aspect un peu pruineux. Sa couleur est d'un brun-olivâtre assez franc. Dans les deux variétés, la couleur est plus sombre et fortement lavée de gris. Le type et les variétés se distinguent encore du *C. occidentalis* L. : 1° par le tégument non craquelé en dehors des lignes λ, et non chagriné à l'intérieur de ces mêmes lignes ; 2° par les surfaces limitées par les lignes λ et qui sont ici assez nettement convexes, tandis qu'elles étaient plutôt concaves chez le *C. occidentalis* L.; 3° par le raphé généralement plus épais ; 4° par la région hilaire généralement en cœur. Enfin — fait qui est surtout sensible chez le type — l'atténuation en pointe radiculaire est beaucoup plus nette que chez le *C. occidentalis* L. Et, dans le type aussi, l'extrémité opposée est coupée carrément.

La distinction du type et des deux formes est beaucoup moins aisée. Il fallait s'y attendre : le contraire serait en opposition avec mes conclusions. Toutefois on peut remarquer que la pointe radiculaire est beaucoup plus accusée chez le type, où elle va jusqu'à former, dans certains individus, une petite corne. En même temps, la surface limitée par la ligne λ est nettement ovale allongée, et l'extrémité opposée du tégument est nettement tronquée. Dans les deux formes, la région hilaire fait une dépression cordiforme assez nette ; la pointe radiculaire est peu accentuée, et la surface limitée par la ligne λ est beaucoup plus arrondie que dans le type. Enfin les deux formes qui se distinguent encore du type par leur couleur beaucoup plus foncée, bistre-noirâtre, peuvent (moins aisément) se distinguer entre elles par leur taille : la forme *albescens* (fig. 627 et 628) est plus petite, moins orbiculaire que la forme *purpurea* (fig. 664 et 665). Vues de profil, la première présente un hile subterminal formant une indentation très marquée sous la pointe radiculaire assez nette. Le raphé est suivi par une ligne parallèle qui semble continuer le rebord tégumentaire encadrant la région hilaire ; la seconde, au contraire, présente un hile sub-

FIGURES 655 à 667. — CASSIA L. (*suite*)

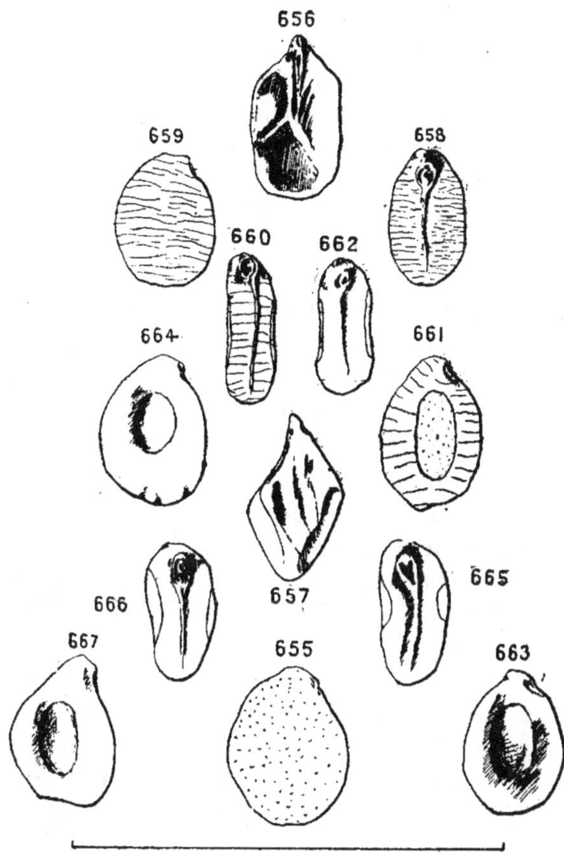

15 millimètres.

Fig. 655, *C. corymbosa* Lam., vue de profil [voir figure 654 la représentation de face de cette espèce]. — Fig. 656 et 657, *C. obtusifolia* L., face et profil. — Fig. 658 et 659, *C. pilifera* Vog., face et profil — Fig. 660 et 661, *C. occidentalis* L., face et profil. — Fig. 662 et 663, *C. bicapsularis* L., face et profil. — Fig. 664 et 665, *C. Sophora* L., f^a. *purpurea* (Auct. ?), profil et face. — Fig. 666 et 667, *C. Sophora*, L. (type), face et profil.

terminal n'indentant pas profondément la pointe radiculaire, qui se trouve de ce chef très peu apparente. En outre, il n'y a pas de ligne parasite parallèle au raphé, et prolongeant le rebord tégumentaire qui encadre la région hilo-micropylaire. Ces distinctions paraissent assez aisées en théorie et ressortent bien sur les dessins. Elles sont bien plus délicates à faire sur le vif. Il est même possible qu'on soit fort embarrassé. Cela confirmera tout ce que j'ai avancé sur la valeur spécifique des graines. On pourra rapporter un des trois échantillons à l'espèce *Sophora* L., sans difficultés, on ne pourra distinguer les variétés que d'une façon beaucoup plus difficile et avec une grande habitude de ce genre d'études.

C. Timorensis DC. (fig. 652 et 653). — C'est, comme je l'ai dit, de toutes les espèces celle qui présente, de beaucoup, la pointe radiculaire la plus accentuée, avec région hilaire sur le côté de celle-ci, et occasionnant une indentation légère qui la surplombe. A part cela, le contour de la graine est assez nettement ovale et la ligne λ y délimite un ovale très allongé, à peu près dans le plan du reste de la surface tégumentaire. La graine est extrêmement plate, le raphé forme une petite côte saillante qui descend jusqu'en bas. La couleur générale est d'un bistre assez foncé, mat, sauf dans la zone limitée par la ligne λ, où le tégument est nettement brillant.

Quoique les dessins me semblent suffisants pour déterminer les espèces que je viens de passer en revue, je crois devoir ajouter un tableau synoptique permettant, par la méthode dichotomique, d'arriver au nom de chacune des espèces étudiées.

Remarque. — Une telle étude me semble extrêmement banale dans ses conclusions, puisque chaque graine se différencie de ses voisines presque toujours avec la même sûreté qu'un pois se distingue d'un haricot ou d'une lentille ; je suis donc très surpris de voir qu'il n'en est question nulle part. Si l'on trouve parfois, ce qui est rare, la description d'une graine, elle est toujours si vague et si brève que son utilité et sa raison d'être ne me semblent aucunement justifiées, d'autant plus qu'elle n'est presque jamais accompagnée d'aucun terme de comparaison avec des espèces voisines, ni, à plus forte raison, de figures.

TABLEAU SYNOPTIQUE

1 — Graines très grosses, atteignant 15 mm. de long, fauves, lisses, aplaties, à raphé latéral (1) . . . . *Fistula*
Graines ne dépassant pas 9,5 mm. au plus, globuleuses (rarement) ou le plus souvent aplaties ou très plates 2

2 — Graines polyédriques, ayant la forme d'un prisme clinorhombique à arêtes ± arrondies. . . . . *obtusifolia*
Non 3

3 — Raphé latéral 4
Raphé dorsal 5

4 — Graines grosses, de 9 mm. de longueur environ, subglobuleuses, fauves, polies . . . . *Javanica*
Graines petites, de 4 millimètres environ, plates, à faces un peu concaves, bistre ± cendré . . . . *hirsuta*

5 — Ligne λ très apparente 6
Ligne λ absolument invisible 15

6 — Craquelures tégumentaires nettes. 7
Craquelures invisibles 10

7 — Craquelures générales 8
Craquelures localisées 9

1. On dira que le raphé est *latéral* quand il traversera la face large de la graine, et *dorsal* quand il sera sur la partie étroite la plus convexe.

8 { Pointe radiculaire très nette . . . . *montana*
  { Pointe radiculaire nulle . . . . *bacillaris*

9 { Craquelures intérieures à la ligne λ, extérieur lisse . *glauca*
  { Craquelures extérieures à la ligne λ, intérieur plus ou moins
    chagriné. . . . . *occidentalis*

10 { Graines extrêmement plates. Ligne λ limitant une aire de contour
   { très allongé. 11
   { Graines non extrêmement plates. 12

11 { Graines grandes (9 mm. environ) ± orbiculaires, à pointe radi-
   { culaire presque nulle . . . . *florida*
   { Graines plus petites, plus élancées, à pointe radiculaire extrême-
   { ment saillante . . . . *Timorensis*

12 { Graines brillantes, sauf aux surfaces limitées par les lignes λ ;
   { celles-ci légèrement concaves. . . . . . *bicapsularis*
   { Graines mates 13

13 { Surface limitée par la ligne λ, nettement ovale-allongée. Pointe
   { radiculaire nette ; couleur olivâtre cendré . *Sophora* (type)
   { Surface limitée par la ligne λ, presque circulaire ou ovale peu
   { allongé ; couleur bistre foncé 14

14 { Pointe radiculaire nette. Raphé accompagné d'une ligne paral-
   { lèle . . . . *Sophora*, fa. *albescens*
   { Pointe radiculaire très mousse ; raphé n'étant pas accompagné
   { d'une ligne parasite. . . . . . *Sophora*, fa. *purpurea*

15 { Graines olivâtres brillantes. Pointe radiculaire très mousse.
   { Tégument craquelé. Graines subglobuleuses . . *pilifera*
   { Graines plates, bistre-olivâtre, brillantes, à pointe radiculaire
   { sombre, très nette. Pas de craquelures . . . . *laevigata*
   { Graines à surface ornée de reliefs ou cavités minuscules . 16

16 { Graines bistre foncé, de contour ovale. Légers ornements en
   { relief . . . . *corymbosa*
   { Graines de contour ± losangique ou rectangulaire, à ornements
   { en creux 17

Graines roux clair, plus ou moins rectangulaires, allongées. Cavités tégumentaires très nombreuses, d'une taille extrèmement
petite . . . . *mimosoides*, fª. *fol. ang.*

Graines bistre foncé, presque noires, mates, en losange assez net.
Cavités tégumentaires assez grandes et n'étant pas très nombreuses . . . . *mimosoides* (type)

Graines bistres, à reflets violacés, un peu brillantes. Contour
moins nettement losangique que ci-dessus, à angles beaucoup
plus arrondis. Cavités tégumentaires moyennes et assez nombreuses . . . . *nictitans*

$$\text{TRIBU XIV } bis. \text{ — Kramériées}$$

Le seul genre *Krameria* L. qu'on range dans cette tribu a été distingué par R. Chodat comme type d'une famille spéciale, les Kramériacées (1). Autrefois, ce genre faisait partie de la famille des Polygalacées. C'est Taubert (Engler et Prantl, *Nat. Pfz.*) qui l'a rapproché des Cassiées. Ce genre, qui comprend environ une quinzaine d'espèces, habite l'Amérique tropicale. Son pôle s'étend du Mexique au Pérou. Je n'ai pu étudié aucune graine se rapportant à ce genre aberrant.

1. Cf. Louis Capitaine, l. c., pp. 324 et 362, et Chodat, *Arch. d. sc. phys. et nat.*, t. XXIV, nov. 1890.

La petite tribu des Bauhiniées ne compte que trois genres et 160 espèces environ. Je n'ai pu étudier que le genre

Bauhinia L.

qui comprend à lui seul la presque totalité des espèces de cette tribu. Tous ses représentants sont des plantes tropicales, comme l'indique le tableau ci-après.

L'examen de ce tableau montre que la tribu des Bauhiniées a son pôle de diversité dans le Brésil oriental. Là elle se divise en deux grands troncs, le premier remonte au Nord et, par les grandes et petites Antilles, gagne le Mexique, la Californie, la côte occidentale du Canada ; l'autre, par l'Atlantique, gagne la Guinée, le Congo, l'Angola, le Cap, d'une part, et à travers l'Afrique centrale remonte par le haut Nil jusqu'à la Méditerranée, où on trouve le *Cercis Siliquastrum* L., qui a à peu près même aire que le *Ceratonia Siliqua* L. De là, par l'Asie Mineure, on entre dans la région sud-occidentale asiatique, où deux voies s'ouvrent à cette tribu : l'Europe sud-orientale et méridionale où se répand le *Cercis Siliquastrum* L. jusqu'en Espagne, et l'Asie méridionale, par l'Arménie, la Perse, le Béloutchistan et l'Inde. Tandis que les tribus étudiées antérieurement semblaient avoir une préférence pour le voisinage des côtes, ici les Bauhiniées pénètrent nettement par l'Assam dans la Chine continentale, tandis que la presqu'île de Malacca les conduit dans l'Archipel malais et le Nord de

Répartition géographique des BAUHINIÉES

	Europe	Asie	Afrique	Amérique			Océanie
				Nord	Centre	Sud	
Totalité du continent							
Nord							
Est			2		6		
Sud	1	9	2	6			
Ouest			5	1			
Nord-Est							
Sud-Est	1	9	2		1		
Sud-Ouest		2	2	1			
Nord-Ouest							4
Centre			3			1	
Centre-Nord						6	2
Centre-Est			2			12	1
Centre-Sud			1			3	
Centre-Ouest							
Région méditerr. totale							
Région méditerr. orientale							
Région méditerr. occidentale							
Montagnes Nord							
Montagnes Est							
Montagnes Sud							
Montagnes Ouest							
Montagnes Centre	1						
Montagnes Nord-Est							
Montagnes Sud-Est	1						
Montagnes Sud-Ouest							
Montagnes Nord-Ouest							
Déserts							
Asie Mineure							

l'Australie. Le Japon et les Philippines en possèdent de nombreux représentants.

Notons que le genre *Cercis* s'avance en Europe vers le Nord jusque dans le Tyrol.

La planche XV résume les conclusions qu'on vient de tirer et permet d'apprécier la distribution géographique de la tribu.

Bauhinia L.

Quoique je n'aie à ma disposition pour l'étude de ce genre assez nombreux que les trois espèces suivantes :

B. alba Buch.
B. diphylla Buch.
B. tomentosa L.

je crois pouvoir indiquer la caractéristique du genre. Comme dans toutes les Césalpiniacées, les graines sont plates, ovales et lisses, de couleur variant du brun-rouge au bistre-olivâtre Mais ce qu'il y a de très remarquable ici, c'est l'insertion du funicule sur la graine. En effet, ce funicule est filiforme, s'épanouit sur la graine, à la région hilaire, en un petit mamelon pouvant avoir la forme (assez vague) d'un minuscule fer à cheval, dont l'ouverture est tournée du côté du micropyle, et qui est une toute petite expansion arillaire. Du côté opposé, cet arille se prolonge sur la graine, presque jusqu'à l'autre extrémité, sous forme de deux lignes très fines et saillantes, un peu membraneuses et claires, entre lesquelles le tégument subit une appréciable dépression, comme on peut s'en rendre compte sur les croquis ci-joints. On désignera ces lignes, dans ce qui va suivre, par la lettre μ.

Pour ce qui est de la distinction des trois espèces, c'est chose aisée :

LÉGUMINEUSES

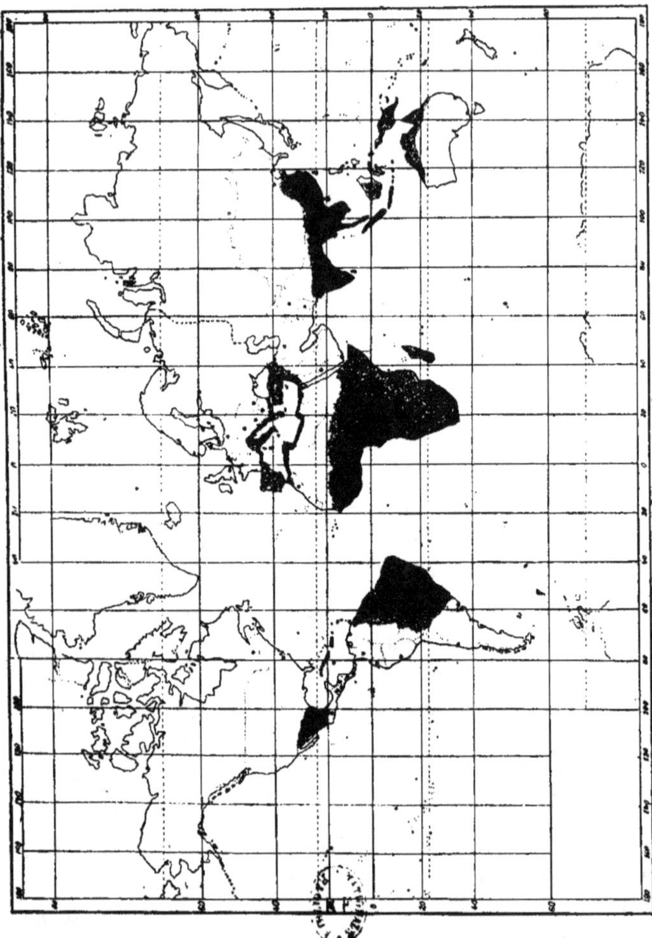

Répartition des Bauhiniées

Bertin et Cie, phot.   L. Capitaine del.

B. alba Buch. (fig. 668 et 669). — Graines assez épaisses, ovales, mais d'un contour peu régulier, la radicule formant vers la région hilaire une saillie assez sensible. Ligne μ (formée, comme je l'ai expliqué plus haut, par les prolongements de la

FIGURES 668 à 673. — BAUHINIA L.

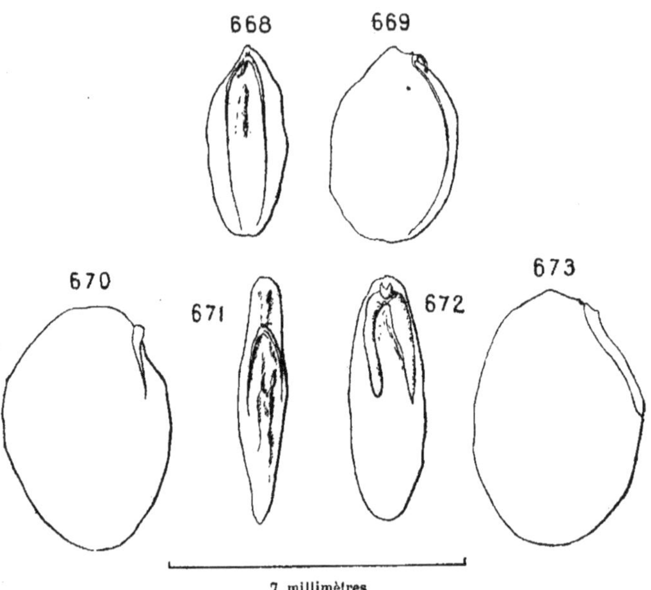

Fig. 668 et 669, *B. alba* Buch., face et profil. — Fig. 670 et 671, *B. diphylla* Buch., profil et face. — Fig. 672 et 673, *B. tomentosa* L., face et profil.

région hilaire) s'étendant presque jusqu'à l'antipode du micropyle, souvent caché par un petit mamelon blanchâtre, qui le recouvre (?) ou lui est con'igu. Couleur fauve un peu foncé. Graines brillantes ou tout au moins légèrement luisantes.

B. diphylla Buch. (fig. 670 et 671). — Graines très plates, d'un contour assez régulièrement ovale-orbiculaire, atteignant et même dépassant une dizaine de millimètres. Couleur violet-pourpre assez foncé. Ligne μ assez courte, ne dépassant guère la région déprimée qu'elle encadre et qui forme raphé. On se rendra compte, par les croquis des trois espèces qui accompagnent le texte, des caractères de chacune d'elles et des différences qu'elles présentent entre elles.

B. tomentosa L. (fig. **672** et **673**). — Graines plates, mais non très plates, fauves, lisses. Ligne μ très épaisse se révélant sous forme de deux traînées jaune parchemin, tranchant nettement sur le fond plus sombre de la graine et surtout sur la région déprimée qui est couleur chocolat foncé. Cette ligne μ forme un véritable fer à cheval allongé, d'aspect corné, dont les pointes, tournées à l'opposé de celles de l'arille proprement dit (qui est très petit) s'amincissent progressivement pour se perdre assez brusquement dans la couleur du fond.

Ces quelques détails sur la morphologie des graines de *Bauhinia* L. m'ont semblé utiles à signaler. Je ne les ai vus indiqués nulle part. Le *Pflanzenfamilien* est muet naturellement, et Duss, dans sa *Flore des Antilles*, dit seulement à propos du *B. Krugii* K. et Urb., seule espèce subspontanée à la Guadeloupe et à la Martinique : « semences... à funicule court... portant à son point d'attache à la graine un prolongement pointu » (1).

On peut dresser un petit tableau synoptique des trois espèces étudiées, qui résume leurs principales différences :

---

1. Duss, *Fl. phanérogam. des Antilles*, p. 239.

TABLEAU SYNOPTIQUE

1 $\Big\{$ Graines très plates, orbiculaires, violet-pourpre foncé. Ligne μ très courte ne dépassant pas la dépression raphéale (v. fig. 670 et 671). . . . . *diphylla*
Graines non très plates, ligne μ assez longue 2

2 $\Big\{$ Ligne μ très grêle, descendant jusqu'aux antipodes du hile en deux filets jaunes très déliés . . . . *alba*
Ligne μ très épaisse, formant fer à cheval et se perdant brusquement par deux pointes obtuses à la région raphéale (v. fig. 672 et 673) . . . . *tomentosa*

TRIBU XVI. — **Amherstiées.**

De cette tribu, qui compte environ 35 genres et 140 espèces
habitant les tropiques, je n'ai pas pu étudier aucun représentant, mais j'ai eu entre les mains quelques grosses graines
appartenant au genre

Hymenaea L.

et à l'espèce *H. Courbaril* L., ainsi que quelques-unes de

Tamarindus Indica L.

On trouvera de cette dernière espèce une assez bonne figure
(détails F et G, de la fig. 79, dans Engler et Prantl, *Nat. Pflz.*,
III, 3, 139). La carte ci-après (planche XVI) résume les résultats
que j'ai obtenus par ailleurs pour la distribution de cette tribu.

L'examen de cette carte montre que la tribu des Amherstiées a son pôle dans la région tropicale de l'Afrique occidentale,
Guinée, Gabon, Congo, Kameroun, etc. De là, elle gagne le
Brésil et toutes les régions chaudes de l'Amérique du Sud,
mais surtout la zone forestière des Amazones, le Vénézuéla
et la Guyane.

Comme la partie orientale de l'Afrique continentale en est
assez dépourvue et que le chiffre 7 que l'on voit dans le tableau
ci-dessus se rapporte surtout à Madagascar, aux Seychelles et
aux Mascareignes, il est assez légitime de penser que c'est par
la Polynésie que les Amherstiées entrent en Océanie, gagnant
de là les îles de la Sonde, Pérak, la Birmanie, l'Inde et Ceylan,

LÉGUMINEUSES

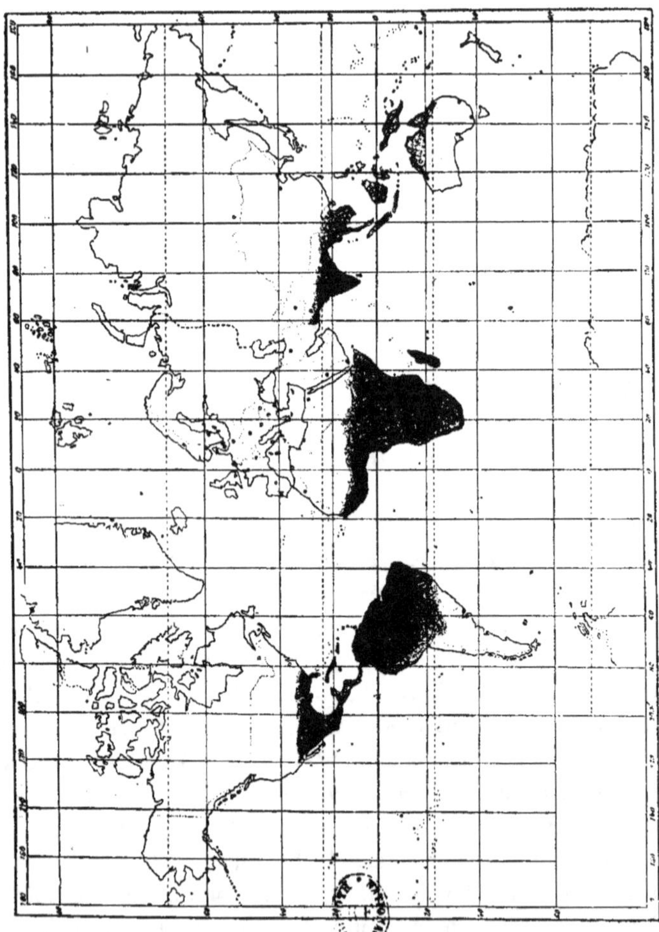

Répartition des Amherstiées

Bertin et Cie, phot.   L. Capitaine del

puis les îles précédemment citées, que j'ai ici, comme ailleurs, conventionnellement réunies à l'Afrique orientale.

Ce qu'il y a de plus intéressant à retenir, c'est d'une part la confirmation nouvelle de ce qu'on a déjà vu fréquemment, à savoir que la région chaude de l'Afrique occidentale constitue, avec le Brésil, une zone phytogéographique bien nette, et d'autre part, la présence des Amherstiées dans la Polynésie, peu souvent citée dans ce travail sur les Légumineuses. Il n'en faut pas conclure, je crois, à la pauvreté de ces régions en autres tribus, mais seulement, comme je l'ai déjà fait supposer, à l'absence de renseignements, les collecteurs qui visitent ces îles étant en somme assez peu nombreux. Quant aux herbiers qui contiennent des plantes de ces pays, ils sont souvent hors de notre portée et difficiles à consulter. C'est ainsi par exemple que j'ai constaté la richesse toute spéciale, ce qui n'est pas pour surprendre, de l'herbier de Buitenzorg (Java) en plantes de Bornéo, de Célèbes et d'Amboine, plantes souvent récoltées par des collecteurs locaux.

TRIBU XVII. — **Cynométrées.**

Je n'ai pu étudier aucun genre appartenant à cette tribu. Je me contenterai donc de donner ci-après la carte obtenue par ailleurs, en indiquant la distribution de la tribu.

L'examen de cette carte (planche XVII) montre que la tribu des Cynométrées, tout entière intertropicale, a son pôle dans l'Ouest africain depuis le Congo jusqu'à la République de Libéria. Ce pôle s'étend au Brésil, et c'est surtout la région nord-orientale de cet Etat qui en possède le plus ; par conséquent, je trouve encore là une remarquable confirmation de ce que je disais plus haut, relativement à la corrélation qui existe entre ces deux régions, de climats cependant si dissemblables. Dans l'Amérique tropicale, la tribu des Cynométrées s'évanouit presque aussitôt ; on ne rencontre plus de représentants que de loin en loin, à Panama, à la Jamaïque, à Porto-Rico, au Vénézuéla, avec la région des Amazones et la Guyane.

Au contraire, on retrouve quelques Cynométrées à Madagascar, mais de là il faut aller dans les basses Indes, la presqu'île de Malacca et l'Archipel malais pour en rencontrer d'autres ; cette tribu semble s'arrêter à la Nouvelle-Guinée, au territoire de l'Empereur Guillaume.

Il n'y a pas de rapport bien net entre les deux pôles indo-malais-malgache et congo-brésilien ci-dessus mentionnés, mais il semble plus légitime de chercher un lien entre eux par l'Afrique centrale, car la région des lacs en possède encore quelques représentants.

Un récent travail, publié dans *La Géographie* (XXV, n° 3, 15 mars 1912) par M. de Gironcourt, étudie le sommet de la boucle

LÉGUMINEUSES

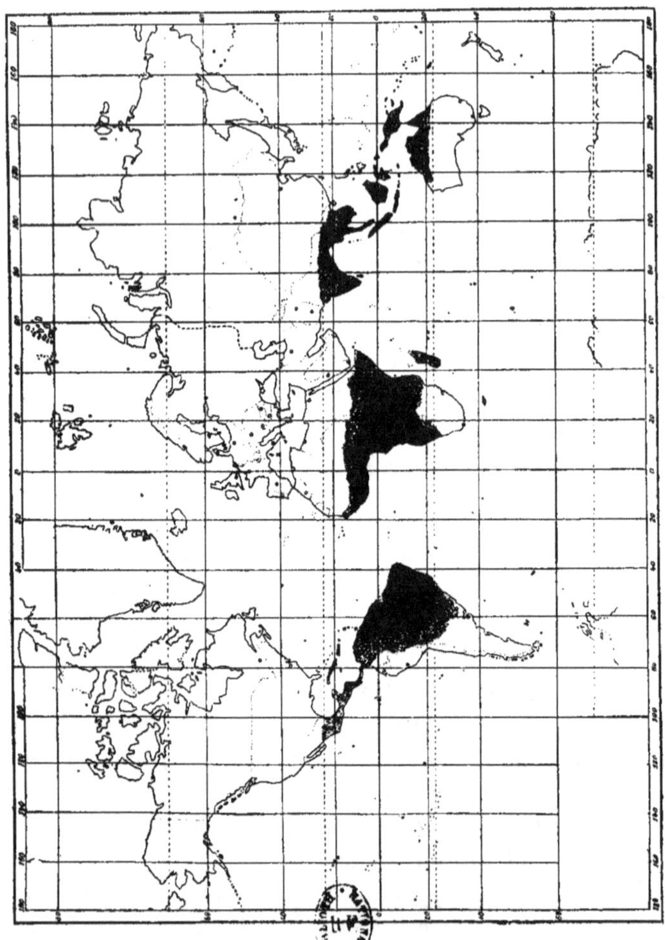

Répartition des Cynométrées

L. Capitaine del.

du Niger au point de vue physique et botanique. Comme l'auteur reproduit quelques photographies documentaires et cite un assez grand nombre de Légumineuses, on consultera son mémoire avec fruit, et on notera en particulier que ses recherches apportent une intéressante précision aux tableaux et aux cartes phytogéographiques que je donne ici. On pourra notamment remarquer, en comparant la très bonne carte dont il accompagne son texte à celles que l'on trouve ici, que souvent j'ai assigné aux diverses tribus, dans l'Afrique tropicale, des limites septentrionales qui restent trop voisines de l'Équateur. On peut dire que la plupart des tribus représentées dans l'Afrique équatoriale remontent au Nord jusqu'au sommet de la boucle du Niger. Mais c'est là un détail sans grande importance, si l'on se souvient de la part d'approximation que j'ai toujours voulu garder pour mes études statistiques.

TRIBU XVIII. — Dimorphandrées.

Cette petite tribu ne comprend que cinq genres et une vingtaine d'espèces, qui sont réparties sur le Brésil et l'Afrique
occidentale. Cette région congo-brésilienne est, comme on le
voit ici une fois de plus, toujours privilégiée pour les Légumineuses, et aussi pour beaucoup d'autres familles.

Je n'ai pu étudier aucune graine se rapportant à cette tribu :
les quelques échantillons que j'avais me semblaient douteux,
j'ai dù les rejeter.

FAMILLE III

MIMOSACÉES

———

TRIBU XIX. — Parkiées.

Cette tribu ne compte que deux genres et une vingtaine d'espèces habitant le Brésil septentrional et une partie de l'Amérique australe (Nicaragua) ; son pôle est l'Amérique du Sud tropicale.

Je n'ai pu étudier aucune graine se rapportant à cette tribu,

TRIBU XX. — Adénanthérées.

La tribu des Adénanthérées comprend environ vingt genres
et **120** espèces toutes tropicales, ainsi qu'en témoigne la planche XVIII. Je n'ai pu me procurer aucun représentant de cette
tribu, et je me contente de mettre sous les yeux du lecteur la
carte qui indique l'allure de sa répartition géographique.

L'examen de la carte (planche XVIII) montre que la tribu
des Adénanthérées a son pôle dans le Brésil et l'Ouest africain. C'est là un résultat auquel on est habitué et sur lequel
je ne vois plus d'intérêt à insister. Dans l'Amérique du Sud,
toutefois, il y a lieu de remarquer que les Adénanthérées descendent fort avant dans la République Argentine et la Cordillère
des Andes, où leur port est caractéristique des régions sèches.
Ces plantes, en effet, par réduction du nombre des feuilles et
de la surface foliaire, par épaississement de la tige qui devient
charnue, prennent le port « plante grasse » spécial aux xérophiles. Si elles descendent vers le Sud, elles remontent très peu
vers le Nord. Il faut ici encore remarquer que l'on fait mention
d'Adénanthérées au Mexique, tandis qu'on n'en cite pas pour
l'Amérique centrale. Il y a là une lacune facile à combler par
interpolation, car il est a priori difficile d'admettre qu'on
trouve des représentants de cette tribu dans le Nord de l'Amérique du Sud, dans le Sud de l'Amérique du Nord et nullement
dans l'Amérique centrale. Ce résultat surprenant tient évidemment à une lacune dans les observations des botanistes.

En Afrique, les Adénanthérées, bien représentées dans l'Ouest,
au Gabon, au Congo, pénètrent par le centre et la région des

LÉGUMINEUSES

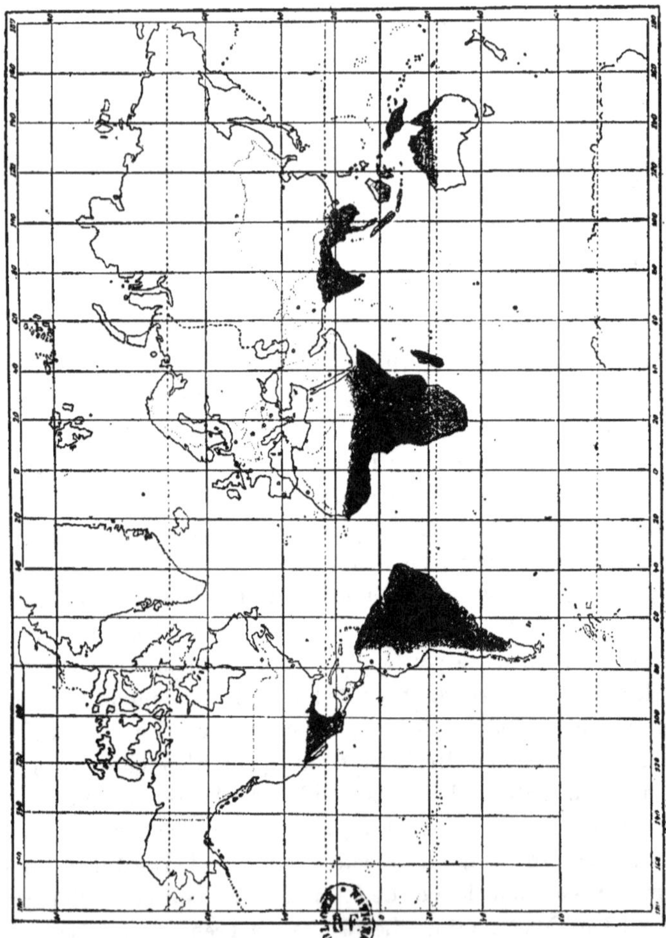

lac
cai
cai
ha
la
Or
gé
Ce
tr

lacs jusqu'à l'Est. On les rencontre là sur la côte de l'Est africain et du Mozambique, et dans les îles malgaches (Madagascar, Réunion, Maurice). Elles remontent vers le Nord jusqu'au
haut Nil et pénètrent en Asie par la Perse, pour se répandre de
là dans l'Inde, la Birmanie, la Cochinchine et l'Archipel malais.
On les retrouve dans la Nouvelle-Guinée et l'Australie.

On voit ici une remarquable continuité dans la répartition
géographique, depuis le Brésil jusqu'à l'Australie par l'Afrique.
Cette tribu, sauf dans l'Amérique du Sud, ne dépasse pas les
tropiques.

TRIBU XXI. — Eumimosées.

La tribu des Eumimosées ne comprend que cinq genres avec
325 espèces environ. Le genre *Mimosa* L. à lui seul en compte
près de 300. J'ai pu étudier deux de ces genres :

Mimosa L.
Desmanthus WILLD.

tous deux composés d'espèces tropicales, comme l'indique le
tableau statistique ci-après.

L'examen de ce tableau montre que la tribu des Eumimosées
a son pôle dans le centre du Brésil, en se diffusant vers le Nord-
Est et le Nord. Elle passe à l'Amérique centrale par la Colombie,
et de là s'étale sur le Mexique et plus généralement sur tout
le Sud de l'Amérique du Nord. Il est fort remarquable qu'ici, il
n'y a pas de rapport entre la région brésilienne et l'Ouest
africain. Car si on rencontre une grande abondance d'Eumimosées et surtout de *Mimosa* au Brésil, c'est à peine si l'on peut en
citer de rares représentants dans l'Afrique occidentale.

On pourra dire seulement que la tribu admet pour pôle
l'Amérique du Sud, car l'Asie tropicale en est aussi fort
dépourvue.

La planche XIX résume les conclusions qu'on vient de formuler et renseigne sur la distribution géographique de la tribu.

LÉGUMINEUSES

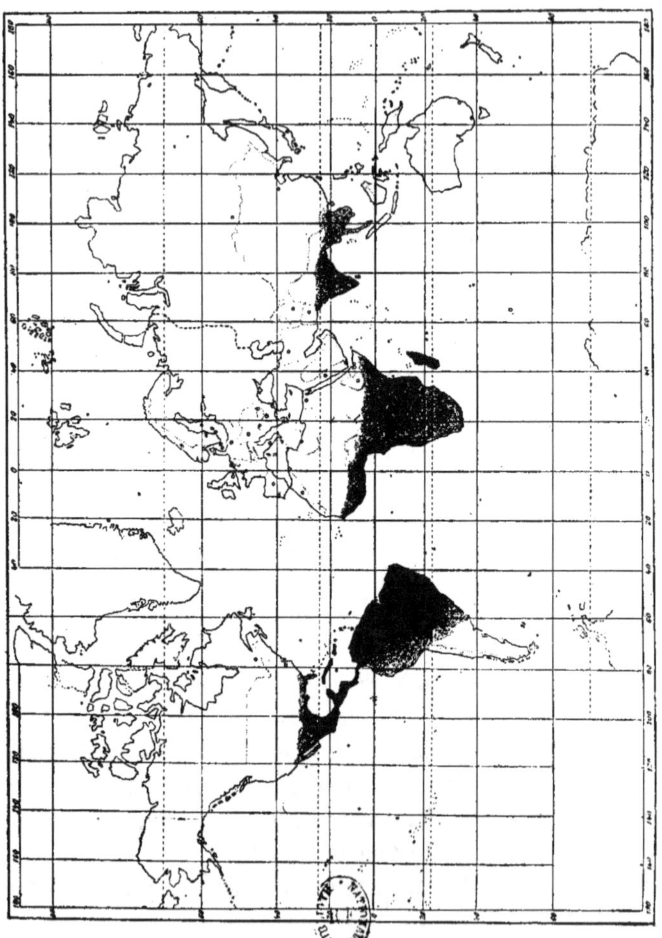

Répartition géographique des EUMIMOSÉES

	Europe	Asie	Afrique	Amérique			Océanie
				Nord	Centre	Sud	
Totalité du Continent					33		1
Nord						38	
Est			5		1		1
Sud		4	1	35		2	
Ouest			3			1	
Nord-Est						125	
Sud-Est		2					
Sud-Ouest				1	2		
Nord Ouest						3	
Centre			3			157	
Centre-Nord						8	
Centre-Est						2	
Centre-Sud						35	
Centre-Ouest						1	
Région méditerr. totale							
Région méditerr. orientale							
Région méditerr. occidentale							
Montagnes Nord							
Montagnes Est							
Montagnes Sud							
Montagnes Ouest							
Montagnes Centre							
Montagnes Nord-Est							
Montagnes Sud-Est							
Montagnes Sud-Ouest							
Montagnes Nord-Ouest							
Déserts							
Asie Mineure							

Mimosa L.

Le genre *Mimosa* L. ne compte pas moins de 300 espèces toutes tropicales. Je n'ai pu en étudier que deux :

M. acanthocarpa Poir.
M. pudica L.

M. acanthocarpa Poir. (fig. 674 et 675).— Graines petites, ne dépassant pas 4 millimètres de longueur environ, ovales, très plates, mais à surface irrégulière et gauche, ainsi qu'en témoigne la figure 675. Au hile reste adhérent un morceau du funicule qui le plus souvent est bizarrement contourné en une forme plus ou moins complexe. La graine est amincie sur tout son pourtour en une sorte de rebord, plus ou moins nettement limité par une dépression formant ligne concave. Sur les faces ventrales, au contraire, se voient deux fortes bosses au milieu desquelles, le plus souvent, un relief particulièrement développé est indiqué par une bande en fer à cheval.

M. pudica L. (fig. 676 et 677). — Graines petites, ne dépassant pas 3 millimètres de longueur environ, orbiculaires, très plates, ressemblant à de minuscules lentilles dont les faces convexes seraient irrégulières. Tégument lisse, peu brillant, douci, de couleur brun-olivâtre ou jaune d'ocre. Les faces ventrales de cette graine toujours plus ou moins gauches sont très bombées, mais le bombement cesse brusquement le long d'une ligne fictive en fer à cheval très ouvert, et le pourtour de la graine forme un rebord assez mince. L'échancrure ombilicale est peu accentuée, mais ici, comme chez l'espèce précédente, et comme chez un grand nombre de Césalpiniacées et de Mimosacées, il faut se garder de conclure trop vite, lorsqu'on étudie la région hilo-micropylaire ; presque toujours on trouve au-dessous du hile proprement dit, du côté du raphé, une tache souvent déprimée, qu'on prendrait d'abord pour la tache hiloïde elle-même. Lorsque le hile est encore adhérant, il n'y a pas de doute, lorsqu'il est bombé on se trouve fort embarrassé, car le hile est le plus souvent très réduit comme taille. Il en résulte

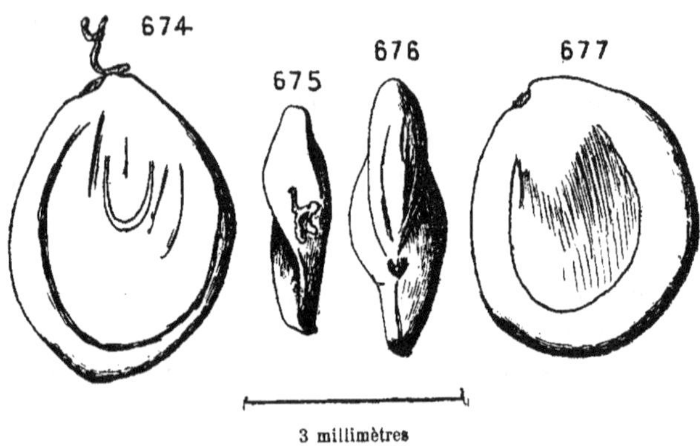

Fig. 674 et 675, *M. acanthocarpa* Poir., vue de profil et d'en haut. — Fig. 676 et 677, *M. pudica* L., vue d'en haut et de profil.

qu'on prend volontiers la tache en question pour le hile, et le hile véritable pour le micropyle. Cette erreur est si aisée à commettre qu'il m'a semblé intéressant de signaler le fait, surtout lorsque les graines sont petites, comme celles des *Mimosa* et offrent à considérer une région hilo-micropylaire des plus exiguës.

Desmanthus WILLD.

Le genre *Desmanthus* WILLD. était assez pauvrement représenté dans ma collection par trois espèces seulement :

D. *diffusus* WILLD.
D. *strictus* BERTOL.
D. *virgatus* WILLD.

mais la forme des graines est assez remarquable pour que j'aie
jugé utile d'en donner quand même la description et le dessin.
Le contour de la graine, vue de profil, donne l'idée d'un losange
un peu bombé, à la façon d'un oreiller. L'aspect de ces trois
espèces est assez sensiblement le même, mais on peut cependant les distinguer avec un peu d'attention. On trouve dans
d'autres genres des échantillons ressemblant un peu à ceux-ci,
mais il n'y a pas d'erreur possible quand on introduit ici la
notion de géographie botanique : le genre *Desmanthus* WILLD.,
en effet, ne comprend guère qu'une dizaine d'espèces habitant
l'Amérique du Nord subtropicale, et poussant jusqu'à Madagascar une pointe légère avec le *D. virgatus* WILLD. Quand on
regarde les graines de profil, c'est-à-dire les faces latérales vues
de face, on y aperçoit très aisément une ligne λ (comme on
en a déjà vu ailleurs) qui limite une aire assez nettement
ovale, dont le grand axe coïncide avec la grande diagonale du
losange. La région hilo-micropylaire est ici extrêmement dissi-
mulée, elle n'est visible qu'avec le secours d'une forte loupe,
mais complètement imperceptible à l'œil nu. Sur les dessins
que je donne, dessins exécutés à la chambre claire, avec autant
de soin que possible, et une amplification de sept diamètres
environ, on ne perçoit la région hilo-micropylaire, sur la vue
de profil, que comme une minuscule indentation. On fera bien,
si l'on a de semblables graines à étudier, de commencer par les
dessiner, pour obtenir des croquis analogues à ceux que je
donne ici : alors et alors seulement, la comparaison sera aisée.

Cela posé, j'examinerai chaque espèce en particulier et résumerai mes conclusions sous forme de tableau.

D. diffusus Willd. (fig. 680 et 681). — Graines fauve foncé, presque brun-rouge, lisses, un peu brillantes. Ligne λ se détachant en brun-rouge très foncé et très visible à l'œil. Quelques-

FIGURES 678 à 683. — DESMANTHUS Willd.

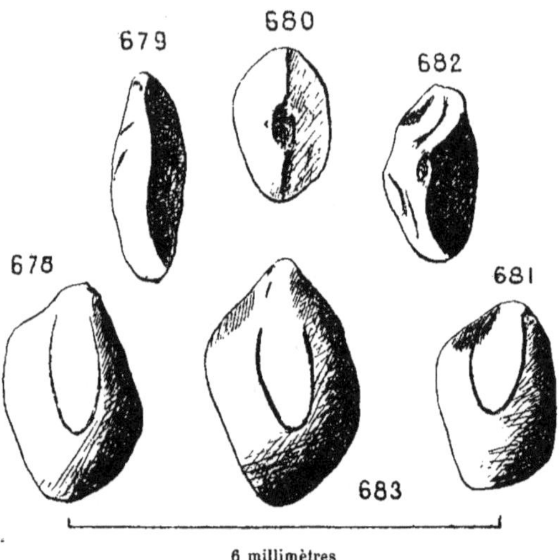

Fig. 678 et 679, *D. virgatus* Willd., profil et face. — Fig. 680 et 681, *D. diffusus* Willd., vue d'en haut et de profil. — Fig. 682 et 683, *D. strictus* Bertol., vue d'en haut et de profil.

unes de ces graines paraissent beiges et offrent un aspect spongieux. Cela tient à ce que le tégument est recouvert d'une sorte de pulpe, séchée, empruntée à l'intérieur de la gousse. Cette espèce de tomentum est d'ailleurs caduc et disparaît quand on roule la graine entre les doigts.

D. strictus BERTOL. (fig. 682 et 683). -- Graines sensiblement plus grandes, dépassant 3 millimètres de longueur, tandis que la précédente n'atteignait jamais plus de 2,7 millimètres, plus nettement losangique : la précédente avait un peu le contour en parallélogramme. A part cela, la couleur, l'aspect, et la ligne λ aussi, sont très sensiblement les mêmes. Une autre différence avec les deux autres espèces consiste dans l'aspect de la graine vue de face. Le **D. diffusus** WILLD. est globuleux, le **D. virgatus** WILLD. est aplati ; ici la graine est diversement bosselée et très irrégulière.

D. virgatus WILLD. (fig. 678 et 679). — Graines de même couleur et de même aspect que les précédentes, de contour à peu près en parallélogramme, non nettement losangique, ne dépassant pas 3 millimètres dans sa plus grande longueur, assez plates.

Les descriptions qui précèdent permettent de faire un tableau résumant aisément les caractéristiques de chaque espèce :

TABLEAU SYNOPTIQUE

1 　Graines assez grandes, losangiques, dépassant 3 millimètres de longueur, irrégulières, de face. . . . . *strictus*
　Graines en parallélogramme ne dépassant pas 3 mm . . 2

2 　Graines globuleuses (vues de face). . . . . . . *diffusus*
　Graines plates (vues de face) . . . . *virgatus*

Remarque. — Il faut signaler qu'ici la ligne λ offre l'aspect d'un petit sillon, très nettement excavé, comme gravé en creux. D'autre part, pour se faire une idée de la forme et de l'aspect de la graine, le seul examen à la loupe me paraît susceptible de provoquer des erreurs. Il sera préférable, comme je l'ai dit plus haut, de dessiner la graine à la chambre claire, de face et de profil, afin de comparer le dessin obtenu avec celui que je donne ici.

TRIBU XXII. — Acaciées.

Dans cette tribu se place l'unique genre

Acacia (Willd.) L.

qui ne compte pas moins de 450 espèces, répandues dans les régions tropicales et subtropicales des deux hémisphères. Le tableau statistique ci-après résume sa distribution géographique et montre qu'il a son pôle de diversité dans la région sud-occidentale de l'Australie, que j'ai conventionnellement fait rentrer dans le centre-ouest de l'Océanie pour la commodité du tableau. C'est d'ailleurs l'Australie tout entière qui est le véritable pôle du genre *Acacia*, et comme on n'en rencontre pas dans l'Archipel malais, il est singulièrement difficile de rattacher ce pôle aux autres pays où on retrouve des Acacia.

Toutefois, comme il est fait mention d'une ou de quelques espèces dans les îles extrême-orientales de l'Océanie et que d'autre part on retrouve des *Acacia* au Mexique, on peut admettre, dans une certaine mesure, que c'est par là que se fait la liaison. Quoi qu'il en soit, le Mexique apparaît comme second pôle ; le genre *Acacia* (Willd.) L. se répand un peu dans l'Amérique centrale, mais ne descend guère dans l'Amérique du Sud. Les espèces américaines semblent donc isolées du reste du monde puisqu'on ne trouve pas non plus de lien vers l'Afrique occidentale.

On se trouve donc encore en présence d'un troisième pôle, constitué par l'Afrique et l'Asie. Il y a ici une liaison assez

Répartition géographique du genre ACACIA (Willd.) L.

	Europe	Asie	Afrique	Amérique Nord	Amérique Centre	Amérique Sud	Océanie
Totalité du Continent					6		
Nord						4	
Est			8				1
Sud		7	4	9		1	
Ouest			6				
Nord-Est			3			1	
Sud-Est		3	1				
Sud-Ouest		3	1				
Nord-Ouest							
Centre			5			1	2
Centre-Nord						2	7
Centre-Est						1	13
Centre-Sud		3		1		2	12
Centre-Ouest							29
Région méditerr. totale							
Région méditerr. orientale							
Région méditerr. occidentale							
Montagnes Nord							
Montagnes Est							
Montagnes Sud							
Montagnes Ouest							
Montagnes Centre							
Montagnes Nord-Est							
Montagnes Sud-Est							
Montagnes Sud-Ouest							
Montagnes Nord-Ouest							
Déserts							
Asie Mineure							

LÉGUMINEUSES

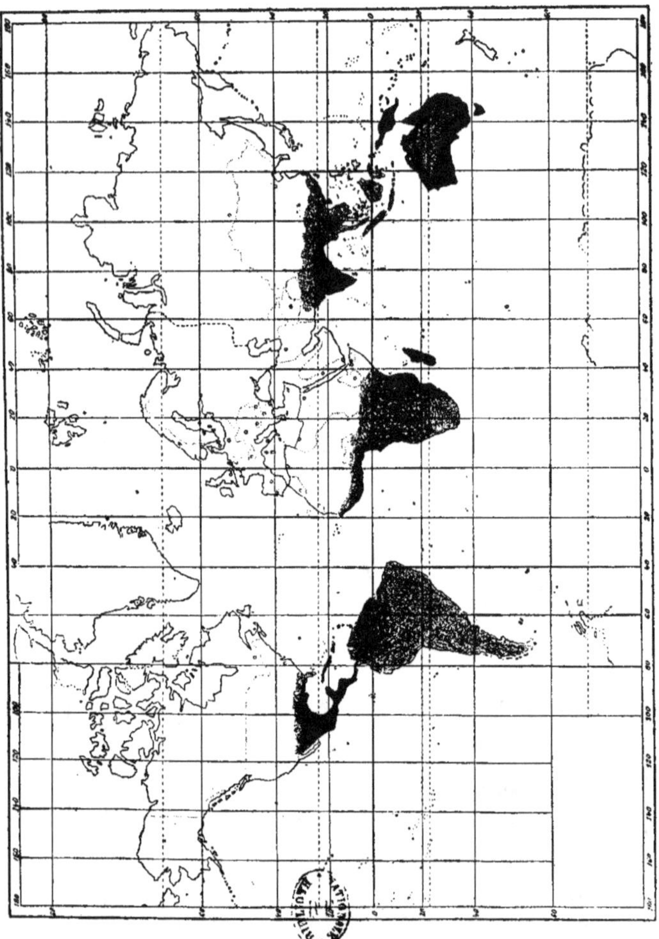

Répartition du genre Acacia WILLD

étroite par l'Abyssinie, le haut Nil, l'Asie sud-occidentale, entre les régions tropicales de l'Afrique et les Indes orientales.

La planche XX résume cette curieuse distribution du genre *Acacia* (WILLD.) L. et permet de se rendre compte de sa répartition géographique. Il est fort remarquable de voir combien elle est différente de celle du genre *Mimosa* L. (ou de la tribu des *Eumimosées*, tout entière régie par ce genre important) et pourtant ces deux genres se ressemblent à plus d'un titre et ne diffèrent guère que par le nombre des étamines. Les *Acacia* sont susceptibles, pour la plupart, de s'adapter au climat de la région méditerranéenne, et les départements de la Provence en possèdent un grand nombre, qui ne semblent pas réclamer de soins trop assidus. D'ailleurs, le commerce considérable que l'on fait de leurs rameaux fleuris (forcés en serre) prouve surabondamment que ces plantes sont d'une culture facile dans la zone méditerranéenne. Il y a lieu de rapprocher ce fait de celui des *Eucalyptus*. On sait, en effet, avec quelle facilité ces beaux arbres, si pittoresques, s'acclimatent dans notre Midi, et on sait par ailleurs qu'ils ont pour patrie surtout l'Australie où de récentes études ont montré la grande diversité de leurs espèces. D'ailleurs, cela n'est pas pour surprendre si l'on songe que les *Acacia* sont, en Australie, surtout abondants dans la région sud-occidentale et méridionale, c'est-à-dire dans celle où le climat se rapproche le plus ou s'éloigne le moins de celui de la Méditerranée, puisque c'est, de l'Australie, la zone extratropicale.

Quoiqu'il me soit passé entre les mains un grand nombre d'espèces, je n'ai pas pu les étudier. Mais j'ai conservé de leur examen un souvenir assez précis pour pouvoir dire que ce sont des graines généralement ovales-allongées, brunes, à tégument lisse et brillant. Le caractère très curieux qu'elles présentent est de posséder un funicule marcescent très allongé, qui fait jusqu'à quatre fois le tour de la graine et lui confère un facies des plus remarquables. Le funicule, filiforme, est de couleur parchemin ou vieil ivoire, très élastique. La région ombilicale est très peu échancrée, mais possède, au-dessous de l'insertion du funicule, du côté du raphé, une plage légèrement creusée qu'on pourrait parfois prendre pour un hile, au cas où le funicule serait tombé, et dans ce cas le véritable hile, toujours petit, pourrait être pris pour le micropyle. C'est là un phénomène à l'apparence duquel je me suis plus d'une fois laissé prendre et contre lequel il faut être en garde (1).

1. On consultera avec fruit la récente étude phytogéographique publiée dans *La Géographie* (XXV, n° 3, 15 mars 1912) par M. de Gironcourt. On verra que le genre *Acacia* (WILLD.) L. remonte dans l'Afrique tropicale, jusqu'au sommet de la boucle du Niger. Une grande carte très détaillée de la région étudiée (1/500.000e) accompagne le texte.

TRIBU XXIII. — Ingées.

Cette tribu qui comprend une dizaine de genres et 430 espèces environ ne m'a fourni que quelques espèces des genres suivants à étudier :

Albizzia Durazz.
Pithecolobium Mart.

tous deux assez importants. Le premier compte une cinquantaine d'espèces, le second 110 environ, toutes tropicales, comme tous les représentants de la tribu, d'ailleurs. Le tableau statistique ci-après renseigne sur l'allure de la distribution géographique de la tribu.

Ce tableau montre que la tribu des Ingées a son pôle dans le Nord de l'Amérique du Sud ; elle s'étale de là sur tout le Brésil, mais particulièrement dans la région des Amazones et le Nord-Est. Il y a là une grande continuité dans toute la zone tropicale de l'Amérique, surtout vers le Nord dans les Antilles et le Sud de l'Amérique du Nord. Il faut noter que les îles de l'Amérique centrale, y compris l'archipel des Bahamas, sont plus riches en Ingées que le continent, c'est donc plutôt par la Floride que cette tribu entre dans l'Amérique du Nord ; elle se diffuse ensuite dans le Mexique et remonte jusqu'au Texas occidental.

Les Ingées traversent l'Atlantique de Pernambouc à Dakar et recouvrent toute la région tropicale de l'Afrique, au Sud du Sahara ; elles descendent ensuite jusqu'au Cap, où on en trouve d'ailleurs assez peu. Par la côte orientale et Madagascar, elles gagnent l'Asie tropicale où elles offrent une assez grande con-

Répartition géographique des INGÉES

	Europe	Asie	Afrique	Amérique			Océanie
				Nord	Centre	Sud	
Totalité du Continent					6		
Nord					2	40	
Est			10		11		
Sud		19	2	7			
Ouest			9		2		
Nord-Est					1	21	
Sud-Est		10		1			
Sud-Ouest					1		
Nord-Ouest						4	10
Centre			9			20	
Centre-Nord						33	7
Centre-Est						9	2
Centre-Sud		3		1		1	
Centre-Ouest				1		2	2
Région méditerr. totale							
Région méditerr. orientale							
Région méditerr. occidentale							
Montagnes Nord							
Montagnes Est							
Montagnes Sud							
Montagnes Ouest							
Montagnes Centre							
Montagnes Nord-Est							
Montagnes Sud-Est							
Montagnes Sud-Ouest							
Montagnes Nord-Ouest							
Déserts							
Asie Mineure							

LÉGUMINEUSES

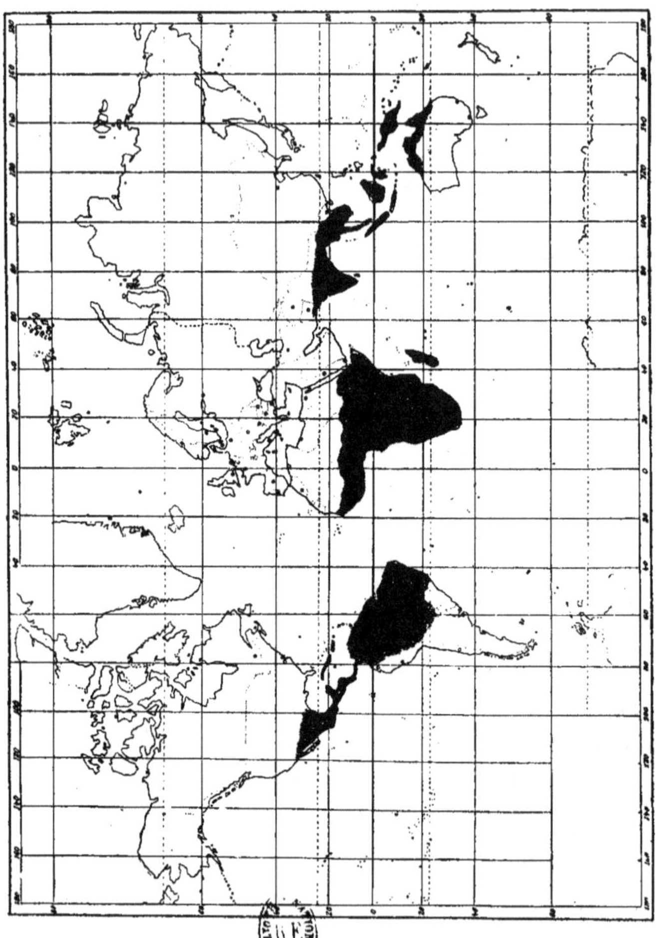

Bertin et Cie, phot.   L. Capitaine del.

tinuité dans l'Inde, la Birmanie, Malacca, Pérak et la Malaisie.
On en trouve en effet à Sumatra, à Java, dans la Nouvelle-
Guinée et l'Australie tropicale, jusqu'à la Nouvelle-Calédonie,
d'une part, et d'autre part dans les Philippines, à Bornéo et à
Célèbes. Cette seconde branche forme une ligne droite, de la
Nouvelle-Calédonie à la Chine sud-orientale.

En résumé, la répartition géographique des Ingées est une
des plus continues qu'on ait rencontrées au cours de cette étude,
et la planche XXI permet d'apprécier d'un seul coup d'œil les
conclusions que je viens de formuler.

Albizzia Durazz.

Les espèces dont je disposais, de provenances diverses et
abondamment représentées dans ma collection, étaient les suivantes :

> A. *Julibrissin* Dur.
> A. *Lebbek* Bth.
> A. *lophantha* Bth.
> A. *montana* Bth.
> A. *procera* Bth.
> A. *saponaria* Bl.
> A. *stipulata* Boiv.

Leur distinction est très aisée. A. *lophantha* Bth. (fig. 685), le
plus connu et le plus répandu de tous les représentants de ce
genre, se distingue facilement des autres. Les graines sont
ovoïdes, roulant très facilement, et de couleur violet-pourpre
presque noir. La surface de la graine est très finement ponctuée
de petits trous ronds, si minimes qu'à l'œil nu la graine semble lisse. Au binoculaire elle présente un aspect chagriné, assez
régulier, mais on peut pourtant observer à la surface quelques
vagues ondulations. Cette graine, comme toutes les autres du

même genre et comme beaucoup de Légumineuses autres que
les Papilionacées, présente de chaque côté deux lignes ovales,
suivant à peu près le contour de la graine, et offrant l'aspect
d'une suture, comme si un couvercle fermait de chaque côté
le tégument. J'ai essayé de disséquer une de ces graines. La

FIGURES 684 et 685. — ALBIZZIA Durazz.

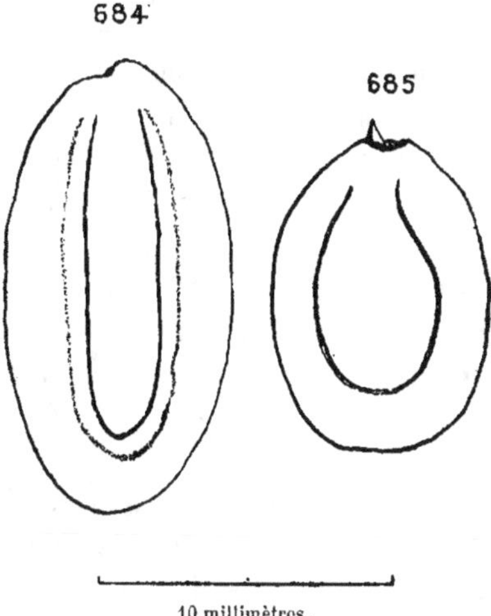

Fig. 684, *A. saponaria* Bl. — Fig. 685, *A. lophantha* Brn. [Ces deux
espèces sont vues de profil. Sur la figure 684, la ligne ombrée limite la
dépression où se trouve la ligne λ].

dureté du tégument est telle qu'après un long séjour dans l'eau,
il n'avait subi aucune modification. Un séjour prolongé dans
l'eau bouillante a aussi été sans effet. D'autre part, la taille de
la graine se prête difficilement à une dissection au canif, seul
moyen cependant que j'aie pu employer. Le tégument est
extrêmement épais et osseux. Les deux lignes de suture précitées ne correspondent à rien de visible dans l'intérieur de la

graine. Il pourrait se faire que, étant donnée l'extrême dureté de ce tégument, ce soient là des lignes de moindre résistance, le long desquelles éclate le tégument lors de la germination.

Il n'était pas inutile de faire mention de cette particularité, car on va voir que la forme de cette ligne de suture, à la surface du tégument, permet de distinguer avec la plus grande aisance l'*A. stipulata* Boiv. (fig. 636). En effet, tandis que chez toutes les autres espèces, cette ligne, de contour à peu près ovale, suit le bord de la graine, pour se perdre du côté du micropyle, chez cette espèce, au contraire, elle affecte, comme l'indique mon dessin, une forme plus ou moins triangulaire : elle est alors très courte et n'atteint guère que le quart ou le tiers de la longueur totale de la graine. C'est là un caractère extrêmement net, d'où résulte une intéressante différence.

Une troisième espèce qui se distingue aussi au premier coup d'œil est l'*A. procera* Bth. (fig. 689). La graine, fauve, lisse, ovale, est en effet bordée tout autour par un léger relief, donnant l'illusion d'un cordonnet qui entourerait la graine. C'est un épaississement du tégument, qui n'existe que chez cette espèce.

Les quatre autres représentants du genre que j'ai pu étudier sont aussi remarquables par un ensemble de caractères. Leurs graines sont fauves, lisses, osseuses. Chez *A. Lebbek* Bth. (fig. 690) elles sont très grosses, atteignant 11 ou 12 millimètres de long, sur 8 à 9 de large. Elles sont presque discoïdes, déprimées au centre. La dépression est limitée par la ligne dont j'ai parlé plus haut. Ces graines, les plus grosses, les plus circulaires de toutes, sont faciles à reconnaître.

Les graines de *A. saponaria* Bl. (fig. 684) sont remarquables par leur excentricité : leur largeur est à leur longueur (qui atteint 10 mm.), à peu près comme 1 est à 3, au moins. Elles sont, en outre, d'un brun-rouge assez ardent, et la ligne dont j'ai parlé est extrêmement nette. Elle se détache sur le reste de la graine en relief, et elle est d'une couleur grisâtre qui tranche sur le fond.

Les deux autres espèces sont plus petites, ovales ; elles ne

dépassent pas 8 millimètres de longueur. La plus petite des
deux, *A. Julibrissin* Dur. (fig. 688) a des graines lisses, doucies,
fauve-olivâtre avec un sinus micropylaire entre deux émergences

FIGURES 686 à 690. — ALBIZZIA Durazz. *(suite)*

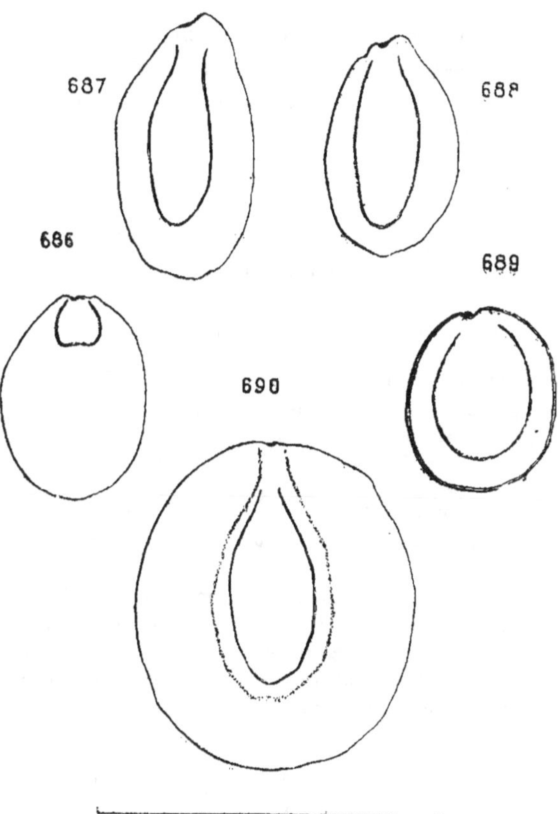

Fig. 686, *A. stipulata* Boiv. — Fig. 687, *A. montana* Brn. — Fig. 688,
A. Julibrissin Dur. — Fig. 689, *A. procera* Brn. — Fig. 690, *A. Lebbek*
Brn. [Sur la figure 690, la ligne ombrée limite la dépression où se trouve
la ligne λ. Toutes les espèces sont représentées de profil].

légères, dont l'une porte le hile. *A. montana* Bᴛʜ. (fig. 687) au
contraire a des graines brillantes, d'un brun-rouge plus foncé.
Elles n'offrent pas de sinus micropylaire, mais une seule émergence nette, c'est la saillie de la radicule ou plutôt un relief du
tégument, et le hile n'est indiqué que par une petite bosse, tout
à fait microscopique, qui se détache à peine du contour de la
graine.

Tout ce que je viens d'indiquer pour chaque espèce en particulier peut se résumer dans un tableau synoptique, où je désignerai par λ la ligne dont j'ai fait mention plus haut, à la surface du tégument.

TABLEAU SYNOPTIQUE

1 { Ligne λ restreinte, limitant à la surface du tégument une très
      petite surface triangulaire . . . . *stipulata*
    Ligne λ suivant à peu près le contour de la graine . . 2

2 { Graines très grosses (8 × 12 mm. env.), presque circulaires, à
      surface déprimée, de chaque côté, au centre, et limitée par
      la ligne λ . . . . *Lebbek*
    Graines ovales, très allongées (proportion : 1 × 3) atteignant
      environ 10 millimètres de long, brun-rouge bien franc, avec
      ligne λ grisâtre et en relief . . . . . . *saponaria*
    Graines ne dépassant pas 8 mm. de longueur et n'ayant pas
      les caractères précédents 3

3 { Graines presque noires ou violet-pourpre très foncé, lisses à
      l'œil nu, finement chagrinées à la loupe. . . *lophantha*
    Graines fauves plus ou moins franc ou brun-rouge . . 4

4 { Graines à rebord tégumentaire nettement saillant tout
      autour . . . . *procera*
    Non 5

5 {
Sinus micropylaire net, entre deux petites bosses, dont l'une porte le hile. Graines lisses, fauves-olivâtres, non brillantes . . . . *Julibrissin*
Sinus micropylaire très peu accentué. Bosse hilaire à peu près imperceptible ; graines brun-rouge, brillantes. *montana*

On consultera avec fruit les dessins qui accompagnent le texte et qui font comprendre aisément les différences qui existent entre les diverses espèces.

Pithecolobium MART.

Le genre *Pithecolobium* MART. comprend environ **110** espèces répandues dans toutes les régions tropicales. Mais je n'ai pu en étudier qu'une seule, le

P. Saman BTH.

qui est représenté vu d'en haut et de profil par les figures **691** et **692**. Graines en forme de sac, qui serait fermé à son entrée et serré, mesurant environ **10** millimètres de longueur sur **5** à **5,5** mm. dans la plus grande largeur. La figure **691** rend compte du bombement très prononcé des faces ventrales, puisque la section droite transversale est assez exactement losangique. Chacune des faces ventrales porte en son milieu une plage concolore, séparée du reste de la graine par une ligne très nette, beaucoup plus claire. La couleur générale du tégument est brun-rouge foncé, couleur chocolat, et la ligne limitante en question terre de Sienne claire. Tégument lisse, brillant. A l'intérieur de la ligne claire que j'ai désignée sous le nom de *ligne* λ dans l'étude des Césalpiniacées, les faces ventrales présentent un bombement net, qui forme dôme en son milieu, qui est assez nettement limité et que j'ai représenté par une ombre sur la figure **692**. Vue d'en haut, la graine présente une saillie radiculaire d'un contour très spécial. Elle est en coin très pointu, et se termine au micropyle par une pointe effilée. Région ombilico-raphéale parfois plus claire, jaunâtre. Il est à remarquer que le hile est caché par un vestige du funicule toujours adhérent. Ce

FIGURES 691 et 692. — PITHECOLOBIUM Mart.

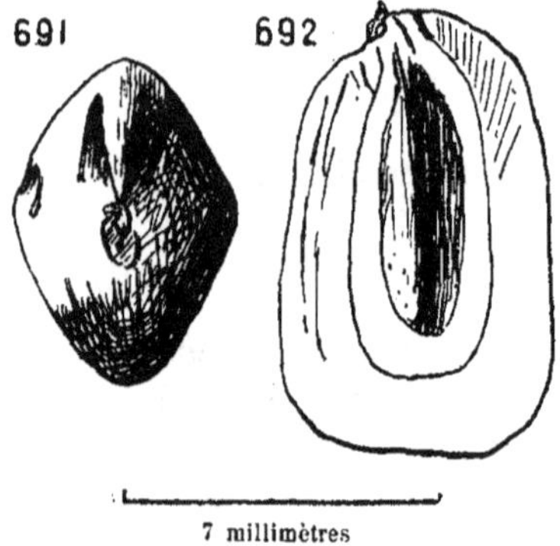

Fig. 691, *P. Saman* Bth., vue d'en haut. — Fig. 692, la même espèce vue de profil.

hile est très petit, circulaire. Mais juste au-dessous de l'insertion du funicule, du côté du raphé, la graine possède une forte dépression, encadrée de rebords tégumentaires et qu'on prendrait volontiers pour le hile, si la place de celui-ci n'était indiquée par le funicule marcescent.

CONCLUSIONS

1° Valeur systématique des graines. — Les graines possèdent
des caractères communs qui justifient le groupement des espèces
qui les ont produites en genres, tribus et familles. Elles possèdent aussi des caractères propres, spécifiques. Pour mettre
ceux-ci en évidence, j'ai jugé utile de donner, à la fin de chaque
chapitre, des tableaux synoptiques, permettant de distinguer
les espèces étudiées. Par contre, je ne donnerai pas de tableaux
synoptiques pour les genres ou les tribus, estimant que de tels
tableaux ne présenteraient qu'un intérêt fictif : je n'ai pas
étudié assez d'espèces, dans la plupart des genres, pour pré-
tendre connaître les caractéristiques de chacun d'eux. Je rappellerai seulement que les Papilionacées sont reconnaissables
aisément, parce que la campylotropie très prononcée de l'ovule
confère à la graine une forme plus ou moins recourbée sur elle-
même, parfois presque en colimaçon (*Crotalaria*). Les deux
autres familles, où l'ovule est anatrope, ont des graines ovales
ou en forme de sac, avec région ombilicale à l'apex. Chez les
Papilionacées, on reconnaîtra les *Crotalaria* à leurs graines en
colimaçon, les *Trifolium* à leurs graines très petites, fortement
arquées en rein et souvent en mitre. Les *Astragalées*, en général, sont caractérisées par le développement de leur saillie
radiculaire, formant un surplomb très développé au-dessus de
la région hilo-micropylaire : elles peuvent vraisemblablement
se classer, dans une certaine mesure, par l'angle que font entre
eux les axes de la radicule et des cotylédons, angle souvent très
ouvert et presque droit.

Les Césalpiniacées et surtout les Mimosacées étaient trop mal représentées dans ma collection pour que je puisse conclure aux caractères des genres. Plusieurs d'entre eux, en outre offrent dans leurs graines un polymorphisme très grand, qui justifiera certainement l'établissement de sous-genres et de sections.

2° **Caractères distinctifs**. — C'est dans les plus petits organes que résident en général les plus grandes différences. Ainsi, l'examen minutieux des coronules hilo-funiculaires des *Trifolium* aide largement à séparer ces espèces, qui toutes, à première vue, se ressemblent étroitement. Il en est de même d'une petite languette fibreuse-papyracée, vestige du funicule, que l'on voit sur la plupart des *Trigonella*. Enfin, la nature même de cette coronule hilo-funiculaire est un bon caractère de classement, qui permet, dans une certaine mesure, de distinguer les genres : elle est fibreuse chez les *Trigonella*, papyracée chez les *Trifolium*, tandis qu'elle est granuleuse chez les *Tetragonolobus*.

3° **Division des familles en tribus**. — Tandis que la seule considération morphologique de la plante ne permet pas de diviser les Légumineuses — les Papilionacées surtout — en tribus, l'étude de la graine permet au contraire de faire aisément de telles subdivisions. J'ai expliqué plus haut (1) et dans le corps de l'ouvrage, que la graine possède des caractères de tribus assez nets pour qu'on puisse reconnaître, dans la plupart des cas la tribu à laquelle appartient l'espèce, par la seule considération du faciès de la graine. Cela est surtout évident pour les Trifoliées, les Galégées et les Phaséolées. La difficulté que l'on éprouve à grouper les Papilionacées en tribus a été explicitement mise en évidence par Taubert [*in* Engler et Prantl, *Nat. Pflanzenfam.*, III, 3, 185] et ressort de l'étude que l'on peut faire du *Genera plantarum* de Bentham et Hooker. C'est pour cela que dans mon étude sur les genres des Légumineuses (2), j'ai dù établir un système de clefs permettant de déter-

1. Cf. Préface.
2. Louis Capitaine, *Contribution à l'étude analytique et phytogéographique du groupe des Légumineuses* [Paris, 1912].

miner directement les genres, sans avoir recours à la notion de tribu. On pourra la rétablir aisément quand la morphologie des graines sera mieux connue. Et alors il en résultera, dans les tableaux analytiques, une grande simplification.

4° **Définition du hile**. — Un des résultats les plus intéressants que j'aie obtenus est d'avoir mis en évidence que la définition du hile, telle qu'on l'admet dans les traités de botanique est, pour les Légumineuses tout au moins, en contradiction avec la réalité. J'ai expliqué en effet que le hile n'est pas à proprement parler une cicatrice, mais que la surface de celui-ci **préexiste** à la chute du funicule, qui n'adhère à la graine que par sa périphérie, suivant une lamelle toujours très mince.

5° **Propriétés optiques du tégument**. — Un phénomène dont je n'ai pas voulu parler dans le cours du volume, en raison de l'insuffisance de mes matériaux et de mes observations est cependant bon à noter ici en passant. La surface du tégument est tantôt lisse, tantôt chagrinée, tantôt couvertes de verrues, elles-mêmes lisses ou plus ou moins ridées. Lorsqu'on examine les graines en lumière blanche, de préférence dans un rayon de soleil, les aspérités du tégument dans lesquelles se joue la lumière produisent des phénomènes de diffraction assez nets. On voit des milliers de petits points multicolores qui sont autant de spectres microscopiques. L'étude méthodique de ces spectres, de leur répartition, de leur nombre, liée à la nature de la surface du tégument peut, dans une certaine mesure, donner de précieux renseignements pour distinguer les espèces. Et cela est surtout utile dans les genres difficiles, comme le genre *Trifolium*, par exemple. La petite taille des graines et leur extrême similitude rend leur étude très délicate. Or elles ont toutes un tégument assez lisse (au faible grossissement) mais susceptible de donner des spectres de diffraction répartis de façon variable et intéressants à considérer. Un grand nombre d'autres genres sont dans le même cas, et cette étude, conduite avec méthode, doit pouvoir fournir d'utiles indications.

6° **Adaptation**. — L'étude morphologique des graines présente un lien étroit avec la géographie botanique. Parmi les nombreux exemples que l'on pourrait citer à l'appui de cette assertion, le plus typique est celui du genre *Astragalus* L. J'ai donné un tableau synoptique des espèces étudiées uniquement fondé sur la morphologie. Un deuxième tableau m'a paru plus intéressant : c'est celui qui est fondé sur la répartition géographique des espèces. On voit alors que les espèces d'habitats analogues viennent se grouper ensemble. Elles présentent dans leurs graines des caractères de convergence assez nets pour qu'on puisse admettre l'hypothèse d'une adaptation. Un autre exemple, non moins caractéristique est celui des *Goodia* et des *Templetonia*. Ces deux genres possèdent des graines très différentes d'aspect, mais dont les formations arillaires infundibuliformes et munies d'un couvercle, présentent de très étroites analogies. Les espèces de ces deux genres vivent de la même façon, dans les mêmes stations. Il y a là un intéressant caractère de convergence.

En résumé, il faudra retenir de tout ceci que :

1° Les graines ont une valeur systématique telle que presque toujours elles suffisent pour déterminer une plante.

2° De nombreux caractères de convergence permettent de supposer qu'une certaine adaptation a lieu, ce qui rend indispensable l'étude simultanée de la graine et de la répartition géographique de la plante qui la produit.

APPENDICE I

On trouvera ci-après trois cartes (pl. XXII à XXVII) qui indiquent l'allure de la répartition générale des Papilionacées, des
Césalpiniacées et des Mimosacées. Sans entrer dans le détail de
la question, que j'ai traitée ailleurs, je rappellerai seulement
ici que jai divisé l'ensemble de la surface habitée par les
Papilionacées (planches XXII et XXIII) en plusieurs zones, elles-
mêmes divisées en régions :

> I. — *Zone européo-asiatique :*
>
> > A. — Région méditerranéo-caspienne.
> > B. — Région tibéto-persane.
>
> II. — *Zone américo-africaine :*
>
> > A. — Région soudano-brésilienne (1).
>
> III. — *Zone indo-malgache.*
>
> IV. — *Zone sino-zélandaise.*

1. M. Paul Lemoine (*Conclusions d'ordre géographique tirées de l'etude
des Mollusques d'Afrique*, in *La Géographie*, XIX, n° 5, 1909, p. 377),
analyse un travail de M. Louis Germain sur la malacologie de l'Afrique tropicale. J'ai relevé un paragraphe sur les anciennes relations terrestres de
l'Afrique tropicale, dont je crois bon de citer quelques passages : « Les
rapports étroits qui existent entre la faune de l'Amérique tropicale, les affinités moins étendues avec la faune de l'Inde, les points de contact qui
existent entre les faunes de l'Afrique australe, de l'Inde, de l'Australie néces-
sitent, pour être expliqués, l'existence de masses continentales, dont la distribution à la surface du globe était très différente de celle que nous obser-
vons aujourd'hui. Chose fort remarquable, les hypothèses auxquelles arrive
M. Germain sont tout à fait d'accord avec celles que suggèrent les données

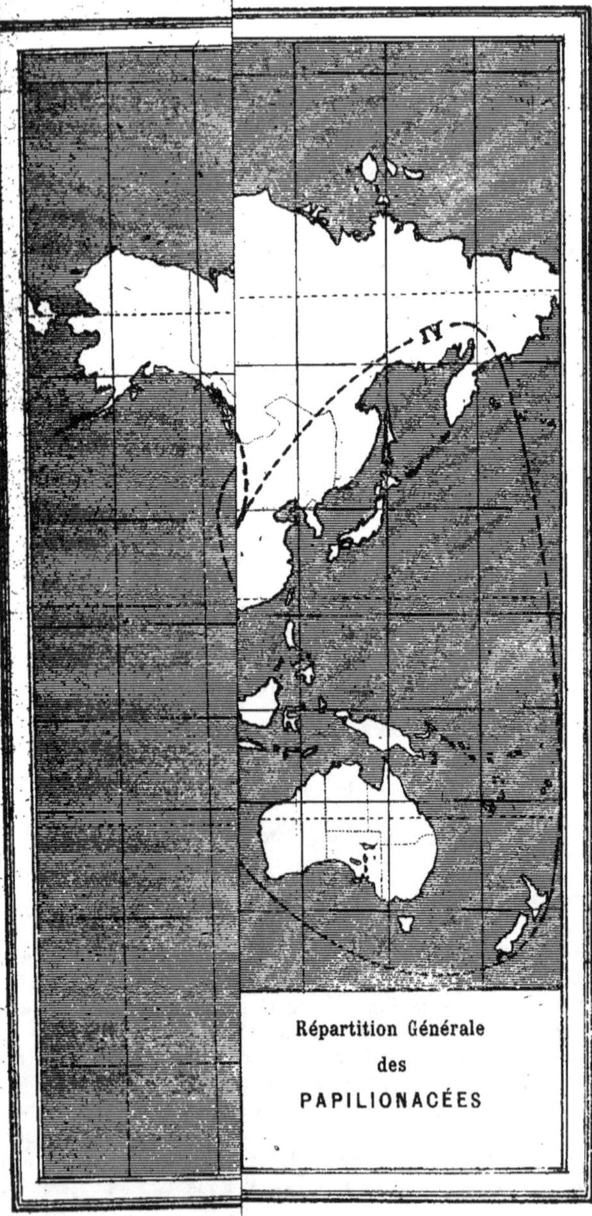

Bertin et Cie, phot.

L. Capitaine del.

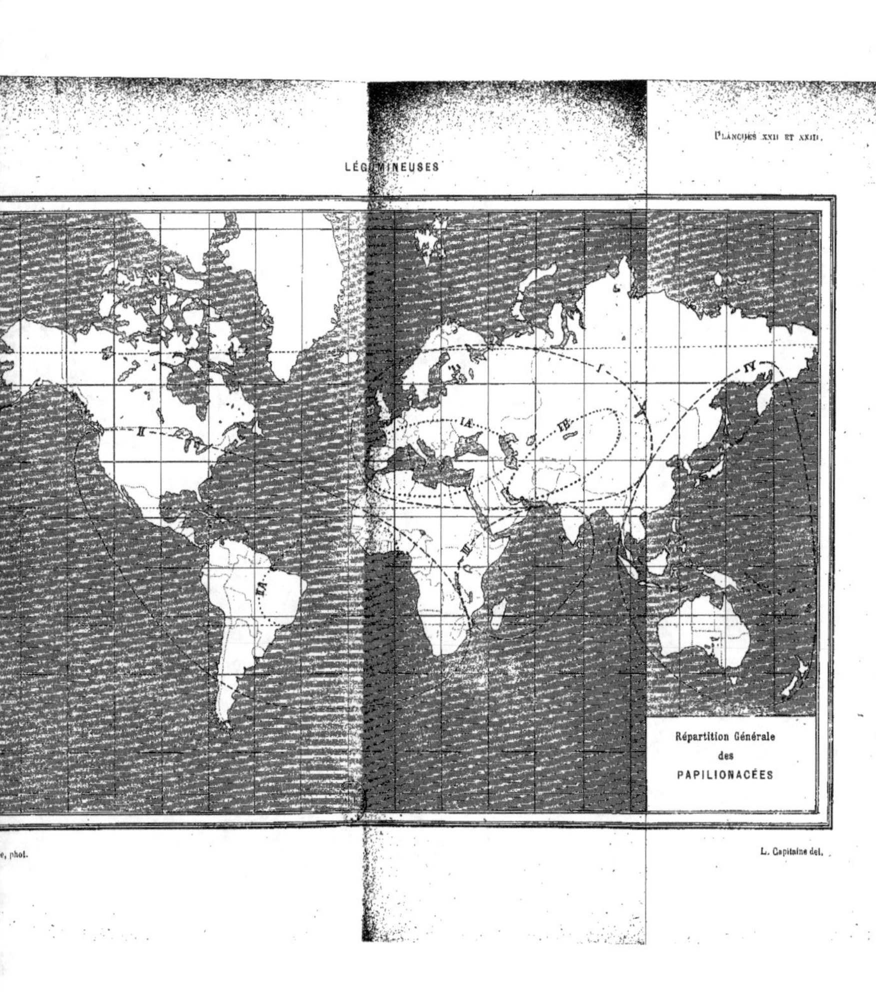
I
II
III
IV
Répartition Générale
des
PAPILIONACÉES

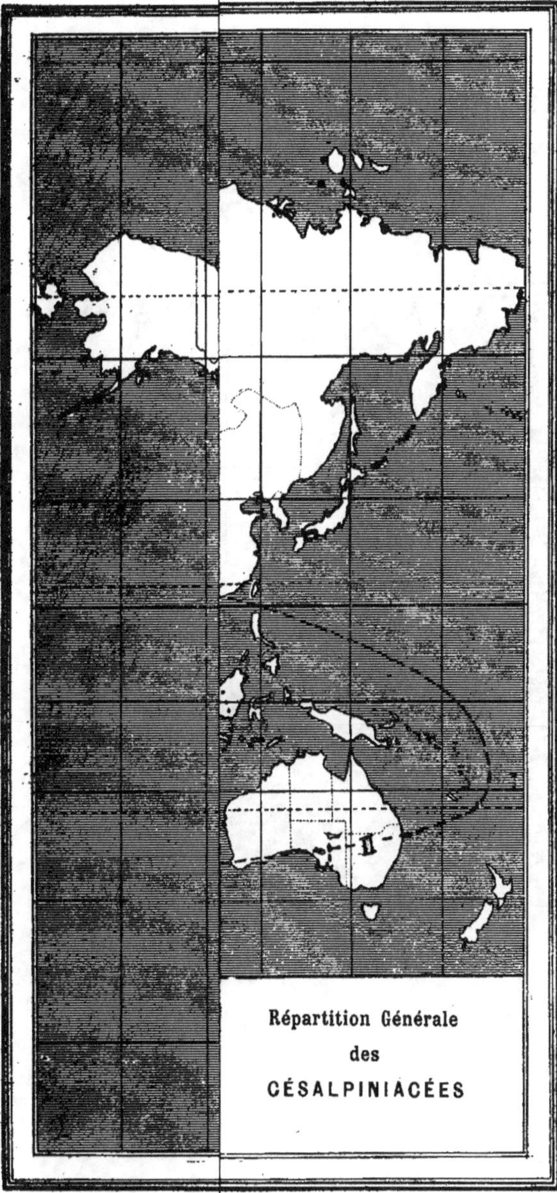

Bertin et Cie, phot.

L. Capitaine del.

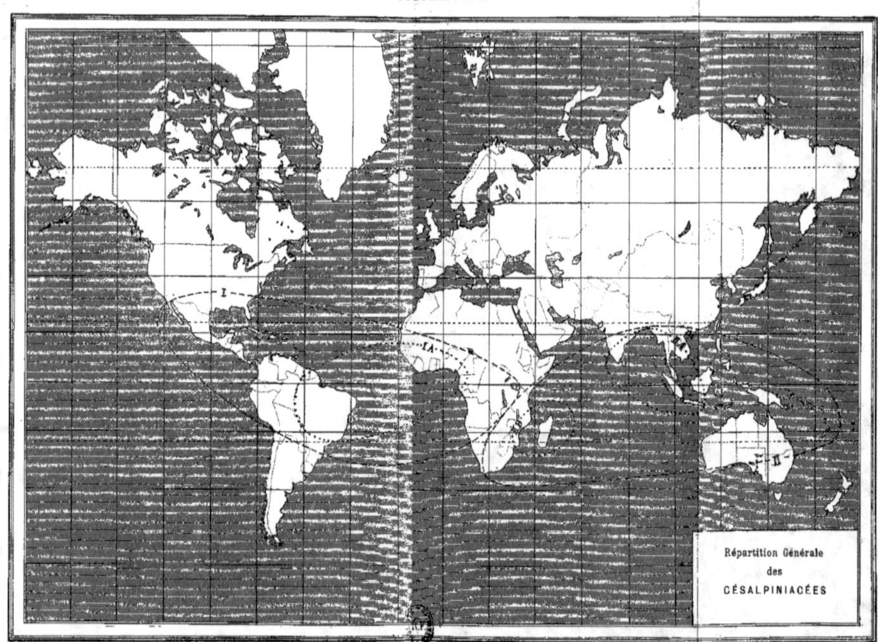
Répartition Générale
des
CÉSALPINIACÉES

L'examen de la carte, où chacune de ces zones et régions est limitée par une courbe, montre trois pôles principaux pour la famille des Papilionacées.

> 1. — Asie sud-occidentale.
> 2. — Brésil.
> 3. — Australie.

De même pour les Césalpiniacées (planches XXIV et XXV), on obtient :

> I. — *Zone américo-africaine :*
>
> A. — Région congo-brésilienne (1).
>
> II. — *Zone indo-malo-malgache :*
>
> A. — Région indo-malaise.
> B. — Région malgache.

Enfin, pour les Mimosacées (planches XXVI et XXVII), on a une seule zone :

géologiques. Il est arrivé ainsi naturellement à conclure à l'existence, à une époque très reculée, d'un vaste continent qui englobait l'Afrique australe, une partie de l'Amérique du Sud et Madagascar. C'est le continent bien connu de Gondwana, qui exista jusqu'à la fin de l'époque primaire ; la division de ce continent s'opéra de bonne heure en une masse *africano-brésilienne* et une masse *australo-indo-malgache* (*l. c.*, p. 382). »

On voit donc que la Zoologie, comme la Botanique, arrive aux mêmes conclusions et tend à admettre l'existence lointaine d'un continent africano-brésilien. Pour ce qui est de la Botanique, il faudrait rechercher, à l'aide des documents paléontologiques que l'on possède, si l'on peut avoir des justifications du même ordre que pour la Zoologie. Il est toutefois remarquable que la simple étude de la distribution géographique d'un groupe de plantes ait conduit à envisager la question de la même façon que les zoologistes, et ait amené aux mêmes conclusions.

L'auteur du précédent article a d'ailleurs rappelé que Engler a, dès 1905, mis en évidence des faits analogues pour la Botanique (A. Engler : *Ueber floristische Verwandschaft zwischen den tropischen Afrika und Amerika, samt ueber die Annahme eines vermutenen brasilianische-aethiopischen Continents*, in *Sitz. ber. d. k. preus. Akad. der Wiss.* Berlin, 1905, VIII, pp. 180-231).

1. Voir note (1) page précédente.

Zone mexico-africo-australienne :

A. — Région mexico-vénézuélienne.
B. — Région congo-brésilienne (1).
C. — Région malgache.
D. — Région indo-malaise.
E. — Région australo-calédonienne.

APPENDICE II

J'ai étudié, page **332**, le genre *Kerstongiella* et j'ai expliqué que la seule considération de la graine m'avait fait ranger ce genre dans les Papilionacées-Phaséolées, au voisinage des *Voandzeia*. J'ai cherché longtemps en vain des renseignements sur ce petit genre, quand le hasard m'a mis entre les mains une note de M. Aug. Chevalier répondant précisément à toutes les questions que je m'étais posées. Je la reproduis ci-dessous intégralement (2) :

« Nous avons signalé il y a quelques mois (3) une nouvelle Légumineuse de la tribu des Phaséolées que nous avions rencontrée dans le Moyen Dahomey où elle est cultivée en grand par les indigènes pour ses graines alimentaires. M. le Dr Harms de Berlin nous a fait connaître qu'il avait publié environ 18 mois plus tôt (alors que nous étions déjà en Afrique occidentale, loin de toute source bibliographique) la description d'une plante provenant du Togo qui lui semblait identi-

1. Voir note (1) page **434**.
2. Cette note a pour titre : Nouveaux documents sur le *Voandzeia Poissoni* A. Chev. (= *Kerstingiella geocarpa* Harms). Elle a paru dans les *C. R. A. S.* du 27 décembre 1910.
On voit qu'il faut lire *Kerstingiella* et non *Kerstongiella* comme je l'ai indiqué p. **332** sq. ; l'étiquette accompagnant mon lot de graines portait en effet une faute d'orthographe, comme le montre le texte ci-dessus de M. Chevalier.
3. *Sur une nouvelle Légumineuse à fruits souterrains cultivée dans le Moyen Dahomey* (*Comptes rendus*, 4 juillet 1910).

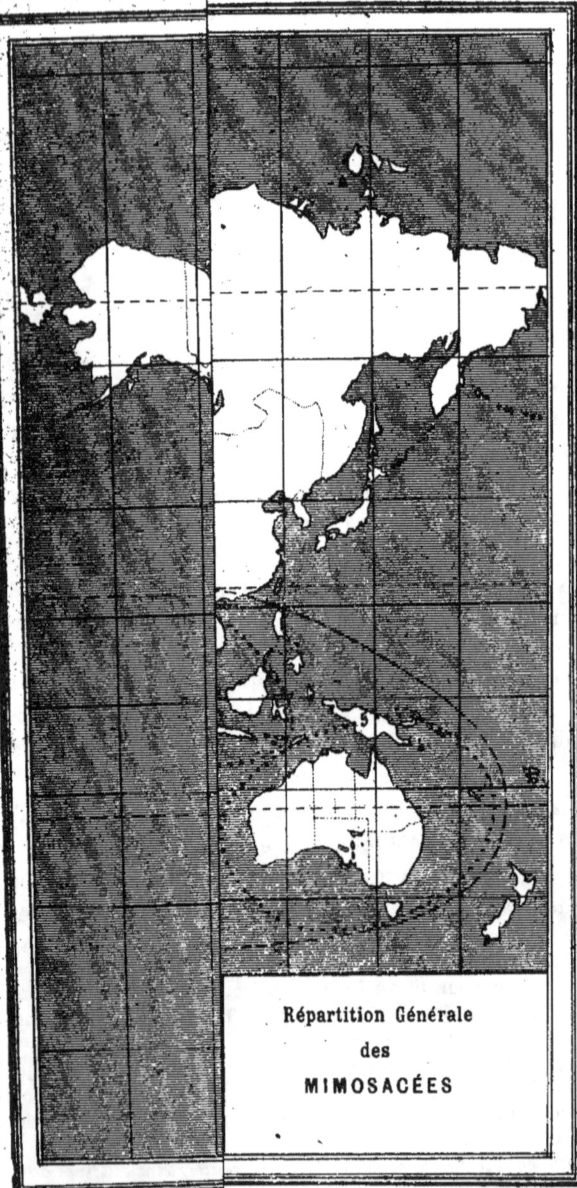

Bertin et Cie, phot

L. Capitaine del.

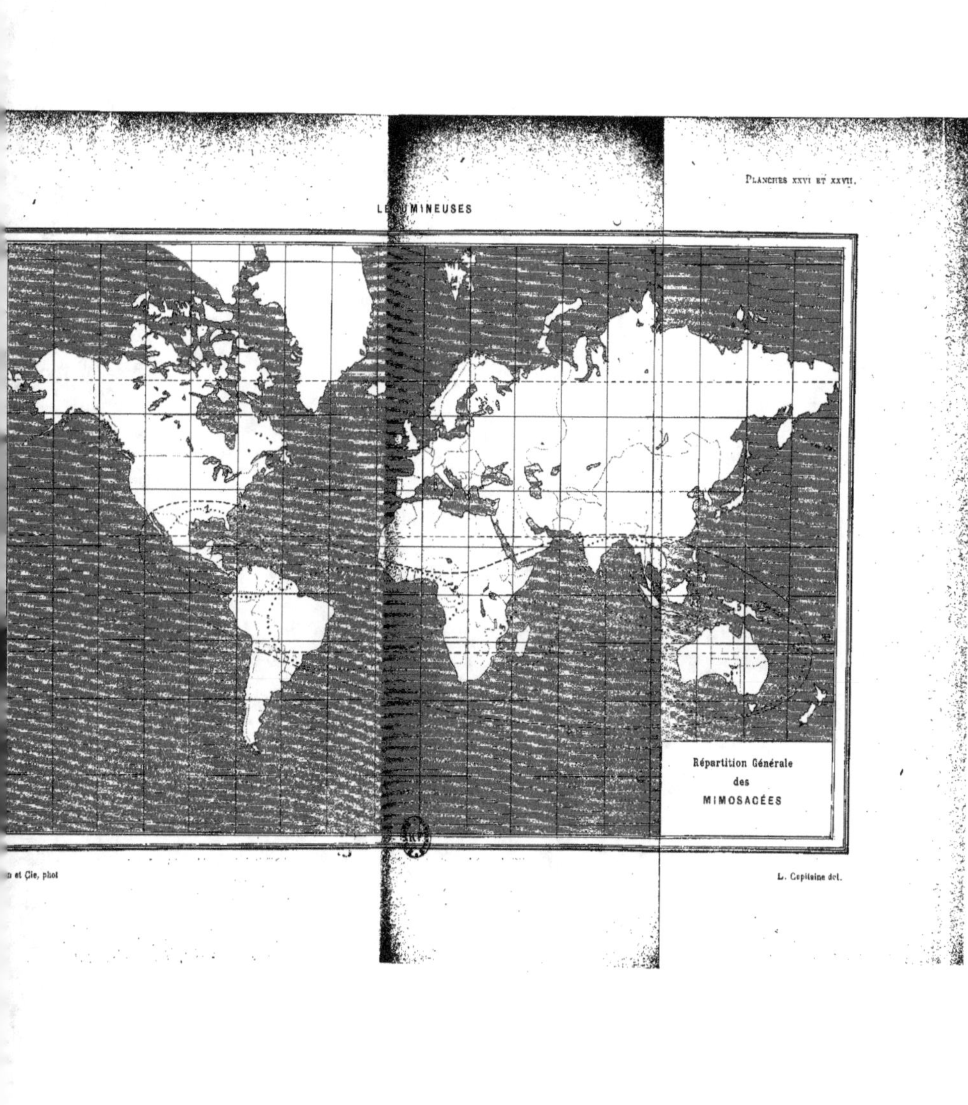
Répartition Générale
des
MIMOSACÉES

que à notre nouveau *Voandzeia*. Il l'avait nommé *Kerstingiella geocarpa* Harms (1) et en faisait le type du genre nouveau *Kerstingiella* qui se différencie du genre *Voandzeia*, parce que les fruits enterrés sont portés par un carpophore provenant du développement du stipe de l'ovaire, tandis que dans les *Voandzeia* c'est le pédoncule floral proprement dit qui s'allonge pour enterrer le fruit. M. Harms a eu l'obligeance de nous communiquer un échantillon cotype de son espèce qui s'identifie en effet avec le *Voandzeia Poissoni*. La plante du Dahomey ne présente que des caractères différentiels sans importance et, en vertu des règles de priorité, c'est le nom spécifique de M. Harms qui doit être adopté.

« Cette espèce se rencontre exclusivement à l'état cultivé, et nous l'avons observée sur une aire assez étendue.

« Dans le Haut Dahomey elle existe à Cabolé et y est connue sous le nom de *Nadou*. Elle semble manquer à Djougou et dans les monts Atacora, mais elle nous a été signalée à l'Ouest, chez les Lamas et Kabas du Togo, et à l'Est dans le Borgou. Les caravaniers Haoussas assurent qu'elle existe aussi dans une grande partie de la Nigéria anglaise.

« Elle est cultivée çà et là à travers la boucle du Niger, mais toujours en petite quantité; nous l'avons observée au Mossi où elle porte les noms suivants : *Dieguem tenguéré* (Mossi), *Kouarourou* (Haoussa), *Dougoufolo* (Bambara). Elle existerait aussi dans le Minianka et dans le Cercle de Bougouni. Sur les bords du Niger même, à Ségou, on trouve encore quelques petites plantations de cette plante qui y est connue sous le nom de *Dougou folo*.

« L'espèce serait encore assez commune dans le cercle de Koutiala. Les noirs de Bammako auxquels nous avons montré les grains nous ont assuré qu'elle était autrefois cultivée dans le pays sous le nom de *Bindi*. Elle n'existerait plus que dans quelques villages de la rive droite du Niger moyen et y serait très rare. Enfin dans tous les pays situés à l'ouest du Moyen-Niger,

---

1. H. Harms, *Ueber Geokarpie bei einer afrikanischen Leguminose (Berichte deutsch. Bot. Gesellsch.*, t. XXVI, 1908, p. 225 et *Pl. III*).

elle manque complètement et elle n'a nulle part été rencontrée à l'état spontané, de sorte que son origine demeure inconnue.

« M. A. Hébert, chef de travaux à l'Ecole centrale, à qui nous avions confié des semences, a fait une analyse chimique de graines de la variété à petites graines blanches recueillies au Mossi. Ces graines avaient déjà été fortement attaquées par les Bruches.

« Nous donnons ci-après les résultats de cette analyse en les plaçant en regard de l'analyse des graines du *Voandzeia subterranea* publiée par Balland (1) :

	Kerstingiella geocarpa Harms (*Voandzeia Poissoni* A. Chev.) Variété blanche provenant du Mossi (analyse de M. A. Hébert).	*Voandzeia subterranea* Dup. Th. Variété provenant de l'Afrique occidentale (analyse de M. Balland).
Humidité	10,40	9,80
Cendres	4,30	3,30
Matières grasses . . .	1,90	6,00
Sucres réducteurs . . .	traces	»
Sucres non réducteurs . .	0,40	»
Amidon	48,90	58,30
Cellulose	12,70	4,00
Matières azotées. . . .	21,40	18,60
	100,00	100,00

« L'analyse chimique vient donc confirmer la haute valeur alimentaire des graines du *Kerstingiella geocarpa*. Leur teneur en matières azotées égale celle des variétés les plus riches de *Voandzeia subterranea* signalées par P. Ammann (2) et elles sont d'une saveur plus agréable, rappelant les haricots les plus fins, mais elles donnent un très faible rendement et elles sont fréquemment attaquées par les Bruches. »

1. *Comptes rendus*, 1er sem. 1901, p. 1060.
2 *Agriculture pays chauds*, t. 1, 1907, p. 40.

INDEX ET TABLES

INDEX ALPHABÉTIQUE

DES GENRES ET ESPÈCES ÉTUDIÉS (1)

1. Les noms des familles sont en GRANDES CAPITALES, les noms des tribus en **normandes grasses**, les noms des genres et des espèces en romain, les synonymes en *italiques*.

INDEX ALPHABÉTIQUE DES FIGURES

A

B

C

Capitaine   29

T

TABLE DES PLANCHES

TABLE DES MATIÈRES

LAVAL. — IMPRIMERIE L. BARNÉOUD ET Cie.

www.ingramcontent.com/pod-product-compliance
Lightning Source LLC
LaVergne TN
LVHW050824060726
842527LV00001BA/111